D1697263

Impressum:

Michael Herrmann
Elektrik auf Yachten
2. Auflage 2011

Fachlektorat: Karl Wilhelm Greiff

© 2008/2011 Palstek Verlag, Hamburg
Palstek Verlag, Eppendorfer Weg 57a, 20259 Hamburg
Telefon 040 - 40 19 63 40, Fax 040 - 40 19 63 41
E-Mail: info@palstek.de, Internet: www.palstek.de

ISBN: 978-3-931617-32-5

Dieses Werk ist einschließlich aller seiner Teile urheberrechtlich geschützt.
Jede weitere Verwertung ist ohne Zustimmung des Verlages unzulässig und strafbar. Das gilt insbesondere für Teilnachdrucke, Vervielfältigungen jeglicher Art, Übersetzungen und Einspeicherungen in elektronische Systeme.
Die Auszüge aus den Normen DIN EN ISO 10133:2007-08 und DIN EN ISO 13297:2008-07 sind mit Erlaubnis des DIN Deutsches Institut für Normung e. V. wiedergegeben. Maßgebend für das Anwenden der DIN-Normen ist deren Fassung mit dem neuesten Ausgabedatum, die bei der Beuth Verlag GmbH, Burggrafenstraße 6, 10787 Berlin, erhältlich ist.
Dieses Buch ist mit aller nur möglichen Sorgfalt erstellt worden. Weder der Autor noch der Verlag übernehmen jedoch eine Haftung jeglicher Art für die Verwendung der in diesem Buch beschriebenen Verfahren, Methoden oder Produkte.

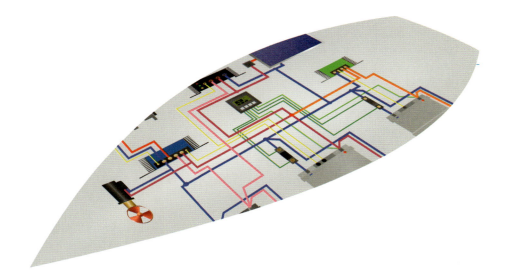

Michael Herrmann

Elektrik auf Yachten

Palstek Verlag
Hamburg
www.palstek.de

Inhalt

Einleitung und Bedienungsanleitung   6

Vorsichtsmaßnahmen   8

1   Was ist Strom?   13
Gleich- und Wechselstrom 14 • Spannung 15 • Stromstärke 16 • Leistung 16 • Widerstand 16 • Das Ohm'sche Gesetz 18 • Energie, Verbrauch und Kapazität 19

2   Bauteile, Schaltzeichen und Schaltpläne   20
Aufgelöste oder zusammenhängende Darstellung? 20 • Kabel und Leiter 21 • Masse 22 • Schalter, Taster und Relais 24 • Widerstände 27 • Dioden 28 • Leuchten 29 • Motoren und Generatoren 29 • Sicherungen und Schutzschalter 29 • Spulen und Transformatoren 30

3   Grundschaltungen   34
Parallelschaltung 32 • Reihenschaltung 36

4   Prüfen und Messen   38
Spannungsmessung 39 • Widerstandsmessung 40 • Strommessungen 42 • Messtipps 43

5   Energiespeicher   44
Ladung und Entladung – die Chemie 44 • Aufbau 47 • Batteriearten 48 • Betriebsarten 55 • Batteriedaten 56 • Der Peukert-Effekt 58 • Kälteprüfstrom 59 • Batterieauswahl 59 • Batterieladung 63 • Batteriealterung 63 • Ladegeräte und -methoden 66 • Ladung unterschiedlicher Batterien mit einer Stromquelle 80 • Batterieumschalter 81 • Trennrelais 83 • Trenndioden 84 • Batteriealterung durch falsche Ladung 85 • Tiefentladung 85 • Laden mit zu hohem Strom 86 • Unterladung 87 • Überladung 89 • Lagerung mit nicht ausreichender Ladung 91 • Batterieüberwachung 91 • Desulfatierer 96 • Der optimale Umgang mit Batterien 97

6   Stromerzeugung an Bord: Gleichstrom   100
Gleichstromlichtmaschinen 101 • Betriebsstörungen von Gleichstromlichtmaschinen 104 • Drehstromlichtmaschinen 110 • Betriebsstörungen von Drehstromlichtmaschinen 112 • Fehlersuche 114 • Ladung mit regenerativen Energien 116 • Solarmodule 117 • Montage 119 • Solarregler 120 • Windgeneratoren 121 • Wassergeneratoren 123 • Einbindung in das Bordnetz 123 • Brennstoffzellen 125

7   Stromerzeugung an Bord: Wechselstrom   128
Synchron und asynchron 130 • Mobile Generatoren 135 • Dieselgeneratoren 138 • 1.500 oder 3.000 Umdrehungen? 138 • Invertergeneratoren 141 • Gleichstromgeneratoren 142 • Stirling-Generator 143 • Konzepte für den Generatoreinsatz 143 • Hybridsysteme 144 • Das Gleichstromkonzept 147 • Inverter und Ladegeräte 148 • Einbindung in das Bordnetz 149 • Lichtmaschinen als 230-Volt-Generatoren 150 • Dieselgenerator im Alleinbetrieb 151 • Hybridsysteme 151 • Gleichstromsysteme 151 • Einsatz von „Landgeneratoren" 153

8   Das Gleichstrombordnetz (DC)   154
Grundlagen 154 • Ein- und Zweileitersysteme 156 • Zweileitersysteme mit Minus an Masse 157 • Vollständig isoliertes Zweileiter-Gleichstromsystem 158 • Kabel und Leitungen 158 • Farben und Kennzeichnung 163 • Überstrom- und Kurzschlussschutz 166 • Sicherungen und Schutzschalter 170 • Anordnung und Dimensionie-

rung von Überstromschutzelementen 174 • Absicherung von Generatoren und Ladegeräten 176 • Anschlüsse und Verbindungen 176 • Schalttafeln 179 • Batterien 179 • Steckdosen 181 • Zündschutz 181

9 Das Wechselstrombordnetz (AC) 182

Grundlagen 182 • Schutzerdung 185 • Potenzialausgleich 189 • Fehlerstromschutzschalter 195 • Landstromanlage 198 • Transformatoren 199 • Polarisierungstransformatoren 203 • Generatoren 203 • Inverter und Inverter-Lade-Kombigeräte 206 • Kabel und Leitungen 207 • Verteilertafeln 208 • Zusammenfassung 208

10 Netze der Zukunft: Bus-Systeme 210

Die Systeme 219 • Knoten und Module 220 • Steuerung und Programmierung 221 • Komfort und Sicherheit 222 • Zusammenfassung 223

11 Blitzschutz 224

Blitze in Zahlen 224 • Schäden durch Blitzeinschläge 228 • Äußerer Blitzschutz 230 • Innerer Blitzschutz 233 • Blitzstrom- und Überspannungsableiter 235 • Funkanlagen 237 • Provisorischer Blitzschutz 238

12 Motorelektrik 240

Systeme 240 • Startzündschalter 243 • Warnleuchten 243 • Anzeigeinstrumente 246 • Umfang der Überwachung 247 • Glühanlage 248 • Starter 251 • Starterfehler 253 • Lichtmaschine 255 • Abstellung 255 • Pflege und Instandhaltung 257 • Unterbrechung des Minusleiters 257 • Fehlersuche 257 • Motor-Bus-Systeme 260

13 Elektroantriebe 262

Scheibenläufer 267 • Außenläufer 268 • Ringläufer 269 • Energieversorgung 270 • Fazit 271

14 Beleuchtung 272

Beleuchtungsstärke 273 • Lichtfarbe 275 • Stromverbrauch 276 • Leuchten 277 • Leuchtstoff oder LED? 279 • Einsatzbereiche 281 • Erreichbare Einsparungen 282 • Positionslaternen 283 • Zusammenfassung 283

15 Elektrochemische Korrosion 284

Galvanische und elektrolytische Korrosion 287 • Galvanische Korrosion 287 • Elektrolytische Korrosion 288 • Größe der Elektroden 290 • Werkstoffe 290 • Schutzmaßnahmen gegen galvanische Korrosion 296 • Metallrümpfe und Opferanoden 298 • Schutzmaßnahmen gegen elektrolytische Korrosion 299 • Zusammenfassung 300

16 Handwerkliche Grundlagen 302

Ausfallursachen 305 • Anforderungen an die Verbindungen 309 • Flachsteckverbinder 311 • Ringkabelschuhe 311 • Aderendhülsen 312 • Schrauben und Schraubendreher 312 • Leitungsführung 313 • Handwerkzeuge 314 • Verbrauchsmaterial 315

17 Dokumentation 316

Anhang 320

Strom, Spannung, Widerstand und Leistung – das Formelrad 320 • Das Leistungsdreieck 320 • IP-Schutzarten 321 • Widerstand von Leitern 322 • Abzugskräfte von Verbindungen 322 • Warnungen und Anweisungen im „Handbuch für Schiffsführer" 323 • Netzformen 324 • Normen und Richtlinien 326

Einleitung und Bedienungsanleitung

Vor noch nicht allzu langer Zeit wurden Weltumsegelungen mit Yachten durchgeführt, auf denen das „Bordnetz" aus Trockenbatterien für das Kurzwellenradio und einigen Taschenlampen bestand. Diese Situation hat sich grundlegend geändert: Ein Wochenendsegler würde nicht ohne elektrische Positionslaternen, eine Kühlbox und elektronische Navigation die Leinen loswerfen. Elektrizität an Bord hat die Freizeitschifffahrt erheblich erleichtert: Die Navigation wird zum Kinderspiel, bei Manövern hilft das Bugstrahlruder, die elektrische Ankerwinde schont den Rücken und selbst kleinste Motoren müssen heute nicht mehr mit der Kurbel gestartet werden.

Elektrizität leistet einen wesentlichen Beitrag zur Schiffssicherheit. Die elektronischen Navigationshilfen wie Echolot, GPS und Radargerät reduzieren die Gefahr von Strandungen und Kollisionen aufgrund fehlerhafter Standortbestimmung auch für wenig erfahrene Skipper auf ein Minimum – vorausgesetzt, sie werden richtig eingesetzt. Automatische Lenzanlagen lösen bei Wassereinbruch einen Alarm aus, lange bevor die Situation kritisch wird.

Wo Licht ist, ist auch Schatten. Diese Binsenweisheit trifft besonders auf die elektrischen Bordnetze zu. Nicht wenige Schiffe sind infolge von Installationsfehlern abgebrannt – sei es wegen fehlender Absicherung, zu dünnen Kabelquerschnitten oder Kurzschlüssen, die durch nicht fachmännisch ausgeführte Kabelverbindungen entstehen. Aber auch weniger spektakuläre Ereignisse können unangenehme und oft teure Folgen nach sich ziehen. Dazu gehören Bordnetzausfälle durch vorzeitig gealterte Batterien, schlecht funktionierende Heizungen wegen zu dünner Kabel oder elektrochemische Korrosion infolge von Kriechströmen aus fehlerhaften Landstromanschlüssen.

Fast alle diese Störungen sind vermeidbar. Jedoch: Während man in vielen Bereichen der Seemannschaft oft schon alleine auf der Basis des gesunden Menschenverstandes urteilen und handeln kann, ist dies bei der Bordelektrik im Allgemeinen nicht möglich. Will man hier vor Ausfällen sicher sein und Störungen – oft fernab von fachmännischem Beistand – beheben können, muss man zumindest mit den Grundlagen von Spannung und Strom und den Anforderungen vertraut sein, die erfüllt sein müssen, damit die Energielieferanten, -speicher und -verbraucher an Bord zuverlässig funktionieren.

Obwohl Bordnetze heutzutage sehr komplex sein können, ist dies nicht so schwierig, wie es zunächst scheint. Eines der Ziele dieses Buches ist es, auch technisch vollkommen unvorbelastete Eigner so weit in die Geheimnisse der Elektrik einzuführen, dass sie in der Lage sind, die Zusammenhänge im Bordnetz zu verstehen, Schwachstellen zu erkennen und, wenn es darauf ankommt, bei Störungen und Ausfällen deren Ursachen eigenständig zu finden und zu beseitigen.

Darüber hinaus soll es auch Fachbetrieben, die mehr am Rande mit Yachtelektrik beschäftigt sind – zum Beispiel aus dem KFZ-Bereich oder der „Landelektrik" – eine Hilfestellung geben, wenn es um die Umsetzung der in den diversen nationalen und internationalen Regelwerken vorgegebenen yachtspezifischen Anforderungen geht. Zwar gibt es viele

Übereinstimmungen bei den Elektroanlagen in Häusern, Kraftfahrzeugen und Yachten, will man jedoch ein auf Dauer betriebssicheres System an Bord eines Schiffes aufbauen, wird man ohne ein gesundes Verständnis für die durch die besonderen Umgebungsbedingungen gegebenen Anforderungen nicht weit kommen.

Ein Buch für Laien und Fachleute gleichermaßen – dies hört sich nach einem Spagat an. Aber die Erfahrung zeigt, dass es auch für den Laien durchaus möglich ist, den Sinn einer technischen Regel zu verstehen und diese umzusetzen, wie es auch für den Fachmann interessant sein kann, eine Elektroanlage mit den Augen und dem Verständnis eines Laien zu betrachten.

Die ersten 43 Seiten dieses Buchs sind in erster Linie für den elektrischen Laien gedacht; hier werden die physikalischen und technischen Grundlagen der Elektrotechnik dargelegt – hoffentlich so, dass der Inhalt auch für Menschen verständlich ist, die in ihrer Schulzeit mit Physik auf dem Kriegsfuß standen. Einzige Voraussetzung: Die Grundrechenarten müssen beherrscht werden und man sollte sich dunkel daran erinnern können, wie einfache Gleichungen funktionieren. Hier wurde bewusst vereinfacht und einige der zur Verdeutlichung der elektrischen Vorgänge verwendeten Modelle und Vergleiche hinken bei näherer Betrachtung. Der Zweck heiligt die Mittel – eine vereinfachte Darstellung fördert oft die Verständlichkeit.

Für Fachleute – und für die Laien, die die ersten 43 Seiten hinter sich haben – wird es ab Seite 44 interessant. Danach werden Speicherung, Erzeugung und Verteilung der elektrischen Energie an Bord im Detail behandelt. Die oft scheinbar widersprüchlichen und selbst für Fachleute nicht direkt nachvollziehbaren Anforderungen der bestehenden (und anzuwendenden!) Normen und Richtlinien für die elektrischen Anlagen an Bord werden dargestellt und – wenn möglich – aus dem Zusammenhang begründet. Die Betonung liegt dabei auf der Sicherheit – sowohl in Bezug auf die Anlagen und Geräte als auch für die Menschen an Bord.

Zusätzlich werden zahlreiche Themen behandelt, für die – so zeigen die immer wieder gestellten Fragen der Palstek-Leser an die „Experten" – ein teilweise erheblicher Informationsbedarf besteht. Dazu gehören zum Beispiel die Bereiche Batterien und deren Ladung, Energieversorgung aus Solar- und Windkraft und – vor allem – die Problematik der elektrochemischen Korrosion, die mittlereile nicht nur Eigner von Metallschiffen betrifft.

Ergänzend zur ursprünglichen Planung wurden zwei Kapitel aufgenommen, in denen die Auswirkungen der rasanten Entwicklung der Halbleitertechnologie auf die Bordelektrik berücksichtigt wird. Lassen Sie sich überraschen – und viel Spaß beim Lesen!

Vorsichtsmaßnahmen

Rein theoretisch und vorsichtshalber könnten wir hier auch die heute allgemein vertretene und rechtlich korrekte Maxime vertreten, die da sagt, dass alle Arbeiten an Elektroanlagen grundsätzlich und ausschließlich von Fachkräften ausgeführt werden dürfen. Aber erstens wäre dieses Buch dann doch etwas kurz und zweitens nützt dieser Rat niemandem, der mitten im Atlantik zum Beispiel wegen eines Fehlers im Startzündschalter seinen Motor nicht mehr starten kann.

Auf den meisten Yachten haben wir es heutzutage mit zwei Elektroanlagen zu tun: dem 12- oder 24-Volt-Gleichstrombordnetz (DC), aus dem Motor, Beleuchtung, Navigation und eine ganze Reihe anderer yachtspezifischer Verbraucher gespeist werden, und einem 230-Volt-Wechselstromnetz (AC), an dem mindestens ein Ladegerät für die Bordnetzbatterien und oft einige Steckdosen angeschlossen sind, um damit Haushaltsgeräte, Klimaanlagen oder Elektrowerkzeuge betreiben zu können.

Das 230-Volt-Netz

Die Rechtslage ist klar und eindeutig: Laien dürfen Starkstromanlagen lediglich bedienen, also Schalter schalten und zum Beispiel Glühlampen oder Schraubsicherungen auswechseln. Arbeiten in und an elektrischen Anlagen dürfen nur von Elektrofachkräften oder unterwiesenen Personen durchgeführt werden. Der Begriff „Arbeiten" beinhaltet das Auswechseln von Teilen, Reparaturen, Änderungen der Anlage oder von Anlageteilen und sogar deren Reinigung. Eine Elektrofachkraft ist aufgrund ihrer fachlichen Ausbildung, Kenntnisse und Erfahrungen sowie ihrer Kenntnis der einschlägigen Normen in der Lage, die Arbeiten zu beurteilen und mögliche Gefahren zu erkennen (VDE 0105 Teil 1). Eine elektrotechnisch unterwiesene Person ist durch eine Elektrofachkraft über die erforderlichen Aufgaben und möglichen Gefahren bei unsachgemäßem Verhalten unterrichtet, angelernt und über die notwendigen Schutzeinrichtungen und Schutzmaßnahmen belehrt worden.

Bei Arbeiten an Wechselstromanlagen an Bord sind einige Regeln zwingend einzuhalten. Regel Nummer 1: An der Anlage darf nur gearbeitet werden, wenn diese allpolig abgeschaltet ist – zum Beispiel dadurch, dass der Landstromanschlussstecker herausgezogen wird – und gegen versehentliches Einschalten gesichert ist. Beispiel: Der Skipper – eine elektrotechnisch unterwiesene Person – will eine zusätzliche Steckdose im Motorraum installieren und hat den Hauptschalter ausgeschaltet. Der Bootsmann (oder -frau) kommt vom Einkaufen zurück und will den Skipper mit einem Dessert überraschen, bei dessen Zubereitung ein Handmixer gebraucht wird. Der Bootsmann wundert sich zwar, dass der Hauptschalter aus ist, denkt sich aber nichts dabei und schaltet diesen wieder ein. So erhält der Skipper seine Überraschung – allerdings nicht in Form eines Desserts, sondern als Stromschlag. Elektro-Fachunternehmen verwenden für diese Zwecke ein Schild mit der Aufschrift „Nicht schalten, es wird gearbeitet", das an dem betreffenden Schalter befestigt wird.

Der „Abschaltzwang" gilt für alle Arbeiten an der 230-Volt-Anlage, auch wenn scheinbar keine Gefahr besteht, weil ein Fehlerstrom-Schutzschalter (abgekürzt RCD, früher FI-Schalter) installiert ist und damit die Gefahr eines tödlichen Stromschlags gebannt zu sein scheint. Es gibt einige Möglichkeiten, einen tödlichen Stromschlag auch bei ordnungsgemäß installiertem und funktionierendem RCD zu erhalten. Werden zum Beispiel beide stromführenden Leiter berührt, löst der Schalter nicht aus, da kein Differenzstrom entsteht.

Elektroinstallateure, die an Land ab und zu gezwungen sind, an Anlagen unter Spannung zu arbeiten, sind mit einer persönlichen Schutzausrüstung ausgestattet, die vor Stromschlägen schützt – Gummimatten als Standfläche, Gummihandschuhe und so weiter. Diese habe ich bisher auf keinem Freizeitschiff vorgefunden – daher noch einmal: Unter keinen Umständen darf an der 230-Volt-Anlage gearbeitet werden, wenn diese nicht sicher abgeschaltet ist!

Regel Nummer 2: Man sollte nur Arbeiten durchführen, wenn man genau weiß, was man tut und welche Konsequenzen sich aus dieser Tätigkeit ergeben können.

Hier sind manchmal selbst elektrotechnische Fachkräfte überfordert, da Bordnetze auf Wasserfahrzeugen einige sicherheitsrelevante Eigenheiten aufweisen, die an Land einfach nicht vorkommen.

Ein Beispiel: In der Hausinstallation liegen Außen- und Neutralleiter (früher: Phase und Nullleiter) eindeutig fest. In einem unpolarisierten Bordnetz ist dies nicht der Fall: Hier kann der Neutralleiter zum Außenleiter werden und umgekehrt – woraus sich einige Anforderungen an die Absicherung ergeben, die an Land vollkommen unbekannt sind.

Das 12- oder 24-Volt-Gleichstrombordnetz

Hier lauern andere Gefahren. Tödliche Stromschläge kann man sich hier selbst dann nicht holen, wenn man es darauf anlegt. Diese wohlbekannte Tatsache führt oft dazu, dass dieser Teil der Bordelektrik als harmlos angesehen wird und man keine besonderen Vorsichtsmaßnahmen beachtet, wenn man daran arbeitet. Was dabei vergessen wird, ist, dass Bleibatterien in der Größe, wie sie auf Yachten allgemein eingesetzt werden, genug Energie speichern können, um damit die elektrischen Verbraucher mehrere Tage betreiben zu können. Bei einem Kurzschluss in einem unabgesicherten Stromkreis wird diese Energie innerhalb von Sekundenbruchteilen freigesetzt, die Stromstärke wird dabei nur durch den – niedrigen – Innenwiderstand der Batterie und die Kabelwiderstände begrenzt. So können mehrere hundert Ampere fließen, die dazu führen, dass die im Bootsbereich üblicherweise benutzten Leitungen innerhalb von Sekunden in Flammen aufgehen. Sind diese hinter Wegerungen oder in Schapps verlegt, ist es nur eine Frage der Zeit, bis auch diese Feuer fangen. Löschversuche sind dann in den seltensten Fällen erfolgreich, weil das Feuer hinter den Verkleidungen schwelt und es in der Regel nicht möglich ist, diese schnell genug zu entfernen.

Daraus ergibt sich die erste Regel: Arbeiten an unabgesicherten Teilen der 12- oder 24-Volt-Anlagen dürfen nur ausgeführt werden, wenn die Anlage abgeschaltet ist. Die meisten nicht

abgesicherten Stromkreise liegen in unmittelbarer Nähe der Batterien; hier kommen noch einige zusätzliche Risiken ins Spiel, die in erster Linie dadurch entstehen, dass eine Batterie im geladenen Zustand viel Energie auf verhältnismäßig kleinem Raum enthält. Ein Vergleich: Die in einer 100-Amperestunden-Batterie enthaltene Energie entspricht ungefähr der von einem halben Liter Benzin. Was Letzterer in Verbindung mit einem Zündfunken in der Bilge eines Schiffes anrichten kann, weiß man noch aus der Führerscheinprüfung – über Batterien wird dort selten gesprochen. Hinzu kommt, dass die sogenannten „Geschlossenen Batterien", also solche mit flüssigem Elektrolyten, gegen Ende des Ladevorgangs gasen – sie produzieren Wasserstoff und Sauerstoff, landläufig auch als „Knallgas" bekannt. Hier reicht unter Umständen ein kleiner Funke, um die Batterie zur Explosion zu bringen. Das Schlimme dabei ist jedoch nicht die Wucht der Explosion, sondern dass die Umgebung der Batterie mit ätzender Batteriesäure getränkt wird. Eine der häufigen Folgen eines solchen Unfalls ist, dass die Person, die den Funken verursacht hat, ihr Augenlicht verliert.
Daraus ergeben sich folgende Regeln:

■ Strom durch Menschen

Die Auswirkungen eines elektrischen Stroms durch den menschlichen Körper hängen nur indirekt von der Spannung (Volt) ab. Entscheidend ist die Stromstärke (Ampere oder Milliampere), die von der Größe der Berührungsfläche, dem elektrischen Widerstand des Körpers, der Hautfeuchtigkeit und anderen Faktoren abhängt. Allgemein wird der Widerstand mit etwa 1.000 Ohm angesetzt. Bereits bei Stromstärken zwischen 0,5 und 12 Milliampere treten Muskelreizungen auf; bis 30 Milliampere treten Verkrampfungen und Atembeschwerden auf. Zwischen 30 und 50 Milliampere beginnt die Gefahr des Herzkammerflimmerns – eines lebensbedrohlichen Zustands, dessen Wahrscheinlichkeit mit 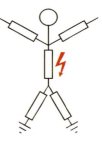 zunehmender Stromstärke steigt. Ab 50 Milliampere besteht eine Wahrscheinlichkeit von 5 Prozent für das Auftreten des Kammerflimmerns, bei 80 Milliampere liegt diese bereits auf 50 Prozent. Steigt die Stromstärke weiter an, treten Herzstillstand, Atemstillstand und Verbrennungen auf. Bei einem Körperwiderstand von 1.000 Ohm entsprechen die dafür erforderlichen Spannungen genau der Stromstärke in Milliampere – bereits ab einer Wechselspannung von 30 Volt kann der Stromschlag lebensgefährlich werden. Aber auch, wenn der Strom nicht durch den Brustkorb fließt und daher nicht unmittelbar zu Herz- und Atemstillstand führt, kann ein Stromschlag tödliche Folgen haben. Treten massive Verbrennungen in vom Strom durchflossenen Gewebe auf, entstehen giftige Eiweißprodukte, die vom Körper nicht abgebaut werden und noch nach mehreren Tagen zum Tode führen können. Alle Schutzmaßnahmen an Bord zielen daher darauf ab, gefährliche Berührungsspannungen gar nicht erst entstehen zu lassen (Schutzerdung) oder die Stromstärke zu begrenzen (Fehlerstromschutzschalter). Ebenso gefährlich wie die direkten Wirkungen des Stroms können die sogenannten sekundären Folgen sein, wenn zum Beispiel infolge der schon von geringen Stromstärken ausgelösten unwillkürlichen Muskelkontraktionen ein Crewmitglied außenbords geht oder den Niedergang hinunterstürzt.

- Werkzeuge dürfen grundsätzlich nicht auf Batterien abgelegt werden, da sie einen Kurzschluss zwischen den Polen verursachen können.

- Nach Ladevorgängen dürfen keine Leitungen von der Batterie ab- oder an die Batterie angeklemmt werden, damit keine Funken entstehen. Selbst bei ausreichender Belüftung sollte einige Minuten gewartet werden, bevor man an oder in der Nähe der Batterie arbeitet. Sicherheitshalber sollte eine Schutzbrille getragen werden.

- Wird eine Batterie abgeklemmt, sollte immer erst die Klemme am Minuspol abgenommen werden. Dann besteht keine Gefahr mehr, dass beim Abschrauben der Plusklemme versehentlich ein Kurzschluss dadurch verursacht wird, dass das Werkzeug gleichzeitig mit Teilen mit Minuspotenzial, zum Beispiel Motorteilen oder Kraftstoffleitungen, und dem Pluspol in Kontakt kommt.

- Bei Arbeiten an Batterien oder in der Nähe von unabgesicherten Leitungen, zum Beispiel der Kabel zwischen Batterie und Anlasser, dürfen keine metallischen Ringe, Armbänder oder Halsketten getragen werden. Diese können einen Kurzschluss verursachen, dessen Strom die Schmuckstücke zum Schmelzen bringen kann.

■ Knallgas

Eine weitere, fast unbekannte Gefahr entsteht aus der Eigenart der Batterien, während der Ladung Knallgas zu produzieren. Dieses Gasgemisch, welches aus Wasserstoff und Sauerstoff besteht, ist extrem explosiv und vor allem während und unmittelbar nach Ladevorgängen sowohl in als auch um die Batterie herum vorhanden. Mehrere Unfälle wurden dadurch verursacht, dass nach einer Batterieladung mit einem externen Ladegerät dessen Anschlussklemmen von den Batteriepolen abgenommen wurden, ohne das Ladegerät vorher auszuschalten. Der dabei entstehende Funke brachte das Knallgas zur Explosion, wodurch die Batterie zerstört wurde und die ganze Umgebung mit Batteriesäure getränkt wurde. Dies führte in einigen Fällen zur Erblindung der Menschen, die sich zum Zeitpunkt der Explosion in der Nähe der Batterie befanden. Daher sollte man bei Arbeiten an Batterien mit flüssigem Elektrolyten grundsätzlich eine Schutzbrille tragen.

Was ist Strom?

Elektrischer Strom wird physikalisch als die Bewegung von Ladungsträgern angesehen. Diese können negativ (Elektronen) oder positiv (Ionen) geladen sein. In festen Leitern, wie zum Beispiel in Metallen, können sich nur Elektronen bewegen. In flüssigen Leitern (Elektrolyten) können sich auch Ionen fortbewegen, zum Beispiel bei elektrochemischen Vorgängen, wo Metallionen durch das Seewasser wandern. Einen metallischen Leiter kann man sich so vorstellen, dass sich um die Atome jede Menge Elektronen tummeln, die nichts zu tun haben. Wird eine Seite des Leiters mit weiteren Elektronen konfrontiert – etwa dadurch, dass eine Spannung angelegt wird –, weichen die Elektronen im Leiter zurück, weil sie ja dieselbe Ladung aufweisen wie die neuen, eben eine negative. Die neuen Elektronen schieben sozusagen die Elektronen im Leiter vor sich her, sodass am anderen Ende Elektronen austreten. Dieser Vorgang ist vergleichbar mit dem Fortschreiten einer

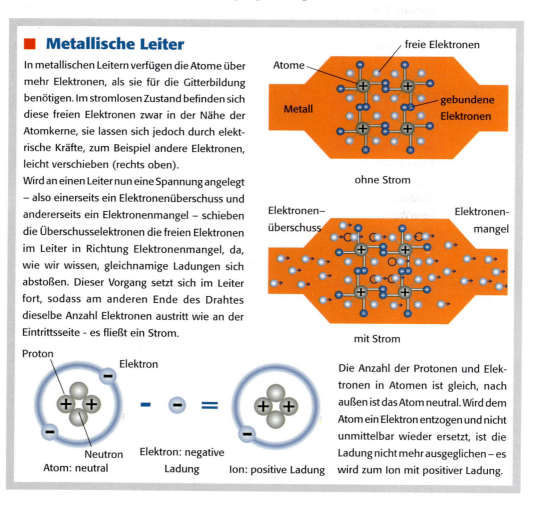

■ **Metallische Leiter**

In metallischen Leitern verfügen die Atome über mehr Elektronen, als sie für die Gitterbildung benötigen. Im stromlosen Zustand befinden sich diese freien Elektronen zwar in der Nähe der Atomkerne, sie lassen sich jedoch durch elektrische Kräfte, zum Beispiel andere Elektronen, leicht verschieben (rechts oben).

Wird an einen Leiter nun eine Spannung angelegt – also einerseits ein Elektronenüberschuss und andererseits ein Elektronenmangel – schieben die Überschusselektronen die freien Elektronen im Leiter in Richtung Elektronenmangel, da, wie wir wissen, gleichnamige Ladungen sich abstoßen. Dieser Vorgang setzt sich im Leiter fort, sodass am anderen Ende des Drahtes dieselbe Anzahl Elektronen austritt wie an der Eintrittsseite - es fließt ein Strom.

Die Anzahl der Protonen und Elektronen in Atomen ist gleich, nach außen ist das Atom neutral. Wird dem Atom ein Elektron entzogen und nicht unmittelbar wieder ersetzt, ist die Ladung nicht mehr ausgeglichen – es wird zum Ion mit positiver Ladung.

Welle im Wasser: Hier führen die Wasserteilchen auch nur geringe Bewegungen aus, geben ihren Impuls aber innerhalb der Flüssigkeit weiter. Die Bewegung der einzelnen Elektronen im Leiter ist verhältnismäßig langsam, sie beträgt bei den im Bootsbereich üblichen Stromstärken einige Zehntelmillimeter je Sekunde. Der Druck – oder korrekter, die Spannung – auf die Elektronen pflanzt sich jedoch wesentlich schneller fort. Dessen Geschwindigkeit in einem Kupferkabel liegt bei etwa zwei Dritteln der Lichtgeschwindigkeit, also etwa 200.000 Kilometer je Sekunde.

Gleich- und Wechselstrom

Um bei unserem Beispiel zu bleiben: Wandern die Elektronen im Leiter immer in dieselbe Richtung, haben wir es mit Gleichstrom zu tun. Man kann hier einen Plus- und einen Minuspol definieren, was leider auch geschehen ist, bevor man wusste, welche Ladung Elektronen aufweisen. Was schiefgehen kann, geht bekanntermaßen schief, und so wurde der technische Pluspol dahin gelegt, wo die Elektronen hinfließen, und der Minuspol ist der Pol, wo die Elektronen herkommen. Um die Menschen nicht vollständig zu verwirren,

■ Das Wassermodell

Die physikalischen Gegebenheiten der Elektrizität werden gerne anhand eines Wassermodells erläutert – mit dieser Tradition werden auch wir nicht brechen. In unserem Modell ist die Batterie durch zwei Wasserbehälter ersetzt, die den Plus- und den Minuspol darstellen. Die Batterie ist geladen, wenn im Pluspol mehr Wasser (Elektronen) enthalten ist als im Minuspol. Wird nun das Ventil (der Schalter) geöffnet (geschlossen), kann Wasser (Elektronen) vom Plus- zum Minuspol fließen. Auf dem Weg zum Minuspol treibt es eine Turbine (einen Verbraucher) an, der dem Wasser (den Elektronen) einen Widerstand entgegensetzt.
Die Spannung wird durch die Höhendifferenz und damit die Druckdifferenz in den Behältern dargestellt; je größer dieser ist, desto mehr Wasser (Strom) fließt durch die Rohrleitungen. Je größer der Widerstand in der Turbine wird, desto höher muss die Druckdifferenz (Spannung) sein, damit deren Drehzahl (Leistung) gleich bleibt. Werden die Leitungen (Kabel) dünner, kann weniger Wasser (Strom) fließen, es sei denn, der Druck (die Spannung) wird erhöht.

wurde diese Bezeichnung der Pole trotzdem beibehalten. Wechseln sich Plus- und Minuspol der „Elektronenquelle" ab, bewegen sich die Elektronen im Leiter hin und her und es entsteht Wechselstrom. Hier kann man keinen Pol festlegen, da er mit der Frequenz der Spannung wechselt. Als Frequenz wird die Anzahl der vollständigen Schwingungen je Sekunde bezeichnet, die Einheit dafür ist Hertz (Hz) oder s^{-1}. Unser Landstrom kommt mit 50 Hertz, während zum Beispiel in den USA die Frequenz 60 Hertz beträgt. Dies kann unter bestimmten Bedingungen zu Schwierigkeiten führen, weil zum Beispiel die Drehzahl von netzbetriebenen Elektromotoren von der Frequenz bestimmt wird, ebenso wie die Leistungsverhältnisse in Transformatoren.

Spannung

Die Spannung wird in Volt (V) angegeben und bezeichnet den Unterschied zwischen den Ladungen an Plus- und Minuspol. Sie lässt sich anschaulich in unserem Wassermodell mit der Druckdifferenz der Wassersäulen vergleichen. Je höher die Spannung (je größer die Zahl der Ladungsträger), desto höher ist der Druck (die Spannung) und desto mehr Elektronen bewegen sich bei ansonsten gleichen Bedingungen durch den Leiter. Das Formelzeichen für die Spannung ist U.

Schaltzeichen

In Schaltplänen werden Leiter durch gerade Linien dargestellt (1). Kreuzende Leiter ohne elektrische Verbindung werden als einfaches Kreuz dargestellt (2). Besteht eine elektrische Verbindung, kommt ein Punkt hinzu (3).

■ Stromkreise

Zu einem Stromkreis gehören mindestens eine Stromquelle, zwei Leiter und ein Verbraucher. Zusätzlich können Schalter, Sicherungen, Relais und eine ganze Reihe weiterer Elemente vorhanden sein, mit denen der Strom unterbrochen, geregelt und verteilt werden kann.

Aus der Stromquelle, im Beispiel eine Batterie, fließt der Strom durch den Hinleiter zum Verbraucher, einer Leuchte. In diesem verrichtet er seine Arbeit und fließt dann durch den Rückleiter zurück zur Stromquelle. Auf dieses Prinzip lassen sich alle Stromkreise zurückführen, und auch komplizierte Schaltpläne bestehen im Grunde bloß aus einer Vielzahl solcher Kreise.

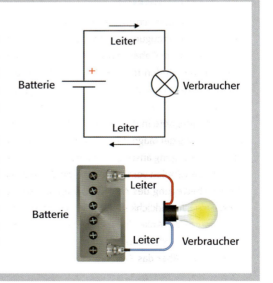

Stromstärke

Oft auch nur „Strom" genannt. Sie wird in Ampere (A) angegeben, in Formeln wird das Zeichen I verwendet. Sie bezeichnet die Menge der Ladungsträger (Elektronen oder Ionen), die in einer bestimmten Zeit durch den Leiter fließen. Im Wassermodell entspricht dies der Wassermenge, die in einem Zeitintervall durch die Leitung fließt. In Stromkreisen gibt es folgenden Zusammenhang zwischen Spannung und Stromstärke: je höher die Spannung, desto größer der Strom.

Leistung

ist das Produkt aus Strom und Spannung und wird in Watt (W) oder Vielfachem davon, etwa Milliwatt (mW) oder häufiger Kilowatt (kW) angegeben. Zwei Beispiele: Durch eine Glühlampe fließt bei einer Spannung von 12 Volt ein Strom von 2,1 Ampere. Daraus ergibt sich deren Leistung zu 12 · 2,1 = 25,2, abgerundet zu 25 Watt. Ein Elektroherd braucht bei 230 Volt Netzspannung 25 Ampere, die Leistung beträgt hier also 230 · 25 = 5.750 Watt oder 5,75 Kilowatt. Das Formelzeichen für die Leistung ist P.

Widerstand

Ein ganz wichtiger Begriff in der Elektrotechnik. Die Einheit ist Ohm (Ω), das Formelzeichen R. Er hat zwei Bedeutungen: Erstens bezeichnet er ein Bauteil, das in Stromkreisen eingesetzt

■ Wechselstrom

Wechselstrom lässt sich gut erklären, wenn man sich das Prinzip der Erzeugung anschaut. Das funktioniert etwa so: In einem Gehäuse rotiert ein sogenannter Anker, dessen Enden magnetisch sind. Außen auf dem Gehäuse sitzen zwei Spulen, die sich genau gegenüberliegen. Dreht sich nun der Anker, induzieren die Magnete in den Spulen eine Spannung, die der Polung der Magneten entspricht und die mit der Drehbewegung ansteigt und absinkt. Die Spannung an den Spulen verhält sich wie die Projektion der Kreisbewegung des Ankers und verläuft somit sinusförmig. In Wirklichkeit sieht das natürlich ganz anders aus – der Anker hat mehr Pole, und es gibt mehr Spulen, und auf dem Anker ist oft noch eine Wicklung ... – Aber das Prinzip stimmt!

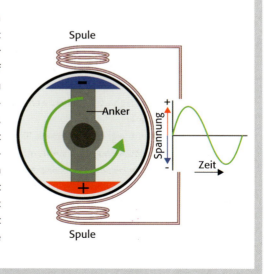

wird, um Spannungen zu verringern – etwa, um eine 12-Volt-Leuchte an einer 24-Volt-Batterie betreiben zu können – oder um einen Spannungsabfall zu erzeugen, zum Beispiel zur Messung eines Stromes. Die zweite Bedeutung: Der Widerstand ist eine physikalische Eigenschaft jedes Leiters und jedes Verbrauchers. Dies lässt sich so erklären: Während ihrer Wanderung durch den Leiter treffen die Elektronen immer wieder einmal auf Hindernisse wie zum Beispiel Atomkerne und werden daran abgebremst. Dies vermindert den allgemeinen Elektronenfluss, es setzt ihm einen Widerstand entgegen (daher die Bezeichnung). Dieser Widerstand ist werkstoffabhängig, bei Kupfer beträgt er zum Beispiel 0,0164 $\Omega \cdot mm^2/m$, das heißt, ein Kupferdraht mit einem Querschnitt von einem Quadratmillimeter und einer Länge von einem Meter hat einen Widerstand von 0,0164 Ohm. Je dicker der Leiter, desto kleiner ist der Widerstand, und je länger der Leiter ist, desto größer wird dieser. Dieses Bild lässt sich direkt auf unser Wassermodell übertragen: Dünne Leitungen lassen bei gleichem Druck weniger Wasser durch als dicke Rohre. Das elektrische Bauteil „Widerstand" kann mit einer Querschnittsverengung in der Leitung verglichen werden.

Schaltzeichen

Widerstände werden in Schaltplänen als rechteckige Kästen (1) dargestellt. Veränderliche Widerstände (2) sind durch einen Pfeil gekennzeichnet, haben diese einen Abgriff (Potentiometer), ist der Pfeil mit einem Anschluss versehen (3).

■ Widerstände im Bordnetz

Fast alle Störungen, Schäden und Ausfälle in Bordnetzen lassen sich direkt oder indirekt auf Widerstände zurückführen. Schauen wir uns zunächst das Beispiel an: Die Leiterwiderstände haben wir ausnahmsweise als Bauteile im Schaltplan dargestellt. Sie sollen jeweils ein Ohm betragen. Der Strom im Stromkreis beträgt ein Ampere. Nach dem Ohm'schen Gesetz fällt an jedem Widerstand ein Volt ab (1A · 1Ω = 1V). Folge: Am Verbraucher kommen nur noch 10 Volt an, weil insgesamt 2 Volt in den Leitungen verloren gehen. Werden die Widerstände in den Leitern zu groß, kann der Verbraucher nicht mehr funktionieren, wenn zum Beispiel die Kabelquerschnitte zu klein gewählt wurden und Übergangswiderstände an Schaltern und Steckverbindern hinzukommen. Allgemein sollen Leiter so dimensioniert werden, dass die durch Widerstände bedingten Spannungverluste unter zehn Prozent bleiben.

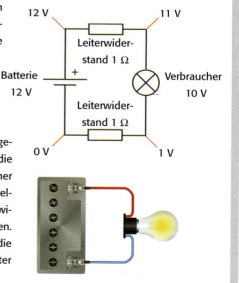

Das Ohm´sche Gesetz

beschreibt den Zusammenhang zwischen Spannung, Strom und Widerstand und wird, direkt oder indirekt, bei jeder elektrischen Anlage angewendet. Es lautet:

$$I = U : R$$

und besagt in etwa Folgendes: Der Strom durch einen Leiter ist umso größer, je höher die Spannung und je geringer der Widerstand ist. Oder, anders ausgedrückt: Hohe Spannung gibt hohen Strom bei gleichem Widerstand (und umgekehrt). Deshalb wird Strom über lange Strecken mit sehr hohen Spannungen – 110.000 Volt und mehr – transportiert, da dann der Spannungsabfall im Leiter kaum ins Gewicht fällt.
Eine einfache Umstellung führt zu

$$U = R \cdot I$$

und lässt erkennen, dass an einem großen Widerstand bei gleichem Strom eine hohe Spannung abfällt oder dass ein großer Strom bei gleichem Widerstand ebenfalls eine hohe Spannung bewirkt. Also: Je größer der zu erwartende Strom ist, desto größer muss auch der Kabelquerschnitt gewählt werden, damit der Spannungsabfall nicht zu hoch wird.
Die dritte Form des Ohm´schen Gesetzes lautet:

$$R = U : I$$

und kann zum Beispiel dazu benutzt werden, den erforderlichen Leiterquerschnitt bei einem gegebenen Strom zu bestimmen. Ein Beispiel: Der Spannungsabfall soll fünf Prozent der Nennspannung, in unserem Fall $12 \cdot 0{,}05 = 0{,}6$ Volt, nicht überschreiten. Damit ist $U = 0{,}6$ V. Als Verbraucher nehmen wir eine Ankerwinde mit einer Leistung von 600 Watt, geteilt durch die Spannung ergibt dies einen Strom von 50 Ampere. Der höchstzulässige Leitungswiderstand darf dann nicht mehr als $0{,}6$ V $: 50$ A $= 0{,}012$ Ω betragen. Nimmt man nun einen spezifischen Widerstand von Kupferkabel von $0{,}0164$ $\Omega \cdot mm^2 / m$ an und geht von einer Gesamtlänge der Leitung von 10 Metern aus, muss das Kabel mindestens einen Querschnitt von $0{,}0164 : 0{,}012 \cdot 10 = 13{,}67$ Quadratmillimetern aufweisen.
Obwohl es eigentlich noch ein wenig zu früh ist, hierzu eine Anmerkung: Der Leiterquerschnitt wird von zwei Faktoren bestimmt. Dies ist einmal, wie wir gerade gesehen haben, der zulässige Spannungsabfall in der Leiter, und zum zweiten die Belastbarkeit des Kabels, also wenn der Strom so groß wird, dass die Isolation unzulässig hoch erhitzt würde. Letzteres ist in den einschlägigen Normen und Regelwerken festgelegt, zum Beispiel in der DIN EN ISO 10133. Die nach diesen beiden Verfahren ermittelten Werte stimmen so gut wie nie überein; bei kurzen Leitungen wird in der Regel nach der Belastbarkeit ausgewählt, bei

langen Leitungen nach dem Spannungsabfall. So hält ein Kabel mit einem Querschnitt von 1,0 Quadratmillimetern den Strom der Dreifarbenlaterne im Masttopp locker aus, der Spannungsabfall in der oft über 20 Meter langen Leitung läge jedoch bei über 15 Prozent. Genau das Gegenteil trifft auf das Kabel zwischen Batterie und Anlasser zu: Dies ist meistens nur etwa einen Meter lang – hier entscheidet die Belastbarkeit, weil der Spannungsabfall in diesem kurzen Kabel vernachlässigbar ist.

Energie, Verbrauch und Kapazität

Diese drei Begriffe hängen eng zusammen. Sie bezeichnen eine Leistung, die über eine bestimmte Zeit erbracht wird und wird in Wattstunden (Wh), Kilowattstunden (kWh) oder, bei Batterien, in Amperestunden (Ah) angegeben. Wird eine Leistung von 2.000 Watt über drei Stunden erbracht, ist eine Energie von 6.000 Wattstunden – oder 6 Kilowattstunden verbraucht.

Die Kapazität von Batterien wird in Amperestunden angegeben. Da die Spannung in diesem Fall festliegt, zum Beispiel 12 oder 24 Volt, ergibt sich hier die Energie aus der Multiplikation von Kapazität mit der Nennspannung. Dies ist insofern ganz nützlich, als dass bei fast allen

■ Groß- und Kleinverbraucher

Intuitiv nimmt man oft an, dass Geräte mit einer hohen Leistung die Batterie stärker belasten als Geräte mit mittlerer oder niedriger Leistung. Rechnet man hier nach, kommt man oft zu überraschenden Ergebnissen: Der Anschlusswert der Ankerwinde (rechts) beträgt 1.200 Watt, der des Kühlaggregats (links) 42 Watt. Aber: Das Kühlaggregat läuft 24 Stunden am Tag, während die Ankerwinde nur wenige, sagen wir, drei Minuten in Betrieb ist. Geht man von einer Einschaltdauer (ED) von 50 Prozent aus, verbraucht das Kühlaggregat

24 h · 50 % · 42 W = 504 Wh,

die Ankerwinde jedoch nur

0,05 h · 1.200 W = 60 Wh.

Teilt man diese Werte durch die Batteriespannung von 12 Volt, verbraucht das Kühlaggregat fast die halbe Kapazität einer 100-Amperestunden-Batterie, während die Ankerwinde lediglich fünf Amperestunden entnimmt.

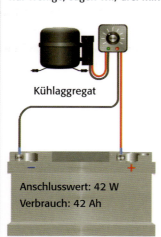

Kühlaggregat

Anschlusswert: 42 W
Verbrauch: 42 Ah

Ankerwinde

Anschlusswert: 1.200 W
Verbrauch: 5 Ah

Gleichstromverbrauchern neben der Spannung auch der Strom angegeben ist, der für den Betrieb erforderlich ist. So kann man verhältnismäßig einfach berechnen, wie lange eine Batterie zum Beispiel den Kühlschrank betreiben kann, bis sie entladen ist. Nehmen wir an, wir haben eine 12-V-Bordnetzbatterie mit einer Kapazität von 90 Amperestunden und einen Kühlschrank, dessen Kompressor mit einem Strom von 3,5 Ampere läuft. Würde der Kühlschrank ständig durchlaufen, wäre die Batterie nach 90 : 3,5 = 26,7 Stunden entladen. Der Energieverbrauch beträgt in diesem Fall 30 · 3,5 · 12 = 1.260 Wattstunden oder 1,26 Kilowattstunden.

Ein anderes Beispiel: Kochen mit Elektroherden wird an Bord oft für nicht sinnvoll gehalten, da der Stromverbrauch der Herde zu groß sei. Rechnen wir nach: Ein Standard-Kochfeld hat einen Anschlusswert (maximale Leistung) von etwa sechs Kilowatt. Der tatsächliche Verbrauch während des Kochens liegt jedoch wesentlich niedriger, da nur äußerst selten alle Platten in Betrieb sein dürften. Gehen wir von einer Kochzeit von 30 Minuten und einer tatsächlichen Leistung von 2,5 Kilowatt für ein mittleres Abendessen aus, ergibt sich ein Energieverbrauch von 2.500 · 0,5 = 1.250 Wattstunden. Beziehen wir diesen Energieverbrauch auf ein Etmal, steht der Elektroherd auf den ersten Blick gar nicht so schlecht da. Dem aufmerksamen Leser wird natürlich nicht entgangen sein, dass wir hier Äpfel mit Birnen verglichen haben: Bei dem Kühlschrank sind wir davon ausgegangen, dass dieser die ganze Zeit mit maximaler Leistung läuft – was selbst in den Tropen nur in den seltensten Fällen zutreffen dürfte –, während wir bei dem Herd einen tatsächlichen Verbrauch, der weit unter der maximalen Leistung liegt, angenommen haben.

Aber dieser Vergleich zeigt etwas anderes: In der Regel neigt man dazu, den Energieverbrauch von Geräten mit geringem Stromverbrauch, die jedoch häufig und lange betrieben werden, zu unterschätzen, während der Energiebedarf sogenannter Großverbraucher wie zum Beispiel Ankerwinde, Bugstrahlruder oder eben Herd überschätzt wird – einer der Gründe, weshalb es wichtig ist, für die Dimensionierung der Bordnetzbatterie die einzelnen Verbraucher mit deren voraussichtlichen Laufzeiten in einer Energiebilanz sorgfältig aufzulisten.

Im Wassermodell entspricht die Energie der Menge des Wassers, welches vom Plusbehälter zum Minusbehälter fließt.

Bauteile, Schaltzeichen und Schaltpläne

Schaltpläne oder auch Stromlaufpläne sind eine vereinfachte Darstellung der elektrischen Verbindungen der Elemente einer elektrischen Anlage. Sie können sehr verwirrend aussehen, vor allem, wenn größere Anlagen, wie zum Beispiel das gesamte Bordnetz, in einem Plan gezeigt sind. Kennt man das Prinzip der Darstellung und die Bedeutung der darin verwendeten Symbole, kann man jedoch auch als Laie bald den Stromverlauf in diesen Plänen verfolgen. Darum geht es in Schaltplänen: Sie zeigen die Verbindung der einzelnen Elemente des Bordnetzes in abstrahierter Form, eine Art der Darstellung, die zwar nichts mit dem wirklichen Aussehen der Anlage oder des Systems gemein hat, es aber ermöglicht, durch die Vereinfachung eventuelle Schadensstellen und Ausfallursachen einzugrenzen.

Aufgelöste oder zusammenhängende Darstellung?

Aufgelöste und zusammenhängende Darstellungen unterscheiden sich durch den Abstraktionsgrad. In der KFZ-Technik wird oft mit zusammenhängenden Darstellungen gearbeitet,

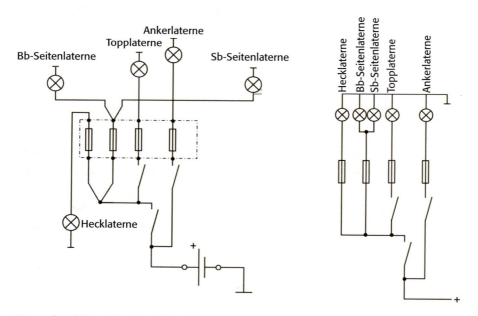

Stromlaufplan der Positionslaternen: zusammenhängende (links) und aufgelöste Darstellung (rechts). Unten die verwendeten Schaltzeichen.

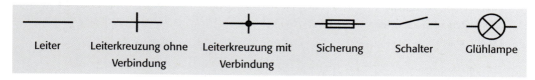

aus denen die räumliche Anordnung der Bauteile und Leitungen noch teilweise erkennbar ist. Man erkennt die zusammenhängende Darstellung daran, dass die Leiter nicht nur horizontal und vertikal verlaufen, sondern auch in Winkeln, die 15 Grad oder ein Vielfaches davon betragen. Obwohl – oder vielleicht auch, weil – die aufgelöste Darstellung weiter abstrahiert als die zusammenhängende, ist sie oft übersichtlicher und für die Fehlersuche und das Systemverständnis besser geeignet. In beiden Arten der Darstellung werden dieselben Schaltzeichen verwendet, sodass man in der Regel beide lesen kann, wenn man einmal den grundsätzlichen Zugang gefunden hat.

Getreu dem Motto „vom Einfachen zum Komplizierten" werden wir jetzt nicht mit der Diskussion des Schaltplans der kompletten Elektroanlage eines 20-Meter-Motorseglers beginnen, sondern uns von unten nach oben arbeiten. Fangen wir mit der Beschreibung der in elektrischen Anlagen auf Yachten allgemein verbreiteten Bauelemente und deren Schaltzeichen an.

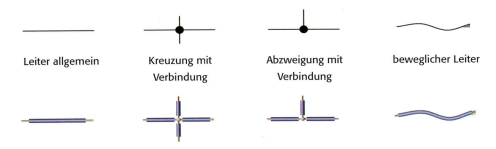

Kabel und Leiter

Fest verlegte Kabel und Leiter werden als gerade Linien dargestellt. Sind die Leiter beweglich, werden sie als Schlangenlinien gezeigt. Kreuzungspunkte und Abzweigungen sind durch einen Punkt gekennzeichnet.

Besonders in zusammenhängenden Stromlaufplänen werden Leiter oft in Kabelbäumen zusammengefasst. Abzweigungen werden hier nicht mit Punkten gekennzeichnet, dafür kann man aber die Richtung des Abzweigs aus dem Symbol entnehmen. Ist die Anordnung der Leiterenden auf beiden Seiten gleich, ist zwischen den „Leiterenden" und dem „Kabel-

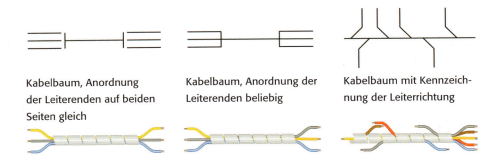

baum" ein Zwischenraum, ist die Anordnung beliebig, sind die Leiterenden durchgezogen. Ab und zu sind Kabelbäume so dargestellt, dass die Leiterrichtung erkennbar ist.

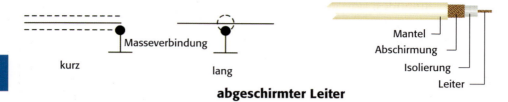

abgeschirmter Leiter

Einige Kabel im Schiff, zum Beispiel Antennenkabel, sind mit einer Abschirmung versehen. Dies ist eine Hülle aus Kupfergeflecht und/oder Aluminiumfolie um den Innenleiter und soll verhindern, dass Störungen aus elektrischen Feldern in den Leiter eindringen. Sie werden durch einen unterbrochenen Kreis um den Leiter dargestellt - bei kurzen Leitern auch durch zwei unterbrochene Linien. Meistens ist die Abschirmung mit Masse verbunden und dient als Minusanschluss.

Die Eigenschaften von Kabeln und Leitern, deren Installation und die Anforderungen, die sie für den Einsatz auf Yachten erfüllen müssen, werden wir eingehend in den Kapiteln „Das Gleichstrom-Bordnetz (DC)" und „Das Wechselstrom-Bordnetz (AC)" behandeln. Eins vorab: Wie schon in dem Abschnitt „Das Ohm´sche Gesetz" angedeutet, gibt es zwei Kriterien, nach denen Kabelquerschnitte bemessen werden: Dies ist zum einen die Belastbarkeit, die im Grunde danach definiert ist, wie hoch sich ein Leiter durch den Strom erhitzen darf, und zum zweiten der Spannungsabfall zwischen Stromquelle und Verbraucher durch den Ohm´schen Widerstand des Kabels, der für allgemeine Anwendungen (zum Beispiel Innenbeleuchtung) 10 und in einigen sicherheitsrelevanten Fällen (zum Beispiel Positionslaternen) 5 Prozent nicht überschreiten darf.

Masse

Diese ist zwar kein Bauteil, aber ein Begriff, der immer wieder auftaucht und in der Bordelektrik eine wichtige Rolle spielt. Ursprünglich bezeichnete er einen gemeinsamen Rückleiter, zum Beispiel die Karosserie eines Fahrzeugs, die als Minusleiter für das gesamte Bordnetz diente – der Strom zurück zur Batterie floss dort nicht durch separate Leiter, sondern durch das Blech der Fahrzeugteile. Dies wurde anfänglich auch auf Stahlschiffen praktiziert, führte dort jedoch aufgrund der salzhaltigen Umgebung und der im Schiffbau verwendeten unterschiedlichen Metalle sehr bald zu Korrosionserscheinungen, die nicht

nur verheerende Auswirkungen auf die Funktion der Elektroanlage hatten, sondern teilweise auch die Rümpfe angriffen.

Heute werden, zumindest auf Schiffen, auch die Minusleiter als Kabel ausgeführt. Masse ist heute als ein leitender Körper definiert, dessen Potenzial genau null Volt beträgt und gegen den alle anderen Spannungen gemessen werden. In fachgerecht ausgeführten Bordnetzen ist dies theoretisch ein zentraler Punkt, an den alle Minusleiter angeschlossen sind – was nicht unbedingt der Minuspol der Batterie sein muss. Alle Spannungsangaben im Bordnetz beziehen sich auf Masse. So steht am Minuspol der Bordnetzbatterie eine Spannung von 0 Volt – und nicht, wie oft irrtümlich angenommen -12 Volt, am Pluspol 12,6 Volt, und am Plus-Anschluss der Ankerwinde werden, bedingt durch den Spannungsabfall im Kabel, nur noch 10,5 Volt gegen Masse gemessen.

Ein mit der Masse verwandter Begriff ist die Erdung. Dieser bezeichnet eine Masse, die elektrisch leitend mit der Erde verbunden ist, womit im Wasser durchaus der Schiffsrumpf oder die Schiffserde gemeint sein können. In den einschlägigen Normen für kleine Wasserfahrzeuge wird „Masse" mit „Erdung" gleichgesetzt.

In den meisten Schaltplänen werden die Minusleiter nicht separat dargestellt, sondern durch das Massesymbol repräsentiert. Der Vorteil dieser Darstellungsart wird sofort deutlich, wenn man sich die Beispiele rechts anschaut: In der oberen Zeichnung – die Schaltung der Stromkreise der Positionslaternen – sind die Minusleiter einzeln bis zum Massepunkt dargestellt. Die Zeichnung in der Mitte, in der die Leiter durch

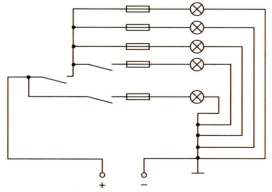

Schaltplan mit Darstellung der Minusleiter (oben) und mit Massesymbolen (unten).

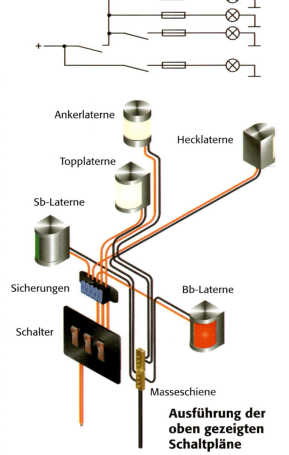

Ausführung der oben gezeigten Schaltpläne

Massesymbole ersetzt wurden, ist wesentlich kleiner und übersichtlicher. Unter den Schaltplänen ist die Ausführung der Schaltung mit den entsprechenden Teilen dargestellt.

Schalter, Taster und Relais

Schalter gibt es in den unterschiedlichsten Ausführungen, die von der Anzahl der Kontakte, der Art der Betätigung oder auch der Strombelastbarkeit bestimmt werden. Die einfachste Form ist der Schließer, in dem bei Betätigung ein Kontakt geschlossen wird. In Ruhestellung ist der Kontakt geöffnet. Die überwiegende Mehrzahl der Schalter an Bord sind Schließer, zum Beispiel die Schalter für Beleuchtung, Positionslaternen und Pumpen.

Werden Plus- und Minusleitung gleichzeitig geschaltet, kommen zweipolige Schließer zum Einsatz. Diese Schalter müssen zum Beispiel in vollständig isolierten („massefreien") Gleichstromsystemen, die ab und zu auf Aluminiumschiffen zu finden sind, verwendet werden. Ausnahme: Das Funkgerät muss auf allen Schiffen zweipolig abgeschaltet werden können.

Öffner sind im Ruhezustand geschlossen und öffnen bei Betätigung den Kontakt. Sie kom-

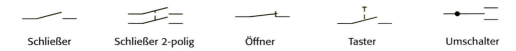

Schließer Schließer 2-polig Öffner Taster Umschalter

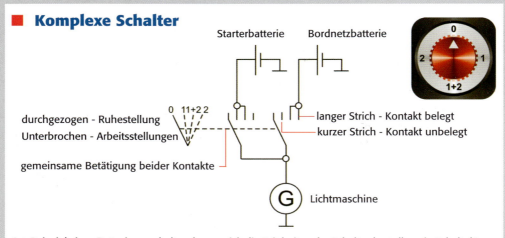

■ Komplexe Schalter

Am Beispiel eines Batterieumschalters lassen sich die Feinheiten der Schalterdarstellung in Schaltplänen gut darlegen. Die Betätigung erfolgt über einen Drehknebel, dessen Stellungen durch durchgezogene und unterbrochene Linien mit den entsprechenden Bezeichnungen dargestellt sind, im Beispiel mit 0 - 1 - 1+2 - 2. Die unterbrochene Linie zwischen den Kontakten und der Betätigung symbolisiert, dass die Schaltebenen gekoppelt sind. Die Belegung der Kontakte ist durch die Länge der Kontaktstriche angedeutet, kurze Kontakte sind nicht belegt.

men auf Schiffen kaum vor und sind hier nur der Vollständigkeit halber erwähnt. Taster schließen einen Kontakt, solange sie betätigt werden. Typische Anwendungen sind zum Beispiel der Hupenknopf oder Vorglühschalter von älteren Dieselmotoren.

Mit Umschaltern können zwei oder mehr Verbraucher wechselweise geschaltet werden. Diese Art Schalter wird oft verwendet, wenn die Verbraucher nicht gleichzeitig in Betrieb sein dürfen (zum Beispiel Doppelfarblaterne plus Hecklicht und Dreifarbenlaterne) oder wenn mehrere Quellen auf einen Verbraucher geschaltet werden sollen, zum Beispiel mehrere Tankgeber (Wassertank 1, Wassertank 2, Kraftstofftank) auf ein Anzeigeinstrument.

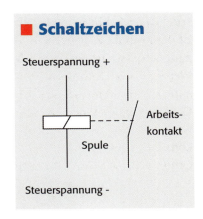

Relais

Relais kommen aus drei Gründen zum Einsatz: Erstens werden sie verwendet, wenn große Ströme mit kleinen Leistungen geschaltet werden sollen (zum Beispiel Ankerwindenmotoren mit einem Schalter an der Steuersäule), zweitens, wenn mehrere Verbraucher mit einem Schaltvorgang gesteuert werden sollen, drittens, wenn Verbraucher infolge eines bestimmten Ereignisses getrennt werden sollen (zum Beispiel durch ein Batterietrennrelais, sobald der Motor abgestellt wird). Obwohl sie für viele Eigner

■ Relais - Funktionsweise

Relais bestehen aus einem Elektromagneten und einem Kontaktpaar. Im Ruhezustand werden die Kontakte durch eine Feder auseinandergedrückt, im Arbeitsstromkreis kann kein Strom fließen (links). Wird an die Spule des Elektromagneten eine Spannung, die sogenannte Steuerspannung, angelegt, wird der Anker in die Spule gezogen. Die Kontaktplatte ist mit dem Anker verbunden, wird mitgezogen und die Kontakte schließen sich. Der Arbeitsstrom kann nun fließen (rechts).

Der Strom durch die Spule ist verhältnismäßig klein und bewegt sich meistens im Bereich einiger hundert Milliampere. Der Strom im Arbeitsstromkreis kann 100 und mehr Ampere betragen.

eher ein Buch mit sieben Siegeln darstellen, sind sie im Grunde nur Schalter, die anstelle von einem Finger durch einen Elektromagneten betätigt werden. Die Art und Anzahl der Kontakte sind hier ebenso vielfältig wie bei den Schaltern; im Bootsbereich werden jedoch in den meisten Fällen einpolige Schließer eingesetzt.

Die Notwendigkeit von Relais ergibt sich in den meisten Fällen daraus, dass die in der Yachtelektrik üblicherweise eingesetzten Schalter maximal 10 Ampere schalten können. Für größere Ströme sind sie nicht geeignet. Steuert man jedoch mit den Schaltern ein Relais an, lassen sich problemlos Ströme in der Größenordnung von mehreren hundert Ampere von der Steuersäule oder dem Kartentisch schalten.

Standard-Arbeitsrelais aus dem KFZ-Bereich, die bis 30 Ampere belastbar sind, werden zum Beispiel zur Steuerung von stärkeren Lenzpumpen eingesetzt. Die Trennung von Bordnetz- und Starterbatterie erfolgt mittels Trennrelais, die in der Standardausführung etwa 70 Ampere schalten können. Diese mechanischen Relais werden jedoch mittlerweile zunehmend von elektronischen Relais verdrängt, die auch größere Ströme fast verlust- und verschleißfrei

Von oben: Standard-Relais 30 A, Trennrelais 70 A, Hochstromrelais 150 A.

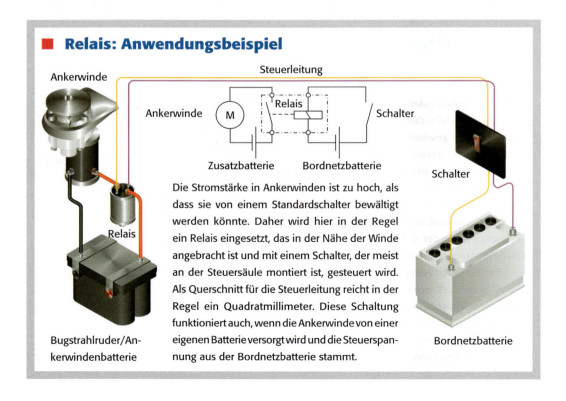

■ Relais: Anwendungsbeispiel

Die Stromstärke in Ankerwinden ist zu hoch, als dass sie von einem Standardschalter bewältigt werden könnte. Daher wird hier in der Regel ein Relais eingesetzt, das in der Nähe der Winde angebracht ist und mit einem Schalter, der meist an der Steuersäule montiert ist, gesteuert wird. Als Querschnitt für die Steuerleitung reicht in der Regel ein Quadratmillimeter. Diese Schaltung funktioniert auch, wenn die Ankerwinde von einer eigenen Batterie versorgt wird und die Steuerspannung aus der Bordnetzbatterie stammt.

schalten können. Ankerwinden, Bugstrahlruder und andere Großverbraucher werden über Hochstromrelais mit Strom versorgt, die, je nach Ausführung, mehrere hundert Ampere schalten können.

Widerstände

Messwiderstand (Shunt)

Sind in der Elektronik die am häufigsten verwendeten Bauteile. In Bordnetzen auf Yachten sind sie, wenn überhaupt, nur als Messwiderstände, auch Nebenschlusswiderstände oder Shunts genannt, zu finden. Diese funktionieren etwa so: Wie wir wissen, fällt an einem Widerstand, der von einem Strom durchflossen ist, eine Spannung ab (siehe „Das Ohm´sche Gesetz", Seite 18). Je höher der Strom, desto höher die Spannung. Man kann also über den Umweg der Spannungsmessung den Strom in einem Leiter messen, wenn man in diesen einen Widerstand einfügt. Da der Spannungsabfall möglichst klein sein soll – es soll ja möglichst viel von der ursprünglichen Spannung am

fester Widerstand   Messwiderstand   veränderlicher Widerstand   veränderlicher Widerstand mit Abgriff

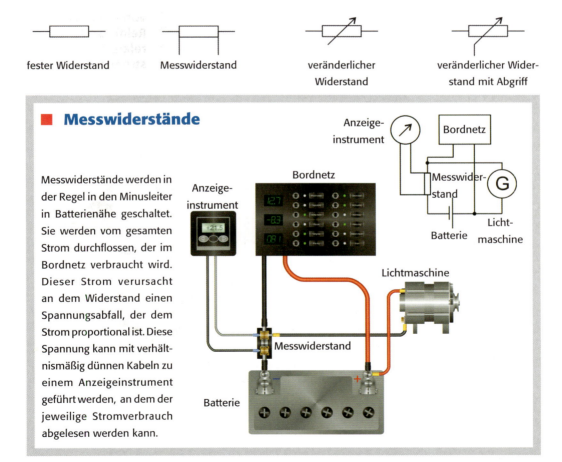

■ Messwiderstände

Messwiderstände werden in der Regel in den Minusleiter in Batterienähe geschaltet. Sie werden vom gesamten Strom durchflossen, der im Bordnetz verbraucht wird. Dieser Strom verursacht an dem Widerstand einen Spannungsabfall, der dem Strom proportional ist. Diese Spannung kann mit verhältnismäßig dünnen Kabeln zu einem Anzeigeinstrument geführt werden, an dem der jeweilige Stromverbrauch abgelesen werden kann.

Verbraucher ankommen – wird der Widerstand entsprechend klein gewählt. Üblich sind Werte von 0,0005 bis 0,001 Ohm. Dazu ein Beispiel: An einem Messwiderstand von 0,001 Ohm entsteht bei einem Strom von 100 Ampere eine Spannung von 0,1 Volt oder 100 Millivolt. Beträgt der Strom 1 Ampere, entsteht eine Spannung von 0,001 Volt oder ein Millivolt. Verwendet man zur Anzeige ein digitales Voltmeter mit einem Messbereich von 200 Millivolt, kann man damit bis zu 200 Millivolt entsprechend 200 Ampere mit ausreichender Genauigkeit anzeigen, da ein Millivolt in der Anzeige einem Ampere entspricht.

2 Dioden

Diese Teile entsprechen in unserem Wassermodell Rückschlagventilen und werden auf Yachten in Form von Trenndioden eingesetzt. In Drehstrom-Lichtmaschinen werden sie als Gleichrichter eingesetzt und sorgen dafür, dass aus der Lichtmaschine eben kein Drehstrom, sondern Gleichstrom herauskommt.
Dioden lassen Strom nur in eine Richtung (Durchlassrichtung) durch, die andere ist gesperrt. Wird Wechselspannung an eine Diode angelegt, kommt nur die positive Halbwelle durch – die negative ist gesperrt. In Durchlassrichtung verhält sich die Diode ein wenig wie ein Widerstand, sie verursacht einen Spannungsabfall, der jedoch nicht proportional zum Strom ist, sondern einen Mindestwert aufweist, der mit zunehmendem Strom ein wenig ansteigt. Der Spannungsabfall liegt, je nach Diodenmaterial, zwischen 0,3 und 0,7 Volt.
Ursprünglich wurden Dioden aus Germanium hergestellt. Germanium-Dioden sind jedoch nicht sehr belastbar, sodass sie in der Leistungselektronik mittlerweile fast vollständig von

Durchlassrichtung

Diode: Schaltzeichen

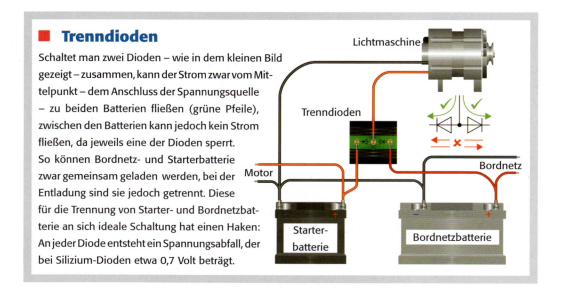

■ **Trenndioden**

Schaltet man zwei Dioden – wie in dem kleinen Bild gezeigt – zusammen, kann der Strom zwar vom Mittelpunkt – dem Anschluss der Spannungsquelle – zu beiden Batterien fließen (grüne Pfeile), zwischen den Batterien kann jedoch kein Strom fließen, da jeweils eine der Dioden sperrt. So können Bordnetz- und Starterbatterie zwar gemeinsam geladen werden, bei der Entladung sind sie jedoch getrennt. Diese für die Trennung von Starter- und Bordnetzbatterie an sich ideale Schaltung hat einen Haken: An jeder Diode entsteht ein Spannungsabfall, der bei Silizium-Dioden etwa 0,7 Volt beträgt.

Silizium-Dioden verdrängt wurden, deren thermische Eigenschaften wesentlich besser sind. Der Spannungsabfall der Silizium-Dioden liegt zwischen 0,5 und 0,7 Volt. Noch moderner sind die sogenannten Schottky-Dioden. Diese schalten schneller als Silizium-Dioden und zeigen einen geringeren Spannungsabfall, der bei etwa 0,3 Volt liegt.

Leuchtdiode

Leuchtdioden (Light Emitting Diodes, LED) setzen sich in letzter Zeit auch immer mehr als Beleuchtungskörper durch. Sie können mittlerweile sogar die althergebrachten Glühlampen in den Positionslaternen mit dem Segen des Bundesamts für Seeschifffahrt und Hydrographie (BSH) ersetzen Auch sie lassen den Strom nur in eine Richtung durch, wichtiger ist jedoch, dass sie Licht aussenden, wenn eine Spannung in Durchlassrichtung anliegt.

Leuchten

Leuchten werden allgemein als Kreis mit einem Kreuz dargestellt. Sonderformen, zum Beispiel Gasentladungsleuchten (Neonröhren), können, wenn eine detaillierte Anschlussbelegung gezeigt werden soll, mit einem eigenen Symbol dagestellt werden. Dies ist im Bootsbereich jedoch im Allgemeinen nicht üblich.

Motoren und Generatoren

Motoren treiben auf Yachten zum Beispiel Pumpen, Ankerwinden und Bugstrahlruder an. Ein Generator ist auf fast allen Yachten zu finden: die Lichtmaschine des Antriebsmotors. Das Grundsymbol ist auch ein Kreis, Motoren sind durch ein M, Generatoren durch ein G gekennzeichnet.

Sicherungen und Schutzschalter

Beide Elemente erfüllen dieselbe Aufgabe: Sie sollen Leitungen oder Geräte vor Schäden durch Ueberströme und Kurzschlüsse schützen. Alle Sicherungselemente arbeiten nach einem Grundsatz: Je höher der Strom, desto schneller erfolgt die Abschaltung. Der Strom, bei dem gerade noch nicht abgeschaltet wird, ist der Bemessungsstrom (früher Nennstrom).
In Schmelzsicherungen schmilzt im Auslösefall ein dünner Draht oder ein Metallstreifen – der Sicherungseinsatz wird unbrauchbar. Soll der Stromkreis wieder in Betrieb genommen werden, muss der Einsatz ausgetauscht werden.

Sicherungshalter mit 150-A-Schmelzeinsatz

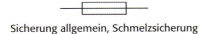
Sicherung allgemein, Schmelzsicherung

Schutzschalter

Schutzschalter, die, abhängig vom Einsatzbereich, auch Geräteschutzschalter, Leitungsschutzschalter und Leistungsschalter genannt werden, gibt es mit drei unterschiedlichen Auslösearten: magnetisch, thermisch, hydraulisch und Kombinationen, bei denen ein magnetischer Auslöser mit einer der beiden anderen Arten zusammenarbeitet. Im Gegensatz zu den Sicherungen können Schutzschalter nach dem Auslösen - und wenn die Störung beseitigt ist - wieder eingeschaltet werden.

Fehlerstromschutzschalter (RCD, GFCI oder FI-Schalter) sind keine Überstromschutzorgane, sondern lösen aus, wenn sich die Stromstärke im Rückleiter von der im Hinleiter unterscheidet. Sie dienen ausschließlich dem Personenschutz und können bereits bei sehr geringen Differenzströmen im Milliamperebereich auslösen.

Löst eine Sicherung oder ein Schutzschalter aus, kann man in der überwiegenden Mehrzahl der Fälle davon ausgehen, dass ein Defekt im Gerät oder in der abgesicherten Leitung vorliegt. Bevor man also den Schutzschalter wieder einschaltet oder die Schmelzsicherung ersetzt, sollte man erst einmal versuchen, die Ursache für das Auslösen zu finden und zu beseitigen. Auf keinen Fall darf man Schmelzsicherungen durch Einsätze mit höheren Nennströmen ersetzen, oder noch schlimmer, diese mit zum Beispiel Aluminiumfolie flicken. Eine Sicherung soll schließlich größere Schäden verhindern – durch Überbrücken fordert man diese geradezu heraus!

Spulen und Transformatoren

Diese sogenannten Induktivitäten kommen auf Yachten als einzelne Bauteile nur in zwei Formen vor: Spulen werden dazu benutzt, um die Antennen von Funkgeräten an den Sender anzupassen, und zur Trennung von Land- und Bordnetz werden Trenn- oder Polarisationstransformatoren eingesetzt. Ausnahme: An älteren Benzinmotoren findet man noch sogenannte Zündspulen, die jedoch eher als Transformatoren zu bezeichnen sind, da sie die Batteriespannung auf die Zündspannung von einigen zehntausend Volt hochtransformieren.

Trenntransformatoren hingegen verändern die Spannung nicht, das heißt, die Spannung am Ausgang des Trafos ist gleich der Eingangsspannung. Da die Leistungsübertragung im Trenntrafo jedoch nicht einfach mittels eines Kabels, sondern durch ein Magnetfeld erfolgt, gibt

Von oben: G-Sicherung, Flachstecksicherung, Streifensicherung, magnetisch-hydraulischer Schutzschalter, magnetisch-thermischer Schutzschalter, thermischer Schutzschalter

es keine direkte leitende Verbindung zwischen Land- und Bordnetz. Dadurch ist die Gefahr eines Unfalls, zum Beispiel infolge eines landseitigen Fehlers in der Elektroinstallation, erheblich verringert, da auf der Sekundärseite des Trafos ein eigenes, unabhängiges System installiert werden kann. Zudem wird die Gefahr einer durch den Schutzleiter verursachten elektrochemischen Korrosion erheblich verringert – Näheres dazu in den Kapiteln „Das Wechselstrombordnetz (AC)" und „Elektrochemische Korrosion".

■ Induktion

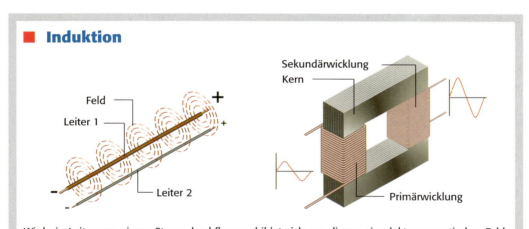

Wird ein Leiter von einem Strom durchflossen, bildet sich um diesen ein elektromagnetisches Feld. Ändert der Strom seine Richtung oder Stärke, führt dies zu einer Änderung des Feldes. Befindet sich ein zweiter Leiter im Bereich des Feldes, wird jede Änderung des Feldes in diesem einen Strom erzeugen (links). Dieser Effekt wird in Transformatoren dazu genutzt, zwei Stromkreise voneinander zu isolieren (zum Beispiel in Trenntrafos) oder Spannungen zu verändern (zum Beispiel in Ladegeräten). Bis auf ganz wenige Ausnahmen bestehen Transformatoren aus mindestens zwei Wicklungen, die auf einen gemeinsamen Eisenkern gewickelt sind. Legt man an die Primärwicklung eine Wechselspannung an, magnetisiert diese den Eisenkern, der wiederum in die Sekundärwicklung eine Spannung induziert. Das Verhältnis der Spannungen zueinander wird dabei von dem Verhältnis der Windungsanzahlen der Wicklungen bestimmt. Bei Trenntransformatoren sind die Wicklungen gleich, die Spannung ist daher an beiden Wicklungen ebenfalls gleich.

Grundschaltungen

Als Schaltung bezeichnet man eine Verbindung von Elementen, die einen Stromkreis bilden. Im einfachsten Fall bestehen sie aus einer Stromquelle, zwei Leitern und einem Verbraucher, in unserem Beispiel einer Batterie, die mit zwei Kabeln mit einer Leuchte verbunden ist. Die Strom- und Spannungsverhältnisse lassen sich mithilfe des Ohm'schen Gesetzes verhältnismäßig einfach darstellen: Der Gesamtstrom *I* in der Schaltung ist gleich dem Strom durch den Verbraucher, der von der Batteriespannung *U* und dessen Widerstand *R* bestimmt wird. Beispiel: Bei einer Batteriespannung von 12 Volt und einem Widerstand des Verbrauchers von 8 Ohm fließt ein Strom von 12 : 8 = 1,5 Ampere. Damit können wir den Stromverbrauch oder die Leistung des Verbrauchers berechnen: 12 V · 1,5 A = 18 Watt.

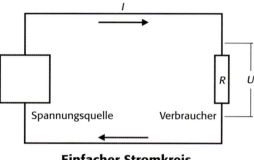

Einfacher Stromkreis

In der Praxis wird es jedoch eher so sein, dass die Leistung bekannt ist und die Stromstärke, zum Beispiel zur Dimensionierung der Leiter, berechnet werden muss. Dazu wird die Gleichung umgestellt: 18 W : 12 V = 1,5 Ampere.

Parallelschaltung

Alle Bordnetze auf Yachten sind so aufgebaut, dass zahlreiche Verbraucher an eine Batterie angeschlossen sind. Positionslaternen, Pumpen, Innenbeleuchtung und Kühlschrank

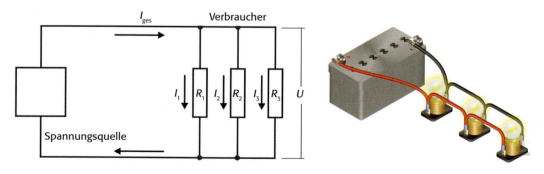

Parallel geschaltete Verbraucher

werden aus einer Batterie, der Bordnetzbatterie, versorgt. Man bezeichnet dies als Parallelschaltung, da alle Verbraucher parallel zur Batterie geschaltet sind. Kennzeichnend für diese Schaltung ist, dass an allen Verbrauchern dieselbe Spannung, meistens 12 oder 24 Volt, anliegt. Wendet man nun das Ohm'sche Gesetz an, erhält man in unserem Beispiel mit drei Verbrauchern für die einzelnen Ströme

$$I_1 = U : R_1, I_2 = U : R_2 \text{ und } I_3 = U : R_3.$$

Für den gesamten, von der Spannungsquelle zu liefernden Strom gilt

$$I_{ges} = U(1 : R_1 + 1 : R_2 + 1 : R_3).$$

Daraus lässt sich – durch Umstellen und Einsetzen – auch der Gesamtwiderstand aller Verbraucher berechnen:

$$1 : R_{ges} = 1 : R_1 + 1 : R_2 + 1 : R_3.$$

Beispiel: $R_1 = 100$ Ohm, $R_2 = 25$ Ohm und $R_3 = 20$ Ohm. $1 : R_{ges}$ wird daraus zu 0,01 + 0,04 + 0,05 = 0,1, also beträgt der Gesamtwiderstand 10 Ohm.

Widerstände werden in der Praxis jedoch eher selten berechnet. Weit häufiger wird nach dem gesamten Strom oder der gesamten Leistung gefragt. Dafür gilt bei der Parallelschaltung, dass der Gesamtstrom gleich der Summe aller einzelnen Ströme durch die Verbraucher ist und die Gesamtleistung sich aus dem Produkt aus der Spannung und dem Gesamtstrom ergibt.

Auch Spannungsquellen können parallel geschaltet werden. Weit verbreitet ist diese Praxis bei den Bordnetzbatterien, die oft aus mehreren parallel geschalteten einzelnen Bleibatterien bestehen. Der Grund für diese Parallelschaltung liegt in der Größe und dem Gewicht der Batterien. Braucht man zum Beispiel eine Batteriekapazität von 300 Amperestunden, ist man gezwungen, diese durch Parallelschaltung von drei Batterien mit einer Kapazität

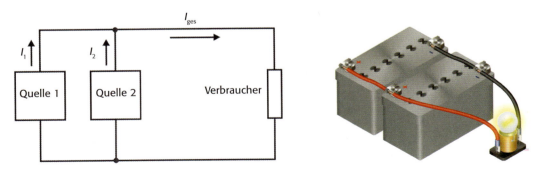

Parallel geschaltete Spannungsquellen

von jeweils 100 Amperestunden zu erreichen: Erstens gibt es keine 12-Volt-Batterie mit 300 Amperestunden für den Einsatz auf Yachten, und zweitens wäre diese, wenn es sie gäbe, nur mit einem Kran an Bord zu bringen – das Gewicht läge bei über einhundert Kilogramm. Da sich auch hier der Gesamtstrom aus der Summe der Einzelströme ergibt und Strom mal Zeit die Kapazität ist, erhält man bei einer Parallelschaltung von Batterien eine Gesamtkapazität, die der Summe der Einzelkapazitäten entspricht.

Fassen wir zusammen: Bei der Parallelschaltung ist die Spannung an der oder den Spannungsquelle(n) und allen Verbrauchern gleich. Die Ströme durch die Verbraucher können unterschiedlich sein und der Gesamtstrom ergibt sich aus der Summe der Ströme durch die einzelnen Verbraucher.

Reihenschaltung

Diese Schaltung ist auf Yachten mit einem 12-Volt-Bordnetz kaum anzutreffen – außer vielleicht in der Weihnachtszeit oder wenn ein sehr alter Diesel an Bord ist. Bei dieser Schaltung fließt der Strom nacheinander durch alle Verbraucher und ist in der gesamten Schaltung gleich groß. Der Strom durch jeden Verbraucher ist gleich dem Gesamtstrom. Anders die Spannungen: Diese teilen sich an den Verbrauchern entsprechend deren Widerstände auf. Daher wird diese Schaltung in der Regel nur angewendet, wenn alle Verbraucher denselben Widerstand aufweisen und somit deren Betriebsspannung gleich ist. Ein Beispiel sind die Lichterketten für Weihnachtsbäume, die aus zum Beispiel 25 in Reihe geschalteten Leuchten bestehen, deren Nennspannung 9 Volt beträgt. Die Betriebsspannung der Kette beträgt dann 25 · 9 V = 225 Volt, sodass sie direkt an die in Deutschland übliche Netzspannung angeschlossen werden kann.

Der Strom durch die Kette – und damit durch jede Leuchte – beträgt etwa 0,1 Ampere,

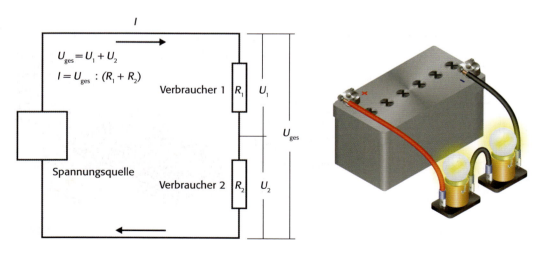

In Reihe geschaltete Verbraucher

womit jede „Kerze" etwa 0,9 Watt leistet. Ein Vorteil dieser Schaltung liegt darin, dass zur Versorgung der gesamten Kette nur ein durchgehender Leiter benötigt wird. Wären die Lämpchen parallel geschaltet, müssten zwei Leiter gelegt werden und jede Leuchte müsste dann für den Betrieb an der Netzspannung ausgelegt sein.

Der Nachteil dieser Schaltung ist jedem bekannt, der jemals eine Lichterkette bis zum Dreikönigstag verwenden wollte: Spätestens zu Sylvester bleibt die Kette dunkel, weil eins der Lämpchen durchgebrannt ist. Da der Strom durch alle Verbraucher fließen muss, fallen alle Verbraucher aus, sobald es eine Unterbrechung in dem Stromkreis gibt. Deswegen wurden auch die Vorglühanlagen in Dieselmotoren vor etwa 30 Jahren von Reihen- auf Parallelschaltung umgestellt.

Manche Eigner von Yachten, die mit einem 24-Volt-Bordnetz ausgerüstet sind, kommen irgendwann einmal auf die Idee, 12-Volt-Geräte direkt an das 24-Volt-Netz anzuschließen. Der Grundgedanke dahinter ist meistens, dass es doch möglich sein müsste, zwei 12-Volt-Geräte in Reihe zu schalten und diese dann aus dem 24-Volt-Netz zu speisen. Das kann unter einer Bedingung funktionieren: Beide Geräte müssen denselben Widerstand, sprich Verbrauch, aufweisen. Rechnen wir nach: Nehmen wir zunächst zwei Leuchten, eine mit 25, die zweite mit 10 Watt, also mit unterschiedlichen Leistungen und somit Widerständen. Bei 12 Volt fließen durch die erste 2,08, durch die zweite 0,83 Ampere. Damit beträgt der Widerstand der ersten Leuchte rund 5,8, der der zweiten 14,5 Ohm. Schalten wir sie in Reihe, erhalten wir einen Gesamtwiderstand von 14,5 + 5,8 = 20,3 Ohm, woraus sich bei 24 Volt ein Strom durch beide Leuchten von rund 1,2 Ampere ergibt. Nun können wir, wieder unter Anwendung des Ohm'schen Gesetzes, die Spannungen berechnen, die an den in Reihe geschalteten Leuchten anliegen, wenn sie an 24 Volt angeschlossen werden. An der ersten liegen 1,2 A · 5,8 Ω = 6,96 Volt, welche die Leuchte gerade mal schwach glimmen lassen, aber nicht lange, da an der zweiten Leuchte 1,2 A · 14,4 Ω = 17,4 Volt herrschen,

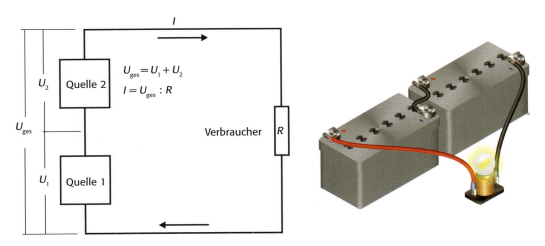

In Reihe geschaltete Stromquellen

wodurch diese nach kurzer, sehr heller Lebensdauer durchbrennt und somit der Stromkreis für beide Leuchten unterbrochen ist.

Hätten beide Leuchten hingegen denselben Widerstand, also dieselbe Leistung, würden die 24 Volt halbiert - jede Leuchte würde mit 12 Volt betrieben. Aber auch hier verlöschen beide Lampen, wenn eine davon durchbrennt.

Fassen wir zusammen: Werden Verbraucher in Reihe geschaltet, werden alle von demselben Strom durchflossen. Sind alle Verbraucher für dieselbe Betriebsspannung ausgelegt, müssen deren Widerstände und somit deren Leistungen gleich sein, damit die Sache funktioniert. Fällt ein Verbraucher aus, bricht die Stromversorgung der ganzen Kette zusammen. Sie wird daher auf Yachten nicht angewendet.

Anders bei der Stromversorgung: Schon in einer 12-Volt-Bleibatterie sind 6 Zellen zu je zwei Volt in Reihe geschaltet. In 24-Volt-Anlagen sind zwei 12-Volt-Batterien in Reihe geschaltet. Auch dies funktioniert nur, wenn die Innenwiderstände der Batterien gleich sind, da auch hier der Strom durch beide Batterien fließt. Mit anderen Worten: Es dürfen nur Batterien gleicher Bauart, gleicher Kapazität und gleichen Alters in Reihe geschaltet werden. Werden Batterien mit unterschiedlichen Eigenschaften in Reihe geschaltet, hat dies gewöhnlich zur Folge, dass eine davon zerstört wird. Dies geschieht in erster Linie während der Ladung.

Zum Schluss noch eine Anmerkung für ganz Genaue: Schalter und Sicherungen sind immer in Reihe mit den dazugehörenden Geräten geschaltet.

■ Parallel geschaltete Batterien

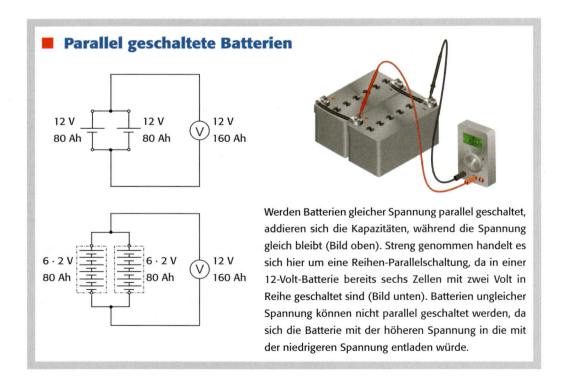

Werden Batterien gleicher Spannung parallel geschaltet, addieren sich die Kapazitäten, während die Spannung gleich bleibt (Bild oben). Streng genommen handelt es sich hier um eine Reihen-Parallelschaltung, da in einer 12-Volt-Batterie bereits sechs Zellen mit zwei Volt in Reihe geschaltet sind (Bild unten). Batterien ungleicher Spannung können nicht parallel geschaltet werden, da sich die Batterie mit der höheren Spannung in die mit der niedrigeren Spannung entladen würde.

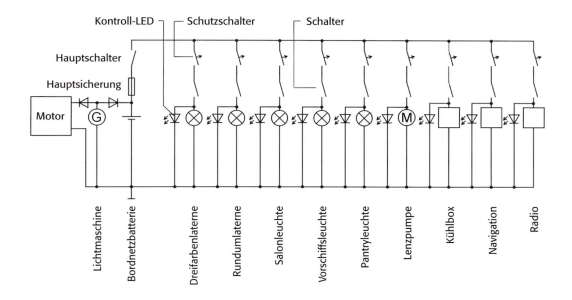

Schaltung eines 7-Meter-Segelboots: Die Verbraucher sind parallel, Schutzschalter und Schalter in Reihe mit den Verbrauchern geschaltet.

■ In Reihe geschaltete Batterien

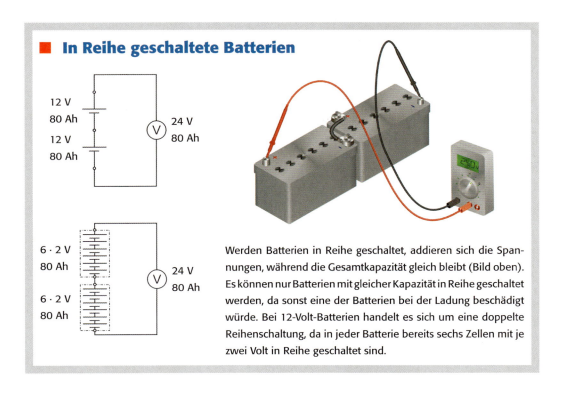

Werden Batterien in Reihe geschaltet, addieren sich die Spannungen, während die Gesamtkapazität gleich bleibt (Bild oben). Es können nur Batterien mit gleicher Kapazität in Reihe geschaltet werden, da sonst eine der Batterien bei der Ladung beschädigt würde. Bei 12-Volt-Batterien handelt es sich um eine doppelte Reihenschaltung, da in jeder Batterie bereits sechs Zellen mit je zwei Volt in Reihe geschaltet sind.

Prüfen und Messen

Wer ernsthaft Fehler im Bordnetz sucht, kommt mit vagen Vermutungen und Intuition meistens nicht sehr weit. Am schnellsten – und sichersten – ist es, wenn man versucht, den Fehler mit systematischem Prüfen und Messen einzugrenzen.

Geprüft wird meistens mit Prüflampen. Damit lässt sich feststellen, ob an irgendeiner Stelle im Bordnetz eine Spannung vorhanden ist oder nicht. Prüflampen für den KFZ-Bereich arbeiten in der Regel in einem Spannungsbereich zwischen 5 und 25 Volt und können daher in den Gleichstrom-Bordnetzen der meisten europäischen Yachten benutzt werden. Da die überwiegende Mehrzahl der Ausfälle im Bordnetz auf eine Unterbrechung der Stromversorgung oder das Versagen eines Geräts zurückzuführen ist, lassen sich viele Fehler durch den intelligenten Einsatz einer Prüflampe lokalisieren.

Reicht dies nicht, muss gemessen werden. Gemessen wird heutzutage mit digitalen Vielfach-Messgeräten, auch Multimeter genannt. Bei der Auswahl des Geräts sollte in erster Linie auf ein robustes Gehäuse geachtet werden, da dieses erfahrungsgemäß im rauen Yachtalltag diverse harte Begegnungen mit Bodenbrettern oder Bilgen überstehen muss. Die Messbereiche der meisten Geräte im mittleren Preisbereich sind weitgehend identisch, an Bord werden ohnehin lediglich Spannungen, Widerstände und in seltenen Fällen Stromstärken gemessen. Da der Strom-Messbereich in der Regel auf 20 Ampere beschränkt und in den meisten Geräten sogar nur bis ein paar hundert Milliampere abgesichert ist, werden direkte Messungen der Stromstärke ohnehin meistens durch Spannungs- oder Widerstandsmessungen und der praktischen Anwendung des Ohm´schen Gesetzes ersetzt. Dies hat den Vorteil, dass dabei auch keine Leitungen aufgetrennt werden müssen. An Bord bewährt haben sich Messgeräte, die ohne Batterie arbeiten. Stattdessen enthalten sie einen sogenannten High-Cap, einen Kondensator mit sehr hoher Kapazität, der am 12-Volt-Bordnetz oder auch an 230 Volt Wechselspannung aufgeladen werden kann. Eine Ladung dauert drei Minuten und reicht für einen etwa 30-minütigen Betrieb. Oft sind diese Geräte zusätzlich mit Solarzellen ausgestattet,

Batterieloses Vielfach-Messgerät, das am Bordnetz aufgeladen werden kann.

Prüflampen sind das einfachste digitale Messinstrument: Spannung vorhanden = Leuchte an, keine Spannung = Leuchte aus.

womit die Ladezeiten weiter verringert werden. Die früher oft benutzten Drehspulinstrumente mit analoger (zeiger-) Anzeige sind für den Bordeinsatz wegen ihrer mechanischen Empfindlichkeit nicht geeignet. Eins sollte man bei allen Vielfach-Messgeräten vermeiden: Messungen im falschen Messbereich. Wird ein Gerät, das auf 20 VDC eingestellt ist, mit 230 Volt Wechselspannung konfrontiert, gibt es anstelle eines Messwerts oft nur noch ein Rauchsignal. Das Gleiche geschieht, wenn Spannungen versehentlich im Widerstands- oder Stromstärkenmodus gemessen werden.

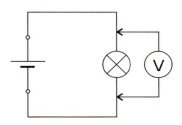

Spannungsmessung

Bei der Spannungsmessung wird das Messgerät parallel zum Verbraucher geschaltet oder ersetzt diesen, zum Beispiel bei der Prüfung der Stromversorgung einer Glühlampe. Fast alle Fehler in Bordnetzen lassen sich alleine durch Spannungsmessungen eingren-

Spannungsmessung

■ Fehlersuche mit Spannungsmessung

Ein Beispiel: Die Salonleuchte leuchtet nicht mehr. Ein Austausch der Glühlampe führt zu keinem Ergebnis, es bleibt dunkel. Nun gibt es zwei unterschiedliche Methoden, wie man den Fehler eingrenzen kann. Man kann einerseits mit den Messungen an der Spannungsquelle beginnen und sich in Richtung Verbraucher vorarbeiten, oder man geht den umgekehrten Weg und fängt am Verbraucher an. Bei diesem Beispiel empfiehlt sich die zweite Methode, da alle anderen Verbraucher, die an die Bordnetzverteilung angeschlossen sind, funktionieren und daher Fehler vor der Verteilung ausgeschlossen sind.

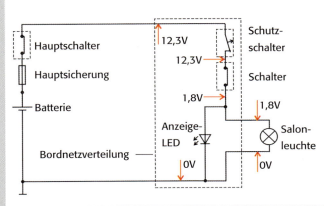

Die erste Messung findet an der Lampenfassung statt. Dort findet man 1,8 Volt an den Anschlüssen. Weiter geht es Richtung Batterie, an den abgehenden Kontakt des Schalters. Auch dort herrschen lediglich 1,8 Volt. Auf der Plus-Seite des Schalters werden jedoch 12,3 Volt, also die volle Batteriespannung, gemessen. Fazit: Im Schalter besteht ein zu hoher Übergangswiderstand, er ist defekt und muss ausgetauscht werden.

39

zen, vorausgesetzt, man hat die Zusammenhänge des Ohm´schen Gesetzes und ein ungefähres Bild der Schaltung im Kopf. Oft hilft es, eine Skizze der Schaltung anzufertigen, anhand derer man sich zunächst überlegen kann, wo gemessen werden sollte und welche Messwerte zu erwarten sind. Eine Fehlersuche ist ja letztlich nichts anderes als ein Vergleich der theoretisch anhand der Schaltung zu erwartenden Werte mit den tatsächlich gemessenen. An der Stelle, wo die Differenz auftaucht,

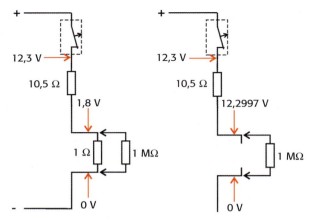

Spannungsmessung mit (links) und ohne Leuchte (rechts).

versteckt sich in der Regel auch der Fehler. Arbeitet man ausschließlich mit Spannungsmessungen, kann dies oft zu merkwürdigen Ergebnissen führen, wenn man sich über die Auswirkungen des Ohm´schen Gesetzes nicht im Klaren ist. Nehmen wir unser Beispiel: Werden dabei die Spannungen gemessen, wenn keine Lampe in der Fassung steckt, würde man dort statt 1,8 Volt fast die volle Batteriespannung von 12,3 Volt messen und daraus schließen, dass die Lampe durchgebrannt ist. Der Grund: Der Widerstand einer intakten 20-Watt-Lampe beträgt im kalten Zustand etwa 1,8 Ohm. Bei einer Spannung von 1,8 Volt fließt dort 1 Ampere. Am Schalter „verschwinden" 12,3 V - 1,8 V = 10,5 Volt, macht bei einem Strom von einem Ampere einen Widerstand von 10,5 Ohm.

Wird statt der Lampe ein Messgerät mit einem Innenwiderstand von durchschnittlich einem Megohm (1.000.000 Ohm) in den Stromkreis geschaltet, beträgt der Gesamtwiderstand 1.000.010,5 Ohm, wodurch bei 12,3 Volt nur 0,000023 Ampere fließen. Dieser Strom verursacht an den 10,5 Ohm des Schalters einen Spannungsabfall von lediglich 0,00024 Volt, sodass an der Fassung immer noch 12,2997 Volt gemessen werden. Klingt zunächst kompliziert, wird aber einfach, wenn man sich das Schaltbild anschaut, in dem der Schalter und die Lampe durch Widerstände ersetzt sind. Fazit: Ändern sich die gemessenen Spannungswerte, wenn ein Verbraucher eingeschaltet oder eingesetzt wird, sollte man zunächst nach Übergangswiderständen suchen.

Widerstandsmessung

Das Wichtigste zuerst: Widerstandsmessungen dürfen nur an Schaltungen durchgeführt werden, die spannungslos sind. An Verbrauchern oder Schaltern vorhandene Spannungen verfälschen bestenfalls das Messergebnis, sie können jedoch auch das Messgerät zerstören.

Widerstandsmessungen werden bei der Fehlersuche in der Regel dann eingesetzt, wenn Spannungsmessungen nicht zum Erfolg führen. Greifen wir auf unser Beispiel zurück: Nehmen wir an, wir hätten das Ohm´sche Gesetz gerade vergessen und wären mit den Spannungsmessergebnissen der Messung ohne Lampe konfrontiert. Nachdem wir nun drei Lampen weggeworfen haben, weil sie trotz der in der Fassung vorhandenen 12,3 Volt nicht geleuchtet haben, kommt uns das Ganze doch ein wenig merkwürdig vor. Also ist eine Widerstandsmessung fällig. Vorher schalten wir natürlich den Batteriehauptschalter aus, damit das Messgerät nicht gefährdet wird, und messen anschließend auch hier von der Leuchte in Richtung Batterie.

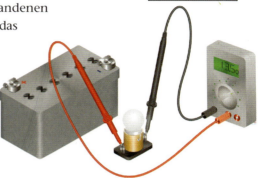

Hier gibt es zwei Wege, die auch durchaus miteinander kombiniert werden können: Entweder wir messen nach und nach den

Widerstandsmessung

Gesamtwiderstand der Leitung und finden den Fehler dort, wo der Gesamtwiderstand sprunghaft steigt, oder wir messen jede Verbindung und jeden Schalter einzeln aus. In der Praxis wird, zumindest bei räumlich weit entfernten Elementen, die Grenze in der Regel durch die Länge der Messleitungen gesetzt.

Die meisten Fehler lassen sich, wie bereits erwähnt, mit Spannungsmessungen eingrenzen, sodass Widerstandsmessungen in der Praxis eher eine zusätzliche Hilfe sein können, um

■ Fehlersuche mit Widerstandsmessung

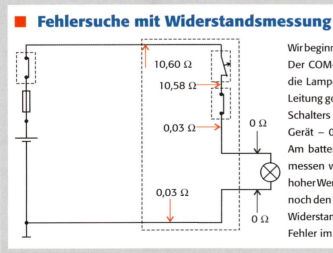

Wir beginnen mit der Messung am Verbraucher. Der COM-Anschluss des Messgeräts wird an die Lampenfassung geklemmt. Mit der Plus-Leitung gehen wir zunächst zum Ausgang des Schalters und finden dort – mit einem guten Gerät – 0,03 Ohm, also nichts Besonderes. Am batterieseitigen Anschluss des Schalters messen wir 10,58, Ohm, ein bei Weitem zu hoher Wert. Sicherheitshalber messen wir auch noch den Schutzschalter, der jedoch nur einen Widerstand von 0,02 Ohm zeigt. Damit ist der Fehler im Schalter gefunden.

einen durch Spannungsmessungen eingegrenzten Fehler zu verifizieren. Es gibt jedoch einige Bauteile, deren Funktion nur mithilfe einer Widerstandsmessung geprüft werden kann. Dazu gehören Öldruck- und Temperaturgeber am Motor, die in einem bestimmten Widerstandsbereich, zum Beispiel zwischen 20 und 180 Ohm, arbeiten. Hier lässt sich mit einer Widerstandsmessung sehr schnell feststellen, ob der jeweilige Geber in Ordnung ist oder nicht. Schäden an Gebern zeigen sich gewöhnlich dadurch, dass deren Widerstand fast null ist oder, im anderen Extrem, im Megohmbereich (1.000.000 Ohm) liegt.

Widerstandsmessungen sind auch ein gutes Werkzeug, wenn es darum geht, Kurzschlüsse einzugrenzen. Spannungs- und Strommessungen scheiden hier aus, da der betroffene Stromkreis nicht unter Spannung geprüft werden kann.

4 Strommessungen

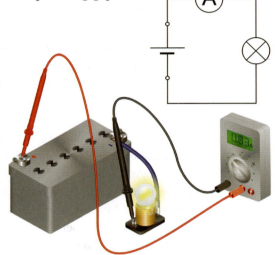

Strommessung

sind meistens mit Aufwand verbunden und werden auch deshalb eher selten durchgeführt. Der Aufwand entsteht dadurch, dass der Stromkreis an der Messstelle aufgetrennt werden muss, da das Messgerät in Reihe mit den Verbrauchern geschaltet wird. Der zweite Grund liegt darin, dass der Messbereich der meisten Vielfachmeßgeräte für die im Bordnetz allgemein herrschenden Stromstärken zu klein ist. Nur wenige Geräte verfügen über einen abgesicherten 20-Ampere-Bereich, und selbst dies kann sich als zu schwach herausstellen, wenn mehrere Verbraucher gleichzeitig angeschlossen sind oder wenn es sich bei dem Fehler um einen Kurzschluss handelt. Strommessungen werden daher meistens dann angewendet, wenn ein Gerät geprüft werden soll. So kann man zum Beispiel den Zustand von Kühlschrank-Kompressoren an deren Stromverbrauch erkennen. Voraussetzung dafür ist, dass man weiß, wie hoch der Strom unter Normalbedingungen ist.

Überschreitet der gemessene Strom den Nennstrom um mehr als 20 Prozent, kann man davon ausgehen, dass der Kompressor verschlissen ist und ersetzt werden muss.

Für die Messung größerer Ströme – bis zu mehreren hundert Ampere – sind sogenannte Stromzangen erhältlich. Diese arbeiten mit Induktion, der Stromkreis muss für die Messung nicht aufgetrennt werden. Sie sind verhältnismäßig teuer und es lohnt sich nicht, sie für die wenigen möglichen Einsätze an Bord zu haben.

Messtipps

- Bei Messungen im Bordnetz braucht man meistens drei Hände: eine, die das Messgerät hält, eine für die Plus-Prüfspitze und eine für die Minus-Prüfspitze. Einfacher geht es, wenn man für die Minus-Messung eine Klemm-Prüfspitze einsetzt, vor allem, wenn die Messstellen nicht direkt nebeneinanderliegen.

Prüfspitzen, die sich selbst festhalten, können eine dritte Hand ersetzen.

- Der Messbereich sollte bei Vielfach-Messinstrumenten immer bereits vor der Messung eingeschaltet werden. So wird verhindert, dass man beim Umschalten versehentlich einen Messbereich einschaltet, bei dem das Gerät beschädigt werden kann. Beispiel: Man will etwa 12 Volt messen. Schaltet man nun den Messbereich um, wenn die Prüfspitzen schon mit den Messstellen verbunden sind, und gelangt dabei versehentlich in den Widerstandsbereich, ist bei manchen Geräten anschließend keine Widerstandsmessung mehr möglich.
- Gemessen werden sollte in der Regel bei eingeschalteten beziehungsweise eingesetzten Verbrauchern. Sind die Verbraucher nicht eingeschaltet, lassen sich Übergangswiderstände, wie in unserem Beispiel in dem Schalter, kaum lokalisieren.
- Bei eng nebeneinanderliegenden Messstellen ist besondere Vorsicht angebracht, damit man nicht mit den Prüfspitzen einen Kurzschluss verursacht. Bei Strommessungen muss darauf geachtet werden, dass keine der Prüfspitzen versehentlich mit Masse oder der vollen Betriebsspannung außerhalb des zu messenden Stromkreises in Berührung kommt. Das Messgerät stellt bei diesen Messungen nahezu einen Kurzschluss dar.
- Verändern sich Spannungswerte stark, wenn ein Verbraucher zu- oder abgeschaltet wird, deutet dies in den meisten Fällen auf einen zu hohen Übergangswiderstand in der Stromversorgung hin.
- Geräte, die mit einem Unterspannungsschutz versehen sind (Heizgeräte, manche Kühlaggregate) reagieren empfindlich auf zu kleine Leiterquerschnitte oder mit der Zeit entstehende Übergangswiderstände, zum Beispiel an Anschluss- oder Verbindungsstellen. Hier kann es vorkommen, dass das Gerät zunächst anläuft und sich nach kurzer Zeit wieder abstellt. Die dann gemessenen Spannungswerte können durchaus im normalen Bereich liegen. Digitale Messinstrumente sind oft zu träge, um damit den Spannungseinbruch klar erkennen zu können – erst eine sorgfältige Widerstandsmessung führt in diesen Fällen zum Erfolg.

Energiespeicher

Das bei Weitem wichtigste und oft unverstandene Teil des elektrischen Bordnetzes ist die Batterie. Sie bildet den Puffer zwischen dem oder den Stromerzeugern und den Verbrauchern und sorgt dafür, dass auch dann elektrischer Strom zur Verfügung steht, wenn der Motor nicht läuft.

Fällt die Batterie aus, ist in den meisten Fällen das Bordnetz vollkommen lahmgelegt, was in der heutigen Zeit einem Seenotfall schon sehr nahekommt.

Glücklicherweise fallen Batterien nur sehr selten plötzlich und unvorhergesehen aus; meist kündigt sich deren Ende durch einen deutlichen Kapazitätsverlust an – man muss öfter und länger laden, um die für den Betrieb des Schiffes benötigte Energie zur Verfügung zu haben. Interessanterweise scheinen Batterien

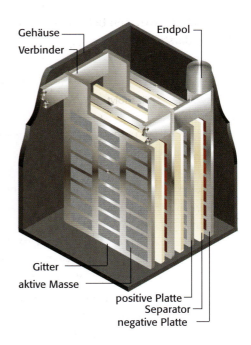

Aufbau einer Batteriezelle

auf manchen Schiffen ewig zu halten, während Batterien des gleichen Typs unter anderen Eignern nur wenige Jahre überstehen – der mir bekannte Rekord liegt bei 24 Stunden.
Um es vorwegzunehmen: Die für die Gebrauchsdauer einer Batterie entscheidenden Faktoren sind nicht der Batterietyp, der Hersteller, der Preis oder die Technik - es ist der Eigner. Wie bei kaum einem anderen Teil einer Yacht liegt es an der Behandlung, wie lange die Batterie ihren Dienst versehen kann.

Ladung und Entladung - die Chemie

Die Hauptbestandteile der Bleibatterien haben sich seit Jahrzehnten nicht groß verändert: Die aktive Masse, Blei oder Bleioxid, ist chemisch und mechanisch in Metallgittern oder dünnen Röhrchen gebunden. Positive und negative Platten sind jeweils durch einen nicht leitenden Separator getrennt, der verhindert, dass sich die Platten berühren oder Ablagerungen, die sogenannten Dendriten, zwischen diesen Kurzschlüsse verursachen. Dendrite bestehen aus Bleisulfat und bilden sich mit der Zeit vor allem in Batterien, die häufig im teilgeladenen Zustand betrieben werden.
Platten gleicher Polarität sind in den Batteriezellen miteinander und dem jeweiligen Endpol mit den Plattenverbindern verbunden. Das Ganze ist von verdünnter oder gelierter Schwefelsäure oder mit Schwefelsäure getränktem Vlies umgeben.
Die Säure dient hier nicht nur als Elektrolyt, sondern nimmt auch aktiv an den elektro-

chemischen Prozessen bei Lade- und Entladevorgängen teil. Diese lassen sich vereinfacht etwa so darstellen:

Entladevorgang

positive Masse	Elektrolyt	negative Masse		positive Masse	Elektrolyt	negative Masse
PbO_2	+ 2 H_2SO_4	+ Pb	⟶	$PbSO_4$	+ 2 H_2O	+ $PbSO_4$

Ladevorgang

positive Masse	Elektrolyt	negative Masse		positive Masse	Elektrolyt	negative Masse
$PbSO_4$	+ 2 H_2O	+ $PbSO_4$	⟶	PbO_2	+ 2 H_2SO_4	+ Pb

In einer geladenen Batterie besteht die aktive Masse der positiven Platte aus Bleidioxid (PbO_2), die der negativen Platte aus Blei (Pb). Der Elektrolyt, eine verdünnte Schwefelsäure (H_2SO_4), hat dann seine höchste Dichte, was der höchsten Säurekonzentration entspricht. Wird nun Strom aus der Batterie entnommen, fließen Elektronen durch den äußeren Stromkreis, und in der Batterie tritt eine entsprechende Ionenwanderung auf: Aus der Schwefelsäure lösen sich Sulfationen (SO_3) und lagern sich an den Platten an, deren aktive Masse dadurch zu Bleisulfat ($PbSO_4$) wird. Bei diesem Vorgang werden zwei Elektronen freigesetzt, die der Batterie entnommen werden können. Da die Sulfationen der Schwefelsäure dabei verbraucht werden, sinkt der Säuregehalt im Elektrolyten immer weiter ab, bis schließlich, zumindest theoretisch, nur Wasser (H_2O) übrig bleibt.

Bei der Ladung verläuft dieser Vorgang umgekehrt. Hier werden der Batterie sozusagen von außen Elektronen „aufgezwungen", was dazu führt, dass die Sulfationen aus den aktiven Massen der Platten wieder in den Elektrolyten wandern.

Sowohl bei der Ladung als auch bei der Entladung beginnen die chemischen Prozesse an der Plattenoberfläche. Mit zunehmender Entladung schreitet die Umwandlung der aktiven Masse in Bleisulfat immer tiefer in die Platten fort. Bei einer vollständig entladenen Batterie besteht die gesamte aktive Masse aus Bleisulfat, das bei der Ladung auch von außen nach innen wieder in Blei beziehungsweise Bleidioxid umgewandelt wird. Wird die Batterie dann nicht vollgeladen, sondern in einem Teilladezustand belassen, bleibt im Kern der aktiven Massen Bleisulfat zurück. Darin liegt einer der Hauptgründe für eine vorzeitige Batteriealterung: Wird eine Bleibatterie häufig in Teilladezuständen betrieben, wachsen aus dem amorphen leitenden Sulfat zunehmend Sulfatkristalle, die nicht leiten und somit für den Ladestrom nicht mehr erreichbar sind. Dieser Vorgang wird als „Sulfatierung" bezeichnet und führt letztlich dazu, dass die Kapazität immer weiter zurückgeht und die Batterie unbrauchbar wird.

■ Vorsichtsmaßnahmen

Bordnetzbatterien arbeiten im Bereich niedriger Nennspannungen, die im Allgemeinen als vollkommen ungefährlich bekannt sind. Dies führt oft zur Sorglosigkeit im Umgang mit diesen Energiespeichern, die bei halbwegs korrekter Auslegung das Schiff über mehrere Tage mit Strom versorgen können.

Bei einem äußeren Kurzschluss wird diese Energie innerhalb von wenigen Sekunden freigesetzt; äußere Kurzschlüsse können zum Beispiel von achtlos auf der Batterie abgelegtem Werkzeug verursacht werden. In leichteren Fällen schmilzt nur das betroffene Werkzeug – zumindest teilweise – und die Batterie ist nur leicht beschädigt. Ist jedoch ein Fingerring, ein metallisches Armband oder gar eine Halskette Bestandteil des Kurzschlussstromkreises, kann dies zum Verlust der entsprechenden Glieder führen.

Daher dürfen bei Arbeiten an oder in der Nähe von Batterien grundsätzlich keine metallischen Halsketten, Armbänder oder Ringe getragen werden. Werkzeuge dürfen grundsätzlich nicht auf Batterien abgelegt werden.

Eine weitere, fast unbekannte Gefahr entsteht aus der Eigenart der Batterien, während der Ladung Knallgas zu produzieren. Dieses Gasgemisch, welches aus Wasserstoff und Sauerstoff besteht, ist extrem explosiv und vor allem während und unmittelbar nach Ladevorgängen sowohl in als auch um die Batterie herum vorhanden.

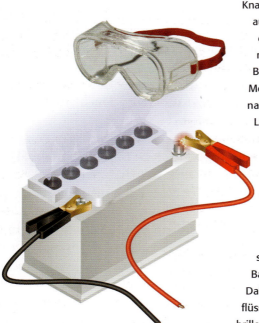

Mehrere Unfälle wurden dadurch verursacht, dass nach einer Batterieladung mit einem externen Ladegerät dessen Anschlussklemmen von den Batteriepolen abgenommen wurden, ohne das Ladegerät vorher auszuschalten. Der dabei entstehende Funken brachte das Knallgas zur Explosion, wodurch die Batterie zerstört wurde und die ganze Umgebung mit Batteriesäure getränkt wurde. Dies führte in einigen Fällen zur Erblindung der Menschen, die sich zum Zeitpunkt der Explosion in der Nähe der Batterie befanden.

Daher sollte man bei Arbeiten an Batterien mit flüssigem Elektrolyten grundsätzlich eine Schutzbrille tragen.

Aufbau

Die kleinsten stromerzeugenden Einheiten in einer Batterie sind die Platten. Sie bestehen in den auf Yachten verwendeten Batterien meistens aus einem Gitter aus einer Bleilegierung, das mit der pastösen aktiven Masse, ebenfalls im Rohzustand Blei, beschichtet ist. Positive und negative Platten sind innerhalb der einzelnen Zellen jeweils parallel geschaltet, sodass die Zellenspannung gleich der Plattenspannung ist, die 2,04 Volt beträgt. Je mehr Platten pro Zelle zusammengeschaltet sind – und je größer diese sind – desto mehr Strom kann die Zelle liefern. Die Kapazität wird von der Menge der aktiven Masse bestimmt, die Form der Platten legt die Hochstrombelastbarkeit der Batterie fest – je größer deren Oberfläche ist, desto größer ist der mögliche Strom. Ein Separator, der zwischen den positiven und negativen Platten eingefügt ist, verhindert einen elektrischen Kurzschluss zwischen den Platten.

Die Zellen sind innerhalb des Batteriegehäuses in Reihe geschaltet. Aus der Anzahl der Zellen ergibt sich die Nennspannung der Batterie, 3 Zellen in Reihe ergeben 6 Volt, 6 Zellen kommen auf 12 Volt. Da die Zellen in Reihe geschaltet sind, ist die Nennkapazität der Batterie gleich der Zellenkapazität. So kann man sich zum Beispiel eine 12-Volt-80-Amperestunden-Batterie auch als sechs Zellen mit jeweils zwei Volt und einer Kapazität von jeweils 80

■ Gitterplatten

Fast alle Vorgänge, die zur Alterung einer Batterie beitragen, finden in den Platten statt. Als Träger für die aktive Masse wird bei nahezu allen heutigen Batterien zur mobilen Stromversorgung ein Gitter aus einer Blei-Antimon- oder Blei-Kalzium-Legierung verwendet. Auf dieses wird die aktive Masse aufgetragen. Da das Gitter aufgrund seiner chemischen Eigenschaften an den Lade- und Entladevorgängen teilnimmt, setzt mit der Zeit Korrosion an dessen Oberfläche ein. Als Folge löst sich die aktive Masse vom Gitter und sinkt nach unten, ebenso wie ein Teil des Gitters. Im Bodenbereich der Batterie bildet sich eine Schlammschicht, die irgendwann zum Plattenschluss, einem Kurzschluss zwischen benachbarten positiven und negativen Platten, führen wird. Dieser Vorgang wird durch Überladungen, also Ladevorgänge mit zu hohen Spannungen, erheblich beschleunigt. Ebenso wirken sich tiefe Lade-/Entladezyklen negativ auf die Plattenlebensdauer aus. Je mehr Kapazität der Batterie entnommen wird, desto schneller schreitet die Plattenzerstörung fort.

Werden Batterien im tiefentladenen Zustand stehen gelassen, beginnt auf der Plattenoberfläche das Wachstum der sogenannten Dendriten, Bleisulfatfäden, die durch Risse oder Löcher in den Separatoren zur gegenüberliegenden Platte wachsen können. Dies kann nach einiger Zeit dazu führen, dass die Batterie unbrauchbar wird.

Amperestunden vorstellen, die in Reihe geschaltet sind. An der ersten und der letzten Zelle sind die Endpole angebracht, an denen die Batteriespannung zur Verfügung steht.

Eine Besonderheit stellen die AGM-Rundzellenbatterien, manchmal auch Wickel- oder Spiralzellenbatterien genannt, dar. In diesen Batterien sind die positiven und negativen Platten zusammen mit dem Separator spiralförmig aufgewickelt. Dadurch ergeben sich verhältnismäßig große Oberflächen, wodurch diese Batterieart sowohl höhere Ströme abgeben als auch mit höheren Strömen geladen werden kann als vergleichbare Gitterplattenbatterien.

Batteriearten

Bei der Benennung der einzelnen Batteriearten haben die deutschen Normer ihr Bestes getan, um den Endverbraucher zu verwirren. So gab es früher offene Bleibatterien – die nicht wirklich offen waren und vor einigen Jahren in „geschlossene Batterien" umgetauft wurden. Daneben gibt es als Oberkategorie die „verschlossenen Batterien", bei denen es im Gegensatz zu den geschlossenen Batterien keine dauernde Verbindung zwischen dem

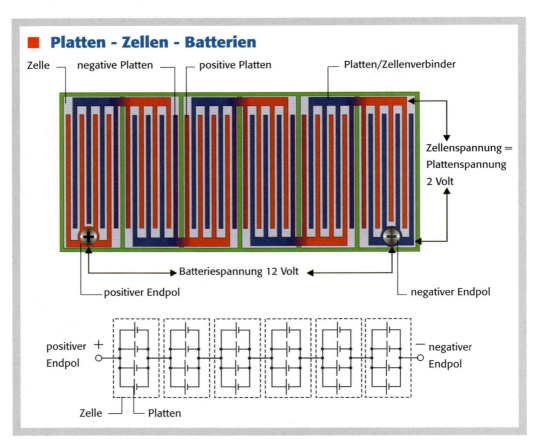

Batterieinneren und der Außenluft gibt. Die englischen Bezeichnungen sind wesentlich einprägsamer und deutlicher: Die geschlossenen Batterien heißen dort „vented batteries" (belüftete Batterien), die verschlossenen „valve regulated lead acid batteries" (ventilgeregelte Blei-Säure-Batterien), kurz VRLA.

Neben diesen bauartgebundenen Bezeichnungen werden Batterien nach ihrem Verwendungszweck eingeteilt. Diese sind: Starterbatterien (und als Sonderform die Heavy Duty-(HD)-Batterien), Traktions- und Semi-Traktionsbatterien sowie Solarbatterien.

AGM-Rundzellenbatterie

Geschlossene Batterien

Versuchen wir es mit einer eigenen Definition: Die Zellen der geschlossenen Batterien sind mit der Umgebungsluft verbunden. Die bei der Ladung entstehenden Gase können aus der Batterie entweichen. Bei einigen dieser Batterien kann das bei der Gasung verbrauchte Wasser nachgefüllt werden. Alle geschlossenen Batterien sind mit einem flüssigen Elektrolyten befüllt (daher auch die manchmal verwendete Bezeichnung „Nass-Batterien"). Geschlossene Batterien gibt es mit Gitter- und Röhrchenplatten, wobei konventionelle und wartungsarme Batterien mit Blei-Antimon-Legierungen arbeiten, die „absolut wartungsfreien" hingegen mit Blei-Kalzium- oder Blei-Zinn-Gittern ausgestattet sind. Bei Letzteren kann in der Regel kein Wasser nachgefüllt werden.

Konventionelle und wartungsarme Batterien dieser Bauart haben relativ große Öffnungen im Gehäuse, durch die die bei den Ladevorgängen entstehenden Gase entweichen können. Sie sind daher nur bedingt kippsicher, und je nach Bauart kann bereits bei geringen Neigungswinkeln Elektrolyt austreten. Als „kippsicher" bezeichnete

Geschlossene Bleibatterie

Batterien können, je nach Hersteller, bis zu 90 Grad aus der Waagerechten gekippt werden, bevor Säure austritt. Batteriesäure plus Salzwasser gibt unter anderem gasförmiges Chlor, das nicht nur giftig, sondern auch äußerst korrosiv ist. Der schlimmste Fall tritt dann ein, wenn geschlossene Batterien mit Meerwasser geflutet werden; dann bricht nicht nur die Stromversorgung zusammen, sondern auch der Maschinen- oder in größeren Schiffen der Batterieraum kann ohne Atemschutzgerät nicht mehr betreten werden. Aber auch im „normalen" Gebrauch können, vor allem bei Ladevorgängen mit hohen Strömen, Säurepartikel mit den Gasen durch die Entlüftungsöffnungen in die Umgebung gelangen. Diese Säurenebel schlagen sich im Umfeld der Batterien nieder und führen, besonders in Stahlschiffen, zu Korrosion in erheblichem Umfang.

Der Germanische Lloyd, wie alle anderen Klassifikationsgesellschaften auch, fordert für geschlossene Batterien ab einer Ladeleistung von 2 Kilowatt gesonderte Batterieräume mit einer eigenen Belüftung. Die Ladeleistung entspricht dabei dem Produkt aus Nennspannung und maximalem Ladestrom.

Durch die Gasung wird Wasser zersetzt, welches erstens der Säure fehlt – deren Konzentration erhöht sich – und zweitens sinkt der Flüssigkeitsspiegel in der Batterie, wodurch die Platten an die Luft kommen und in diesen Bereichen unbrauchbar werden. Dadurch und durch die in ihrer Umgebung ständig herrschende säurehaltige Atmosphäre sind diese Batterien verhältnismäßig wartungsintensiv. Eine Ausnahme bilden hier die „absolut wartungsfreien Batterien". Diese arbeiten mit Blei-Kalzium- oder Blei-Zinn-legierten Platten und enthalten einen Elektrolytvorrat, der für die angestrebte Lebensdauer ausreichen soll.

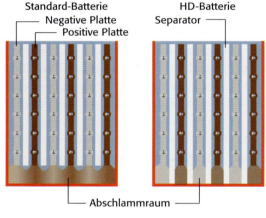

HD-Batterien

HD-Batterien

Bei dieser auch als rüttel- und/oder zyklenfest bekannten Untergruppe der geschlossenen Batterien reichen die Separatoren bis zum Zellenboden. Zwar tritt auch bei diesen Batterien eine Abschlammung auf, diese kann jedoch nicht zum Plattenschluss führen. HD- (heavy duty) Batterien werden in erster Linie in Lkw und Baumaschinen als Starterbatterien eingesetzt und können aufgrund ihrer großen Plattenoberflächen kurzzeitig sehr hohe Ströme liefern. Sie werden in kleinen Booten jedoch oft auch als Bordnetzbatterien eingesetzt.

Traktionsbatterien

Diese Batterien eignen sich sehr gut für einen zyklischen Betrieb mit häufigen Ladungen und Entladungen. Sie werden gerne zu Fahrzeugantriebszwecken, zum Beispiel in Gabelstaplern, eingesetzt. Sie bestehen aus einer Kombination von Gitter- und Röhrchenplatten (Panzerplatten). Panzerzellen bauen im Vergleich zu Gitterplattenzellen verhältnismäßig hoch, sodass bei diesem Batterietyp verstärkt die Gefahr einer Säureschichtung besteht.

Dabei sinkt der spezifisch schwerere Säureanteil im Elektrolyten nach unten, sodass entlang der Plattenoberfläche ein Konzentrationsgefälle entsteht. Dadurch besteht eine erhöhte Neigung zur Sulfatierung, die durch gelegentliche Ausgleichsladungen (Ladung mit erhöhter Ladespannung) verringert werden kann.

Verschlossene Batterien

Bei verschlossenen Batterien besteht unter den meisten Betriebsbedingungen keine Verbindung zwischen den Zellen und der Außenluft. Die bei der Ladung entstehenden Gase (Sauerstoff und Wasserstoff) werden in den Batterien rekombiniert. Sie sind mit einem Ventil versehen, das erst bei einem bestimmten Überdruck öffnet – wenn die Gasmenge die Rekombinationsfähigkeit übersteigt. Der Elektrolyt ist in diesen Batterien nicht flüssig, sondern gelförmig (in Gelbatterien) oder in Glasfasermatten gebunden (AGM-Batterien). Gelbatterien gibt es mit Gitter- und Röhrchenplatten, AGM-Batterien mit Gitter- oder Wickelplatten. Alle verschlossenen Batterien arbeiten mit Blei-Kalzium- oder Blei-Zinn-Gittern und sind tatsächlich nicht nur absolut wartungsfrei, sondern können nicht geöffnet werden, zum Beispiel, um Wasser nachzufüllen. Werden sie gewaltsam geöffnet, folgt unmittelbar eine irreversible Schädigung durch das zusätzliche Sauerstoffangebot aus der Luft.
Werden verschlossene Batterien überladen, führt dies immer zu einer dauernden Schädi-

■ Säureschichtung

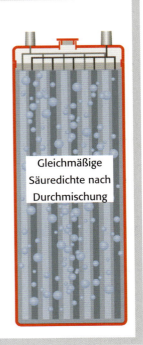

Besonders bei hoch bauenden Batterien, zum Beispiel Traktionsbatterien mit Panzerplatten, besteht die Gefahr, dass sich im Laufe der Zeit der Säureanteil mit der höheren Dichte nach unten absetzt und die Säuredichte im oberen Teil der Batterie damit abnimmt. Dies führt zu einer unterschiedlichen Belastung der Platten und, unter anderem, zu einer verstärkten Sulfatierung der oberen Plattenbereiche (links). Daher sollten diese Batterien regelmäßig einer Ausgleichsladung im Bereich der Gasungsspannung unterzogen werden. Die dabei entstehenden Gasblasen sorgen dann für eine gründliche Durchmischung der Säure (rechts).

gung. Durch die dabei auftretende übermäßige Gasung entsteht ein Elekrolytverlust, der bei diesen Batterien nicht wieder ausgeglichen werden kann. Bei geschlossenen Batterien kann der Wasserverlust zwar wieder ausgeglichen werden, aber auch diese Batterieart erfährt durch diesen Prozess eine übermäßige Alterung durch Korrosion an den Gittern, die nicht wieder rückgängig gemacht werden kann.

Gelbatterien

In dieser Untergruppe der verschlossenen Bleibatterien ist die Säure durch Zusatz von Kieselgur geliert. Selbst wenn das Batteriegehäuse durchlöchert wird, tritt keine Säure aus. Säurenebel gibt es ebenso wenig wie die Notwendigkeit, Wasser nachzufüllen. Die Batterien

Verschlossene Batterie - Gelbatterie

können in allen Positionen betrieben werden, theoretisch sogar, wenn sie auf dem Kopf stehen. Eine Gasung findet unter normalen Betriebsbedingungen nicht statt, dadurch tritt hier auch keine Korrosion durch Säurenebel in der Umgebung auf. Die Explosionsgefahr infolge Knallgasbildung ist bei dieser Batterieart in der Praxis nicht vorhanden, sodass auch bei großen Ladeleistungen kein separater Batterieraum erforderlich ist.

Die Gebrauchsdauer dieser wirklich wartungsfreien Batterien liegt etwa zwischen der einer guten Starterbatterie und einer Traktionsbatterie. Damit sind diese Batterien durchaus für den Einsatz an Bord von Freizeitschiffen geeignet. Die Selbstentladung liegt mit ein bis vier Prozent pro Monat wesentlich niedriger als die der meisten geschlossenen Batterien. Die Ladeströme – jedoch nicht die Ladespannungen! – können hingegen bis zu 30 Prozent höher liegen.

Gelbatterien sind vergleichsweise anspruchsvoll in Bezug auf die Ladung. Mir ist ein Fall bekannt, bei dem ein kompletter Batteriesatz vollkommen zerstört wurde, bevor er überhaupt in Betrieb genommen wurde. Dies war im Prinzip ganz einfach: Der Eigner hatte den Batteriesatz an ein ungeregeltes Ladegerät angeschlossen, um „diesen mal eben nachzuladen". Der Grund dafür liegt in der begrenzten Rekombinationsfähigkeit der Batterien. Der bei der Ladung an der positiven Platte entstehende Sauerstoff wandert in der Batterie zur negativen Platte, an der er mit dem dort vorhandenen Wasserstoff zu Wasser rekombiniert. Bei entsprechend langer Einwirkung von Ladespannungen über dem Gasungspunkt überschreitet die produzierte Gasmenge die Rekombination, es entsteht Überdruck in der Batterie. Das Sauerstoff-Wasserstoffgemisch entweicht durch das Ventil und steht im Elektrolyten nicht mehr zur Verfügung. Dieser Vorgang ist nicht umkehrbar, was dazu führt, dass auch bei ständiger leichter Überladung, wie etwa beim Pufferbetrieb an einem Ladegerät, dessen Ladeschlussspannung eigentlich für konventionelle Batterien ausgelegt ist, die Lebensdauer dieser Batterien erheblich verkürzt werden kann. Theoretisch besteht die Möglichkeit, dass diese Batterien durch die Standard-Lichtmaschinen, mit denen unsere Motoren ausgestattet sind, Schaden nehmen können. Diese arbeiten mit Ladespannungen von bis zu 14,5 Volt, die auf Dauer tatsächlich die Gelbatterien schädigen könnten. In der Praxis wird es jedoch kaum möglich sein, selbst bei längerem Motorbetrieb diese Spannungen zu erreichen. In der Regel sind bei laufendem Motor diverse Elektrogeräte wie zum Beispiel Leuchten, der Kühlschrank, Navigationselektronik und anderes im Einsatz, sodass nicht mehr die komplette Lichtmaschinenleistung zur Ladung zur Verfügung steht. Zweitens arbeiten herkömmliche Lichtmaschinen annähernd nach einer W-Kennlinie. Der Ladestrom fällt bei dieser Lademethode mit zunehmender Batterieladung immer weiter ab, sodass eine Volladung und damit eine nennenswerte Gasung unter normalen Betriebsbedingungen praktisch nicht erreichbar ist.

Vorsicht ist jedoch geboten, wenn Hochleistungs-Laderegler eingesetzt werden. Diese müssen unbedingt auf Gel-Batterien eingestellt sein, möglichst mit Temperaturkompensation, um Schäden an den Batterien zu vermeiden. Werden diese Batterien an einem angepassten Ladegerät oder an einer Lichtmaschine mit entsprechendem Regler betrieben, können sie durchaus zehn und mehr Jahre ihren Dienst versehen, bevor sie ausgetauscht werden müssen. Aufgrund ihrer sonstigen Eigenschaften könnten sie verhältnismäßig tief im Schiff eingebaut werden, da selbst bei einer kurzzeitigen Überflutung keine Gefahr besteht, dass Wasser in die Batterien gelangt und diese zerstört – dies ist jedoch nicht zulässig. Da die Wartung sich nach Herstellerangaben auf die Reinigung der Anschlusspole beschränkt, werden diese Batterien oft in Schapps oder unter den Bodenbrettern eingebaut und dort vergessen. Diese Einbauart hat obendrein den Vorteil, dass die Batterien im kühlsten Bereich des Schiffes arbeiten und somit die durch hohe Temperaturen verursachte vorzeitige Alterung weitgehend eingeschränkt werden kann.

Gelbatterien können nicht zusammen mit konventionellen Blei-Säure-Batterien eingesetzt werden, da die Ladecharakteristiken zu unterschiedlich sind.

AGM-Batterien

In der zweiten Gruppe der verschlossenen Batterien, den AGM-Batterien, ist die Säure in mikroporösen Glasfasermatten gebunden und liegt daher, ebenso wie in den Gelbatterien, nicht in flüssiger Form vor. Diese Batterien sind der vorläufig letzte Stand der Bleibatterie-Entwicklung. Die Platten sind hier regelrecht in säuregetränkte Glasfasermatten eingepackt, wobei die Glasfasern gleichzeitig die Separatoren darstellen. Durch diesen Materialverbund

Verschlossene Batterie - AGM-Batterie

gehören AGM zu den Batterien mit der besten Rüttelfestigkeit. Bei den üblichen Ladespannungen von Lichtmaschinen und Ladegeräten ergeben sich keine Probleme durch übermäßige Gasung, im Gegenteil, einige dieser Batterien benötigen zur Volladung eine leicht erhöhte Ladeschlussspannung.

Der innere Widerstand liegt noch unter dem der Gelbatterien. Einige Experten warnen davor, dass Lichtmaschinen mit Standardreglern durch die Stromaufnahme dieser Batterien überlastet werden könnten. Andererseits, und dies ist wohl realistischer, können die Ladezeiten bei Verwendung von Ladegeräten, die diese Eigenschaften voll ausreizen, deutlich verringert werden. Die Selbstentladung ist vergleichbar mit der von Gelbatterien. Der Amperestunden-Wirkungsgrad – das Verhältnis von aufgenommener und gespeicherter Kapazität – kann bis zu 96 Prozent betragen (geschlossene Batterien circa 85, Gelbatterien circa 90 Prozent), womit bei der Ladung weniger batterieschädliche Wärme produziert wird. Eine Sonderform der AGM-Batterien sind die Rundzellenbatterien, auch Wickel- oder Spiralzellenbatterien genannt. In diesen Batterien sind die Platten spiralförmig aufgerollt. Diese Batterien sind rüttelfest und weisen einen sehr niedrigen Innenwiderstand auf. Sie können daher mit sehr hohen Strömen ge- und entladen werden. Die Fertigung von Standard-AGM-Batterien ist im Vergleich zu der von Gelbatterien verhältnismäßig einfach; daher ist zu befürchten, dass auch hier – wie im Bereich der geschlossenen Batterien – mit der Zeit Billigprodukte mit entsprechend geringer Qualität auf dem Markt auftauchen werden, die für den Bordeinsatz nicht zu empfehlen sind.

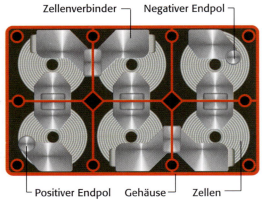

Innerer Aufbau einer verschlossenen AGM-Rundzellenbatterie

Starterbatterien

Starterbatterien gibt es sowohl in geschlossener als auch in verschlossener Ausführung. Sie müssen in kurzer Zeit einen hohen Strom liefern; daher sind sie mit dünnen Gitterplatten, die eine relativ große Oberfläche aufweisen, ausgestattet. Aufgrund der Bauweise reagieren sie sehr empfindlich auf Tiefentladungen. Während sogenannte zyklenfeste Batterien mehrere Monate im entladenen Zustand gelagert werden können, ohne Schaden zu nehmen, sind Starterbatterien bereits nach wenigen Tagen unbrauchbar. Sie sind daher für den Einsatz als Bordnetzbatterie – vor allem auf Segelyachten – nur sehr beschränkt geeignet, da dieser mit regelmäßigen Entladungen verbunden ist. Bei einem Motorstart wird die Batterie in der Regel lediglich um etwa drei bis vier Prozent ihrer Kapazität entladen – im Bordnetzbetrieb sind Entladungen zwischen 50 und 80 Prozent die Regel.

Betriebsarten

Grundsätzlich kann man an Bord einer Yacht zwischen drei Betriebsarten unterscheiden:

- **Batteriebetrieb**
  Bei dieser Betriebsart – die auch „Umschaltbetrieb" genannt wird – wird die gesamte an Bord benötigte Energie aus den Batterien entnommen. In bestimmten Abständen wird die Batterie – in der Regel mit der Lichtmaschine des Motors – aufgeladen. Typisch für diese Betriebsart ist eine Segelyacht in Fahrt.

- **Bereitschaftsparallelbetrieb**
  Lichtmaschine (oder Generator), Batterie und Verbraucher sind ständig parallel geschaltet. Unter den üblichen Bedingungen liefert die Lichtmaschine den gesamten Verbraucher- und den Ladestrom für die Batterien. Die Batterien befinden sich daher ständig im Volladezustand und übernehmen die Stromversorgung lediglich bei Ausfall der Lichtmaschine oder des Generators. Beispiele dafür sind große Motoryachten, in denen separate Generatoren die Stromversorgung des Schiffes übernehmen, oder Yachten im Winterlager mit ständig angeschlossenem Ladegerät.

- **Pufferbetrieb**
  Hier kann die Lichtmaschine oder der Generator nicht über die gesamte Betriebszeit die für die Verbraucher benötigte Energie liefern. Übersteigt der Verbrauch die Lieferfähigkeit der Lichtmaschine, liefert die Batterie den fehlenden Strom. Beispiele dafür sind Motor- oder Segelyachten, in denen größere Verbraucher, zum Beispiel Bugstrahlruder, elektrische Ankerwinden oder Wandler bei laufendem Motor betrieben werden. Durch den Betrieb dieser Großverbraucher wird die Batterie teilweise entladen.

In der Praxis wird man auf den meisten kleineren und mittleren Yachten kaum eine dieser Betriebsarten in der „reinen" Form antreffen. Meistens werden die Batterien in einem mehr oder weniger zyklischen Mischbetrieb gefahren, in dem sich die Betriebsarten abwechseln. Dies führt oft dazu, dass Yachtbatterien – sowohl die Starter- als auch die Bordnetzbatterien – wesentlich früher ausfallen als Batterien, die an Land in einer konstanten Betriebsart arbeiten und in einem definierten Ladezustand gehalten werden können. So erreichen Batterien, die zum Beispiel in Vermittlungsstellen der Telekom im Bereitschaftsparallelbetrieb gefahren werden, oft ein Alter von 15 und mehr Jahren, bevor sie wegen nachlassender Kapazität ausgetauscht werden müssen. Ähnliches gilt für die Batterien von Gabelstaplern, die, wenn sie unter optimalen Bedingungen betrieben werden, mehrere tausend Lade- und Entladezyklen erreichen können.
Die Einsatzbedingungen der Batterien an Bord von Yachten sind um einiges komplexer als zum Beispiel in Gabelstaplern. Trotzdem ist es auch hier möglich, einer vorzeitigen Alte-

rung der teuren Energiespeicher vorzubeugen und ähnliche Nutzungsdauern zu erzielen wie unter den verhältnismäßig einfachen Bedingungen an Land.

Batteriedaten

Die elektrischen Eigenschaften einer Batterie werden durch drei Angaben bestimmt, die man auch auf dem Typschild der Batterie finden sollte: Nennspannung, Nennkapazität und Kälteprüfstrom.

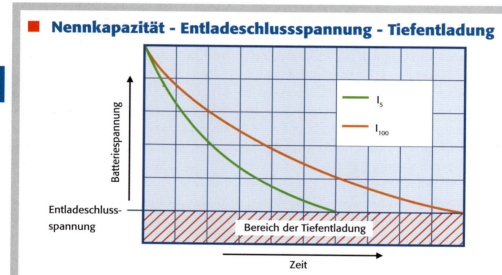

Diese Angaben sind miteinander verknüpft: Die Nennkapazität der Batterie gibt an, wie lange die Batterie einen definierten Strom liefern kann, bis die vom Hersteller festgelegte Entladeschlussspannung erreicht ist. Die Kapazität wird in Amperestunden (Ampere mal Stunden) oder auch Ah angegeben. Der Entladestrom wird als Bruchteil der Nennkapazität angegeben und liegt, je nach Batterietyp und zugrunde gelegter Norm, bei I_5, I_{20} oder sogar I_{100}. I_5 bedeutet einen Entladestrom von einem Fünftel der Nennkapazität (bei einer 100-Ah-Batterie wären dies 20 Ampere), I_{20} ein Zwanzigstel (5 Ampere) und so weiter. Hier gilt: je höher der Entladestrom, desto geringer die Nennkapazität. So kann es durchaus vorkommen, dass ein und dieselbe Batterie je nach Entladestrom zwei unterschiedliche Nennkapazitäten aufweisen kann, zum Beispiel 70 Ah bei I_5 und 100 Ah bei I_{100}.

Ebenso beeinflusst die Temperatur die Kapazität der Batterie: Je wärmer es ist, desto größer ist die Kapazität. Im europäischen Raum werden in der Regel 20 Grad Celsius als Bezugstemperatur angegeben. Um die Kapazität einer Batterie richtig beurteilen zu können, braucht man daher vier Angaben: Die Zahl der Amperestunden, die Höhe des Entladestroms, die Entladeschlussspannung und die Temperatur. Seriöse Hersteller und Händler geben alle diese Parameter an. Als Tiefentladung bezeichnet man, wenn die Batterie unter die vom Hersteller vorgegebene Entladeschlussspannung entladen wird. Dies führt in den meisten Fällen auf Dauer zu Schäden an der Batterie.

Nennspannung

Eine Blei-Schwefelsäure-Zelle liefert nominell zwei Volt. Sechs Zellen, in Reihe geschaltet – wie bei fast allen Bordnetzbatterien – bringen demzufolge 12 Volt. Nicht umsonst hat diese Spannung den Zusatz „Nenn". In der Praxis, oder besser, im Normalbetrieb, kann diese Spannung zwischen 10,5 und 14,4 Volt betragen. Wird die Batterie gerade geladen und ist fast voll, können ohne Weiteres 14,4 Volt an den Lampen und Geräten zu messen sein, die ebenfalls für eine Nennspannung von 12 Volt ausgelegt sind. Am anderen Ende, wenn die Batterie bis auf die Entladeschlussspannung entladen ist, gibt es nur noch 10,5 Volt. Die Entladeschlussspannung ist ein Wert, der vom jeweiligen Batteriehersteller angegeben wird und bis zu dem die Batterie entladen werden darf, ohne dass sie dauernden Schaden nimmt. Diese Spannung wird für die meisten Batterien mit 1,75 Volt je Zelle angegeben, daher die 10,5 Volt für eine 12-Volt-Batterie.
Der obere Spannungswert, auch Ladeschlussspannung genannt, sollte nicht überschritten werden. Für die meisten Batterien wird diese Spannung heute mit 14,4 Volt angegeben. Einige Batteriearten, darunter ältere Gel-Batterien, werden mit niedrigeren Spannungen geladen. Hier kann die Ladeschlussspannung bei 13,8 Volt liegen. Wenn die Ladeschlussspannung überschritten wird, kann man davon ausgehen, dass die meisten Batterien dauerhaft geschädigt werden.
Ein kleiner Vergleich: Würde unsere 230-Volt-Netzspannung an Land um dieselbe Bandbreite schwanken, müssten wir mit Spannungen zwischen 201 und 276 Volt leben.

Nennkapazität

Die Kapazität einer Batterie wird in Amperestunden (Ah), angegeben. Dieser Wert sagt im Prinzip, wie lange diese einen bestimmten Strom liefern kann, bis die Entladeschlussspannung erreicht ist, also leer ist. Nun könnte man annehmen, dass eine Batterie mit einer Kapazität von 80 Amperestunden 80 Stunden lang einen Strom von 1 Ampere, 40 Stunden lang einen Strom von 2 Ampere oder 20 Stunden lang 4 Ampere liefert.
Diese Annahme trifft in der Praxis nicht ganz zu. Grund: Die Kapazität der Batterie ändert sich aufgrund des Peukert-Effekts mit der Stärke des Entladestroms. Soll heißen: je höher der Strom, desto geringer ist die verfügbare Kapazität. Nehmen wir eine Batterie, die bei einer Entladung mit einem Strom, der einem Zwanzigstel der Nennkapazität (4 Ampere) entspricht, 80 Amperestunden Kapazität zeigt. Dieselbe Batterie hat bei einer Entladung mit einem Fünftel der Nennkapazität (16 Ampere) nur noch 64 Amperestunden, bei Entladung mit einem Hundertstel jedoch 96 Amperestunden.
Daher bezieht sich die Kapazitätsangabe immer auf einen bestimmten Entladestrom. Gemessen wird mit Strömen, die ein Fünftel (I_5), ein Zwanzigstel (I_{20}) oder ein Hundertstel (I_{100}) der Nennkapazität entsprechen. Die diesen Entladeströmen entsprechenden Kapazitäten werden C5, C20 oder C100 genannt. Für die Praxis bedeutet dies, dass eine Batterie, die

mit hohen Strömen entladen wird, weniger Strom liefern kann, als es ihrer Nennkapazität entspricht. Daher sollte man beim Kauf und dem dabei eventuell stattfindenden Vergleich von unterschiedlichen Batterien darauf achten, auf welchem Entladestrom die Kapazitätsangabe beruht. Batterien, deren Kapazitätsangaben auf unterschiedlichen Strömen beruhen, können nicht direkt miteinander verglichen werden.

Batterien, deren Kapazität mit C5 angegeben wird, sind oft Starterbatterien, während unter

■ Der Peukert-Effekt

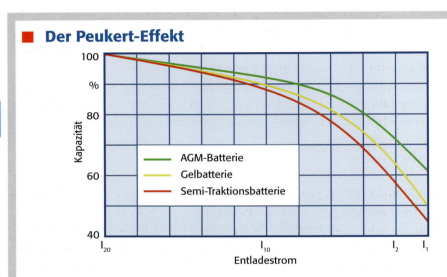

Schaut man bei den Kapazitätsangaben genauer hin, findet man meist ein C mit einer angehängten Zahl, in der Regel 20. Beispiel: 100 Ah C20 bedeutet, dass die Nennkapazität 100 Amperestunden bei einem Entladestrom von 1/20 des Kapazitätswerts, in diesem Fall 5 Ampere, beträgt. Wird der Entnahmestrom höher, sinkt die nutzbare Kapazität. Bei Stromstärken im Bereich der Nennkapazität, in unserem Fall etwa 100 Ampere, fällt diese auf etwa die Hälfte ab. Der Batterie können dann nur noch etwa 50 Amperestunden entnommen werden, bis die Batterie – scheinbar – entladen ist. Dieses Verhalten ist als Peukert-Effekt bekannt und muss bei der Einrichtung eines Batteriemonitors berücksichtigt werden.

Berechnen lässt sich der Peukert-Koeffizient nach der Gleichung

$$Cp = I^n \cdot t$$

I ist der Entladestrom und t die Zeit bis zur vollständigen Entladung. n ist der Peukert-Exponent, der wie folgt bestimmt wird:

$$n = \log(t1 : t2) : \log(I1 : I2)$$

wobei t1 die Entladezeit bei I1 (zum Beispiel C20) und t2 die Entladezeit bei I2 (zum Beispiel C5) ist.

Der Peukert-Koeffizient ist daher immer größer als 1 und liegt, batterieabhängig, zwischen 1,1 und 1,4. Als grobe Regel kann man folgende Werte annehmen:

Starter- und AGM-Batterien	1,1 bis 1,2
Gelbatterien	1,2 bis 1,3
Panzerplattenbatterien	1,3 bis 1,4

Der Peukert-Koeffizient für eine bestimmte Batterie kann in der Regel beim Hersteller angefragt werden, falls er nicht bereits im Batteriehandbuch angegeben ist.

den C100-Batterien in der Regel Solarbatterien zu finden sind. Die Kapazitätsangabe bei Starterbatterien bezieht sich auf eine Temperatur von 27 Grad Celsius, alle anderen Batteriearten werden, zumindest im europäischen Raum, bei 20 Grad gemessen.

Kälteprüfstrom

Eine vor allem im amerikanischen Raum gerne verwendete Angabe. Diese wird dort häufig anstelle der Kapazität zur Größenbestimmung einer Batterie verwendet, die Einheit ist Ampere. Für Starterbatterien ist dies durchaus sinnvoll, da damit ein direkter Rückschluss auf die Größe des Motors möglich ist, der von einer gegebenen Batterie gestartet werden kann. In Deutschland wird diese Angabe eher selten verwendet.

Mit dem Kälteprüfstrom kann das Startverhalten bei tiefen Temperaturen beurteilt werden. Er ist die Entladestromstärke, mit der eine 12-Volt-Batterie bei -18 Grad Celsius 10 Sekunden belastet werden kann, ohne dass die Batteriespannung unter 7,5 Volt absinkt.

Batterieauswahl

Starterbatterien sind verhältnismäßig einfach: Die Nennspannung muss der Motorspannung entsprechen, und die Kapazität sollte nach den Vorgaben des Motorherstellers gewählt werden. Sie sollte weder unterschritten (schlechteres Startverhalten) noch wesentlich überschritten werden. Dann droht nämlich ein Anlasserschaden, da die Batterie praktisch den Strom, der durch den Anlasser fließt, begrenzt. Anlasser sind Reihenschlussmotoren, bei denen der Strom mit abnehmender Drehzahl zunimmt. Je größer die Batterie, desto größer ist der Strom, und unter bestimmten Voraussetzungen kann dieser so weit ansteigen, dass der Anlasser beschädigt wird.

Starterbatterien sind in geschlossener und verschlossener Ausführung erhältlich. Technisch sind alle Batterietypen mit Gitterplatten für diesen Zweck geeignet, nur sollte man möglichst Starter- und Bordnetzbatterien nicht so auswählen, dass mit unterschiedlichen Ladespannungen oder -kennlinien gearbeitet werden muss. Ideal ist, wenn Starter- und Bordnetzbatterie vom selben Typ sind, also entweder geschlossene, Gel- oder AGM-Batterien. Geschlossene Batterien sind in der Regel billiger als die beiden anderen Arten, stellen jedoch oft höhere Ansprüche an die Wartung. Nachteilig ist auch die wesentlich stärkere Gasung, die einen Einbau an einer gut belüfteten Stelle erfordert. Hinzu kommt, dass die Nutzungsdauer der geschlossenen Batterien, von wenigen Ausnahmen abgesehen, nicht an die der verschlossenen Ausführungen heranreicht. Die Behauptung, dass der Einsatz von geschlossenen Batterien an Bord von Yachten nicht mehr zeitgemäß sei, scheint vor diesem Hintergrund durchaus berechtigt zu sein.

Dies trifft verstärkt auch auf die Bordnetzbatterien zu. Da diese wesentlich stärker beansprucht werden als die Starterbatterien, kommen hier die Vorteile der verschlossenen Batterien erst recht zur Geltung. Während bei den Starterbatterien die Nennspannung durch den Motor vorgegeben ist, hat man bei der Bordnetzbatterie – zumindest theoretisch – die Wahl zwischen 12 und 24 Volt. Theoretisch deshalb, weil Anlagen mit unterschiedlichen Spannungen der Bordnetz- und Starterbatterie sehr aufwändig sind.

Beide Spannungen haben ihre Vor- und Nachteile, die sich je nach Größe des Schiffes unterschiedlich bemerkbar machen. Eine Anmerkung vorab: Es gibt kaum eine Yacht mit 24 Volt Bordnetzspannung, die nicht einen 24/12-Volt-Wandler an Bord hat, mit dem einige Geräte betrieben werden, die in 24 Volt entweder nicht erhältlich sind oder die für diese Spannung unverhältnismäßig teuer sind. Allerdings geht der Trend dahin, dass die elektronischen Geräte (Navigation, Radio und Ähnliches) im Spannungsbereich zwischen 9 und 32 Volt arbeiten. Halogenlampen, die mit 24 Volt arbeiten, sind jedoch eher eine Rarität, und wenn sie erhältlich sind, kosten sie etwa das Dreifache der entsprechenden 12-Volt-Ausführung.

Der große Vorteil eines 24-Volt-Bordnetzes kommt erst bei größeren Yachten und entsprechend langen Leitungen zum Tragen: Um einen (oft vorgegebenen) Spannungsabfall nicht zu überschreiten, müssen die Kabel und Leitungen in einem 24-Volt-System nur den halben Querschnitt im Vergleich zur 12-Volt-Ausführung aufweisen. Bei kleinen und mittleren Yachten tritt dieser Effekt jedoch kaum in Erscheinung, da ohnehin mit einem Mindestquerschnitt von 1,0 Quadratmillimetern gearbeitet wird – oder zumindest gearbeitet werden soll – und die dort auftretenden Leitungslängen bis auf wenige Ausnahmen nicht lang genug sind, um die vorgegebenen maximalen Spannungsabfälle zu überschreiten. Daher rechnet sich die Wahl einer Bordnetzspannung von 24 Volt erst bei Schiffslängen ab etwa 12 Metern – darunter lohnt sich der Aufwand in der Regel nicht.

Die Kapazität der Bordnetzbatterie wird einerseits vom zu erwartenden Verbrauch, andererseits von den zur Verfügung stehenden Ladeeinrichtungen bestimmt. Eine Faustregel besagt, dass die Kapazität so ausgelegt sein sollte, dass innerhalb von 24 Stunden maximal 50 Prozent der verfügbaren Energie aus der Batterie entnommen werden sollte. Dies kann damit begründet werden, dass eine Bordnetzbatterie wegen der meist kurzen Ladezeiten selten zu mehr als 80 Prozent geladen ist. Andererseits sollte eine Batterie, um die vorzeitige Alterung in Grenzen zu halten, nicht tiefer als bis auf 30 Prozent der Nennkapazität entladen werden. Daraus ergibt sich eine nutzbare Kapazität von höchstens 80 - 30 = 50 Prozent der Nennkapazität. Geht man von zwei Ladezeiten pro Etmal aus, in denen die verbrauchte Energie wieder eingeladen wird, muss die Nennkapazität also doppelt so groß wie der Tagesverbrauch sein.

Wichtigste Voraussetzung für die Festlegung der Kapazität ist eine möglichst realistische Energiebilanz. Diese sollte eine möglichst genaue Abschätzung des zu erwartenden Energieverbrauchs ermöglichen, was bedingt, dass alle Verbraucher mit ihrem Stromverbrauch und den Einschaltzeiten erfasst sein müssen. Während viele Verbraucher einen konstanten Stromverbrauch haben (Navigation, Positionslaternen, Beleuchtung), können andere nur sehr schwer eingeschätzt werden. Dazu gehört zum Beispiel der Kühlschrank: Obwohl die Leistung des Kompressormotors genau festliegt, kann der Verbrauch durch eine ganze

Verbraucher	Verbrauch		Einschaltzeit/Etmal		Verbrauch
	Watt	Ampere	Stunden	ED %[1)]	Ah/12 V
Navigation	2,4	0,2	24	100	4,8
GPS	2,4	0,2	24	100	4,8
Funksprechanlage, standby	1,2	0,1	24	100	2,4
Funksprechanlage, senden	50	4,2	0,2	50	0,4
Kühlschrank	36	3,0	24	50	36,0
Positionslaterne	25	2,1	8	100	16,8
Selbststeueranlage	60	5,0	20	20	20,0
Radio	12	1,0	3	100	3,0
Beleuchtung	25	2,1	4	100	8,2
Sonstige Verbraucher					5
Gesamtverbrauch					**101,4**

1) ED = Einschaltdauer des Verbrauchers in der Betriebszeit

Beispiel einer Energiebilanz einer 10-Meter-Segelyacht in der Grundausstattung

Reihe von Faktoren (Temperatur im Schiff, Temperatur im Kühlschrank, Häufigkeit der Benutzung, Temperatur des Kühlguts, Aufstellungsort des Verdampfers und einige mehr) um den Faktor 5 variieren. Alleine durch Absenken der Innentemperatur von 8 auf 5 Grad Celsius kann der Verbrauch auf das Doppelte steigen, ein Anstieg der Umgebungstemperatur von 21 auf 32 Grad Celsius führt zu einem Anstieg der Einschaltdauer um 30 Prozent. Ein Beispiel: Eine mittelmäßig isolierte Kühlbox mit einem Danfoss-Kompressor BD35F verbraucht bei einer Umgebungstemperatur von 20 Grad und einer Innentemperatur von 8 Grad 11,7 Amperestunden je Etmal, bei 32 und 5 Grad jedoch 29,7 Amperestunden. Beide Werte gelten nur unter der Bedingung, dass die Box in dieser Zeit nicht geöffnet wird und kein warmes Kühlgut eingelagert wird. Für die Praxis sollte man die Verbrauchsangaben der Hersteller für die Kompressoren beziehungsweise Kühlboxen verdoppeln, damit man eine realistische Abschätzung des Stromverbrauchs an Bord erhält.

Dies gilt mehr oder weniger für alle Geräte, deren Energieverbrauch nicht konstant ist. Schätzt man deren Verbrauch zu niedrig und dimensioniert folglich die Batteriekapazität zu klein, führt dies früher oder später zu Problemen: Tiefentladene und vorzeitig gealterte Batterien, übermäßig lange Motorlaufzeiten zur Batterieladung oder Sulfatierung infolge ständiger Unterladung, um nur einige zu erwähnen. Dimensioniert man zu groß, wirkt sich dies allgemein positiv aus: Die Batterien leben länger, die Ladezeiten können kürzer ausfallen, die Betriebssicherheit der elektrischen Anlage wird insgesamt verbessert. Einziger Nachteil: Man gibt mehr Geld für die Batterien aus.

Wie sehr sich zusätzliche Verbraucher auf die Energiebilanz auswirken, zeigt der Vergleich zwischen unseren Beispiel-Energiebilanzen. Hier haben wir eine fiktive 10-Meter-Segelyacht

Verbraucher	Verbrauch		Einschaltzeit/Etmal		Verbrauch
	Watt	Ampere	Stunden	ED %[1]	Ah/12 V
Navigation	2,4	0,2	24	100	4,8
GPS	2,4	0,2	24	100	4,8
Funksprechanlage, standby	1,2	0,1	24	100	2,4
Funksprechanlage, senden	50	4,2	0,2	50	0,4
Kühlschrank	36	3,0	24	50	36,0
Positionslaterne	25	2,1	8	100	16,8
Selbststeueranlage	60	5,0	20	20	20,0
Radio	12	1,0	3	100	3,0
Beleuchtung	25	2,1	4	100	8,2
Radar	35	3,0	8	100	24,0
Mikrowelle	1.200	100	0,15	100	15,0
Heizung	60	5	10	100	50,0
Wassermacher	120	10	3	100	30,0
Sonstige Verbraucher					5,0
Gesamtverbrauch					**220,4**

1) ED = Einschaltdauer des Verbrauchers in der Betriebszeit

Beispiel einer Energiebilanz einer 10-Meter-Segelyacht mit vier zusätzlichen Komfortverbrauchern

mit vier zusätzlichen Verbrauchern ausgestattet. Ergebnis: Der Energieverbrauch wurde mehr als verdoppelt, und damit auch die erforderliche Batteriekapazität. Nimmt man die Yacht in der Grundausstattung, kommt man mit einer Kapazität von knapp 200 Amperestunden aus. Die 101 Amperestunden, die pro Etmal verbraucht werden, können mit der Lichtmaschine in zwei täglichen Ladezyklen, die je nach Drehzahl und Leistung der Lichtmaschine jeweils ein bis zwei Stunden in Anspruch nehmen, wieder eingeladen werden.

Mit den zusätzlichen Verbrauchern werden insgesamt 220 Amperestunden benötigt. Die Batteriekapazität müsste auf 440 Amperestunden erhöht werden und mit einer Standard-Lichtmaschine, die maximal etwa 40 bis 50 Ampere liefert, würde sich die tägliche Ladezeit auf 4,4 bis 5 Stunden erhöhen. Dreht die Lichtmaschine zu langsam, etwa wenn der Motor nur im Leerlauf oder knapp darüber läuft, kann die Ladung der Batterien auch durchaus bis zu zehn Stunden in Anspruch nehmen.

Eine Konsequenz aus dieser Erkenntnis ist, dass man, sobald man zusätzliche Verbraucher an Bord bringt, gleichzeitig den zusätzlichen Energiebedarf abdecken muss, damit die Stromversorgung nicht aus dem Gleichgewicht gebracht wird.

Hinzu kommt, dass die Stromerzeugung per Lichtmaschine des Antriebsmotors wahrscheinlich die teuerste Art der Energieerzeugung ist – abgesehen davon, dass mehrere

Stunden Motorlaufzeit pro Tag nicht gerade den Frieden und die Nervenruhe an Bord fördern. Rechnen wir ein wenig: Ein moderner 30-Kilowatt-Dieselmotor verbraucht ohne Belastung durch den Propeller bei 1.500 Umdrehungen je Minute circa 1,5 Liter je Stunde. Eine Standard-Lichtmaschine (12 V 55 A) liefert bei dieser Drehzahl günstigstenfalls 35 Ampere, was einer Leistung von 35 · 12 = 0,42 Kilowatt entspricht. Gehen wir von einem Dieselpreis von 1,50 Euro aus, kostet alleine der Kraftstoff für eine Kilowattstunde 3,57 Euro, mehr als das Zehnfache des Stroms aus der heimischen Steckdose. Ein guter Grund, um über die Montage alternativer Energieerzeuger, zum Beispiel Solarmodule oder Windgeneratoren, nachzudenken.

Batterieladung

Nicht nur böse Zungen behaupten, dass die meisten Batterien infolge falscher Ladeverfahren vorzeitig ihr Ende finden; es ist eine Tatsache, dass die Lebensdauer einer Batterie bereits durch geringe Über- oder Unterladung erheblich verringert werden kann. So kann eine dauernde Unterladung um 20 Prozent die Anzahl der möglichen Lade-/Entladezyklen um bis zu 70 Prozent verringern. Andererseits kann ein optimales Batteriemanagement die Gebrauchsdauer der Energiespeicher um mehrere Jahre verlängern. Zwischen Batteriealterung und Batterieladung besteht daher ein enger Zusammenhang, und bevor wir uns mit den diversen Lademethoden beschäftigen, gehen wir etwas näher auf die chemischen und physikalischen Vorgänge ein, die bei der Alterung eine Rolle spielen.

Batteriealterung

Die Alterung einer Bleibatterie wird im Wesentlichen durch drei Faktoren bestimmt, die wiederum weitgehend von der Art der Ladung beeinflusst werden: Der erste Faktor ist der sogenannte Masseverlust, der in den Platten durch die chemisch-physikalischen Vorgänge bei Ladung und Entladung entsteht. Vereinfacht ausgedrückt wird bei jedem Lade-und Entladevorgang der mechanische Zusammenhalt der aktiven Masse in den Platten ein wenig gelockert, sodass diese

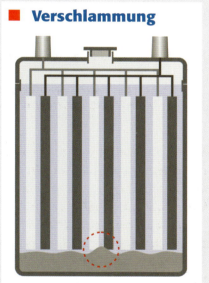

■ **Verschlammung**

Im Laufe der Zeit löst sich ein Teil der aktiven Masse von den Platten und sammelt sich als Schlamm am Boden des Gehäuses. Steigt der Schlammpegel bis zu den Plattenunterkanten, verursacht er einen Kurzschluss, den sogenannten Plattenschluss. Ausnahme: HD-Batterien, bei denen die Separatoren zwischen den Platten bis zum Boden reichen.

mit der Zeit „abbröckelt" und sich am Boden der Zellen als Schlamm absetzt. Durch diesen Vorgang wird die Kapazität, also die Menge der Energie, die von der Zelle gespeichert werden kann, mit der Zeit so weit verringert, dass die Batterie unbrauchbar wird.

Oft tritt jedoch vorher ein sogenannter Plattenschluss auf. Dabei sammelt sich so viel der (leitfähigen) aktiven Masse auf dem Zellenboden an, dass die unteren Bereiche der Platten damit bedeckt und somit kurzgeschlossen werden. Eine Batterie mit Plattenschluss – der auch durch andere Vorgänge entstehen kann – ist nicht mehr zu gebrauchen und muss sofort ersetzt werden.

Durch Korrosion infolge ständiger Überladung zerstörtes Gitter einer AGM-Batterie.

Die Stärke des Masseverlustes wird nicht nur von der Anzahl der Zyklen bestimmt, sondern auch von der Entladetiefe der Batterie. Wird dieser ständig die gesamte Kapazität entnommen, also bis zur Entladeschlussspannung entladen, ist der Effekt wesentlich stärker als bei einem Betrieb mit zum Beispiel nur 40-prozentiger Entladung. Alleine durch eine verringerte Entladetiefe kann man erreichen, dass die Lebensdauer der Batterie um den Faktor fünf verlängert wird.

Drastisch verkürzt wird diese durch übermäßiges Gasen, das bei jeder Überladung auftritt.

■ Dendriten

Als Dendriten bezeichnet man Kristalle, die auf der Plattenoberfläche entstehen und in Richtung der nächsten Platte wachsen. Diese Kristalle können, vor allem nach mehreren Tiefentladungen oder dauerndem Betrieb im teilgeladenen Zustand, den Separator durchstoßen und die gegenüberliegende Platte erreichen. Dadurch entsteht ein Plattenschluss, die Batterie wird unbrauchbar.

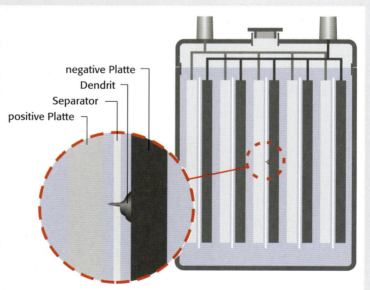

Während der Gasblasenbildung werden an der Plattenoberfläche dauernd Partikel abgelöst, die sich mit der Zeit am Zellenboden wiederfinden.

Der zweite Faktor ist die Korrosion. Diese tritt, vor allem gegen Ende des Ladevorgangs, bei jeder Ladung am Gitter der positiven Platte auf. Die Korrosionsrate hängt direkt von der Batteriespannung ab, je höher diese ist, desto stärker wird das Gitter angegriffen. Infolge der Korrosion erhöht sich mit der Zeit der Innenwiderstand der Zelle und zum Schluss wird die Platte vollständig zerstört.

Der dritte Faktor ist die Sulfatierung. Bei dem Entladevorgang wird das Blei beziehungsweise das Bleioxid der Platten in amorphes Sulfat umgewandelt. Wird die Batterie im entladenen oder auch teilentladenen Zustand belassen, wachsen aus dem leitfähigen amorphen Sulfat nicht leitende kleine Sulfatkristalle, die ab einer bestimmten Größe mit den üblichen Lademethoden nicht mehr gelöst werden können. Wird die Batterie zu lange im entladenen Zustand stehen gelassen, wachsen diese Kristalle zu größeren Klumpen zusammen, was zunächst zu einem Kapazitätsverlust und später zum Totalausfall der Batterie führt.

Auch durch ständige Unterladung kann die Bildung von Sulfatkristallen gefördert werden. Dabei wächst langsam eine nicht leitende Schicht auf der Plattenoberfläche, die irgendwann auch nicht mehr durch Ladevorgänge in aktive Masse zurückverwandelt werden kann.

Für die Praxis ist es interessant, dass die Sulfatierung nicht als unvermeidbar hingenommen

■ Sulfatierung

Bei jeder Batterieentladung wird die aktive Masse in den Platten – Blei an der negativen, Bleidioxid an der positiven Platte – in Bleisulfat umgewandelt. In den Zeichnungen ist das Blei grau, das Bleisulfat rot dargestellt, was zwar nicht der Wirklichkeit entspricht, aber besser erkennbar ist. Bei der Ladung wird das Bleisulfat wieder in Blei und Bleidioxid zurückgewandelt. Der Prozess läuft in beiden Richtungen von außen nach innen ab: Zunächst sind die äußeren Schichten betroffen und der Kern wird erst gegen Ende des Lade- oder Entladevorgangs umgewandelt. Werden Batterien nun längere Zeit in einem teilgeladenen Zustand gelagert oder betrieben, wachsen in dem aktiven amorphen Bleisulfat Kristalle, die nicht mehr an den Lade- und Entladevorgängen teilhaben. Je größer diese Sulfatkristalle werden, desto schwieriger ist es, sie zurückzubilden.

werden muss. Sie lässt sich alleine schon dadurch reduzieren, indem man die Entladung der Batterie begrenzt. Als weitere Maßnahme gegen Sulfatierung dienen Vollladungen, die vielen Eignern jedoch schwerfallen. Oft werden Ladegeräte, die mit einer IU_0U-Kennlinie arbeiten, vom Eigner schon während der Konstantspannungsphase abgeschaltet, bevor die Batterie ihren vollen Ladezustand erreicht hat.

Ladegeräte und -methoden

Grundsätzlich gibt es an Bord von Yachten drei Energieerzeuger, die einzeln oder kombiniert die Starter- und die Bordnetzbatterie mit Strom versorgen: Die Lichtmaschine des Antriebsmotors (oder, bei großen Yachten, ein separater Generator), Ladegeräte, die Landstrom in Ladestrom umwandeln, und regenerative Energiequellen, wie zum Beispiel Solarmodule oder Windgeneratoren.

Lichtmaschinen

Lichtmaschinen sind Energieerzeuger, die auf die Gegebenheiten in Kraftfahrzeugen zugeschnitten sind. Die Ladung der Fahrzeugbatterie ist dabei fast Nebensache, in erster Linie sollen die Verbraucher (Zündanlage, Beleuchtung, Gebläse und so weiter) während der Fahrt mit Strom versorgt werden. Sie sind daher nicht unbedingt optimal zur Ladung der Bordnetzbatterie geeignet. Bis etwa 1970 wurden Gleichstrom-Lichtmaschinen verwendet, in denen die stromerzeugende Wicklung auf dem Anker (der in Drehstromlichtmaschinen

■ W-Kennlinie

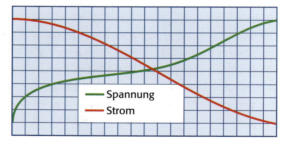

Bei der W-Kennlinie wird mit steigender Spannung bei fallendem Strom geladen. Spannung und Strom werden in erster Linie durch den Innenwiderstand des Ladegeräts und der Batterie bestimmt. Wird bei ungeregelten Geräten mit dieser Kennlinie nicht bei Erreichen der Gasungsspannung abgeschaltet, drohen ernsthafte Batterieschäden, da die Spannung weit über das für die Batterie erträgliche Maß steigen kann und die Batterie regelrecht „verkocht". Diese Lademethode eignet sich eigentlich nur für versehentlich entladene Kfz-Starterbatterien. Lichtmaschinen kann man in der Bordpraxis als Ladegeräte mit einer spannungsbegrenzten W-Kennlinie ansehen.

Batterieladung - Übersicht

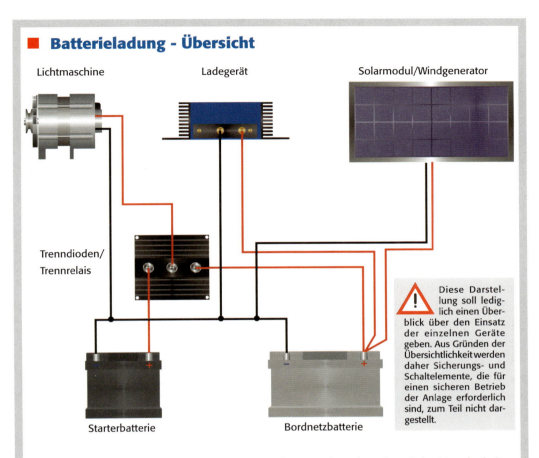

Diese Darstellung soll lediglich einen Überblick über den Einsatz der einzelnen Geräte geben. Aus Gründen der Übersichtlichkeit werden daher Sicherungs- und Schaltelemente, die für einen sicheren Betrieb der Anlage erforderlich sind, zum Teil nicht dargestellt.

Bei der Batterieladung auf Yachten geht es hauptsächlich darum, die von mehreren Stromerzeugern gelieferte Energie auf mehrere Batterien so zu verteilen, dass diese weder über- noch unterladen werden. Der Hauptstromlieferant auf kleinen und mittleren Yachten ist in der Regel die Lichtmaschine, die sowohl die Starter- als auch die Bordnetzbatterie versorgt. Um zu verhindern, dass die Starterbatterie durch das Bordnetz entladen wird, sind Starter- und Bordnetzbatterie durch Trenndioden oder ein Trennrelais während der Entladung elektrisch voneinander isoliert. Ein landstromgespeistes Ladegerät übernimmt am Liegeplatz die Batterieladung und oft auch die Stromversorgung des Bordnetzes.

Einfache Geräte mit nur einem Ausgang sind meistens nur an die Bordnetzbatterie angeschlossen, da die Starterbatterie während der Motorlaufzeiten durch die Lichtmaschine ausreichend geladen wird. Ist ein zweiter – meist ungeregelter – Ausgang vorhanden, kann daran die Starterbatterie angeschlossen werden. Auch die sogenannten alternativen Energieerzeuger, also Wind- und Wassergeneratoren oder Solarmodule, versorgen in der Regel nur die Bordnetzbatterie.

Soll eine dritte Batterie, zum Beispiel zur Versorgung der Ankerwinde oder des Bugstrahlruders, geladen werden, muss auch diese während der Entladung von allen anderen Batterien getrennt sein. Dazu können jedoch keine Standard-Trenndioden verwendet werden, da deren Spannungsabfälle sich aufsummieren und so keine ausreichende Ladung der dritten Batterie mehr möglich ist.

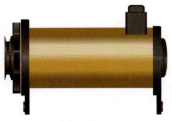  

Gleichstromlichtmaschine   **Drehstromlichtmaschine mit Lüfterrad**   **Innenbelüftete Drehstromlichtmaschine**

„Läufer" heißt) sitzt. Der in der Lichtmaschine erzeugte Strom wurde über Kohlebürsten von dem mit dem Anker rotierenden Kollektor abgenommen. Der einzige Vorteil dieser Generatorbauart bestand darin, dass der Strom nicht gleichgerichtet werden musste – dies übernahm, systembedingt, der Kollektor.

Die Gleichstrommaschinen wurden durch die Drehstromlichtmaschinen ersetzt. Dies wurde durch die Entwicklung leistungsfähiger Gleichrichterdioden möglich, mit denen es gelang, die von der Statorwicklung gelieferten Wechselspannungen in Gleichspannung umzuwandeln. In diesen Maschinen wird nur der verhältnismäßig niedrige Erregerstrom mit Bürsten auf den Läufer übertragen, der Arbeitsstrom wird aus den außen liegenden Statorwicklungen entnommen. Mehr über die Bauweise und Eigenschaften der Lichtmaschinen im Abschnitt „Stromerzeugung - Gleichstrom".

Die Ladecharakteristik von Lichtmaschinen entspricht – obwohl es sich theoretisch um

■ I-Kennlinie

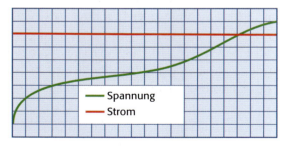

Mit der Konstantstromladung lässt sich mit entsprechend leistungsfähigen Ladegeräten in kurzer Zeit viel Kapazität einlagern. Der Ladestrom kann, je nach Batterietyp, zwischen 30 und maximal 40 Prozent des Nennkapazitätswertes betragen.
Bei hohen Ladestromstärken sollte die Batterietemperatur überwacht werden, um eine Schädigung der Batterie zu verhindern. Mit Erreichen der Gasungsspannung muss diese Ladung ab- beziehungsweise in eine Konstantspannungsphase umgeschaltet werden, da sonst die Batterie zerstört würde. Mit einer anschließenden Konstantspannungsladung kann ein Vollladezustand erreicht werden.

Gleichstromlichtmaschine

Bei Gleichstromlichtmaschinen wird der Strom in den rotierenden Ankerwicklungen erzeugt, die Erregerwicklungen mit den Polschuhen sind fest mit dem Gehäuse verbunden. Dreht sich der Anker, wird durch den Restmagnetismus der Polschuhe ein Strom im Anker erzeugt. Dieser fließt wiederum durch die Erregerwicklungen, womit sich der Strom in den Ankerwicklungen verstärkt. Der in der Ankerwicklung erzeugte Strom wird am Kommutator gleichgerichtet und an den Kohlebürsten abgenommen. Gleichstromlichtmaschinen erzeugen erst bei verhältnismäßig hohen Drehzahlen Strom, dürfen jedoch auch nicht zu schnell drehen, da dann die Kohlebürsten am Kommutator den Kontakt verlieren.

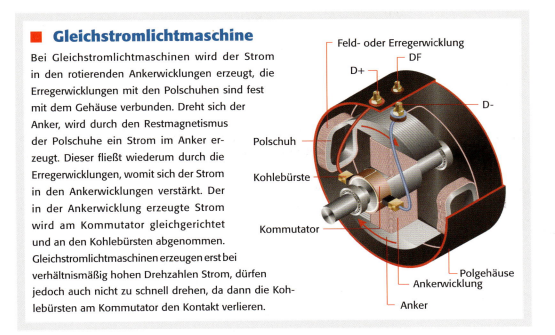

eine Ladung mit Spannungsbegrenzung handelt – in der Praxis etwa einer W-Kennlinie. Die Ladespannung beträgt bei 12-Volt-Anlagen in der Regel zwischen 14,0 und 14,4 Volt. Der maximale Ladestrom liegt meistens bei 50 Ampere, kann bei neueren Motoren jedoch bis 130 Ampere betragen. Dies reicht theoretisch auch für umfangreiche Bordnetze aus, durch die Ladekennlinie sind jedoch schon bei mittelgroßen Batteriegruppen selbst unter idealen Bedingungen Ladezeiten von 20 und mehr Stunden für eine Vollladung nötig.
Die Kennlinie wird vom Lichtmaschinenregler bestimmt, der heutzutage in die Lichtmaschine integriert ist. Der Regler sorgt dafür, dass die Spannung an der B+-Klemme der Lichtmaschine im Idealfall gerade so hoch ist, dass bei ausreichenden Ladezeiten im Kraftfahrzeug eine Vollladung der Batterie möglich, eine Überladung jedoch ausgeschlossen ist. Gleichzeitig begrenzt er den Ladestrom auf den für die jeweilige Lichtmaschine geltenden

U-Kennlinie

Bei der U-Kennlinie wird mit konstanter Spannung geladen. Die Spannung liegt meistens knapp unter der Gasungsspannung. Der Strom nimmt mit zunehmender Ladung ab. Mit dieser Methode lassen sich Vollladezustände erreichen, die jedoch verhältnismäßig viel Zeit in Anspruch nehmen.

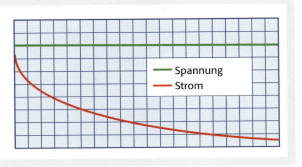

■ Drehstromlichtmaschine

In Drehstromlichtmaschinen wird der Strom nicht, wie in Gleichstromlichtmaschinen, im rotierenden Anker (der hier „Läufer" heißt) erzeugt, sondern in der sogenannten Ständerwicklung, die fest mit dem Gehäuse verbunden ist. Durch die Kohlebürsten und die Schleifringe fließt hier nur der verhältnismäßig kleine Erregerstrom, wodurch Drehstromlichtmaschinen in einem wesentlich breiteren Drehzahl- und Leistungsbereich als Gleichstrommaschinen betrieben werden können.

Durch das Magnetfeld der Erregerwicklung des rotierenden Läufers werden in den drei Statorwicklungen drei in der Phase um 120 Grad versetzte Wechselströme erzeugt. Dieser Drehstrom wird in den im Gehäuse integrierten Siliziumdioden gleichgerichtet. Die Ausgangsspannung der Lichtmaschine wird durch den Regler begrenzt, der den Erregerstrom reduziert, sobald die Spannung etwa 14,4 Volt erreicht. In modernen Drehstromlichtmaschinen bildet der Regler eine Einheit mit dem Kohlebürstenhalter, der auf dem hinteren Lagerschild der Lichtmaschine sitzt. Mehr zu Schaltungen, Klemmenbezeichnungen und Reglern im Kapitel „Stromerzeugung an Bord - Gleichstrom"..

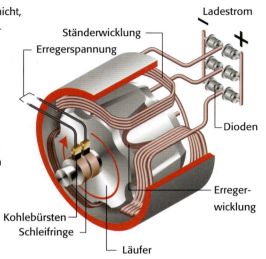

Maximalwert. Spannungsabfälle in den Leitungen – die im Boot meistens wesentlich länger sind als im Kraftfahrzeug – oder in Trenndioden werden nicht berücksichtigt, ebenso wenig die Batterietemperatur. Ausnahme: einige sehr starke Lichtmaschinen an neueren Bootsmotoren, die mit einer separaten Messleitung ausgestattet sind, mit der die Spannung direkt an der Batterie gemessen werden kann.

Während im Kraftfahrzeug die Batterietemperatur meistens der Temperatur der Lichtmaschine und damit des Reglers entspricht – beides ist im Motorraum untergebracht –, ist dies in Schiffen in der Regel nicht der Fall. Selbst wenn der Regler in der Lichtmaschine die Umgebungstemperatur in die Regelung mit einbezieht, hat das in Schiffen wenig Sinn, da dort die Batterien in den meisten Fällen nicht im Motorraum untergebracht sind.

Hochleistungsregler und Motor-DC-Ladegeräte

Die Ladezeiten können erheblich verringert werden, wenn dem originalen Lichtmaschinenregler ein Hochleistungsregler „aufgesetzt" wird, der mit einem an der Batterie angebrachten

■ Hochleistungsregler-Anschluss

Grün = zusätzlich erforderliche Verbindungen

Hochleistungsregler werden sozusagen auf den Originalregler elektrisch „aufgesetzt" und überregeln diesen. Während der Originalregler im Prinzip lediglich die Ausgangsspannung der Lichtmaschine begrenzt, erzeugt der Hochleistungsregler eine Batterieladung mit einer IU- oder IU_0U-Kennlinie.

Im Gegensatz zum Originalregler berücksichtigt der Hochleistungsregler die Spannungsverluste zwischen Lichtmaschine und Batterie mittels einer direkt an der Batterie angeschlossenen Messleitung (1). Zusätzlich kann die Batterietemperatur in die Regelung mit einbezogen werden (2).

Temperaturfühler ausgestattet ist. Dieser erzeugt aus der W- eine IU- oder IU_0U-Kennlinie, mit der erfahrungsgemäß die Ladezeiten um bis zu 80 Prozent reduziert werden können. Alternativ besteht die Möglichkeit, anstelle der üblicherweise eingesetzten Trenndioden oder -relais ein sogenanntes Motor-Batterie-Ladegerät (Motor-DC-Ladegerät) anzuschließen. Auch dieses produziert batterieangepasste IU- oder IU_0U-Kennlinien, selbst wenn die von der Lichtmaschine gelieferte Spannung in einem weiten Bereich schwankt.

Hochleistungsregler

Hochleistungsregler werden auf den vorhandenen Regler in der Lichtmaschine „aufgesetzt" oder ersetzen diesen. Dazu ist ein Eingriff in die Lichtmaschine erforderlich, der, obwohl es in der Werbung oft anders klingt, einige Klippen für den Hobbyelektriker in sich birgt. Man sollte schon einige Erfahrungen mit Kfz-Elektrik hinter sich haben, bevor man die Lichtmaschine öffnet und unter Umständen den Regler schon beim Ausbau ruiniert. Hochleistungsregler schaffen aus der W-Kennlinie einer Lichtmaschine annähernd eine

■ Kompensation der Kompensation

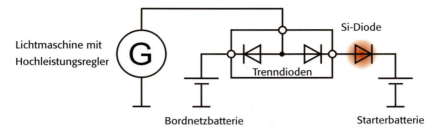

Um die Folgen der Spannungserhöhung durch den Hochleistungsregler zum Ausgleich der Verluste in den Trenndioden für die Starterbatterie erträglicher zu gestalten, kann man eine weitere Siliziumdiode in Reihe mit der Starterbatterie schalten. Der Spannungsabfall an den beiden Dioden vor der Starterbatterie entspricht in einem weiten Bereich der Spannungserhöhung durch den Regler, sodass die Überladung der Starterbatterie zumindest reduziert wird. Die Diode muss mindestens den Nennstrom der Lichtmaschine verkraften und ist im Elektronik-Fachhandel erhältlich.

IU- oder IU_0U-Kennlinie, womit die für eine Vollladung erforderlichen Ladezeiten erheblich verringert werden. Erheblich kann in diesem Zusammenhang bis zu 80 Prozent bedeuten, wenn man ein wenig intelligent mit den Möglichkeiten umgeht, die diese Geräte bieten. Hochleistungsregler messen die Ladespannung nicht, wie Standardregler, am Ausgang der Lichtmaschine, sondern direkt an der Batterie. So ist der Regler in der Lage, Spannungsabfälle in den Leitungen oder in eventuell eingefügten Trenndioden auszugleichen. Dazu wird die Lichtmaschinenspannung einfach um den Betrag der Spannungsverluste erhöht. Damit wird eine Vollladung der Bordnetzbatterie möglich, die mit einem Standardregler nicht erreicht werden kann.

Für die Starterbatterie kann dies jedoch zu einer vorzeitigen Alterung führen. Ein Beispiel: Geht man von einem Spannungsabfall von 0,8 Volt – durchaus üblich bei Trenndioden und vollem Ladestrom – aus, stehen am Lichtmaschinenausgang unter Umständen 14,4 + 0,8 = 15,2 Volt. Da die Starterbatterie erstens wesentlich kleiner und zweitens bei Weitem nicht so entladen wie die Bordnetzbatterie ist, fließt dort ein wesentlich kleinerer Strom. Dieser verursacht an den Dioden lediglich 0,3 Volt Spannungsabfall, sodass die Starterbatterie mit 15,2 - 0,3 = 14,9 Volt konfrontiert ist. Dies führt zu einer Überladung und langfristig zu einem vorzeitigen Ausfall der Starterbatterie, wenn die Spannungserhöhung an der Starterbatterie nicht – zum Beispiel durch eine in Reihe geschaltete Siliziumdiode – kompensiert wird. Werden elektronische Ladestromverteiler oder Trennrelais anstelle von Trenndioden verwendet, ist die Situation nicht ganz so kritisch, da die Spannungsabfälle und damit die Spannungserhöhung an der Lichtmaschine dann in einem wesentlich kleineren Bereich liegen.

■ Hochleistungsregler-Kurven

Gemessen wurde ein Hochleistungsregler (HR) mit IU-Kennlinie mit einer 55-Ampere-Lichtmaschine und einer Batteriekapazität von 280 Amperestunden. Während der Ladestrom ohne Hochleistungsregler nach einem kurzen Anstieg in der ersten Stunde (wahrscheinlich infolge der Batterieerwärmung) stetig fällt, bleibt er bei dem Hochleistungsregler bis zur 210. Minute fast konstant bei 40 Ampere. Die Spannung steigt wesentlich schneller, und als der Hochleistungsregler bei 14,2 Volt auf Konstantspannung umschaltet, liegt die Spannung des Standardreglers gerade bei 13,7 Volt. Diese Spannung wäre ohne Hochleistungsregler erst nach etwa 20 Stunden erreicht worden – der Ladestrom lag nach 5 Stunden nur noch bei 12 Ampere bei weiter fallender Tendenz. Nach 5 Stunden hatte die Batterie mit dem Hochleistungsregler die Ladeschlussspannung von 14,4 Volt erreicht.

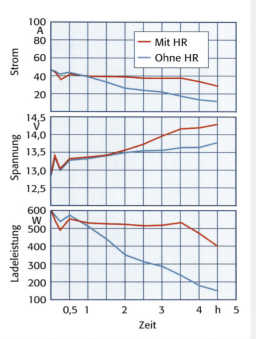

Motor-DC-Ladegeräte

Diese Geräte gehören eigentlich in die Kategorie „Ladegeräte", da sie jedoch ausschließlich mit Lichtmaschinen arbeiten, stellen wir sie hier vor. Hochleistungsregler erfordern einen Eingriff in die Lichtmaschine, der erstens die Fähigkeiten vieler Nichtelektriker übersteigt und zweitens in der Regel die Garantie des Motorenherstellers erlöschen lässt. Viele Werften scheuen diesen Aufwand beziehungsweise das damit verbundene Risiko. Hier setzen nun die Motor-DC-Ladegeräte an. Im Gegensatz zu Hochleistungsreglern, die direkt in die Regelung der Lichtmaschine eingreifen, belügen die Motor-DC-Ladegeräte die Lichtmaschine. Sie täuschen vor, eine weitgehend entladene Batterie zu sein und bringen die Lichtmaschine so dazu, einen möglichst großen Strom zu liefern. Die damit verbundene niedrige Spannung wird im Gerät elektronisch erhöht, sodass auch hier eine Ladung mit einer IU_0U-Kennlinie und den entsprechenden Spannungen möglich wird.

Im Gegensatz zu den meisten Hochleistungsreglern verfügen die Motor-DC-Geräte über zwei Anschlüsse, sodass Starter- und Bordnetzbatterie separat geladen werden. Üblicherweise wird die Starterbatterie dabei für einige Minuten nach dem Start des Motors direkt mit der (unbeeinflussten) Lichtmaschine verbunden, sodass sie ihre „normale" Ladung erhält. Dadurch ist hier die Gefahr einer Überladung der Starterbatterie weitgehend gebannt.

Ladegeräte - Technik

Ungeregelt

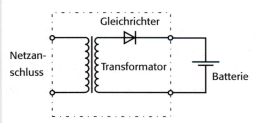

Ungeregelte Ladegeräte bestehen aus einem Transformator, der die Netzspannung auf annähernd Ladespannung herunterbringt, und einem Gleichrichter, der die Wechselspannung aus dem Trafo in Gleichspannung umwandelt. Die Spannung verhält sich hier umgekehrt zum Strom, mit fallendem Strom steigt die Ladespannung, meist weit über die Gasungsspannung. Es ist daher nur eine Frage der Zeit, bis die Batterie durch Überladung zerstört wird. Dies ist auch der Hauptgrund gegen den Einsatz dieser Geräte in Bordnetzen.

In sekundär geregelten Geräten folgt auf die Gleichrichtung – auf der Sekundärseite des Trafos – ein Regelglied, mit dem Spannung und/oder Strom an die Erfordernisse der Batterie angepasst werden. Nachteilig ist hier, dass Netzspannungsschwankungen nur bedingt ausgeglichen werden können, der bescheidene Wirkungsgrad und das Gewicht (und die Kosten) des Transformators.

Sekundär geregelt

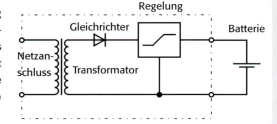

Primär getaktet

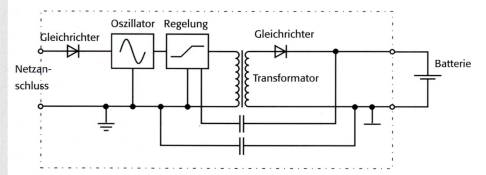

In primär getakteten Ladegeräten wird zunächst die Netzspannung in eine hochfrequente Wechselspannung mit etwa 100.000 Schwingungen je Sekunde umgewandelt. Auch die Regelung erfolgt hier vor dem Transformator, der, da er mit einer wesentlich höheren Frequenz arbeitet, erheblich kleiner ausfällt. Mit dieser Technik lassen sich kleine und leichte Ladegeräte herstellen, die Schwankungen der Netzspannung in einem sehr weiten Bereich ausgleichen können und die mit einem sehr hohen Wirkungsgrad arbeiten.

Ladegeräte

Die älteste Form eines Ladegeräts besteht aus einem Transformator, der die Netzspannung heruntertransformiert, und einem Gleichrichterelement. Diese Ladegeräte sind auch heute noch in Baumärkten und im Kfz-Zubehör erhältlich und zeichnen sich meist durch ein ziemlich großes und weitgehend leeres Gehäuse mit einem Amperemeter aus. Sie sind teilweise noch mit Selen-Gleichrichtern bestückt, die in der restlichen Welt der Elektronik seit 1970 verschwunden sind. In diesen Billigladegeräten schützen die Selen-Gleichrichter mit ihrem hohen Durchlasswiderstand den Transformator, der ja sonst durch eine leere Bleibatterie nahezu kurzgeschlossen würde. Systembedingt steigt die Spannung mit abnehmendem Ladestrom an, es ergibt sich eine W-Kennlinie. Werden Geräte dieser Art ohne Spannungsbegrenzung betrieben, steigt die Ladespannung auf batterieschädigende Werte, sobald die Batterie annähernd vollgeladen ist. Mit einer Spannungsbegrenzung ergeben sich sehr lange Ladezeiten, da der Ladestrom mit zunehmender Batteriespannung immer weiter zurückgeht. Der einzige sinnvolle Einsatzbereich dieser Geräte besteht darin, versehentlich entladene Kfz-Starterbatterien so lange zu laden, bis ein Motorstart möglich ist.

Geschlossene Batterien können eine Überladung durch ein ungeregeltes Ladegerät überleben – schlimmstenfalls kochen sie aus. Verschlossene Batterien jedoch sind danach nicht mehr zu gebrauchen. Hat sich hier der Elektrolyt infolge der Überladung zersetzt, kann er nicht wieder aufgefüllt werden. Daher sind diese Ladegeräte von den Herstellern für verschlossene Batterien nicht zugelassen.

Sekundär geregelte Ladegeräte

Auch in diesen Geräten wird die Netzspannung zunächst heruntertransformiert und anschließend gleichgerichtet. Danach folgen jedoch diverse Regelglieder, die den Ladestrom beziehungsweise die Ladespannung auf konstanten Werten halten mit dem Ziel, in möglichst kurzer Zeit möglichst viel Ladung in die Batterie zu bringen. Dazu arbeiten die Geräte meistens mit einer IU_0U-Kennlinie: Zu Beginn der Ladung wird mit einem konstanten Strom (I) gearbeitet, bis die Gasungsspannung der Batterie erreicht ist. In dieser Phase ist der Ladestrom nur durch das Leistungsvermögen des Ladegeräts begrenzt und sollte zwischen 10 und maximal 20 Prozent der Batteriekapazität liegen, also für eine 100-Amperestunden-Batterie zwischen 10 und 20 Ampere. Höhere Ladeströme führen zu einem schnelleren Spannungsanstieg, ohne mehr Ladung einzubringen – entsprechend länger dauert dann die Konstantspannungsphase. Die Gesamtladezeit würde dadurch – wenn überhaupt – nur unwesentlich verkürzt, die Batterie wird jedoch weit stärker beansprucht und altert schneller.

Sobald die Gasungsspannung (etwa 14,4 Volt bei einer 12-Volt-Batterie und 20 Grad Celsius) erreicht ist, erfolgt eine Umschaltung auf die Konstantspannungsphase. In dieser Phase wird, vereinfacht ausgedrückt, nur noch der Strom absorbiert, den die Batterie gerade akzeptiert. Der Strom sinkt schnell ab, aber es muss noch einige Zeit geladen werden, um einen Vollladezustand zu erreichen. Die Konstantspannungsphase gilt als beendet, wenn sich der Ladestrom innerhalb von zwei Stunden nicht mehr verändert oder wenn er unter zwei Prozent der Batteriekapazität fällt, bei einer 100-Amperestunden-Batterie unter 2 Ampere. Die Ladespannung ist sowohl von der Art der Batterie als auch von der Temperatur bestimmt: Je höher die Temperatur, desto niedriger muss die Ladespannung gewählt werden, da sonst Schäden durch übermäßige Gasung drohen.

Nach der Konstantspannungsphase wird die Spannung weiter abgesenkt. Bei der nun folgenden Ladungserhaltungsphase wird mit einer Spannung geladen, die – je nach Batterietyp – so bemessen ist, dass gerade eben keine Selbstentladung stattfindet. Für geschlossene Starterbatterien liegt diese Spannung bei 14 Volt, bei Gelbatterien beträgt sie 13,8 und für AGM-Batterien sollte sie zwischen 13,5 und 13,8 Volt liegen.

Diese Spannungen hängen nicht nur von der Art der Batterie ab, sondern auch die Tempera-

■ Ladegeräte - Einbau

Die meisten Ladegeräte mögen keine Feuchtigkeit und produzieren während des Betriebs Wärme. Außerdem sind einige Fälle bekannt, bei denen Ladegeräte infolge innerer Schäden regelrecht abgebrannt sind. Daraus ergeben sich einige Anforderungen an den Einbauort: Es darf auf keinen Fall Wasser an das Gerät gelangen. Damit fallen Bilgenbereiche, die zwar in der Regel verhältnismäßig kühl sind, aus der Wahl.

Motorräume sind ebenso wenig geeignet, da hier Temperaturen auftreten können, die das Wohlbefinden des Ladegeräts erheblich beeinträchtigen. In vielen Fällen werden die Geräte daher in Schapps, Kojen oder unter Niedergangstreppen eingebaut. Stellt man sich nun vor, dass die Wärmeleistung eines Ladegeräts durchaus im Bereich von der eines mittleren Lötkolbens liegen kann, ergeben sich die Anforderungen an den Einbauort ganz von selber: Er muss gut belüftet sein und sollte innen so ausgeführt sein, dass selbst bei einem Brand des Gerätes kein weiterer Schaden im Schiff entstehen kann. Die Lüftung sollte so ausgeführt sein, dass Kühlluft durch den Einbauraum fließen kann. Ein paar Löcher im oberen Bereich sind daher nicht genug - es müssen auch unten Belüftungsöffnungen vorhanden sein. Der Brandschutz lässt sich zum Beispiel durch Auskleiden des Schrankes mit dünnen Blechen erreichen.

Ladegeräte - Kennlinien

Die meisten geregelten Ladegeräte arbeiten mit einer IU_0U-Kennlinie. Diese beginnt mit einer Konstantstromphase (I), worauf eine Konstantspannungsphase (U) folgt, die nach einer Umschaltung (0) schließlich in einer Ladungserhaltung mit einer konstanten Spannung (U) endet.

Der Ladestrom in der Konstantstromphase wird in erster Linie von der Größe des Ladegeräts bestimmt. Ist dieses zu klein, dauert die Ladung unverhältnismäßig lange, ist es zu groß, führt dies zu einer Temperaturerhöhung, wodurch die Gasungsspannung verringert wird und die Umschaltung in die Konstantspannungsphase früher erfolgt (im Diagramm gestrichelt dargestellt). Die eingelagerte Energiemenge ist dabei geringer als bei der Ladung mit dem der Batteriegröße angemessenen Strom, daher wird die Konstantspannungsphase länger und die Gesamtladezeit zumindest nicht kürzer. Der Ladestrom sollte etwa C10 entsprechen – 10 Ampere bei einer 100-Amperestunden-Batterie – und darf C5 (20 A pro 100 Ah Batteriekapazität) nicht überschreiten.

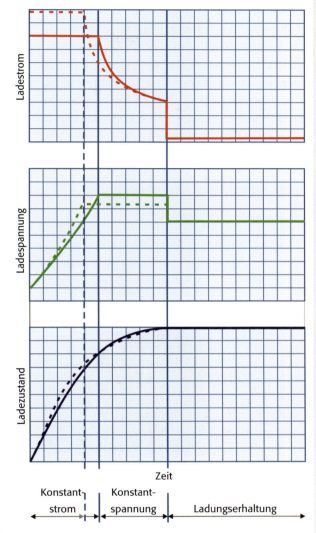

Die Konstantstromphase dauert etwa 50 Prozent der Zeit bis zur Vollladung. Dabei werden ungefähr 80 Prozent der Kapazität eingeladen. Wenn die Batterie die (temperaturabhängige) Gasungsspannung erreicht hat, wird mit dieser Spannung weitergeladen. Der Strom sinkt in dieser Phase sehr schnell ab, trotzdem darf die Spannung hier nicht erhöht werden, da die Batterie sonst durch übermäßige Gasung beschädigt wird. Die Konstantspannungsphase geht bis zum Vollladezustand der Batterie, der daran erkannt wird, dass sich der Ladestrom innerhalb von zwei Stunden nicht mehr ändert oder auf unter C50 (2 A je 100Ah Batteriekapazität) zurückgeht. Dies nimmt noch einmal 50 Prozent der Ladezeit in Anspruch, in der die restlichen 20 Prozent der Kapazität eingeladen werden. Anschließend folgt die Ladungserhaltungsphase, in der der Batterie nur so viel Energie zugeführt wird, dass die Selbstentladung ausgeglichen wird.

tur spielt eine wichtige Rolle. Je höher die Temperatur, desto schneller laufen die chemischen Vorgänge in der Batterie ab. Wird die Temperatur nicht berücksichtigt, kann eine Batterie mit zunehmender Temperatur thermisch instabil werden. Während die Gasungsspannung mit zunehmender Temperatur sinkt, steigen die Ladeströme in der Konstantspannungsphase an. Dadurch wird die Batterie weiter erwärmt, die Gasungsspannung sinkt weiter, der Strom steigt noch mehr, und wird dieser Prozess nicht unterbrochen, kann die Batterie vollkommen zerstört werden. Die Gasentwicklung treibt die aktive Masse aus den Gittern, es folgt ein innerer Kurzschluss und es kommt zu einer Explosion des Knallgases in der Batterie. Sekundär geregelte Ladegeräte sind heute fast ausschließlich als Gebrauchtgeräte erhältlich. Kann man solch ein Gerät günstig erwerben, sollte man darauf achten, dass es mit einer Temperaturkompensation ausgestattet ist oder werden kann.

5 Primär getaktete Ladegeräte

Fast alle modernen Ladegeräte arbeiten mit dieser Technik. Dabei wird die Netzspannung nicht mehr direkt transformiert, sondern zunächst in eine höherfrequente Spannung umgewandelt. Je höher die Frequenz der zu transformierenden Spannung ist, desto kleiner wird

■ AC-DC-Ladegeräte

werden am Wechselspannungsnetz (AC) betrieben, typischerweise am Landstromanschluss, und wandeln die Netzspannung in eine geregelte Gleichspannung (DC) für die Batterieladung um. Moderne primär getaktete Geräte können in einem weiten Spannungsbereich betrieben werden, sodass sich keine Probleme ergeben, wenn das Gerät in einem britischen Hafen mit 240 Volt oder in einem amerikanischen mit 110 Volt betrieben werden muss. Sekundär geregelte oder gar ungeregelte Ladegeräte sind hingegen auf eine konstante Versorgungsspannung angewiesen.

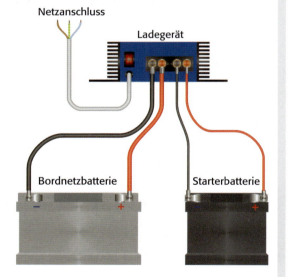

Die meisten heutigen Ladegeräte für den Bordgebrauch können zwei oder sogar drei Batteriegruppen versorgen. In den Geräten mit zwei Anschlüssen ist neben dem Hauptausgang für die Bordnetzbatterie ein zweiter Anschluss für die Starterbatterie vorhanden. Dieser kann jedoch oft nur wenige Ampere liefern, was – von Ausnahmefällen abgesehen – für die wenig beanspruchte Starterbatterie ausreicht. Der Ausgang für die Bordnetzbatterie arbeitet mit einer IU_0U- oder IU-Kennlinie und lässt sich oft an den Batterietyp anpassen, während die Starterbatterie meistens lediglich mit einer konstanten Spannung oder sogar nach einer W-Kennlinie geladen wird.

der dazu erforderliche Transformator. Die Regelung erfolgt hier nicht mehr auf der Sekundärseite des Trafos, sondern vor der Transformation. Dadurch können die besseren dieser Ladegeräte mit einem sehr weiten Netzspannungsbereich arbeiten – oft zwischen 110 und 250 Volt –, unabhängig von der Frequenz der Netzspannung. So können die Geräte weltweit eingesetzt werden, ohne dass teure Frequenzwandler vorgeschaltet werden müssen.

Da primär getaktete Ladegeräte mit höheren Frequenzen arbeiten (bis über 100 kHz), sind die darin erforderlichen Transformatoren erheblich kleiner als in den sekundär geregelten Ladegeräten. Damit sind auch die Geräte kleiner und vor allem leichter, wobei der Wirkungsgrad bei fast 95 Prozent liegen kann.

Die Ausstattung der Geräte reicht von der Lademöglichkeit für eine Batterie mit einer fest vorgegebenen Kennlinie bis zu prozessorgesteuerten Ladeanlagen mit mehreren separaten Ausgängen, integriertem Batteriemonitor und Desulfatierung. Wichtig ist auch hier, dass die Batterietemperatur in die Festlegung der Ladespannungen und -ströme mit einbezogen wird und dass die Ladespannung an der Batterie und nicht am Ladegeräteausgang gemessen wird. Ganz fortschrittliche Geräte benötigen dafür nicht einmal mehr eine separate Messleitung. Hier wird die Rückspannung der Batterie in Pausen zwischen den Ladeimpulsen gemessen.

Ungeregelte, sekundär geregelte und primär getaktete Ladegeräte gehören zu den sogenannten AC-DC-Ladegeräten. Sie wandeln eine Wechselspannung (alternating current, AC) in eine Gleichspannung (direct current, DC) um. Mit den Fortschritten in der Mikroelektro-

■ DC-DC-Ladegeräte

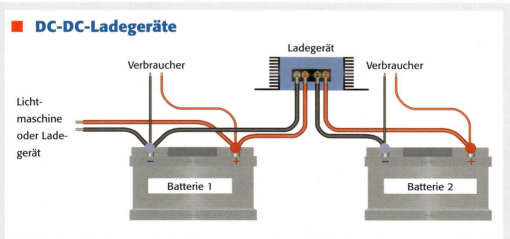

DC-DC-Ladegeräte können eine Batterie aus einer anderen Batterie laden. Voraussetzung dafür ist, dass die Klemmenspannung der ersten Batterie über 13 Volt liegt, mit anderen Worten, das System funktioniert nur, während diese Batterie geladen wird. Dann wird die zweite Batterie mit einer in dem Ladegerät erzeugten IU- oder IU_0U-Kennlinie geladen.

Einfachstes Beispiel dafür ist die Ladung einer Zusatzbatterie, zum Beispiel für eine Ankerwinde, die aus der Starterbatterie geladen wird, wenn der Motor läuft.

nik und der Enwicklung von Hochleistungs-Feldeffekttransistoren entstanden zusätzliche Ladegerätearten, wie die bereits erwähnten Motor-DC-Geräte und die DC-DC-Geräte.

DC-DC-Ladegeräte

Dies sind im Prinzip Ladegeräte, die eine Batterie aus einer Batterie laden. Voraussetzung für eine Ladung ist, dass die Spannung der versorgenden Batterie über etwa 13 Volt liegt, das heißt, dass diese Batterie durch die Lichtmaschine oder ein anderes Ladegerät geladen wird. Geräte dieser Art können im Prinzip Diodenverteiler oder Trennrelais ersetzen, wenn sie mit der Starterbatterie verbunden sind und die Bordnetzbatterie laden. Sie werden in der Regel jedoch eingesetzt, wenn zusätzlich zur Bordnetzbatterie eine weitere Batterie, zum Beispiel für die Ankerwinde, geladen werden soll. Auch diese Geräte arbeiten mit einer IU- oder IU_0U-Kennlinie. Da die Ladung erst dann einsetzt, wenn die erste Batterie eine ausreichende Spannung, sprich einen ausreichenden Ladezustand, aufweist, ist eine Entladung der speisenden durch die zu ladende Batterie unmöglich.

Mit Kombinationen der bisher vorgestellten Geräte lassen sich praktisch alle Ladevorgänge im Bordnetz unter Einbindung unterschiedlicher Energielieferanten (Lichtmaschine, AC-DC-Ladegerät) und unterschiedlicher Batterien (Starter-, Bordnetz- oder Zusatzbatterie) so ausführen, dass jede Batterie nach dem Stand der Technik optimal geladen wird. Zwei Dinge müssen vermieden werden: Erstens darf keine Batterie ungeregelt geladen werden, und zweitens dürfen nicht zwei unterschiedliche Batterien aus einer Quelle ohne weitere, dazwischengeschaltete, Regelung versorgt werden.

Ladung unterschiedlicher Batterien mit einer Stromquelle

In einer idealen Konfiguration wäre jeder Batterie ein eigenes geregeltes Ladegerät zugeordnet, womit eine individuelle und optimale Batterieladung möglich wäre. Systeme dieser Art bewirken in der Regel eine deutliche Verlängerung der Lebensdauer der Batterien, zumindest der Batterien, die sonst lediglich mit einer ungeregelten Ladung, sei es durch die Lichtmaschine oder den zweiten, ungeregelten Ausgang eines Ladegeräts, versorgt werden. Technisch ist dies durchaus möglich, die dazu erforderlichen Geräte wurden in den vorangegangenen Kapiteln beschrieben.

Noch sind diese angepassten Anlagen verhältnismäßig teuer. Alleine ein brauchbares Ladegerät kann leicht das Zehnfache einer Standard-Trenndiode oder eines Trennrelais kosten. In der Praxis wird man sich wohl oder übel noch einige Zeit mit konventionellen Ladesystemen beschäftigen müssen, in denen eine Standard-Lichtmaschine die Hauptstromquelle darstellt, deren Energie mittels Trenndioden oder Trennrelais auf die einzelnen Batterien verteilt wird. Eine Anmerkung zu den Kosten: Eine AGM- oder Gel-Batterie kostet ungefähr das Gleiche wie ein gutes dazu passendes Ladegerät. Im Vergleich zu einer nicht angepassten Ladung, zum Beispiel durch eine Standard-Lichtmaschine, kann die Gebrauchsdauer der Batterie um ein Mehrfaches verlängert werden. Es kann also langfristig durchaus billiger sein, anfangs ein wenig mehr in Ladegeräte zu investieren, als mit einer „preiswerten" Trenndiode zu arbeiten und alle zwei Jahre eine oder mehrere Batterien erneuern zu müssen. Zur Verteilung der Ladung auf unterschiedliche Batterien gibt es drei Methoden: Batterieumschalter, Trennrelais und Trenndioden.

Batterieumschalter

sollten bis in die 80er-Jahre verhindern, dass alle Stromspeicher entladen wurden und ein Motorstart damit unmöglich wurde. Dies verlangte die volle Aufmerksamkeit der Crew, da

■ Batterieumschalter

Batterieumschalter stellen ziemlich hohe Anforderungen an die Schiffsführung. Bleiben sie in einer falschen Stellung stehen, sind entweder alle Batterien – einschließlich Starterbatterie – entladen, oder, noch schlimmer, die Lichtmaschine ist ruiniert. Das Prinzip ist einfach: Zwischen Lichtmaschine und Starter- und Bordnetzbatterie ist ein Umschalter angebracht, mit dem die Batterien entweder einzeln oder zusammen mit der Lichtmaschine verbunden werden können. Zusätzlich gibt es eine Schaltstellung, in der

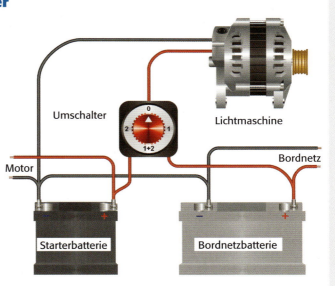

beide Batterien voneinander und von der Lichtmaschine getrennt sind. Theoretisch soll der Schalter beim Start des Motors in Stellung 2 (Starterbatterie), bei laufendem Motor in Stellung 1+2 (beide Batterien) und bei stehendem Motor in Stellung 1 (Bordnetzbatterie) stehen. Bei Verlassen des Schiffes sollte auf Stellung 0 (keine Batterie) geschaltet werden. Wird die Umschaltung nach dem Abstellen des Motors vergessen, werden beide Batterien entladen. Wird bei laufendem Motor versehentlich auf 0 geschaltet, ist eine Standard-Lichtmaschine nach wenigen Sekunden schrottreif.

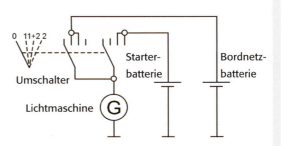

der Schalter jedesmal umgestellt werden musste, wenn der Motor gestartet, gestoppt oder die Yacht verlassen wurde. Diese Schalter kosteten vielen Lichtmaschinen das Leben, weil oft vergessen wurde, dass der Schalter bei laufendem Motor nie in der 0-Stellung stehen durfte. Wurde nach dem Abstellen des Motors vergessen, die Starterbatterie abzuschalten, war es nur eine Frage der Zeit, bis es auf dem Schiff gar keinen Strom mehr gab. Zu den Zeiten, als Yachthilfsmotoren noch von Hand mit einer Kurbel gestartet werden konnten,

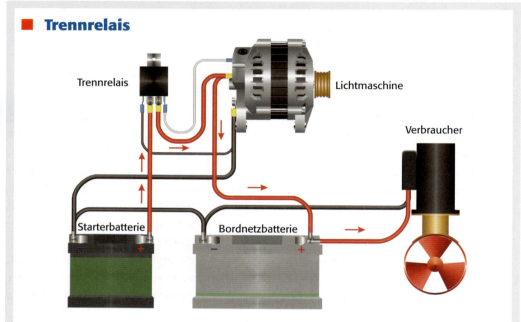

Trennrelais

Trennrelais haben unter „normalen" Betriebsbedingungen einen wesentlichen Vorteil gegenüber unkompensierten Trenndioden: In ihnen gibt es keinen Spannungsabfall. Daher wurden und werden sie von vielen Eignern für die Trennung von Starter- und Bordnetzbatterie während der Entladephasen bevorzugt.

Handelsübliche Trennrelais sind für 70 Ampere ausgelegt, was für Standard-Lichtmaschinen mit ihren maximal 55 Ampere Ladestrom vollkommen ausreicht. Kritisch wird es dann, wenn irgendwann ein Großverbraucher in das Bordnetz eingefügt wird. Dazu gehören Ankerwinden, elektrische Schotwinschen, Bugstrahlruder und ähnliche Geräte, deren Stromverbrauch im dreistelligen Amperebereich liegen kann. Dann wird es in dem Moment kritisch, wenn die Bordnetzbatterie annähernd entladen ist, während die Starterbatterie, wie in den meisten Fällen, nahezu vollgeladen ist. Wird dann der Motor gestartet und ein Großverbraucher eingeschaltet, fließt der Strom nicht aus der – leeren – Bordnetzbatterie, sondern aus der Starterbatterie. Auf dem Weg von der Starterbatterie zum Verbraucher (in der Zeichnung mit roten Pfeilen dargestellt) passiert der Strom die Kontakte des Trennrelais, die dann bei einem Verbraucher mit 1.200 Watt etwa 100 Ampere verkraften müssen.

Dies führt im besten Fall dazu, dass das Trennrelais beschädigt wird, in schlimmeren Fällen gibt es einen Brand.

war dies vielleicht nicht allzu tragisch. Heute haben diese Schalter eigentlich jede Berechtigung verloren.

Trennrelais

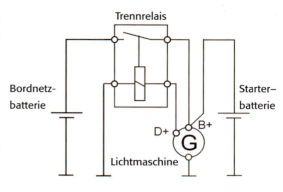

Anschluss eines Trennrelais

waren die ersten automatischen Trennschalter. In der einfachen Ausführung bestehen sie aus einem Kontakt, der mittels einer Magnetspule geschlossen wird und so die Verbindung zwischen Starter- und Bordnetzbatterie herstellt. Die Magnetspule wird von dem Anschluss D+ an der Lichtmaschine mit Strom versorgt, an dem nur dann Spannung anliegt, wenn die Lichtmaschine genug Spannung für eine Ladung produziert. Steht der Motor, ist der Kontakt offen, somit sind die Batterien getrennt, und die Starterbatterie wird nicht entladen. Die Vorteile gegenüber den manuellen Trennschaltern liegen auf der Hand: Die Geschichte arbeitet automatisch und muss nicht beaufsichtigt werden. Eine versehentliche Trennung der Lichtmaschine von den Batterien oder eine Entladung der Starterbatterie über das Bordnetz sind im Normalbetrieb ausgeschlossen. Ausserdem gibt es – im Gegensatz zu Trenndioden – praktisch keinen Spannungsabfall in den Relais.
Es gibt jedoch zwei Haken: Erstens enthält ein Standard-Trennrelais eine Menge Mechanik, die irgendwann verschleißt, wodurch die Zuverlässigkeit mit zunehmendem Alter nachlässt. Zweitens kann unter bestimmten Umständen ein so hoher Strom durch das Relais fließen, dass dieses zerstört wird.
Auch an den Trennrelais ist die technische Entwicklung nicht spurlos vorübergegangen; moderne Ausführungen werden nicht mehr mittels einer Spule von D+ gesteuert, sondern von der an der Starterbatterie anliegenden Spannung. So schaltet das Relais erst dann, wenn gewährleistet ist, dass genug Energie für die Ladung der Bordnetzbatterie vorhanden ist. Während bis vor einigen Jahren der Strom durch das Relais 70 Ampere nicht überschreiten durfte, gibt es heute mikroprozessorgesteuerte Lastrelais, die mehrere hundert Ampere schadlos verkraften. Diese kosten allerdings auch das Zehnfache eines antiken Trennrelais, Schäden durch Überlastung sind jedoch hier praktisch ausgeschlossen.
Sowohl mit Trennschaltern als auch mit Trennrelais werden beide Batterien parallel geladen. Erfolgt die Ladung ausschließlich mit einer Standard-Lichtmaschine, ist daran auch nicht viel auszusetzen, wenn ab und zu eine Vollladung beider Batterien durch ein Ladegerät mit entsprechender Kennlinie durchgeführt wird. Allein durch den Motorbetrieb ist kaum eine ausreichende Ladung – zumindest auf einer Segelyacht – mangels Motorlaufzeiten möglich. Allerdings besteht auch keine Gefahr, dass die Batterien überladen werden. Dies ändert sich in dem Moment, wenn ein Hochleistungsregler oder ein geregeltes Ladegerät

zur Ladung beider Batterien eingesetzt werden, jedoch nur eine davon mit einer Messleitung versehen ist. Dies ist in der Regel die Bordnetzbatterie, welche fast immer tiefer entladen ist als die Starterbatterie. Die Ladespannung und der Ladestrom werden dann entsprechend den Bedürfnissen der Bordnetzbatterie geregelt, sodass die Starterbatterie, die ja schon zu Beginn der Ladung ziemlich voll war, regelmäßig überladen wird.

Trenndioden

Trenndioden bestehen im Wesentlichen aus zwei gegensinnig geschalteten Dioden, an deren gemeinsamen Minusanschluss die Lichtmaschine (oder eben das Ladegerät) und an

■ Trenndioden

Dioden wirken wie Rückschlagventile und lassen Strom nur in eine Richtung durch. Schaltet man zwei Dioden wie im Schaltplan gezeigt zusammen, kann der Strom zwar vom Mittelpunkt – dem Anschluss der Lichtmaschine – zu beiden Batterien fließen (grüne Pfeile), zwischen den Batterien kann jedoch kein Strom fließen, da jeweils eine der Dioden sperrt. Diese für die Trennung von Starter- und Bordnetzbatterie an sich ideale Schaltung hat einen Haken: An jeder Diode entsteht ein Spannungsabfall, der bei Silizium-Dioden etwa 0,7 Volt beträgt. Daher kommen bei der Verwendung einfacher Trenndioden statt der von der Lichtmaschine erzeugten 14,4 Volt an der Batterie bestenfalls nur 13,7 Volt an. Bessere Trenndioden sind mit einer Kompensationsdiode ausgestattet, die, wenn sie mit dem Lichtmaschinenregler verbunden wird, den Spannungsabfall durch eine erhöhte Lichtmaschinenspannung ausgleicht. Mit den moderneren Schottky-Dioden lässt sich der Spannungsabfall auf 0,4 Volt verringern, womit schon eher befriedigende Ladeergebnisse erzielt werden können. Ganz moderne „Trenndioden" enthalten keine Dioden mehr. Hier übernehmen Feldeffekttransistoren die Trennung, die so regelbar sind, dass praktisch kein Spannungsabfall auftritt.

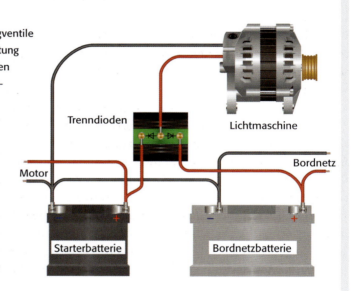

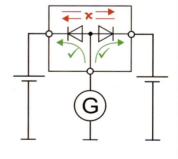

deren positiven Anschlüsse die jeweiligen Batterien angeschlossen sind. So kann zwar ein Strom von der Lichtmaschine zu den Batterien fließen, der Weg von den Batterien zurück oder von einer Batterie zur anderen ist jedoch versperrt. An sich genial, gäbe es da nicht den physikalisch bedingten Spannungsabfall in den Dioden. Dieser liegt, je nach Art der verwendeten Dioden, zwischen 0,4 und 0,7 Volt und steigt mit dem Ladestrom leicht an. Im einfachsten Fall – wenn dies nicht kompensiert wird – werden die Batterien damit nie vollgeladen. Klingt nicht so schlimm, hat aber zwei Konsequenzen: Wird nicht ab und zu vollgeladen, führt dies infolge zunehmender Sulfatierung zu einer vorzeitigen Batteriealterung. Zweitens wird die nutzbare Kapazität der Batterien – hier besonders der Bordnetzbatterie – erheblich eingeschränkt. Entweder muss die Batterie bei gleichem Ladeverhalten tiefer entladen werden – was zu einer erhöhten Batteriealterung durch Korrosion der positiven Gitter führt – oder es muss öfter geladen werden. Beides ist unwirtschaftlich.

Interessanterweise wird in den meisten Fällen lediglich die Bordnetzbatterie einer solchen Behandlung unterzogen. Gibt es nur ein Ladegerät mit einem Ausgang, ist dies fast ausschließlich an die Bordnetzbatterie angeschlossen, weil: „... die Starterbatterie ist doch sowieso voll, die tut doch fast gar nichts ...".

Werden nun mit den Standard-Trenndioden Hochleistungsregler oder Ladegeräte mit Messleitungen eingesetzt, die die Spannung an der Batterie messen, wird die Ladespannung um den Betrag des Spannungsabfalls an den Trenndioden erhöht. Kommen hier noch unterschiedliche Leitungslängen und -querschnitte ins Spiel, die ebenfalls nur für die Bordnetzbatterie kompensiert werden, ist es kaum zu vermeiden, dass die Starterbatterie fast dauernd überladen wird. Neuzeitliche Trenndioden sind entweder mit Schottky-Dioden, die nur etwa den halben Spannungsabfall aufweisen im Vergleich zu den Silizium-Dioden, oder sogar mit MOSFET (siehe „Netze der Zukunft - Bus-Systeme) bestückt, deren Spannungsabfall im Millivoltbereich liegt und die obendrein mit Mikroprozessoren regelbar sind. Mit dieser Technologie lassen sich Batterietrennungen realisieren, in denen die Vorteile von Trennrelais und Trenndioden vereint sind, ohne deren Nachteile in Kauf nehmen zu müssen.

Batteriealterung durch falsche Ladung

Wie schon zu Anfang dieses Kapitels erwähnt, wirkt sich die Behandlung einer Batterie entscheidend auf deren Lebensdauer aus. Dies bezieht sich sowohl auf die Ladung als auch auf die Entladung, selbst ein falsch gewählter Einbauort kann die Nutzungsdauer der Batterie nicht unbeträchtlich verkürzen. Beschäftigen wir uns zunächst mit den (in der Regel vermeidbaren) Fehlern bei Ladung und Entladung:

Tiefentladung

Je tiefer eine Batterie entladen wird, desto mehr aktive Masse geht verloren (einer der Hauptfaktoren der Batteriealterung). Dieser Prozess läuft mit zunehmender Entladung – ab etwa 80 Prozent Entladetiefe – überproportional schnell ab und lässt die Batterie dementsprechend überproportional altern.

Ist die Batterie erst einmal entladen, setzt verstärkt Sulfatierung ein. Wird nicht unmittelbar nach der Entladung geladen, kann dies je nach Batteriezustand und -bauart innerhalb weniger Tage dazu führen, dass die Batterie keine Ladung mehr aufnimmt und damit unbrauchbar wird. Bei Starterbatterien kann sich dieser Zustand sogar schon innerhalb einiger Stunden einstellen. Aber auch wenn die Batterie sofort wieder geladen wird und sich scheinbar wieder vollständig erholt, bleibt in der Regel eine Schädigung, die sich letztlich negativ auf die Lebensdauer auswirkt.

Gerade bei den nicht ganz billigen Bordnetzbatterien zahlt es sich daher aus, in ein gutes Batterieüberwachungssystem zu investieren. Geräte dieser Art kosten oft weniger als eine der überwachten Batterien und können, korrekte Anwendung vorausgesetzt, Schäden verhindern, die ein Vielfaches der Installationskosten betragen. Ist kein Batteriemonitor vorhanden, kann man als grobe Faustregel die Ruhespannung der Batterie zur Bestimmung des Ladezustandes heranziehen. Die Ruhespannung – also die Spannung, die sich einstellt, wenn die Batterie weder belastet ist noch geladen wird – sollte nicht unter 12,0 Volt fallen. Bei 12 Volt beträgt der Ladezustand etwa 20 bis 25 Prozent, und fällt die Spannung unter 11,7 Volt, ist die Batterie vollständig entladen. Diese Spannungen beziehen sich auf eine Temperatur von 20 Grad Celsius, bei höheren Temperaturen gelten höhere Spannungswerte. Bei 12-Volt-Batterien kann man von einer Spannungsänderung von 0,024 bis 0,030 Volt je Grad Celsius (technisch richtiger wäre hier die Angabe Kelvin) ausgehen. Auch wenn dies vernachlässigbar klein scheint, ergibt sich bei einer Temperaturerhöhung von 10 Grad eine Spannungserhöhung von 0,24 bis 0,3 Volt, die, wenn sie nicht berücksichtigt wird, zu einer falschen Beurteilung des Ladezustandes führt.

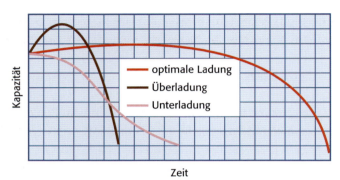

Auswirkung von Über- und Unterladung auf die Batterielebensdauer

Laden mit zu hohem Strom

Bleibatterien neigen, vor allem bei Beginn der Ladung, dazu, so viel Strom aufzunehmen, wie ihnen zur Verfügung steht. Dies könnte dazu verführen, die Ladung mit möglichst hohen Strömen vorzunehmen, um die Batterie in möglichst kurzer Zeit zu laden. Der Haken bei dieser Geschichte ist, dass mit zunehmendem Ladestrom die Batterietemperatur steigt – unter Umständen in unzulässig hohe Bereiche – und dass mit der Höhe des Ladestroms der Zusammenhalt der aktiven Masse nachlässt, wodurch verstärkt ein Verlust der aktiven Masse und Verschlammung drohen. Bei geschlossenen Bleibatterien und Gelbatterien sollte daher der Ladestrom den Wert, der einem Fünftel der Nennkapazität entspricht, nicht überschreiten. Beispiel: Eine Batterie mit einer Nennkapazität von 100 Amperestunden sollte höchstens mit 20 Ampere geladen werden.

AGM-Batterien vertragen höhere Ladeströme, nach Angaben einiger Hersteller gibt es hier keine Grenze nach oben. Obwohl diese Batteriebauart sehr hohe Ladeströme vielleicht ohne unmittelbaren Schaden übersteht, sollte man auch hier eine Grenze setzen. Empfohlen werden 30 Prozent der Nennkapazität, also 30 Ampere pro 100 Amperestunden.

Unterladung

Dieser Zustand ist eigentlich charakteristisch für Batterien, die nur per Lichtmaschine oder, schlimmer, mit ungeregelten (W-) Ladegeräten mit Abschaltung bei Erreichen der Gasungs-

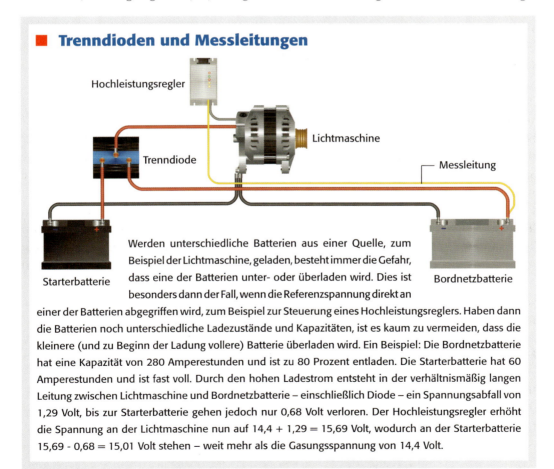

■ Trenndioden und Messleitungen

Werden unterschiedliche Batterien aus einer Quelle, zum Beispiel der Lichtmaschine, geladen, besteht immer die Gefahr, dass eine der Batterien unter- oder überladen wird. Dies ist besonders dann der Fall, wenn die Referenzspannung direkt an einer der Batterien abgegriffen wird, zum Beispiel zur Steuerung eines Hochleistungsreglers. Haben dann die Batterien noch unterschiedliche Ladezustände und Kapazitäten, ist es kaum zu vermeiden, dass die kleinere (und zu Beginn der Ladung vollere) Batterie überladen wird. Ein Beispiel: Die Bordnetzbatterie hat eine Kapazität von 280 Amperestunden und ist zu 80 Prozent entladen. Die Starterbatterie hat 60 Amperestunden und ist fast voll. Durch den hohen Ladestrom entsteht in der verhältnismäßig langen Leitung zwischen Lichtmaschine und Bordnetzbatterie – einschließlich Diode – ein Spannungsabfall von 1,29 Volt, bis zur Starterbatterie gehen jedoch nur 0,68 Volt verloren. Der Hochleistungsregler erhöht die Spannung an der Lichtmaschine nun auf 14,4 + 1,29 = 15,69 Volt, wodurch an der Starterbatterie 15,69 - 0,68 = 15,01 Volt stehen – weit mehr als die Gasungsspannung von 14,4 Volt.

spannung geladen werden. Bei beiden Lademethoden ist es auf Segelyachten fast unmöglich, einen Ladezustand von über 80 Prozent zu erreichen, weil die dazu erforderlichen Ladezeiten viel zu lang sind und im Normalbetrieb nicht erreicht werden (Lichtmaschinenladung) oder systembedingt gar nicht erreicht werden können (W-Kennlinie mit Abschaltung).

Abgesehen von der allgegenwärtigen Sulfatierung (die auch hier stattfindet, wenn die Yacht mit unzureichend geladenen Batterien nicht bewegt wird), können sich daraus zwei weitere unangenehme Folgen entwickeln. Bei geschlossenen Batterien tritt infolge mangelnder Durchmischung eine Schichtung der Säure ein. Die dichtere Säure sinkt nach unten, und nach oben nimmt die Säuredichte stark ab. Dadurch steht die Plattenoberfläche in unterschiedlichen Säuredichten, was ja letztlich unterschiedlichen Ladezuständen entspricht. Hält dieser Zustand über längere Zeit an, wird diese durch Ausgleichsvorgänge innerhalb der Platte zerstört.

In allen Batteriebauarten kann eine dauernde unvollständige Ladung einen Effekt in den Vordergrund treten lassen, der sonst weitgehend unbemerkt und unschädlich bleibt. In jeder Batterie, die aus mehreren in Reihe geschalteten Zellen besteht – so auch unsere 12-Volt-Bordnetzbatterie – sind die Zellen nicht absolut gleich. Sie weisen leicht unterschiedliche Kapazitäten auf, manche nehmen den Ladestrom schlechter auf, andere sind schneller entladen und so weiter. An sich Kleinigkeiten, die im Bereich der industriellen Fertigung üblicherweise im sogenannten Toleranzfeld liegen.

Werden nun diese Batterien nie vollgeladen, verschärfen sich diese Unterschiede. Eine Zelle, die zunächst einen geringfügig höheren Innenwiderstand hat, bleibt bei Teilladungen im Ladezustand immer hinter den übrigen Zellen zurück. Sie leidet an zunehmender Sulfatierung, die aktive Masse wird im Vergleich zu den übrigen Zellen geringer, wodurch die Kapazität weiter zurückgeht, womit die Ladungsaufnahme beeinträchtigt wird – ein Teufelskreis, der, wenn er nicht ab und zu durch eine Vollladung der ganzen Batterie unterbrochen wird, auch die anderen, gesunden, Zellen in Mitleidenschaft zieht und schließlich die ganze Batterie unbrauchbar macht.

Hier tritt dann auch die ursprüngliche Bedeutung des Begriffes „Ausgleichsladung" in Erscheinung: Eine Ladung, die auf die übliche Ladung mit einer IU_0U-Kennlinie folgt und die mit leicht erhöhten Ladespannungen und geringen Ladeströmen so lange durchgeführt wird, bis die Unterschiede der Ladezustände der einzelnen Zellen ausgeglichen sind. Ausgleichsladungen werden im industriellen Bereich, zum Beispiel an Panzerplattenbatterien für Flurförderzeuge, mit entsprechend eingerichteten Ladegeräten regelmäßig durchgeführt. Mit den im Bootsbereich üblichen Ladegeräten können diese speziellen Ausgleichsladungen nicht durchgeführt werden.

Hier sollte man stattdessen darauf achten, dass die Ladevorgänge mindestens bis zur Umschaltung auf die Ladungserhaltung – die zweite U-Phase – geführt werden. Verschlossene Batterien dürfen keiner Ausgleichsladung ausgesetzt werden. Durch die dabei entstehende Gasung würden sie zerstört. Hier hilft eventuell ein mehrmaliges vollständiges Durchlaufen des IU_0U-Ladezyklus.

Dasselbe gilt sinngemäß auch für ganze Batterien, die in Reihe geschaltet sind – zum Beispiel in 24-Volt-Anlagen – nur dass man hier den Begriff „Zelle" durch „Batterie" ersetzen kann.

Überladung

Dies ist, zumindest für Gel- und AGM-Batterien, die beste Methode zur Batteriezerstörung. Geschlossene Batterien können auch stärkere Überladungen zunächst überstehen, da das bei der Gasung zersetzte Wasser nachgefüllt werden kann. Die Schädigung der positiven Gitter lässt sich jedoch auch bei diesen Batterien nicht rückgängig machen.

Ist eine Batterie vollgeladen, wird die weitere in die Batterie eingeladene Energie zum größten Teil dazu verwendet, den Wasseranteil in der Batteriesäure in Wasserstoff und Sauerstoff zu zersetzen. Die Batterie gast so lange weiter, bis entweder das Ladegerät abgeschaltet wird oder kein Wasser mehr vorhanden ist. Durch die gleichzeitig stattfindende Gitterkorrosion kann, bildlich gesprochen, die Batterie in Stunden um Jahre altern.

Verschlossene Batterien, also Gel- und AGM-Bauarten, können bereits durch nur eine einzige Überladung vollkommen zerstört werden. Dazu reicht, selbst bei großen Gesamtkapazitäten, bereits ein verhältnismäßig kleines ungeregeltes Ladegerät, eben mit W-Kennlinie, wenn es nur lange genug angeschlossen ist. In diesen Batteriebauarten liegt der Elektrolyt – die Säure – in gebundener Form vor und kann nicht durch Nachfüllen von destilliertem Wasser ergänzt werden. Übersteigt hier die Gasung die Rekombinationsfähigkeit der Batterie, also deren Vermögen, das bei der Gasung entstehende Knallgas wieder in den Elektrolyten zurückzuführen – tritt eine irreversible Schädigung ein. Dies ist übrigens der Grund, weshalb kein Hersteller von verschlossenen Batterien eine Ladung mit W-Kennlinie zulässt.

Überladungen können auf Yachten mehr oder weniger unbemerkt zum Alltag gehören. Die Ursache dafür liegt darin, dass Starter- und Bordnetzbatterien nur selten zu Beginn der Ladung denselben Ladezustand aufweisen. Oft handelt es sich hier obendrein auch noch um Batterien ungleichen Typs, zum Beispiel eine reine Starterbatterie für den Motor und eine Panzerplattenbatterie für das Bordnetz. Während die Starterbatterie fast ständig im Vollladezustand bleibt – bei einem Startvorgang werden ihr im Schnitt lediglich drei Prozent der Kapazität entnommen – kann die Bordnetzbatterie fast vollständig entladen sein. Fügen wir jetzt noch Trenndioden und ein Ladegerät hinzu, das die Batteriespannung mittels einer Messleitung direkt an der Bordnetzbatterie abgreift, hinzu, ist eine Überladung der Starterbatterie unvermeidbar. Der Spannungsfühler misst die Spannung an der Bordnetzbatterie, das Ladegerät erhöht die Ladespannung um den durch die Trenndiode und Leitungen verursachten Spannungsabfall, und das so lange, bis das Ladegerät glaubt, dass die Bordnetzbatterie voll ist. Die Starterbatterie hingegen war schon zu Beginn der Ladung vollgeladen. Voller als voll geht nicht, und jetzt tritt der oben beschriebene Vorgang der Überladung ein: Die nun der Starterbatterie zugeführte Energie wird nicht mehr eingelagert, sondern nur noch zur Zersetzung des Elektrolyten und zur Plattenzerstörung verwendet.

Überladung kann auch entstehen, wenn baugleiche Batterien mit gleichen Ladezuständen oder auch nur eine Batterie geladen wird. Der Grund: Durch die Ladung mit ausreichend hohen Strömen werden die Batterien erwärmt. Mit zunehmender Erwärmung laufen die chemischen Prozesse in der Batterie schneller ab, die Gasungsspannung sinkt und wird die Ladespannung nicht an die Temperaturänderung angepasst, wird die Batterie überladen. Die Ladespannung sollte pro Grad um etwa 0,027 Volt verändert werden. Geht man beispielsweise von einer Konstantladespannung von 14,4 Volt bei 20 Grad Celsius aus, müsste diese bei einer Batterietemperatur von 35 Grad auf 14,0 Grad reduziert werden. Wird dies nicht berücksichtigt, kann das im Extremfall so weit führen, dass die Batterie ihr thermisches Gleichgewicht verliert: Durch die Erwärmung laufen die chemischen Prozesse schneller, der Ladestrom steigt, dadurch steigt die Temperatur, der Strom steigt weiter an. Dieser Prozess heißt im Englischen treffend „thermal runaway" und führt letztlich zur Zerstörung der Batterie, oft durch Explosion.

Aber auch wenn es nicht ganz so weit kommt, wirken sich Temperaturerhöhungen schädlich auf die Batterielebensdauer aus. Ist die Temperatur dauernd von 20 auf zum Beispiel 30 Grad Celsius erhöht, wird die Lebensdauer halbiert!

Temperaturkompensierte Ladegeräte erkennen diese Zustände und passen die Ladespannung

■ Bestimmung des Ladezustands mit dem Säureheber

Eine der ältesten Methoden zur Bestimmung des Ladezustands einer Batterie ist die Messung der Säuredichte. Sie funktioniert bei Batterien, die mit flüssiger Säure gefüllt sind und deren Zellen mit einem abnehmbaren Deckel versehen sind. Mit dem sogenannten Säureheber wird eine kleine Menge Säure aus der Zelle entnommen, und an der Spindel im Säureheber kann deren spezifisches Gewicht abgelesen werden. Das spezifische Gewicht der Säure ändert sich mit dem Ladezustand – SO_3-Ionen werden während der Entladung der Säure entnommen – und lässt eine zuverlässige Bestimmung des Ladezustands zu. Die Werte in der Tabelle gelten für eine Temperatur von 20 Grad Celsius. Je 14 Grad Temperaturanstieg verringern sich die gemessenen Werte um 0,01.

Ladezustand %	Spezifisches Gewicht der Säure
100	1,265 bis 1,285
75	1,225
50	1,190
25	1,155
0	1,120

an die Temperatur an. Dies gilt auch für den umgekehrten Fall, wenn die Batterien zu kalt sind, um mit den Standardspannungen vollgeladen zu werden.

Lagerung mit nicht ausreichender Ladung

Obwohl dies im engeren Sinn kein direkter Ladefehler ist, trägt eine Lagerung von Batterien im teilgeladenen Zustand gut zur vorzeitigen Alterung bei. Dies trifft bei fast allen Freizeitschiffen in unseren Breiten zu, die mehrere Monate im Winterlager verbringen müssen. Sobald der Ladezustand unter 50 Prozent absinkt, nimmt der Alterungsprozess in der Batterie rapide zu. Eine monatliche Vollladung der eingelagerten Batterien unterbricht diesen Prozess und kann die Gebrauchsdauer je nach Batterietyp um Jahre verlängern. Das Ladegerät sollte jedoch nicht ständig angeschlossen sein, da, vor allem bei älteren Geräten, nicht ausgeschlossen ist, dass die Batterie durch das abgeschaltete Ladegerät entladen wird.

Batterieüberwachung

Gute Batterien sind nicht billig, aber billige Batterien sind oft noch teurer, wenn man alle Faktoren, wie zum Beispiel die Anzahl der möglichen Lade-/Entladezyklen, den Wartungsaufwand und die mechanische Stabilität in Betracht zieht. Daher ist es durchaus sinnvoll, wenn man versucht, die Batterien in einem Ladezustand zu betreiben, der eine möglichst lange Nutzungsdauer ermöglicht. Dieser liegt zwischen 60 und 100 Prozent der Nennkapazität. Eine Batterie mit einer Nennkapazität von 240 Amperestunden sollte also maximal um 96 Amperestunden entladen werden, bevor sie wieder vollgeladen wird. Dies ist die Theorie und an Bord auf Reisen kaum zu erreichen, realistischerweise geht man hier von Ladezuständen zwischen 40 und 80 Prozent aus. Dies funktioniert, wenn ab und zu eine Vollladung durchgeführt wird. An sich kein Problem, wenn man weiß, wann die zur Verfügung stehenden Amperestunden aufgebraucht sind und geladen werden muss.

Ladezustand	Ruhespannung bei 25 °C
%	V
100	>12,75
75	12,51
50	12,27
25	12,00
0	<11,72

Ruhespannung in Abhängigkeit vom Ladezustand der Batterie

Es gibt mehrere traditionelle Methoden, den Ladezustand einer Blei-Säure-Batterie festzustellen. Eine der sichersten und ältesten kann nur bei geschlossenen Batterien angewendet werden, die mit abschraubbaren Verschlusskappen ausgestattet sind. Hier lässt sich ein sogenannter Säureheber einführen, mit dem ein wenig Säure aus der Zelle entnommen werden kann. Anhand der Säuredichte, die an der Spindel im Säureheber abgelesen werden kann, lässt sich sehr genau der Ladezustand der Batterie ablesen. Der Nachteil dieser Methode ist, dass sie, besonders auf See, nicht gerade zu den angenehmsten Arbeiten gehört. Schon ein

Tropfen Säure reicht aus, um eine Hose, oder wesentlich schlimmer, ein Auge zu ruinieren. Bei verschlossenen Batterien, also Gel- und AGM-Batterien, kann sie ohnehin mangels flüssiger Säure nicht angewendet werden.

Ein weiterer Indikator für den Ladezustand ist die Ruhespannung der Batterie. Ruhe heißt, dass die Batterie mehrere Stunden weder entladen noch geladen wurde, also kein Strom entnommen oder zugeführt wurde. Dieses Verfahren scheitert in der Regel daran, dass diese Ruhe im praktischen Betrieb an Bord kaum vorkommen dürfte. Beide Methoden sind daher nicht unbedingt dazu geeignet, den Betrieb der Batterien in den optimalen Kapazitätsgrenzen zu gewährleisten. Am besten wäre es, wenn man ein Gerät hätte, das sowohl die eingeladene als auch die aus der Batterie entnommene Energie erfasst und auf dieser Basis anzeigt, wie viele Amperestunden noch verfügbar sind.

Genau dies ist das Aufgabengebiet der sogenannten Batteriemonitore. Sie zählen, vereinfacht ausgedrückt, die eingeladenen Ampere und ziehen davon die entnommenen ab. Wurde

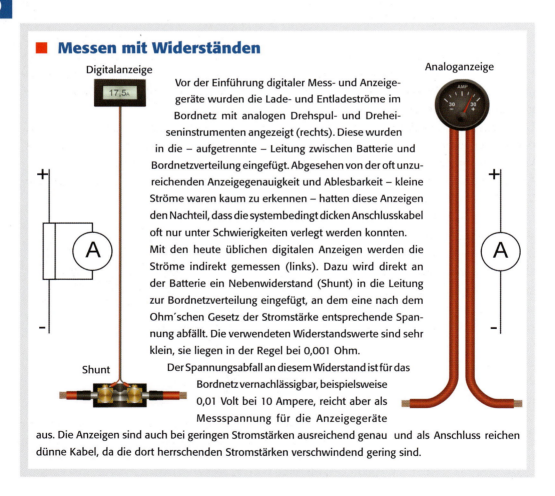

■ Messen mit Widerständen

Digitalanzeige — **Analoganzeige**

Vor der Einführung digitaler Mess- und Anzeigegeräte wurden die Lade- und Entladeströme im Bordnetz mit analogen Drehspul- und Dreheiseninstrumenten angezeigt (rechts). Diese wurden in die – aufgetrennte – Leitung zwischen Batterie und Bordnetzverteilung eingefügt. Abgesehen von der oft unzureichenden Anzeigegenauigkeit und Ablesbarkeit – kleine Ströme waren kaum zu erkennen – hatten diese Anzeigen den Nachteil, dass die systembedingt dicken Anschlusskabel oft nur unter Schwierigkeiten verlegt werden konnten.

Mit den heute üblichen digitalen Anzeigen werden die Ströme indirekt gemessen (links). Dazu wird direkt an der Batterie ein Nebenwiderstand (Shunt) in die Leitung zur Bordnetzverteilung eingefügt, an dem eine nach dem Ohm'schen Gesetz der Stromstärke entsprechende Spannung abfällt. Die verwendeten Widerstandswerte sind sehr klein, sie liegen in der Regel bei 0,001 Ohm.

Der Spannungsabfall an diesem Widerstand ist für das Bordnetz vernachlässigbar, beispielsweise 0,01 Volt bei 10 Ampere, reicht aber als Messspannung für die Anzeigegeräte aus. Die Anzeigen sind auch bei geringen Stromstärken ausreichend genau und als Anschluss reichen dünne Kabel, da die dort herrschenden Stromstärken verschwindend gering sind.

dem Gerät vorher – bei der Kalibrierung – die Nennkapazität der Batterie eingegeben, kann man nun als Ergebnis die noch in der Batterie vorhandene Kapazität ablesen.

So weit das Prinzip. Die Praxis sieht ein wenig komplizierter aus. Damit der Batteriemonitor halbwegs glaubwürdige Werte anzeigen kann, braucht er diverse Informationen. Zunächst einmal arbeitet eine Batterie nicht ohne Verluste. Daher kann man nicht einfach eingeladene mit entnommenen Amperestunden verrechnen, sondern muss einen Faktor einführen, der den Wirkungsgrad der Batterie berücksichtigt. Obwohl der Energiewirkungsgrad, also das Verhältnis von eingeladener und entnommener Energie – in Watt- oder Kilowattstunden größtenteils von der Spannungsdifferenz zwischen Lade- und Entladespannung bestimmt wird – die Ladespannung beträgt beispielsweise 14,4 Volt, entladen wird mit 12 Volt –, gehen auch Amperestunden verloren. Im Allgemeinen geht man hier von einem Verlust von etwa 10 Prozent aus, werden zehn Amperestunden eingeladen, kann man neun entnehmen.

Etwas komplizierter ist der Peukert-Effekt. Dieser bewirkt, dass die Kapazität einer Batterie mit zunehmendem Entladestrom zurückgeht. Eine 200-Amperestunden-Batterie, deren Nennkapazität für einen Entladestrom von 10 Ampere angegeben ist (C20), hat bei einer Entladung mit 100 Ampere (C2) nur noch 120 Amperestunden. Der „Kapazitätsverlust" kann mit einer von einem Herrn Peukert entdeckten Gleichung berechnet werden. Dieses Verhalten ist batteriespezifisch. Für Menschen, die alles genau wissen müssen, haben wir die Berechnung des Koeffizienten in dem Kasten „Der Peukert-Effekt" im Abschnitt „Nennkapazität" beschrieben.

Des Weiteren muss der Batteriemonitor wissen, wann die Batterie vollgeladen ist. Dazu benötigt er einen Spannungs- und einen Stromstärkenwert. Er denkt sich dann Folgendes: Wenn die vorgegebene Spannung – die deutlich über der Ruhespannung liegen muss – für eine gegebene Zeit überschritten ist und gleichzeitig der Ladestrom unter dem vorgegebenen Wert bleibt, ist die Batterie voll. Übliche Werte sind hier 13,5 Volt und C/50, bei einer 100-Amperestunden-Batterie also zwei Ampere. Für die Zeit werden allgemein etwa fünf Minuten angegeben.

Einige Batteriemonitore können zusätzlich mit dem Ladegerät abgeglichen werden. Dabei wird davon ausgegangen, dass die Batterie vollgeladen ist, wenn das Ladegerät in die Ladungserhaltungsphase schaltet. Wird dieser Abgleich regelmäßig durchgeführt, kann sich die Genauigkeit der Anzeige erheblich verbessern.

Weicht die Batterietemperatur wesentlich von den für die Bestimmung der Kapazität allgemein

Messwiderstände. Von oben: traditioneller Shunt mit Anschlüssen für Messleitungen, Shunt mit 16-bit-Wandler und Shunt für elektronische Geber

■ Messwiderstände (Shunts)

Heutzutage werden die Messwiderstände meistens in die Minusleitung der Bordnetzbatterie geschaltet. Dies hat den Vorteil, dass die Messleitungen (grün und gelb in der Zeichnung) nicht abgesichert sein müssen. Es darf dabei jedoch keine andere – direkte – Verbindung zwischen Bordnetz und dem Minuspol der Bordnetzbatterie bestehen, da sonst die Messwerte verfälscht werden können – das Massepotenzial liegt hier nicht am Minuspol der Bordnetzbatterie, sondern an der Verbraucherseite des Shunts. Viele Batteriemonitore sind mit einer zusätzlichen Messleitung zum Pluspol der Bordnetzbatterie versehen, womit die Spannung direkt an der Batterie, also ohne Leitungsverluste, gemessen werden kann. Diese Leitung muss direkt an der Batterie abgesichert sein. Wird der Shunt in der Plusleitung eingesetzt, müssen beide Leitungen zum Anzeigeinstrument abgesichert sein (Bild unten).

verwendeten 25 Grad Celsius ab, sollte der Batteriemonitor mit einem Temperaturfühler ausgestattet sein. Die temperaturbedingten Kapazitätsschwankungen der Batterien können sonst zu deutlich abweichenden Anzeigen führen.

Sind alle benötigten Vorgaben eingegeben, kann man davon ausgehen, dass ein guter Batteriemonitor den Ladezustand der Batterie mit einer Genauigkeit von 5 bis 10 Prozent anzeigt. Sorgt man nun dafür, dass die Batterien stets geladen werden, sobald die Restkapazität unter 60 Prozent gefallen ist, kann man deren Nutzungsdauer gegenüber einem unkontrollierten Betrieb durchaus um mehrere hundert Prozent verlängern.

Anschluss eines Batteriemonitors

Der elektrische Anschluss der Monitore ist verhältnismäßig einfach. Zunächst wird der Messwiderstand – meistens in die Minusleitung – zwischen Batteriepol und Anschlusskabel geschaltet. Der Spannungsabfall an diesem elektrisch sehr kleinen (0,1 bis 1 Milliohm) Widerstand dient dem Monitor zur Bestimmung der Stromstärke. Die Verbindung erfolgt mit zwei dünnen Kabeln (1 mm²), die, solange der Shunt in der Minusleitung liegt, nicht abgesichert sein müssen.

Die Batteriespannung wird oft direkt am Pluspol der Bordnetzbatterie abgegriffen, um Messfehler durch Spannungsabfälle in den Leitungen zu vermeiden. Diese Leitung muss am batterieseitigen Anschluss abgesichert sein. Bleiben noch die Versorgungsleitungen des Monitors, die zum Beispiel aus der Bordnetzverteilung gespeist werden können. Dabei sollte man nur beachten, dass manche Batteriemonitore Daten und Einstellungen „vergessen" können, wenn die Versorgungsspannung unterbrochen wird.

Obwohl die Stromstärken in den Messleitungen klein sind, müssen die Anschlüsse – vor allem an den Shunts – sehr sorgfältig ausgeführt werden. Die Spannungen sind

Die letzte Generation der Messwiderstände. Shunt und die Elektronik zur Erfassung der Daten sind in einem Teil kombiniert.

über den größten Teil der Zeit nämlich auch sehr klein – im Bereich von wenigen Millivolt –, sodass schon kleine Unsauberkeiten an den Anschlüssen zu Anzeigefehlern führen können. Auch wenn man sich an die Empfehlungen, die in diesem Kapitel ausgesprochen wurden, hält, naht irgendwann das Ende der Nutzungsdauer der Batterie. Die meisten Batterien verlieren ihre Kapazität, weil die aktiven Massen, also das Blei und das Bleioxid, in immer größere Bleisulfatkristalle umgewandelt werden. Je größer diese Kristalle werden, desto schlechter leiten sie den Strom und desto weniger Ladung kann die Platte aufnehmen.

Desulfatierer

Mittlerweile sind mehrere Geräte auf dem Markt, die in der Lage sind, die sich bei der Sulfatierung bildenden großen Kristalle aufzulösen und somit die Nutzungsdauer sulfatierter Batterien zu verlängern. Sie heißen Batterie-Pulser, Battery Refresher oder Batterieauffrischer und funktionieren mit kurzen, aber stromstarken Impulsen, die der Batterie aufgezwungen werden. Diese Impulse wandeln das kristalline, schlecht leitende Sulfat zurück in poröses Material, das durch die Ladung wieder in aktive Masse überführt werden kann. Dadurch wird gleichzeitig der innere Widerstand der Batterie verringert, womit die Ladungsaufnahme verbessert wird.

In den einfachen Ausführungen wird das Gerät direkt an die Pole der Batterie angeschlossen. Sobald die Batteriespannung einen bestimmten Wert übersteigt, also geladen wird, tritt der Desulfatierer in Aktion und produziert Impulse.

Aufwändiger sind Geräte, bei denen der Impulserzeuger in ein Ladegerät integriert ist. Dort

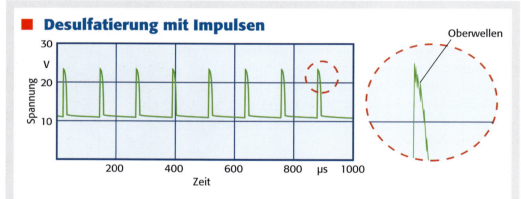

Ob sie nun Pulser, Refresher oder Conditioner heißen, das Prinzip ist dasselbe: Sobald die Batterie geladen wird, erzeugt das Gerät kurze Impulse, Dauer je nach Gerät unter einer Mikrosekunde bis einige Millisekunden, mit etwa der doppelten Ladespannung. Da die Impulse kurz sind, können hohe Ströme – je nach Gerät von zwei bis über 100 Ampere – fließen, ohne Schäden in den Platten anzurichten. Durch die Stromstöße werden große Sulfatkristalle durch Resonanz regelrecht aufgebrochen. So können sie durch den Ladestrom wieder in aktive Masse umgewandelt werden. In dem Diagramm ist eine Impulsfrequenz von etwa acht Kilohertz dargestellt, es werden achttausend Impulse je Sekunde erzeugt. Obwohl diese Frequenz weit unterhalb jeder Funkfrequenz liegt, können diese Geräte Funk- und Empfangsgeräte an Bord deutlich stören. Der Grund dafür liegt unter anderem darin, dass mit den Impulsen immer zusätzliche Frequenzen, sogenannte Oberwellen, erzeugt werden, die ein Vielfaches der Grundfrequenz betragen und so vor allem den Lang-, Mittel- und Kurzwellenbereich stören. Diese Störimpulse lassen sich nicht, zum Beispiel durch entsprechende Entstörfilter, beseitigen, ohne die Wirkung der Desulfatierer zu beeinträchtigen.

wird während der Ladephasen die Ladespannung ständig von den Impulsen überlagert, sodass bei jeder Ladung die bei der vorausgegangenen Entladung entstandenen Sulfatkristalle aufgelöst werden.

Gerade bei Bordnetzbatterien, die oft in teilgeladenen Zuständen betrieben oder gelagert werden und die dann vorzeitig an Sulfatierung leiden, kann ein guter Desulfatierer deren Nutzungsdauer beträchtlich verlängern; bei der Auswahl des Geräts sollte man sich jedoch vergewissern, dass dessen Wirkung durch unabhängige Tests und Gutachten belegt ist.

Die Geräte wurden ursprünglich für den Kfz-Bereich entwickelt. Dort wird relativ wenig Wert darauf gelegt, ob Störaussendungen im unteren und mittleren Frequenzbereich produziert werden oder nicht. Die meisten Geräte sind zwar daraufhin geprüft, ob sie Störungen im Bereich zwischen 40 Megahertz und einem Gigahertz verursachen, der auf Yachten interessante Bereich beginnt jedoch bereits bei einigen hundert Kilohertz. Und hier können die Auffrischer durchaus stören: Prinzipbedingt produzieren sie Frequenzen, die Navtex und Grenzwellenempfang beeinträchtigen. Diese Störausstrahlungen lassen sich nicht herausfiltern, ohne die Funktion der Geräte zu beeinträchtigen.

Da lange Anschlussleitungen die Wirkung der Geräte beeinträchtigen können, sollten diese so kurz wie möglich gehalten werden. Somit ist es gar nicht dumm, die Geräte unmittelbar neben der Batterie zu installieren – falls diese für die dort oft herrschenden maritimen Umgebungsbedingungen geeignet sind.

Desulfatierer können nicht bei Batterien wirken, die wegen Gitterkorrosion, Masseverlust oder gar Verschlammung ausfallen. Diese Schäden, die fast ausnahmslos durch Überladung oder häufiges Laden mit hohen Strömen und Spannungen ohne Berücksichtigung der Batterietemperatur entstehen, lassen sich nicht wieder rückgängig machen und werden durch die Impulse eher noch verstärkt. Hier hilft schließlich doch nur eine neue Batterie.

Der optimale Umgang mit Batterien

Mit den heute zur Verfügung stehenden Technologien ist es durchaus möglich, alle an Bord eingesetzten Batterien so zu behandeln, dass ein zuverlässiger und vor allem langer Betrieb erreicht wird. Eigentlich müssen dazu nur wenige Punkte beachtet werden:

- **Die Batterien dürfen nicht überladen werden**
  Dies dürfte bei Verwendung von geregelten Ladegeräten, die mit einer temperaturkompensierten IU_0U-Kennlinie arbeiten und deren Größe an die Batteriekapazität angepasst ist, gewährleistet sein. Sind Starter- und Bordnetzbatterie durch konventionelle Trenndioden getrennt, muss die Spannungserhöhung an der Starterbatterie kompensiert werden.
- **Die Batterien dürfen nicht tiefentladen werden**
  Der Ladezustand der Bordnetzbatterie sollte während des Betriebs nicht unter 30 Prozent fallen. Erfolgt die Ladung ausschließlich aus der Lichtmaschine, sollten die Batterien

in einem Ladezustand zwischen 30 und 80 Prozent gehalten und gelegentlich ein vollständiger IU_0U-Ladezyklus gefahren werden.

- **Keine Lagerung im entladenen oder weitgehend entladenen Zustand**
  Im Winterlager sollten die Batterien nur vollgeladen eingelagert werden. Die Selbstentladung sollte einmal im Monat ausgeglichen werden.
- **Die Batterien dürfen nicht überhitzen**
  Liegen die Umgebungstemperaturen dauerhaft über 30 Grad Celsius, muss die Ladespannung entsprechend reduziert werden. Auch bei Ladungen mit hohen Strömen (über C3) muss die Temperatur der Batterie berücksichtigt werden.

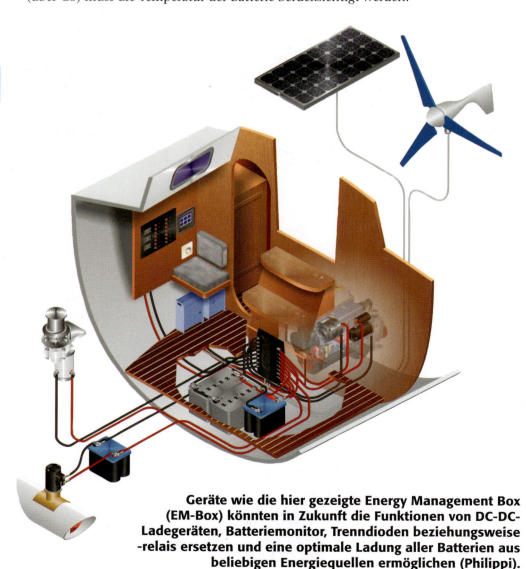

Geräte wie die hier gezeigte Energy Management Box (EM-Box) könnten in Zukunft die Funktionen von DC-DC-Ladegeräten, Batteriemonitor, Trenndioden beziehungsweise -relais ersetzen und eine optimale Ladung aller Batterien aus beliebigen Energiequellen ermöglichen (Philippi).

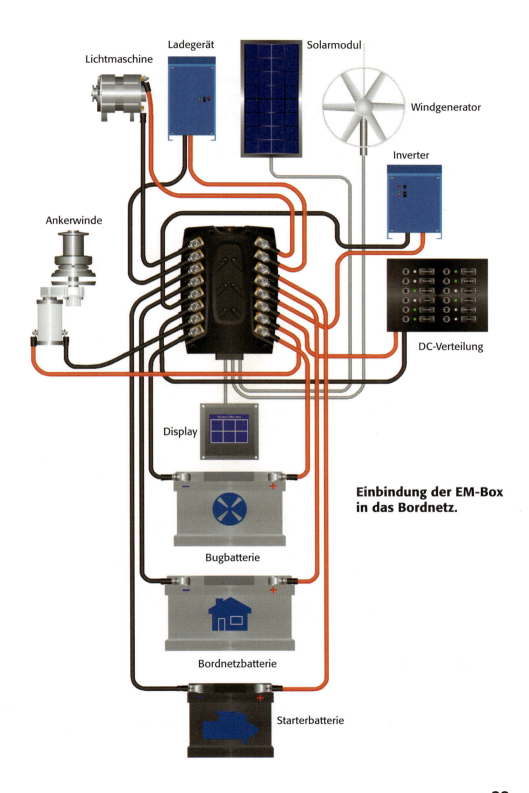

Einbindung der EM-Box in das Bordnetz.

Stromerzeugung an Bord: Gleichstrom

Gleichstromlichtmaschinen

Bis in die Mitte der 70er-Jahre des letzten Jahrhunderts waren Gleichstromlichtmaschinen die Standardstromerzeuger an Verbrennungsmotoren. Zu der Zeit gab es noch keine preiswerten leistungsstarken Siliziumdioden, die später in den Drehstromlichtmaschinen die in ihnen erzeugten drei Wechselspannungen in den zur Batterieladung und für die Versorgung der Verbraucher benötigten Gleichstrom umwandelten. In Gleichstromlichtmaschinen wird der Strom im Anker erzeugt. Dieser läuft zwischen den Feldspulen, die, zum Anker parallel geschaltet (Nebenschluss), ein magnetisches Feld erzeugen, das wiederum im Anker einen Strom induziert. Am hinteren Ende des Ankers befindet sich der sogenannte Kollektor, an dem der erzeugte Strom mittels Bürsten abgenommen wird.

Der Trick bei Gleichstromlichtmaschinen liegt im Kollektor, der auch Kommutator genannt wird. Dieser besteht aus einem Ring von in Längsrichtung des Ankers verlaufenden Lamellen, die jeweils paarweise einer Ankerwicklung zugeordnet sind.

Der Kollektor ist aber gleichzeitig auch die Schwachstelle der Gleichstromlichtmaschine. Dreht die Lichtmaschine zu schnell, verschlechtert sich der Kontakt zwischen den Lamellen des Kollektors und den Bürsten - sie heben regelrecht ab, was zu erhöhter Funkenbildung und schlechterer Stromabnahme führt. Daher sind Gleichstromlichtmaschinen gegenüber der Motorkurbelwelle nur gering übersetzt,

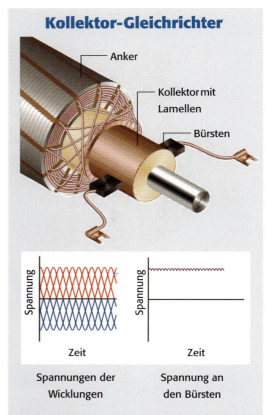

Kollektor-Gleichrichter

Die Ankerwicklungen drehen sich im Feld des Stators und erzeugen jeweils eine Wechselspannung, die zu einem Lamellenpaar auf dem Kollektor geleitet wird. Da die Position der Bürsten zum Feld jedoch unverändert ist, entsteht im Zusammenwirken des drehenden Kollektors mit den festen Bürsten eine Gleichspannung (Bild unten).

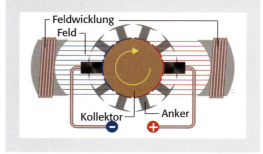

■ Gleichstromlichtmaschinen

Gleichstromlichtmaschinen sind Nebenschlussmaschinen, das heißt, dass die Feldwicklung zur Stromerzeugung parallel zur Ankerwicklung geschaltet ist. Wird die Lichtmaschine in Betrieb genommen, produziert sie zunächst – theoretisch – keinen Strom, da weder durch den Anker (mangels Feld) noch durch die Feldwicklung (mangels Ankerspannung) ein Strom fließt. Daher wird zunächst über die Ladekontrollleuchte die Batteriespannung auf den Anker geschaltet, bis die von der Lichtmaschine erzeugte Spannung die Batteriespannung übersteigt und die Leuchte erlischt. Steigt die Spannung über einen vorgegebenen Wert, schaltet der Regler die Feldwicklung – je nach Höhe der Spannung – auf einen Widerstand, der an Masse liegt, oder er öffnet die Verbindung. Ist die Feldwicklung über den Widerstand an Masse geschaltet, sinkt der Erregerstrom und damit die erzeugte Spannung. Ist die Feldwicklung ganz von Masse getrennt, fließt kein Erregerstrom, die Spannung im Anker bricht zusammen. Ist die Spannung zu niedrig, wird die Feldwicklung direkt auf Masse geschaltet. Diese Schaltvorgänge laufen sehr schnell ab, sodass am Ausgang des Reglers (B+) eine ziemlich konstante Spannung entsteht. Die mit solchen mechanischen Kontakten ausgestatteten Regler hielten nicht sehr lange und wurden später durch elektronische Regler ersetzt, die auch heute noch erhältlich sind.

was andererseits dazu führt, dass die Stromproduktion erst bei verhältnismäßig hohen Motordrehzahlen beginnt. Hinzu kommt, dass die Bürsten und in gewissem Sinne auch die Kollektoren verschleißen, da hier – im Gegensatz zu Drehstromlichtmaschinen – der gesamte Ausgangsstrom durch die Lamellen und die Bürsten fließt.

Durch die Funkenbildung am Kollektor und an den Reglerkontakten ist ein Radio- oder Funkempfang in der Nähe von Gleichstromlichtmaschinen nur möglich, wenn diese sorgfältig entstört werden. Dazu werden Kondensatoren parallel zu den Bürsten und den Reglerkontakten geschaltet, längere Leitungen müssen zusätzlich mit Drosseln versehen werden.

■ Gleichstromlichtmaschinen von innen

Gleichstromlichtmaschinen werden seit fast 40 Jahren nicht mehr hergestellt und sind daher nur sehr schwierig oder sehr teuer als komplette Austauschteile zu haben. Treten Schäden auf, beschränken diese sich in vielen Fällen auf sogenannte Verschleißteile, die auch heute noch mit ein wenig Geschick und Organisationstalent beschafft werden können. Dazu gehören in erster Linie die Bürsten (Kohlen) und die Lager – beides ist im Fachhandel für wenige Euro erhältlich. Die Bürsten müssen unter Umständen ein wenig angepasst werden, aber die Lager waren bereits in den 70er-Jahren Normteile, die auch heute noch unverändert – zumindest, was die Maße betrifft – hergestellt und vertrieben werden.

Die Kollektoren der Anker gehören im engeren Sinne auch zu den Verschleißteilen, nur lassen sich die Anker, wenn überhaupt, nur schwierig und für sehr viel Geld finden. Abhilfe schafft hier eine Drehbank, auf der der Kollektor abgedreht werden kann. Eigene Experimente mit Feilen oder Schleifpapier sollte man tunlichst unterlassen, da der Kollektor mit einer maximalen Abweichung von der Rundheit von 0,02 Millimetern laufen muss, damit die Lichtmaschine einwandfrei funktioniert. Meistens sind die Kupferlamellen abgetragen, sodass das Stegmaterial leicht vorsteht und einen vernünftigen Kontakt mit den Bürsten verhindert.

Ist der Anker selber oder eine oder mehrere Wicklungen beschädigt, kann man die Lichtmaschine in der Regel entsorgen und durch eine Drehstromlichtmaschine ersetzen. Selbst bei einem Neuteil ist dies immer noch wesentlich preiswerter als eine Austausch-Gleichstromlichtmaschine – einige Exemplare dieser Gattung werden heute für fast 1.000 Euro gehandelt.

Will man die Lichtmaschine zerlegen, ohne größere Schäden anzurichten, sollte man zunächst alles mit reichlich Rostlöser oder Kriechöl einsprühen und über Nacht einwirken lassen. Als Erstes wird üblicherweise die Riemenscheibenmutter gelöst, wobei meistens das erste Problem auftaucht: Zwar ist die Ankerwelle ab und zu mit einem Innensechskant versehen, mit dem man theoretisch gegenhalten kann, meistens reicht dies aber nicht aus. Hier hilft ein vorsichtiges Einspannen in einen Schraubstock, der mit Hartholzzwischenlagen „entschärft" ist. Auf keinen Fall sollte man versuchen, die Welle mit einem in das Lüfterrad gesteckten Schraubendreher oder Ähnlichem zu blockieren – dabei brechen oft die Lamellen, bevor die Mutter nachgibt. Kommt die Riemenscheibe frei, sollte man auf die Scheibenfeder achten – diese ist zwar in der Regel auch ein Normteil, trotzdem ist es ärgerlich, wenn dieses kleine Teil verloren geht.

Die Gehäuseschrauben (Zuganker) sitzen in der Regel mehr als fest und lassen sich „trocken" kaum lösen – und dies sind keine Normteile! Man sollte auf jeden Fall genau passende Werkzeuge benutzen (Schraubendreher mit passender Klinge, unbeschädigte Innensechskantschlüssel), damit die Schraubenköpfe nicht beschädigt werden.

Müssen die Lager mit einem Abzieher von der Welle gelöst werden, sollte man darauf achten, dass man diesen nicht am äußeren Ring des Lagers ansetzt – dies zerstört in den meisten Fällen das Lager und der innere Laufring bleibt auf der Welle. Sind die Lager und die Bürsten erneuert, der Kollektor abgedreht und die Teile gereinigt, kann die Lichtmaschine noch mehrere Jahrzehnte ihren Dienst versehen.

Abzieherzentrierung

Muss ein Lager mit dem Abzieher von der Welle gelöst werden, erleichtert es die Arbeit sehr, wenn am Wellenende eine Zentrierbohrung zur Führung der Abzieherspindel vorhanden ist. Diese Bohrung lässt sich, falls sie nicht bereits vorhanden ist, mit ein wenig Geschick, einer Handbohrmaschine und einem scharfen HSS-Bohrer herstellen.

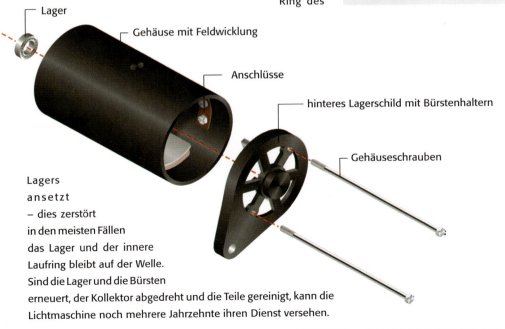

Betriebsstörungen von Gleichstromlichtmaschinen

Erste Anzeichen sind in der Regel eine flackernde Ladekontrollleuchte und eine nachlassende Ladeleistung. Obwohl Gleichstromlichtmaschinen im Vergleich zu Drehstromlichtmaschinen fast ausschließlich aus Verschleißteilen bestehen, liegen die Ursachen für einen langsamen Ausfall meistens im Bereich des Kollektors oder der Reglerkontakte. Der Reihe nach: Sind die Reglerkontakte verschlissen, verschmutzt oder korrodiert, erhält die Feldwicklung meistens nicht mehr die volle Erregerspannung. Man kann dann zwar versuchen, nach Öffnen des Reglergehäuses die Kontakte vorsichtig zu reinigen, eine Aussicht auf Erfolg ist jedoch zumindest fragwürdig und in den meisten Fällen nicht von langer Dauer. Außerdem muss man sehr vorsichtig mit den Kontakten umgehen, da deren Vorspannung einen entscheidenden Einfluss auf die Höhe der Regelspannungen hat. Hier ist es sinnvoller, in einen neuen Regler zu investieren, der in elektronischer Ausführung („Transistorregler") von verschiedenen Herstellern zu gemäßigten Preisen angeboten wird.

Zweite mögliche Ursache: klemmende und/oder verschlissene Bürsten. Mit der Zeit sammelt sich Abrieb in den Bürstenhaltern an, was dazu führen kann, dass eine oder seltener auch beide Bürsten hängen bleiben und nicht mehr von der Feder an den Kollektor angedrückt werden. Auch dieser Fehler zeigt sich zunächst durch eine leicht glimmende Ladekontrollleuchte, die jedoch mit der Zeit immer heller leuchtet. Wird hier nicht verhältnismäßig früh reagiert, kann der gesamte Kollektor durch das zunehmende Funkenfeuer zwischen Bürste und Lamellen regelrecht weggebrannt werden – das Ende der Lichtmaschine. Hier hilft oft schon eine Reinigung der Halter, vorsorglich kann man jedoch bei dieser Gelegenheit – das Gehäuse muss bei den meisten Lichtmaschinen dazu geöffnet werden – die Bürsten erneuern. Beim Zusammenbau muss man geschickt vorgehen, damit die neuen (oder gereinigten alten) Bürsten nicht durch den Kollektorrand beschädigt werden.

Dritte Möglichkeit: eingelaufene Kollektorlamellen. Während des Betriebs tragen die Bürsten dauernd minimal Kupfer von den Lamellen ab. Die Isolierstege zwischen den Lamellen scheinen bei einigen Lichtmaschinen widerstandsfähiger zu sein mit der Folge, dass die Stege über die Kupferschicht hervorstehen. Damit wird ein ausreichender Kontakt der Bürsten mit den Lamellen unmöglich. Dann muss der Anker auf die Drehbank, der Kollektor muss abgedreht werden und anschließend müssen die Stege zwischen den Lamellen mit einer feinen Säge (zum Beispiel einer Japansäge) bearbeitet werden, bis diese etwas tiefer als das Kupfer der Lamellen liegen. Eine zufrieden stellende Bearbeitung des Kollektors ohne Drehbank ist unmöglich – dazu sind die einzuhaltenden Toleranzen zu eng.

Verschlissene Lager sind zwar eigentlich rein mechanische Fehler, können sich jedoch auch schon frühzeitig auf die Stromerzeugung auswirken. Wird das Lagerspiel zu groß, beginnen die Bürsten regelrecht auf den Lamellen zu tanzen – der Kontakt wird schlechter, die Ladeleistung geht zurück. Meistens ist jedoch zuerst das vordere (riemenscheibenseitige) Lager betroffen, was sich in erster Linie durch Geräusche bemerkbar macht. Die Lager sitzen oft sehr fest auf der Ankerwelle und lassen sich nur mithilfe eines Abziehers demontieren.

Auch diese Arbeit sollte mit gebührender Vorsicht ausgeführt werden, damit nicht der kostbare Anker beschädigt wird.

Bei fast allen Arbeiten an der Lichtmaschine muss diese zerlegt werden. Selbst wenn „nur" klemmende Bürsten gerichtet werden müssen, sollte man sich überlegen, ob man nicht bei dieser Gelegenheit eine Generalüberholung durchführt. Kohlen und Lager kosten jeweils um die 10 Euro (allerdings nicht als Originalteil vom Originalhersteller), und mit ein wenig Glück findet man jemanden, der den Kollektor für kleines Geld abdreht. Diese Vorgehensweise ist allemal billiger als eine neue Gleichstromlichtmaschine – falls man diese überhaupt noch erhält – oder eine diese ersetzende, eventuell auch gebrauchte, Drehstromlichtmaschine mit den dann erforderlichen Umbauarbeiten am Motor. Eine so überholte Lichtmaschine kann noch weitere Jahrzehnte zufrieden stellend arbeiten, vor allem, wenn sie mit einem elektronischen Regler versehen wird.

Andere Fehler führen eher zu plötzlichen Ausfällen. Dazu gehören Kabelbrüche in der Lichtmaschine oder dem Regler, Kontaktfehler an den Regler- oder Lichtmaschinenanschlüssen oder auch mangelhafte Kontakte an den Feldspulen. Diese Fehler lassen sich jedoch meistens durch geduldiges und systematisches Messen – vor allem der Übergangswiderstände im stromlosen Zustand – eingrenzen. Zum Schluss noch ein einfacher Fehler, der trotzdem manchmal lange gesucht wird: mangelnde Ladeleistung, ohne dass die Ladekontrollleuchte aufleuchtet. Ursache: durchgebrannte Lampe in der Ladekontrollleuchte.

■ Regler oder Lichtmaschine?

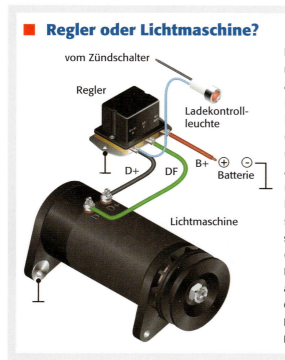

Produziert die Lichtmaschine keinen Strom mehr, kann dies sowohl am Regler als auch an der Lichtmaschine liegen. Oft lässt sich der Fehler durch einfache Messungen eingrenzen. Dazu bemühen wir noch einmal das Bild der Gleichstromlichtmaschine: Bei stehendem Motor und eingeschalteter Zündung muss an allen drei Anschlüssen des Reglers die Batteriespannung zu messen sein. Wenn nicht, ist der Regler defekt. Bei laufendem Motor muss an D+ und B+ die Nennspannung zu messen sein, die Spannung an DF sollte zwischen 7 Volt und der Batteriespannung (B+) liegen. Ist DF spannungslos, ist ebenfalls der Regler defekt. Liegt an DF eine höhere Spannung als an D+ an, ist die Lichtmaschine schuld. Das Gleiche gilt, wenn die Spannungen an D+ und DF annähernd gleich sind und beide unter der Batteriespannung liegen.

Drehstromlichtmaschinen

Auch Drehstromlichtmaschinen erzeugen Gleichstrom – nur anders. Während in Gleichstromlichtmaschinen die Gleichrichtung der auch dort ursprünglich erzeugten Wechselspannung sozusagen mechanisch im Kollektor erfolgt, übernehmen in Drehstromlichtmaschinen Siliziumdioden diese Aufgabe. Diese waren erst gegen Ende der sechziger Jahre des letzten Jahrhunderts so weit gereift, dass sie für die in Lichtmaschinen herrschenden Stromstärken eingesetzt werden konnten.
Dies führte zu einer kleinen Revolution in der Stromerzeugung an Bord. Gleichstromlichtmaschinen waren mechanisch anfällig, der nutzbare Drehzahlbereich war

■ Drehstrom - Gleichstrom

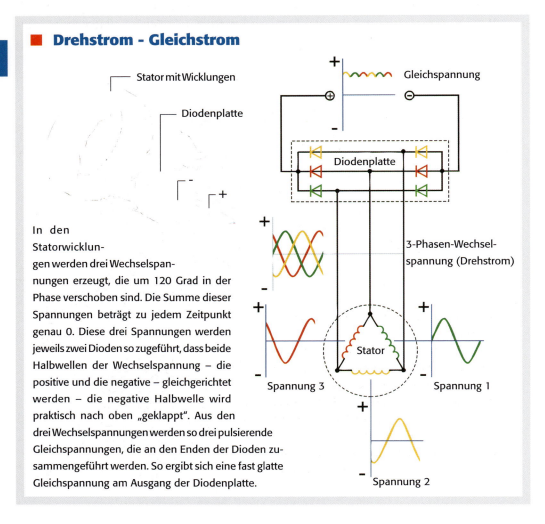

In den Statorwicklungen werden drei Wechselspannungen erzeugt, die um 120 Grad in der Phase verschoben sind. Die Summe dieser Spannungen beträgt zu jedem Zeitpunkt genau 0. Diese drei Spannungen werden jeweils zwei Dioden so zugeführt, dass beide Halbwellen der Wechselspannung – die positive und die negative – gleichgerichtet werden – die negative Halbwelle wird praktisch nach oben „geklappt". Aus den drei Wechselspannungen werden so drei pulsierende Gleichspannungen, die an den Enden der Dioden zusammengeführt werden. So ergibt sich eine fast glatte Gleichspannung am Ausgang der Diodenplatte.

begrenzt und ihr Leistungsgewicht – und die Abmessungen – konnte man im Vergleich zu den neuen Drehstromlichtmaschinen durchaus als klobig bezeichnen. Bei gleichem Gewicht liefert eine Drehstromlichtmaschine etwa den doppelten bis dreifachen Ausgangsstrom! In einer Drehstromlichtmaschine erfolgt die Stromerzeugung nicht – wie bei der Gleichstrommaschine – im Rotor, sondern im Stator. Der Rotor muss lediglich das Erregerfeld aufbauen und ist dazu mit einer verhältnismäßig einfachen Wicklung versehen. Die Stromstärken durch diese Erregerwicklung liegen bei maximal etwa 5 Ampere, die nicht über Lamellen, sondern glatte Schleifringe zugeführt werden. Entsprechend gering ist der Verschleiß der Schleifringe und Bürsten – erstens sind die Stromstärken um eine Zehnerpotenz kleiner, zweitens wird der Kontakt zwischen Schleifringen und Bürsten nicht – wie beim Kollektor – bei jeder Umdrehung des Läufers 12-oder 16-mal unterbrochen, sondern bleibt bestehen.

Die Stromproduktion findet in der Drehstromlichtmaschine im Stator statt. Dieser ist oft ein Teil des Gehäuses und mit drei Wicklungen versehen, die gleichmäßig auf den Um-

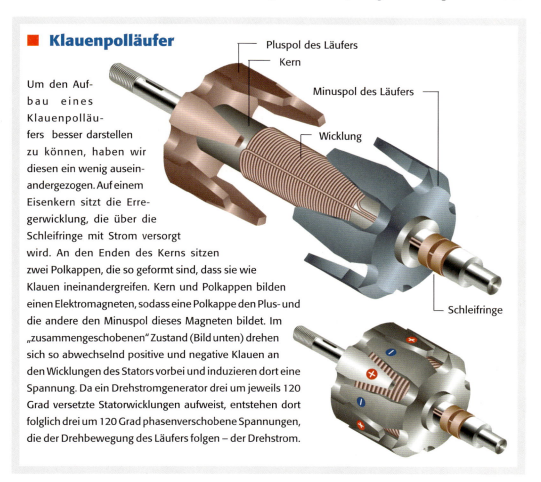

■ Klauenpolläufer

Um den Aufbau eines Klauenpolläufers besser darstellen zu können, haben wir diesen ein wenig auseinandergezogen. Auf einem Eisenkern sitzt die Erregerwicklung, die über die Schleifringe mit Strom versorgt wird. An den Enden des Kerns sitzen zwei Polkappen, die so geformt sind, dass sie wie Klauen ineinandergreifen. Kern und Polkappen bilden einen Elektromagneten, sodass eine Polkappe den Plus- und die andere den Minuspol dieses Magneten bildet. Im „zusammengeschobenen" Zustand (Bild unten) drehen sich so abwechselnd positive und negative Klauen an den Wicklungen des Stators vorbei und induzieren dort eine Spannung. Da ein Drehstromgenerator drei um jeweils 120 Grad versetzte Statorwicklungen aufweist, entstehen dort folglich drei um 120 Grad phasenverschobene Spannungen, die der Drehbewegung des Läufers folgen – der Drehstrom.

■ Drehstromlichtmaschinen von innen

Drehstromlichtmaschinen sind, mechanisch betrachtet, ihren Gleichstromvettern nicht unähnlich. In beiden Stromerzeugern läuft ein Rotor (auch Läufer oder Anker genannt) in einem Gehäuse, in dem eine oder, bei der Drehstrommaschine, mehrere Wicklungen fest angebracht sind. Das Gehäuse ist an beiden Enden mit Deckeln, auch Lagerschilde genannt, versehen, in denen sich die Lagersitze des Rotors befinden.

Obwohl Drehstromlichtmaschinen mechanisch wesentlich robuster und als Austauschteil leichter erhältlich (und in der Regel billiger) sind als Gleichstrommaschinen, ergibt sich manchmal doch die Notwendigkeit, diese zu zerlegen. Dafür kann es mehrere Gründe geben, angefangen bei einem verschlissenen oder festsitzenden Lager bis zum Austausch der Diodenplatte – auch hier liegen die Kosten für die notwendigen Teile weit unter dem Preis selbst einer gebrauchten Austauschmaschine. Bei der Teilebeschaffung zahlt es sich oft aus, Lager, Bürsten oder Dioden nicht beim Motorhersteller – dieser muss schließlich seine Lagerkosten auf den Preis aufschlagen – sondern im Fachhandel zu beziehen.

Zur Demontage muss bei den meisten Maschinen zunächst die Riemenscheibe samt Lüfter abgenommen werden, da erst dann die Gehäuseschrauben zugänglich werden. Einige Exemplare sind dazu mit einem sechs- oder achtkantigen Mitnehmer zwischen Riemenscheibe und Lüfter versehen, der zum Gegenhalten beim Lösen der Riemenscheibenmutter benutzt werden kann. Bei anderen Ausführungen ist die Rotorwelle mit einem Innensechskant versehen, manchmal sind auch die Gehäuseschrauben ohne Demontage der Riemenscheibe zugänglich. Auch hier sollte man auf keinen Fall die Riemenscheibe oder das Lüfterrad zum Gegenhalten missbrauchen – sind diese einmal verformt, wird es teuer.

Bevor man die Gehäuseschrauben löst, sollte man den Regler mit den Bürstenhaltern vom hinteren Lagerschild abbauen. Dabei muss man vorsichtig vorgehen – verkantet man den Regler beim Herausziehen, können die Bürsten (Kohlen) brechen.

Die Gehäuseschrauben sitzen meistens sehr fest – Kriechöl oder Rostlöser, frühzeitig angewendet, können helfen. Sind die Gehäuseschrauben gelöst, kann man das vordere Lagerschild mitsamt dem Rotor aus dem Stator herausziehen. Der Stator ist über die Anschlusskabel mit der Diodenplatte verbunden, die wiederum mit den Anschlussschrauben (B+ und B-) am hinteren Lagerschild befestigt ist. In einigen Ausführungen ist die Diodenbrücke auch mit separaten Befestigungsschrauben am Lagerschild befestigt.

Lagerschäden treten in der Regel nur beim vorderen Lager auf. Dieses ist oft mit einem Lagerdeckel am Lagerschild gesichert, dessen Befestigung erst zugänglich wird, wenn die Rotorwelle – mit vorsichtigen Hammerschlägen oder einer Presse – aus dem Lager herausgetrieben wurde. Aber auch wenn das hintere Lager nicht beschädigt ist, sollte man es bei der Gelegenheit austauschen – die Kosten für das Lager stehen in keinem Verhältnis zum Aufwand, der bei der Demontage der Lichtmaschine getrieben werden muß. Das hintere Lager muss meistens mit einem Abzieher von der Welle gelöst werden, der am Innenring des Lagers angesetzt werden sollte. Bei der Montage des neuen Lagers sollte der dafür nötige Druck auch nur am Innenring wirken – Druck auf den äußeren Ring oder gar die Abdeckung kann das Lager zerstören.

Ist die Länge der Kohlebürsten unter das Verschleißmaß gesunken – meistens 5 bis 6 Millimeter – , müssen sie ersetzt werden. Neue Bürsten stehen etwa 15 Millimeter vor. Sind die Bürsten verschlissen, sind in der Regel auch die Schleifringe auf der Rotorwelle reif für eine Überarbeitung, auch wenn diese bei Weitem nicht dem Verschleiß unterliegen wie die Kollektoren von Gleichstrommaschinen. Sie sollten sehr vorsichtig nur so weit abgedreht werden, bis die Riefen gerade eben nicht mehr sichtbar sind. Nach dem Abdrehen kann man die Ringe mit Metallpolitur bearbeiten, wodurch der Verschleiß der Bürsten vor allem während des Einlaufens verringert wird.

Beim Zusammenbau ist besonders auf die Isolierung der Diodenplatte zu achten. Wird hier eine Scheibe vertauscht oder vergessen, kann dies schon beim Anschluss der Lichtmaschine an die Batterie zu einem herben Kurzschluss mit Diodenzerstörung führen.

Nach dem Zusammenbau sollte man die Lichtmaschine kurz prüfen. Wird der Rotor gedreht, darf nichts klappern oder schleifen – es darf lediglich ein leichtes Schleifgeräusch der Bürsten auf den Schleifringen zu hören sein.

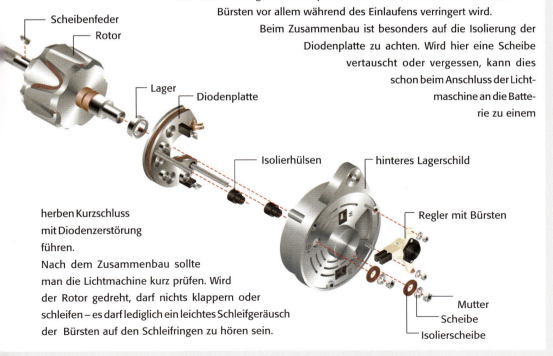

109

■ Drehstromlichtmaschinenschaltung

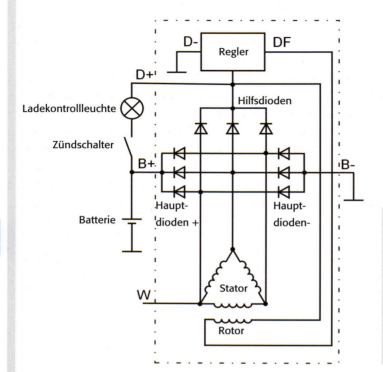

Anmerkung: Dargestellt ist eine negativ geregelte Lichtmaschine (Regler zwischen Rotor und Masse). Bei positiv geregelten Maschinen ist der Regler zwischen Batterieplus und Rotor geschaltet.

Die eigentliche Stromerzeugung findet in einer Drehstromlichtmaschine, wie bereits im Kasten „Drehstrom – Gleichstrom" beschrieben, im Stator statt. Die Stromerzeugung wird durch den Regler geregelt, der den Strom durch die Rotorwicklung steuert. Wird bei stehendem Motor die Zündung eingeschaltet, fließt durch die Ladekontrollleuchte ein kleiner Strom – etwa 0,1 Ampere – durch den Regler zum Rotor. Wird der Motor nun gestartet, reicht dieser Strom aus, um in den Statorwicklungen eine so hohe Spannung zu erzeugen, dass die Erregung nun nicht mehr durch die Ladekontrollleuchte, sondern durch die von der Lichtmaschine produzierte Spannung erfolgt – sie wird eigenerregt. Der Erregerstrom nimmt dabei den Weg durch die Hilfsdioden zum Regler, der diesen so regelt, dass ein vorgegebener Wert für die Ausgangsspannung – meistens 14,4 beziehungsweise 28,8 Volt – weitgehend eingehalten wird. Erreicht die Spannung am Pluspol der Hilfsdioden (D+) die Ladespannung (B+), erlischt die Ladekontrollleuchte, da zwischen Batterie und Lichtmaschinenspannung nun keine Spannungsdifferenz mehr besteht. Man kann sich den Regler im Grunde als einen sich selbst verändernden Widerstand vorstellen, der zwischen Rotorwicklung und Masse (oder bei positiv geregelten Lichtmaschinen zwischen Batterieplus und Regler) geschaltet ist. In den meisten Lichtmaschinen begrenzt der Regler den Erregerstrom, wenn der abgegebene Strom einen vorgegebenen Wert übersteigt, und sichert so die Lichtmaschine gegen Überlastung. Einige der ersten Drehstromlichtmaschinen waren mit einem separaten Regler ausgestattet – hier entfallen die Hilfsdioden.

fang verteilt sind. Diese Wicklungen sind fest mit den Dioden verbunden, in denen die drei Wechselströme – der Drehstrom – in batterieverträglichen Gleichstrom umgewandelt werden. Während also in einer Gleichstromlichtmaschine zunächst ein einphasiger Wechselstrom, also jeweils eine positive und negative Halbwelle pro Ankerwicklungsumdrehung entsteht, werden in einer Drehstromlichtmaschine deren drei erzeugt - bei gleicher Polzahl der Wicklungen ergibt sich theoretisch die dreifache Leistung.

Neben dem geringeren Verschleiß ergibt sich aus dem Wegfall des Kollektors ein weiterer entscheidender Vorteil: Gleichstromlichtmaschinen sind in ihrem nutzbaren Drehzahlbereich früh beschränkt. Wird die Drehzahl zu hoch, verschlechtert sich der Kontakt zwischen den Kollektorlamellen und den Bürsten so weit, dass die Lichtmaschine praktisch keinen Strom mehr liefert – und das bei sehr starkem Verschleiß durch das dann auftretende Bürstenfeuer – Funken, die durch das Abreißen der Verbindung zwischen Bürste und Lamelle entstehen. Dadurch sind Gleichstrommaschinen verhältnismäßig gering übersetzt (meist etwa 1:1,5), das heißt andererseits jedoch auch, dass die Ladung erst bei verhältnismäßig hohen Umdrehungszahlen des Motors einsetzt.

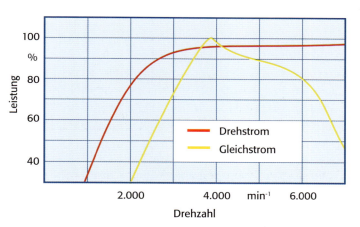

Drehstromlichtmaschinen können wesentlich höher drehen – 12.000 und mehr Umdrehungen stellen keine besondere Herausforderung dar – und sind demzufolge höher übersetzt – im Verhältnis von etwa 1:2,5 bis 1:3. Dadurch setzt die Stromproduktion und somit die Batterieladung bereits bei wesentlich niedrigeren Drehzahlen ein. Schon bei etwa 3.000 Lichtmaschinenumdrehungen – entsprechend 1.000 bis 1.200 Motorumdrehungen – können 80 Prozent der maximalen Leistung erreicht werden.

Leistungskurven von Gleich- und Drehstromlichtmaschinen

Hauptnachteil der Drehstromlichtmaschinen gegenüber den Gleichstrommaschinen: höhere elektrische Empfindlichkeit. Während Gleichstromlichtmaschinen mit mechanischem Regler – zumindest kurzzeitig – ohne Batterie laufen können, erleiden Drehstromlichtmaschinen bereits nach wenigen Zehntelsekunden ohne die Pufferwirkung der Batterie beträchtliche Schäden. Wird die Lichtmaschine bei laufendem Motor von der Batterie getrennt, entstehen durch Induktion Spannungsspitzen, die die Dioden der Gleichrichtung blitzschnell in einfache Leiter oder Nichtleiter verwandeln. Aber auch wenn die Dioden diese Spannungsspitzen überstehen, werden sie anschließend durch die hohe

Leerlaufspannung der Lichtmaschine zerstört. In neueren Lichtmaschinen werden die Spannungen durch Zenerdioden begrenzt, sodass diese auch ohne Batterie laufen können. Diese Lichtmaschinen der letzten Generation, die sogenannten Kompaktgeneratoren, sind innen belüftet. Der Lüfter ist im Gehäuse untergebracht, das von zahlreichen Luftschlitzen durchbrochen ist. Bei diesen Lichtmaschinen sitzt die gesamte Elektronik – einschließlich der Diodenplatte – außerhalb des Gehäuses auf dem hinteren Lagerschild.

■ Riemenspannung

Zu hohe Spannung lässt Lager und Riemen verschleißen, zu niedrige Spannung beeinträchtigt die Leistungsübertragung und lässt Riemen verschleißen. Die Spannung stimmt, wenn man den Riemen zwischen Wasserpumpe und Lichtmaschine mit dem Daumen um 10 bis 15 Millimeter nach unten drücken kann.

Betriebsstörungen von Drehstromlichtmaschinen

Wie auch bei der Gleichstromlichtmaschine können an einer Drehstromlichtmaschine mechanische und elektrische Fehler auftreten. Die mechanischen Fehler beschränken sich hier auf die Lager, die in salzhaltiger Umgebung nicht selten vorzeitig verschleißen. Zu hohe Keilriemenspannung trägt ebenfalls zum vorzeitigen Ausfall der Lager bei, was sich meistens durch zunehmende Laufgeräusche und Spiel ankündigt.

Verschlissene Bürsten und Schleifringe gehören an sich zu den mechanischen Ausfällen, haben jedoch elektrische Auswirkungen. Da der Erregerstrom nicht mehr kontinuierlich fließt, lässt auch die Stromproduktion in der Statorwicklung nach – die Ladekontrollleuchte glimmt oder flackert.

Eine glimmende Ladekontrollleuchte kann jedoch auch ein Indiz für eine ganze Reihe von elektrischen Ausfällen in der Lichtmaschine sein. Schauen wir sie uns der Reihe nach an: An erster Stelle stehen die in Booten allgegenwärtigen Kontaktprobleme an Verbindern und

■ Tabelle der Klemmenbezeichnungen

Trotz der heute fortgeschrittenen Normung sind immer noch eine ganze Reihe unterschiedlichster Bezeichnungen der Anschlussklemmen von Lichtmaschinen in Umlauf. Die nebenstehende Tabelle soll helfen, Licht in das Dunkel der Buchstaben- und Zahlencodes zu bringen. Beispiel: Will man wissen, was die Bezeichnungen EXC und DYN auf einer Ducellier-Lichtmaschine bedeuten, sucht man diese Buchstaben in der ersten Spalte der Tabelle. An den mit einem x gekennzeichneten Stellen findet man die deutsche Entsprechung, in diesem Fall DF und D+/61.

Klemme	Klemmenbezeichnung nach DIN 52552								
	B+	B-	D+	D-	DF	DF1	DF2	W	61
	Batterie plus	Batterie minus	Lade-kontrolle	Dyna-mo -	Dynamo Feld	Dynamo Feld 1	Dynamo Feld 2	Dreh-zahl	Lade-kontrolle
A	x		x						x
ARM			x						
B	x								
BAT	x								
D			x						x
DYN			x						x
EXC					x				
E		x		x					
E-		x		x					
F					x				
FLD					x				
G		x		x					
GEN			x						x
GRD		x		x					
I			x						x
IND			x						x
L			x						x
M					x				
P								x	
R			x						x
STA								x	
TRIO			x						x
15			x						x
30	x								
31		x		x					
51			x						x
67					x				
Sonstige Klemmenkurzzeichen									
C	Computeranschluss, Mittelpunkt bei Drehstromlichtmaschinen mit separatem Regler								
FR	Zündung								
IG	Zündung								
M	Sensor								
N	Mittelpunkt bei Drehstromlichtmaschinen mit separatem Regler								
R	Zündung								
S	Sensor								
2	Sensor								

Anschlüssen an und in der Lichtmaschine. Ist die Lichtmaschine voll beschäftigt, liefert sie Ströme in einer Größenordnung, wo schon einige Milliohm an einer Anschlussklemme einen deutlichen Spannungsabfall verursachen können, der wiederum die Kontrollleuchte zum Glimmen bringt.

Um die verbleibenden Ursachen zu verstehen, muss man sich zunächst das mögliche Ausfallverhalten von Gleichrichterdioden anschauen. Diese können – zum Beispiel infolge zu hoher Spannungen in Sperrrichtung – zu Nichtleitern oder, allerdings seltener, zu Leitern werden. Sie lassen also entweder gar keinen Strom mehr durch oder bilden einen Kurzschluss. Welche Fehlermöglichkeiten sich bei einem Ausfall einer der neun in einer Diodenplatte verbauten Dioden ergeben, kann man nebenstehendem Kasten entnehmen.

Fehlersuche

Mit Bordmitteln lassen sich einige Fehler eingrenzen. Dioden lassen sich verhältnismäßig einfach sogar mit einer Prüflampe prüfen (in Durchlassrichtung muss Strom fließen, in die andere nicht), auch mit einer Widerstandsmessung kommt man hier gut weiter. Wicklungen lassen sich jedoch nur auf Masseschluss prüfen – ob die Wicklung einen Wicklungsschluß, also eine Verbindung der Wicklungen untereinander – aufweist, lässt sich nicht mit einem Vielfachmessgerät feststellen. Auch die Reglerfunktion lässt sich nur mit einem Labornetz-

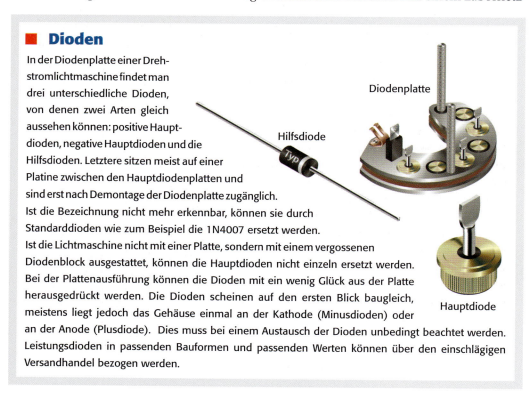

■ Dioden

In der Diodenplatte einer Drehstromlichtmaschine findet man drei unterschiedliche Dioden, von denen zwei Arten gleich aussehen können: positive Hauptdioden, negative Hauptdioden und die Hilfsdioden. Letztere sitzen meist auf einer Platine zwischen den Hauptdiodenplatten und sind erst nach Demontage der Diodenplatte zugänglich.

Ist die Bezeichnung nicht mehr erkennbar, können sie durch Standarddioden wie zum Beispiel die 1N4007 ersetzt werden.

Ist die Lichtmaschine nicht mit einer Platte, sondern mit einem vergossenen Diodenblock ausgestattet, können die Hauptdioden nicht einzeln ersetzt werden. Bei der Plattenausführung können die Dioden mit ein wenig Glück aus der Platte herausgedrückt werden. Die Dioden scheinen auf den ersten Blick baugleich, meistens liegt jedoch das Gehäuse einmal an der Kathode (Minusdioden) oder an der Anode (Plusdiode). Dies muss bei einem Austausch der Dioden unbedingt beachtet werden. Leistungsdioden in passenden Bauformen und passenden Werten können über den einschlägigen Versandhandel bezogen werden.

Defekte Dioden

Wird eine der Hauptdioden zum Nichtleiter, sind zwei der Wicklungen zeitweise unbelastet. Dadurch kann deren Spannung in der Zeit, in der die Wicklungen nicht belastet sind, ansteigen. Diese erhöhte Spannung gelangt über die Hilfsdioden zur Ladekontrollleuchte, die daraufhin zu glimmen anfängt (oberes Bild, blau gekennzeichnet). Die Stromerzeugung der Lichtmaschine geht erheblich zurück, die Batterieladung wird in den meisten Fällen nicht mehr ausreichen. Dabei spielt es keine Rolle, ob eine positive oder negative Hauptdiode ausgefallen ist – der Effekt ist in beiden Fällen gleich.

Ist eine der Hilfsdioden defekt, liegt die Spannung am oberen Anschluss der Ladekontrollleuchte unter der Batteriespannung. Auch dies zeigt sie durch ein leichtes Glimmen.

Ernsthaftere Konsequenzen entstehen, wenn eine der Hauptdioden zum Schließer wird (Bild Mitte, rot dargestellt). Hier gibt es zwei Möglichkeiten: Tritt der Schluss an einer der positiven Hauptdioden auf, wird dies nicht von der Ladekontrollleuchte angezeigt. Die Ladung ist geringfügig beeinträchtigt, schlimmer ist jedoch, dass nach dem Abstellen des Motors ein Strom über die defekte Diode, eine Hilfsdiode, die Statorwicklung und den Regler gegen Masse fließt. Nach längerer Motorstandzeit ist die Batterie entladen – oft schon nach einem Tag. Da dieser Fehler nicht an der Ladekontrolle erkannt werden kann, geben die leeren Batterien oft Anlass zu langfristigen Suchaktionen.

Wird eine der negativen Hauptdioden zum Schließer (Bild unten), führt dies in der Regel zu einem schnellen Ende der Lichtmaschine. Zwei Wicklungen sind zeitweise gegen Masse kurzgeschlossen, es fließt ein sehr hoher Strom. Manchmal führt die Überlastung der Lichtmaschine zu einem durchrutschenden Keilriemen mit entsprechender Geräuschkulisse. Auch dies ist mit einem leichten Aufleuchten der Ladekontrollleuchte verbunden, sodass man eindeutige Indizien für die Art des Fehlers erhält. Wird der Motor schnell genug abgestellt, hat man eine Chance, die Lichtmaschine vor der Überhitzung zu bewahren. Ansonsten wird nach einiger Zeit ein Wicklungsschluss auftreten, dessen Reparatur sich in den meisten Fällen nicht lohnt.

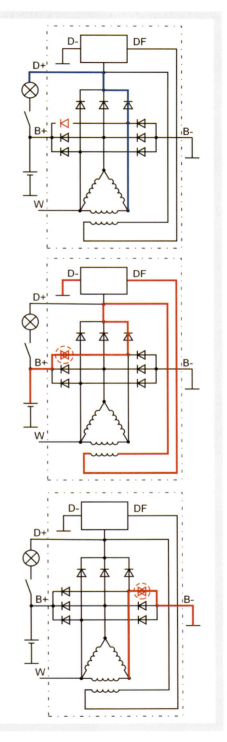

gerät prüfen, ansonsten kann man eventuell vorliegende Masseschlüsse feststellen. Oft liefern jedoch die Symptome eindeutige Hinweise auf die Ausfallursache.

Ladung mit regenerativen Energien

Stehen an Bord nur die konventionellen Lademöglichkeiten, also landstromgespeiste Ladegeräte und die Lichtmaschine des Antriebsmotors für die Ladung der Bordnetzbatterie zur Verfügung, führt dies auf länger dauernden Reisen nach wenigen Tagen dazu, dass der Antriebsmotor mehrere Stunden täglich betrieben werden muss, um die Batterien in einem halbwegs brauchbaren Ladezustand zu halten. Um die während des Etmals aus den Batterien entnommenen Wattstunden zu ersetzen, musste der Motor mit einer Leistung von mehreren Kilowatt einige Stunden laufen. Dies ist nicht nur extrem unökonomisch, sondern auch mit Lärm und meistens Qualm verbunden. Die Motoren wurden durch den überwiegenden Betrieb unter Leerlaufbedingungen – die wenigen hundert Watt, die die Lichtmaschine dem Motor abverlangt, kann man hier getrost vernachlässigen – auch nicht besser. Einige der für Segelyachten typischen vorzeitigen Motorschäden lassen sich direkt auf diese Betriebszustände zurückführen.

Hinzu kommt, dass die Motorlaufzeiten eher intuitiv festgelegt werden und dementsprechend kurz ausfallen; Batteriemonitore, die zumindest annähernd den Ladezustand der Batterien anzeigen, gehören auch heute noch zu den eher seltenen Ausrüstungsgegenständen. So ist es nicht weiter verwunderlich, dass die Lebensdauer der Batterien an Bord – im Gegensatz zu denen im Kraftfahrzeugbereich – nicht zugenommen hat. Im Gegenteil, man hat den Eindruck, dass Batterien heute schneller ausgetauscht werden als etwa vor 15 Jahren. Sie werden aufgrund der Zunahme der Verbraucher stärker beansprucht, sprich: tiefer entladen, während die Motorlaufzeiten zwecks Batterieladung immer noch nach alten Traditionen und Daumenregeln dimensioniert werden. Folge: Die Batterien vegetieren in einem teilgeladenen Zustand vor sich hin und sterben viel zu früh an Sulfatierung, vor allem, wenn ab und zu eine Tiefentladung dazwischenkommt.

Im Prinzip haben wir zwei unterschiedliche Betriebszustände: Ist die Yacht in Gebrauch, werden die Bordnetzbatterien periodisch entladen, und wenn sie einen bestimmten Ladezustand erreicht haben, wird der Motor zwecks Ladung in Betrieb genommen. Mit einem guten Batteriemanagement kann dies funktionieren, man muss in aller Regel jedoch mit mehreren mehrstündigen Motorlaufzeiten am Tag leben können.

Der zweite Betriebszustand ist das Winterlager. Hier wird das Schiff nicht genutzt und infolge Selbstentladung geraten die Batterien auch dann in den Zustand zunehmender Sulfatierung – es sei denn, man lädt die Batterien tatsächlich einmal im Monat auf.

In den meisten Fällen kann die Situation bei beiden Betriebszuständen durch den Einsatz alternativer Energiequellen verbessert werden. Schauen wir sie uns etwas genauer an:

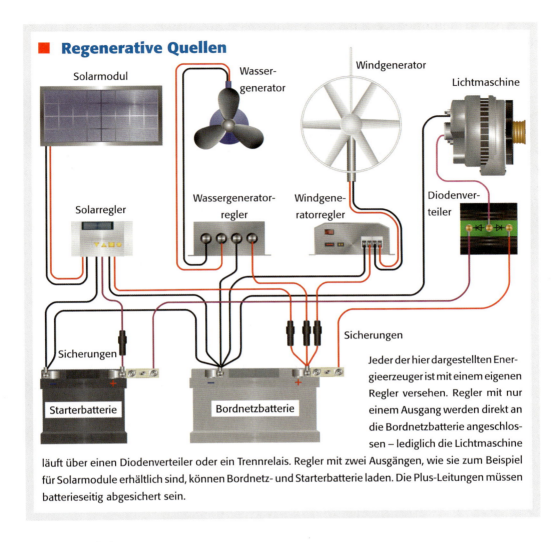

Jeder der hier dargestellten Energieerzeuger ist mit einem eigenen Regler versehen. Regler mit nur einem Ausgang werden direkt an die Bordnetzbatterie angeschlossen – lediglich die Lichtmaschine läuft über einen Diodenverteiler oder ein Trennrelais. Regler mit zwei Ausgängen, wie sie zum Beispiel für Solarmodule erhältlich sind, können Bordnetz- und Starterbatterie laden. Die Plus-Leitungen müssen batterieseitig abgesichert sein.

Solarmodule

Diese Energieerzeuger – eigentlich Energiewandler, sie wandeln Licht in Strom um – sind heutzutage so ausgereift, dass sie über Jahrzehnte die Energiebilanz an Bord verbessern können. Auch wenn es aufgrund mangelnder Montageflächen nur in den seltensten Fällen möglich sein wird, den gesamten Strombedarf durch Solarenergie zu decken, sind Versorgungsanteile von 50 Prozent selbst in unseren Breiten realistisch. Vorausgesetzt, es werden einige Regeln bei der Auswahl und der Montage berücksichtigt.
Zunächst zur Auswahl: Wichtigstes Kriterium ist die Korrosions- und Witterungsbeständigkeit der Module. Dies bezieht sich nicht nur auf die eventuell vorhandenen Metallrahmen, sondern auch zum Beispiel auf die Dichtungswerkstoffe, die zur Abdichtung zwischen Rah-

men und Zellen beziehungsweise Glas verwendet wurden. Die Belastung durch UV-Strahlung ist auf See erheblich höher als an Land und sobald Seewasser an die Kontaktflächen der Module gelangt, fallen diese nach sehr kurzer Zeit aus.

Vorsicht vor scheinbaren Schnäppchen: Auch in der Welt der Solarmodule gibt es Billighersteller (im schlechten Sinne des Wortes), die Module mit Preisen herstellen, die etwa 30 Prozent unter den sonst üblichen liegen. Einige dieser Module stellen bereits nach kurzer Zeit ihre Arbeit ein, weil sich die einzelnen Schichten des Moduls delaminieren. Dies beginnt bei flexiblen Modulen an einer Ecke oder Kante und führt innerhalb weniger Wochen zum Totalausfall. Hersteller solcher Billigware verschwinden zwar meistens schnell wieder, dafür tauchen jedoch immer wieder neue auf.

Die Größe der Module wird vom Ergebnis der Energiebilanz, oder vielmehr von der gewünschten Einsparung der Motorlaufzeit zwecks Batterieladung, bestimmt. Nehmen wir die

■ Solarmodule - Abschattung

Eine Solarzelle kann maximal 0,5 Volt erzeugen. Daher sind in einem 12-Volt-Modul 36 oder sogar 40 Zellen in Reihe geschaltet, um eine für die Batterieladung ausreichende Spannung zu erzeugen. Die Spannungen der Zellen addieren sich, der Gesamtstrom ist jedoch, wie bei jeder Reihenschaltung, gleich dem Strom durch die schwächste Zelle.

Wird nun eine Zelle abgeschattet, sinkt nicht nur deren Spannung, sondern auch der Strom durch diese Zelle geht zurück. Das erklärt, weshalb durch die Abschattung nur einer einzigen Zelle die Gesamtleistung des Moduls um über 90 Prozent reduziert werden kann.

Unser Beispielmodul mit vier Zellen soll bei voller Einstrahlung zwei Volt bei 0,5 Ampere, also eine Leistung von einem Watt produzieren. Wird nun eine der vier Zellen zu 80 Prozent abgedeckt, geht deren Spannung von 0,5 auf 0,1 Volt und deren Strom von 0,5 auf 0,1 Ampere zurück. Die Spannung des Moduls sinkt dann zwar nur um 0,4 auf 1,6 Volt, der Strom geht jedoch auf 0,1 Ampere – entsprechend der schwächsten Zelle – zurück. Die Gesamtleistung sinkt in der Folge von einem Watt auf 0,16 Watt, ein Verlust von 84 Prozent! Die Auswirkungen der Abschattung können in Grenzen durch eine Erhöhung der Zellenzahl verringert werden – je größer die Zellenzahl, desto weniger wirkt sich der Ausfall einer Zelle auf die Gesamtspannung aus.

Yacht aus unserer Energiebilanz: Wird eine Reduzierung der Laufzeiten um 50 Prozent angestrebt, müssen etwa 50 Amperestunden pro Tag durch die Module erzeugt werden. Als Faustregel kann man davon ausgehen, dass der Energieertrag der Module pro Tag in unseren Breiten ungefähr der vierfachen Spitzenleistung (Wp) entspricht. Sollen also 50 Amperestunden gleich 600 Wattstunden erzielt werden, müssen Module mit einer Gesamt-Spitzenleistung von 150 Wp montiert werden. Dafür ist eine Fläche von circa einem Quadratmeter erforderlich, die auf zwei, drei oder mehr Module aufgeteilt werden kann.

Kleine Solarmodule, wie hier auf der Schiebelukgarage, können die Selbstentladung der Batterien ausgleichen.

Gerade auf Segelyachten kann die Aufteilung der Gesamtfläche Vorteile bringen. Größtes Problem bei der Auswahl des Montageortes auf dem Schiff ist dessen Schattenfreiheit. Bereits die Abschattung einer einzigen Zelle kann die Gesamtleistung des Moduls erheblich beeinträchtigen – Leistungsverluste von 90 Prozent sind durchaus möglich, wenn der Großbaum in der Sonne steht. Meist ist es leichter, mehrere kleine schattenfreie Stellen auf dem Schiff zu finden als zusammenhängende Flächen, die ein oder gar zwei Quadratmeter groß sind. Die Aufteilung der Gesamtleistung auf mehrere Module hat den zusätzlichen Vorteil einer erhöhten Ausfallsicherheit.

Montage

Hier kann man zwischen drei Alternativen wählen: begehbare flexible Module, Module mit Ösen und solche mit starrem Aluminiumrahmen. Wie bereits erwähnt, sollten die Module so angebracht werden, dass jegliche Abschattung vermieden wird.

Die flexiblen Module sind für den Yachtgebrauch mit einer rutschhemmenden Oberfläche ausgestattet und können daher auf begehbare Decksflächen oder auch auf das Aufbaudach geklebt werden. Dabei darf die vorgegebene Flexibilität nicht überschritten werden – werden die Module zu sehr gekrümmt, droht Delaminierung. Es sollten nur die

Begehbare flexible Solarmodule lassen sich auch an gewölbte Aufbaudecks anpassen.

vom Hersteller der Module freigegebenen Kleber verwendet werden, da die in einigen Klebstoffen verwendeten Lösemittel die Oberflächen der Module angreifen können. Einziger Nachteil dieser Montageart: Je nach Untergrund und Umgebungstemperatur kann die Temperatur der Zellen so weit ansteigen, dass die Energieausbeute deutlich beeinträchtigt wird. Die Anschlüsse können durch Bohrungen unter dem Modul durch das Deck geführt werden und unter Deck fest bis zum obligatorischen Regler verlegt werden.

Starre Module mit Aluminiumrahmen und Hartglasabdeckung werden in der Regel an Geräteträgern befestigt. Dabei muss unbedingt darauf geachtet werden, dass durch die Montage keine Spannungen in den Rahmen gelangen. Auch diese Module sollten von den Herstellern für den Gebrauch in maritimer Umgebung freigegeben sein – Standard-Rahmenmodule für den Einsatz auf Hausdächern sind nicht unbedingt korrosi-

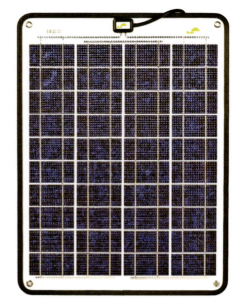

Mit Ösen versehene Module können dort aufgehängt werden, wo die beste Einstrahlung herrscht.

onsbeständig, und werden sie in salzhaltiger Umgebung verwendet, verfällt in der Regel die Garantie. Gerade auf kleinen Schiffen können mit Ösen versehene flexible Module mit monokristallinen Zellen gut eingesetzt werden. Sie können beliebig aufgehängt werden, sodass sie dem Lauf der Sonne folgen können und unter Umständen eine bessere Energieausbeute erreichen als fest montierte Module.

Solarregler

Solarmodule müssen, wie alle anderen Energieerzeuger auch, mit einem eigenen Regler an das Bordnetz angeschlossen werden. Ohne Regler besteht die Gefahr, dass die Batterien irgendwann mit annähernd der Leerlaufspannung des Moduls konfrontiert werden. Diese liegt bei den meisten Modulen über 17 Volt, was für eine Batteriezerstörung durchaus ausreicht. Während die ersten Solarregler praktisch lediglich die Spannung begrenzten und „überschüssige" Energie in Wärme umwandelten oder die Ladung bei Erreichen einer bestimmten Spannung, die meistens knapp unter der Gasungsspannung von Bleibatterien lag, einfach unterbrachen, arbeiten moderne Regler mit IU_0U-Kennlinien und MPP-Steuerung. Hier gibt es mittlerweile Geräte, deren Ausstattung keine Wünsche mehr offen lässt. Sie verfügen über zwei unabhängig voneinander geregelte Ausgänge, arbeiten mit Temperaturfühlern und können an die jeweilige Batterieart angepasst werden. Bei billigen Exemplaren, die in der Regel nur aus einer Spannungsbegrenzung bestehen, sollte man vorsichtig sein. Abgesehen davon, dass diese „Regler" einen Teil der von den Modulen erbrachten Leistung regelrecht vernichten, sind die Geräte der unteren Preisklasse oft nicht für den Einsatz auf Yachten geeignet.

Windgeneratoren

sind mittlerweile in einem Leistungsspektrum erhältlich, mit dem auch der Bedarf mittelgroßer Yachten komplett abgedeckt werden kann. Im Schnitt kann man mit einer Energieausbeute von bis zu 150 Amperestunden pro Tag bei den an Nord- und Ostsee üblichen Windgeschwindigkeiten rechnen.

Die stärksten Vertreter dieser Stromerzeuger liefern bis zu 25 Ampere – vorausgesetzt, es weht mit sieben Windstärken. Bei einer Windgeschwindigkeit von vier Metern je Sekunde, dies entspricht drei Windstärken, erzeugen auch diese Windgeneratoren bestenfalls zwei Ampere, die sich über 24 Stunden jedoch auch zu 48 Amperestunden aufsummieren.

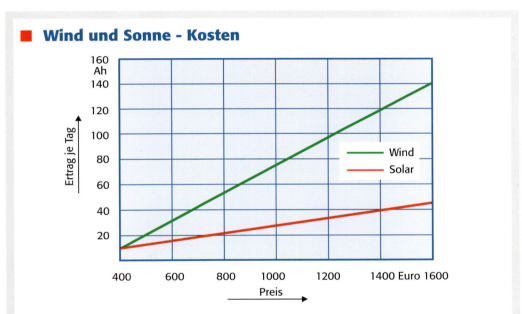

Vergleicht man die Preise von Solarmodulen und Windgeneratoren in Bezug auf deren Ertrag, schneiden Letztere auf den ersten Blick besser ab. Die Kurven in oben stehendem Diagramm basieren auf den Durchschnittspreisen von Windgeneratoren und qualitativ hochwertigen Solarmodulen für den Yachtgebrauch und den Einsatzbedingungen in der Nordsee. Je weiter man nach Süden zieht, desto mehr verschieben sich die Kurven zugunsten der Solarmodule. Nicht berücksichtigt sind die Kosten für Regler, der unterschiedliche Wartungsaufwand und die wesentlich längere Nutzungsdauer der Solarmodule.

Beide Arten der Stromerzeugung sind jedoch wesentlich preiswerter als die Energieerzeugung mit der Lichtmaschine des Antriebsmotors.

Die kleineren Windmühlen reichen jedoch allenfalls für eine Ladungserhaltung. Selbst wenn man davon ausgeht, dass der Stromverbrauch einer mittelgroßen Yacht vor Anker oder an einem idyllischen Liegeplatz ohne Landanschluss aufgrund der dann nicht benötigten Verbraucher (Navigation, Selbststeuerung und so weiter) von 100 auf etwa 60 Amperestunden pro Tag sinkt, erreicht man mit den kleineren Windgeneratoren keine wesentliche Verkürzung der Motorlaufzeiten.

Solarregler mit Ausgängen für zwei Batterien und Temperaturüberwachung beider Batterien.

Gehen wir von einem täglichen Ertrag von etwa acht Amperestunden eines kleinen Windgenerators aus, würde dies unter Segeln die zur Batterieladung erforderlichen Motorlaufzeiten um etwa acht Prozent vermindern. Vor Anker sind es ungefähr 12 Prozent. Gibt man den doppelten Betrag für den Erwerb des Windgenerators aus, sieht die Sache schon ein wenig besser aus. Dafür gibt es dann etwa 50 Amperestunden pro Tag, womit der Verbauch vor Anker schon fast abgedeckt ist. Rein rechnerisch besteht dann noch eine Deckungslücke von circa 10 Amperestunden pro Tag, sodass es zehn Tage dauert, bis die Bordnetzbatterie – deren Kapazität mit 200 Amperestunden dem doppelten Verbrauch pro Etmal entspricht – zu 50 Prozent entladen ist und der Motor zwecks Ladung angeworfen werden muss.

Die Preise der Windgeneratoren liegen, wenn man sie auf den Ertrag in Amperestunden unter den an Nord- und Ostsee herrschenden Bedingungen bezieht, deutlich unter denen der Solarmodule. Ein direkter Vergleich beider Systeme ist jedoch kaum möglich; es gibt zum Beispiel keine Angaben über die zu erwartende Lebensdauer der Windgeneratoren, die jedoch mit Sicherheit unter der qualitativ hochwertiger Solarmodule liegen dürfte. Solarmodule kommen ohne bewegliche Teile aus, während Windgeneratoren mit Lagern, Schleifringen oder -bürsten und anderen Teilen bestückt sind, die, wenn auch langsam, verschleißen.

Ein oft gehörtes Argument gegen die Windräder besteht darin, dass sie Geräusche verursachen. Zum einen produzieren die Flügel – je nach Geometrie – ein Heulen, das mit dem Wind zunimmt und, zumindest auf den Nachbarschiffen im Hafen, deutlich hörbar ist. Zum anderen gibt es Lagergeräusche, die sich als Körperschall auf den Schiffsrumpf übertragen und im eigenen Schiff lästig werden können.

Letztere lassen sich durch geschickte Montage, etwa durch Verwendung von Schwingelementen, deutlich verringern. Die Montage ist zwar hier nicht so kritisch in Bezug auf die Stromausbeute wie bei den Solarmodulen, die Generatoren sollten jedoch so weit wie möglich außerhalb der Reichweite menschlicher Gliedmaßen angebracht werden. Man sollte, wenn möglich, sogar so weit gehen, dass die Rotoren so angebracht werden, dass selbst dann, wenn sich Flügel aus dem Rotor lösen und weggeschleudert werden, keine Gefahr für die Besatzung entsteht.

Wassergeneratoren

Währen in den 80er-Jahren Wassergeneratoren – die damals Wellengeneratoren hießen und auf der Propellerwelle des Antriebs angebracht waren – für Gesprächsstoff unter Fahrtenseglern sorgten, sind diese heute fast in der Versenkung verschwunden. Der Aufwand war groß, die Ergebnisse eher ernüchternd, da der Antriebspropeller nicht optimal als Turbine funktionierte und die unter Segeln erreichten Geschwindigkeiten zu niedrig waren, um einen nennenswerten Strom zu erzeugen. Anlagen dieser Art werden heute kaum noch angeboten.

Mittlerweile gibt es modifizierte Windgeneratoren, die anstelle des Rotors von einem nachgeschleppten Propeller angetrieben werden. Auch diese Generatoren beginnen erst ab einer Bootsgeschwindigkeit von drei Knoten mit der Stromerzeugung, bei vier Knoten gibt es dann, je nach Gerät, zwischen einem und zwei Ampere. Man sieht, diese Generatoren sind in erster Linie für schnelle Schiffe gedacht, etwa Katamarane, die mit erheblich höheren Durchschnittsgeschwindigkeiten durch die Welle pflügen als gleich große Einrümpfer.

Der einzige „richtige" Wassergenerator für Yachten, der Aquair 100 UW, setzt schon etwas früher mit der Ladung ein und bringt bereits bei drei Knoten drei Ampere, bei sechs Knoten sechs Ampere und so weiter. Diese Unterwassergeneratoren werden meist an einer Halterung am Heck montiert oder, bei Katamaranen, zwischen den Rümpfen.

Der Einsatz dieser Generatoren ist daher auf schnelle Yachten, die weite Reisen unternehmen und deren Eigner nichts dagegen haben, einen Schleppwiderstand von bis zu 360 Newton hinter sich herzuziehen, beschränkt.

Einbindung in das Bordnetz

Jeder Energieerzeuger sollte mit einem eigenen Regler versehen sein. Für Wind- und Wassergeneratoren gibt es von den jeweiligen Herstellern typspezifische Regler, die an die Stromerzeuger angepasst sind und die meist nicht durch Regler anderer Art ersetzt werden können. Viele dieser Regler erfüllen Zusatzaufgaben, zum Beispiel eine Leerlaufspannungsbegrenzung, ohne die der Stromerzeuger zerstört werden kann.

Für Solarmodule werden neben den üblicherweise verwendeten Shuntreglern auch die wesentlich teureren MPP-Regler (Maximum Power Point) angeboten, die nach Herstellerangaben bis zu 30 Prozent mehr Energie aus den Modulen herausholen sollen. Standardregler verbinden das Modul direkt mit der Batterie. Damit wird die Spannung des Moduls auf die Batteriespannung abgesenkt, es arbeitet nicht mehr in seinem Bereich des größten Wirkungsgrads (Maximum Power Point). Ein Modul, dessen größte Ausbeute bei einer

Spannung von 16,5 Volt erzielt würde, muss dann bei 13 Volt arbeiten. In MPP-Reglern hingegen wird die Quellenspannung auf einen für die Ladung optimalen Wert transformiert. Dabei wird der Strom entsprechend der Spannungsuntersetzung erhöht. Ein Beispiel: Der Energieerzeuger liefert eine Spannung von 17 Volt bei einem Strom von 1 Ampere. Die 17 Volt werden im Regler im Verhältnis 1:0,85 auf 14,4 Volt heruntertransformiert und der Strom von einem auf 1,18 Ampere erhöht. Ohne Transformation hätte man bei den 14,4 Volt nur ein Ampere.

MPP-Regler lohnen sich bei größeren Solarmodulen in kälteren Gegenden. Hier liegt die Modulspannung verhältnismäßig hoch. Je wärmer die Module werden, desto niedriger ist die Modulspannung und desto weniger fallen die Vorteile der MPP-Regler ins Gewicht.

In Anlagen mit mehreren Stromerzeugern werden die Regler ausgangsseitig parallel direkt an die Bordnetzbatterie angeschlossen. Die Starterbatterie wird von den alternativen Energieerzeugern in der Regel nicht geladen, es sei denn, man setzt einen Regler mit zwei getrennten Ausgängen ein. Dieser könnte von Solarmodulen gespeist werden, sodass auch die Starterbatterie eine ständige Ladungserhaltung erfährt. Regler sollten generell nicht über Trenndioden geführt werden, da hier wieder Leistung verloren gehen würde.

Alle Plusleitungen müssen an der Batterie abgesichert werden. Bei der Verkabelung gelten dieselben Grundsätze wie im übrigen Bordnetz. Die Kabelquerschnitte müssen an die jeweiligen Stromstärken angepasst sein, die Anzahl der Verbindungen sollte so gering wie möglich gehalten werden, und sie sollten sorgfältig ausgeführt sein, damit die Übergangswiderstände klein gehalten werden.

Ideale Montage eines Windgenerators - solange man nicht achteraus an eine hohe Kaimauer fährt.

Weder Solarmodule noch Windstrom alleine reichen in unseren Breiten für die vollständige Energieversorgung einer Yacht aus. Für Fahrtensegler, die lange Reisen fernab von Steckdosen durchführen, kann jedoch eine Kombination von Solarmodul und Windgenerator die zur Batterieladung erforderlichen Motorlaufzeiten erheblich reduzieren oder sogar ganz überflüssig machen. Dazu noch eine kleine Betrachtung der Kosten: Rechnet man eine Motorbetriebsstunde für zum Beispiel einen 30-Kilowatt-Diesel vorsichtig mit drei Euro für Kraftstoff und Wartung, amortisieren sich die Ausgaben für die Versorgung mittels Sonne und Wind in wenigen Jahren. Und als Nebeneffekt ist man davon befreit, täglich mehrere Stunden dem Geratter des Motors zuzuhören und dessen Gestank zu ertragen. Wobei ich den Verdacht hege, dass dies die wirklichen Gründe für die zunehmende Verbreitung der alternativen Energieerzeuger an Bord von Fahrtenyachten sind.

Brennstoffzellen

Der Grundgedanke, der hinter der Brennstoffzellentechnologie steht, ist ebenso einfach wie alt: 1838 kam Professor Schönbein an der Universität Basel auf die Idee, dass die elektrolytische Zersetzung von Wasser in seine Bestandteile Sauerstoff und Wasserstoff mittels elektrischem Strom umkehrbar sein müsse. Es müsse, folgerte er, möglich sein, aus der Reaktion von Wasserstoff und Sauerstoff Elektrizität zu produzieren. Die erste Brennstoffzelle, in der dieses Prinzip umgesetzt wurde, hieß damals „Gasbatterie" und wurde von einem Freund Schönbeins, dem britischen Richter Sir William Grove, im Jahre 1839 geschaffen. Im Zeitalter der Dampfmaschinen interessierte sich niemand so richtig für Geräte, mit denen sich im Experiment gerade mal eine Glühlampe betreiben ließ. Die Gasbatterie geriet in Vergessenheit und es sollte über 100 Jahre dauern, bis die Brennstoffzellen wieder auferstehen sollten. Erste Wiederbelebungsversuche kamen von Ingenieuren der amerikanischen Weltraumbehörde NASA, die in den sechziger Jahren des letzten Jahrhunderts nach einem effizienten Stromversorgungskonzept für Satelliten suchten.

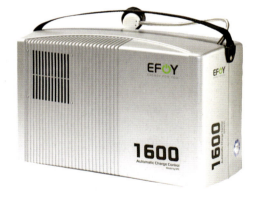

Brennstoffzelle mit 65 Watt Leistung

In den darauffolgenden Jahrzehnten gab es zwar einige Forschungsarbeiten, eine breitere Öffentlichkeit erreichte die Wasserstofftechnologie jedoch erst in den Neunzigern und zur Jahrtausendwende. Das Interesse der Medien wurde durch zahlreiche Demonstrationsanlagen und Prototypen geweckt und die Menge der Firmen, die in Brennstoffzellen und deren Umfeld eine zukunftssichere Investition sahen, nahm sprunghaft zu. Die Brennstoffzellentechnologie ist heute einer der wenigen Bereiche, in denen die tatsächliche Entwicklung die Voraussagen der Experten ständig überholt.

Viele von uns werden sich an die spektakulären Experimente aus dem Chemieunterricht erinnern, in denen zunächst Wasserstoff und Sauerstoff aus Wasser mittels Elektrolyse hergestellt wurden und anschließend mit einem lauten Knall zu Wasser „verbrannt" wurden. Dabei wird annähernd die Energie freigesetzt, die vorher zur Erzeugung der Gase aus Wasser benötigt wurde. Vereinfacht ausgedrückt, findet dieser Vorgang auch in Brennstoffzellen statt. Nur viel langsamer und kontrollierter. Brennstoffzellen gibt es in den unterschiedlichsten Ausführungen, mit verschiedenen Elektrolyten, Elektroden und Arbeitstemperaturbereichen.

Fast allen gemein ist jedoch das Funktionsprinzip: Gasförmiger Wasserstoff wird an einer Seite eines Elektrolyten, der oft aus speziellen Kunststofffolien besteht, in Protonen und Elektronen zerlegt. Protonen sind positiv, Elektronen negativ geladen. Der Elektrolyt ist nun so ausgelegt, dass er zwar die verhältnismäßig großen Protonen durchlässt, aufgrund

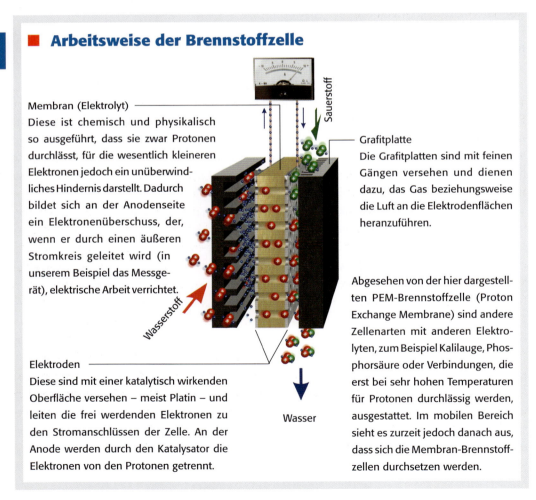

■ Arbeitsweise der Brennstoffzelle

Membran (Elektrolyt)
Diese ist chemisch und physikalisch so ausgeführt, dass sie zwar Protonen durchlässt, für die wesentlich kleineren Elektronen jedoch ein unüberwindliches Hindernis darstellt. Dadurch bildet sich an der Anodenseite ein Elektronenüberschuss, der, wenn er durch einen äußeren Stromkreis geleitet wird (in unserem Beispiel das Messgerät), elektrische Arbeit verrichtet.

Elektroden
Diese sind mit einer katalytisch wirkenden Oberfläche versehen – meist Platin – und leiten die frei werdenden Elektronen zu den Stromanschlüssen der Zelle. An der Anode werden durch den Katalysator die Elektronen von den Protonen getrennt.

Grafitplatte
Die Grafitplatten sind mit feinen Gängen versehen und dienen dazu, das Gas beziehungsweise die Luft an die Elektrodenflächen heranzuführen.

Abgesehen von der hier dargestellten PEM-Brennstoffzelle (Proton Exchange Membrane) sind andere Zellenarten mit anderen Elektrolyten, zum Beispiel Kalilauge, Phosphorsäure oder Verbindungen, die erst bei sehr hohen Temperaturen für Protonen durchlässig werden, ausgestattet. Im mobilen Bereich sieht es zurzeit jedoch danach aus, dass sich die Membran-Brennstoffzellen durchsetzen werden.

seiner chemischen Eigenschaften jedoch eine unüberwindliche Barriere für die viel kleineren Elektronen darstellt. Diese sammeln sich auf der Anodenseite des Elektrolyten an und versuchen, auf einem anderen Weg zu den Protonen zu gelangen, die auf der anderen Seite des Elektrolyten lagern. Baut man nun den Elektronen einen Weg um den Elektrolyten herum, etwa in Form elektrischer Leitungen, rennen sie los und sind sogar bereit, unterwegs noch elektrische Arbeit zu verrichten. Auf der Kathodenseite des Elektrolyten vereinen sie sich wieder mit den Protonen zu Wasserstoffatomen, die sich ihrerseits mit von außen zugeführten Sauerstoffatomen zu Wasser verbinden.

Selbst aus dieser zugegebenermaßen stark vereinfachten und definitiv unwissenschaftlichen Darstellung lassen sich zwei charakteristische Eigenschaften der Brennstoffzellen entnehmen: Der Vorgang läuft mit einem sehr hohen Wirkungsgrad ab und es entstehen in der Brennstoffzelle keine umweltbelastenden Abfallprodukte. Werden andere Brennstoffe als reiner Wasserstoff verwendet, zum Beispiel Methanol oder Propan, fällt in den Reformern Kohlendioxid in geringen Mengen an.

Marktsituation

Trotz der rasanten technischen Entwicklung scheint die wirtschaftliche Umsetzung der Wasserstofftechnologie ein wenig zu stocken. Eine Ursache dafür könnte die sogenannte Henne-Ei-Problematik sein: Einer flächendeckenden Verbreitung der Brennstoffzellentechnik steht entgegen, dass noch keine Infrastruktur besteht, die die potenziellen Nutzer mit ausreichenden Mengen des Gases versorgt. Der Aufbau einer solchen Infrastruktur würde Milliarden verschlingen und sich nicht rechnen, da aufgrund der fehlenden Infrastruktur nicht genügend Nutzer vorhanden sind.

Die einzige derzeit für den Freizeitbereich verfügbare Geräteserie arbeitet konsequenterweise nicht mit Wasserstoff, sondern mit hochreinem Methanol und sogenannten DMFC-Zellen. Dieser Zellentyp könnte eine Art Übergangslösung zwischen der Erdöl- und Wasserstofftechnologie darstellen. In dieser Zelle (englisch: Direct Methanol Fuel Cell) wird das Methanol an der Anode zu Kohlendioxid oxidiert, wobei Protonen und Elektronen anfallen. Das Kohlendioxid (CO_2) fällt hier als Abgas an. Als Elektrolyt dient eine Kunststoffmembran. Die Geräte der Firma Smart Fuel Cell leisten zwischen 25 und 65 Watt bei einer Nennspannung von 12 Volt. Das kleinste Gerät EFOY 600 liefert somit 50 Amperestunden pro Tag, was für eine alleinige Stromversorgung einer Durchschnittsyacht nicht ausreicht. Das könnte jedoch mit dem EFOY 1600 gelingen, das etwa 130 Amperestunden pro Tag produziert. Mit einem Liter Methanol können etwa 77 Amperestunden oder 1,07 Kilowattstunden produziert werden. Die Geräte sind klein (etwa so groß wie eine entsprechende Bleibatterie), leicht (maximal 7,3 Kilogramm) und nicht gerade billig. Die Preise reichen zurzeit von 2.100 Euro für die kleinste Ausführung bis zu 3.900 Euro für die EFOY 1600.

Stromerzeugung an Bord: Wechselstrom

Übersteigt der Energieverbrauch an Bord die Lieferfähigkeit von Lichtmaschine und eventueller alternativer Energiequellen, lässt sich der Einbau eines 230-Volt-Generators nicht vermeiden. Dies ist weniger von der Größe der Yacht abhängig, sondern auch dann gegeben, wenn Verbraucher an Bord eingesetzt werden sollen, deren Energiebedarf die Möglichkeiten des 12- oder 24-Volt-Bordnetzes übersteigt. Dazu gehören Tauchkompressoren oder Klimaanlagen, die, würden sie aus der Standard-Bordnetzbatterie gespeist, diese innerhalb weniger Minuten entleeren.

In den meisten Fällen dürften Generatoren jedoch dazu verwendet werden, den von Land gewöhnten Komfort auf das Schiff zu bringen. Dazu gehört nicht nur der Betrieb von Mikrowellenherden und Kaffeeautomaten, sondern auch – ein intelligentes Management vorausgesetzt – eine Verringerung der Motorlaufzeiten zwecks Batterieladung.

Am anderen Ende des Spektrums bewegen sich tragbare Generatoren, in der Regel mit Benzinmotor, die bei Bedarf auf Deck in Betrieb genommen werden, um Bohrmaschinen oder Exzenterschleifer mit Strom zu versorgen.

Der technische Fortschritt der letzten Jahre im Bereich der Leistungselektronik ist auch an den Generatoren nicht spurlos vorbeigegangen. Während man vor wenigen Jahren mit vier Sorten alle Generatoren im unteren Leistungsbereich, also bis etwa 12 Kilowatt, erfassen konnte, gibt es heute eine Vielzahl von Ausführungen, deren Qualität oft von der Art der verwendeten Elektronik bestimmt wird. Die vier Klassen waren: Synchron- und Asynchron-

■ Tragbare Aggregate

Für einen gelegentlichen Einsatz, zum Beispiel als Stromquelle für Elektrowerkzeuge oder zur Aufladung der Batterien nach einer Tiefentladung, reicht ein kleiner tragbarer Generator mit einem Benzinmotor. Die Leistung dieses Generators sollte ausreichen, um eine mittlere Bohrmaschine oder das Ladegerät betreiben zu können. Zusätzlich sollte der Generator in der Lage sein, mit induktiven Lasten (Motoren) zurechtzukommen, und die Qualität der Ausgangsspannung sollte so sein, dass auch Ladegeräte mit Schaltnetzteilen damit betrieben werden können. Damit fallen die meisten billigen Baumarktgeräte aus der Wahl.

generatoren sowie mobile (in der Regel mit Benzinmotor) und fest eingebaute Aggregate – Letztere mit Dieselantrieb. Heute gibt es schon in der Klasse der mobilen Generatoren drei Unterarten: Geräte mit Kondensatorregelung, mit elektronischen Spannungsreglern (AVR, Automatic Voltage Regulator) und Invertergeräte. Asynchrongeneratoren sind in dieser Gruppe mittlerweile nicht mehr zu finden.

Diese gibt es jedoch noch bei den mittleren und größeren Diesel-Einbauaggregaten. Hier finden wir selbstregelnde („klassische") Asynchrongeneratoren, Asynchrongeneratoren mit Spannungsstabilisierung (VCS, Voltage Control System), Synchrongeneratoren mit Kondensatorregelung, dito mit AVR, Generatoren mit Inverterausgang und neuerdings auch Generatoren mit Gleichspannungsausgang speziell für die Batterieladung. Zusätzlich laufen diese Generatoren noch mit zwei unterschiedlichen Drehzahlen: 3.000 und 1.500 Umdrehungen je Minute, Letztere allerdings vorwiegend bei Leistungen ab 6 Kilowatt. Beginnen wir mit den grundsätzlichen Unterschieden:

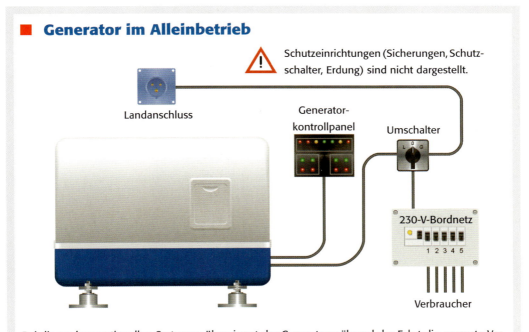

■ Generator im Alleinbetrieb

Schutzeinrichtungen (Sicherungen, Schutzschalter, Erdung) sind nicht dargestellt.

Landanschluss · Generatorkontrollpanel · Umschalter · 230-V-Bordnetz · Verbraucher

Bei diesen konventionellen Systemen übernimmt der Generator während der Fahrt die gesamte Versorgung des Wechselstrombordnetzes. Daher muss er leistungsmäßig so ausgelegt sein, dass er die maximal zu erwartende Leistung liefern kann – wobei diese durchaus dadurch reduziert werden kann, dass man nicht mehrere Großverbraucher, zum Beispiel Herd und Klimaanlage, gleichzeitig in Betrieb nimmt. Will man allerdings keine Einschränkungen im Komfort hinnehmen, muss die Leistung des Generators praktisch der Summe der Leistungen der vorhandenen 230-Volt-Verbraucher entsprechen. In der Folge wird der Generator die meiste Zeit unterfordert, was erstens unwirtschaftlich ist und zweitens die Lebensdauer des Antriebsmotors nicht unbedingt verlängert.

Synchron und asynchron

Diese beiden Arten unterscheiden sich hauptsächlich durch die Art, wie das mit dem Rotor (auch Anker oder Läufer genannt) drehende elektrische Feld erzeugt wird. In Synchrongeneratoren sitzt zu diesem Zweck auf dem Anker eine Kupferwicklung, die von dem sogenannten Erregerstrom durchflossen wird. Dieser Gleichstrom gelangt über Kohlebürsten und Schleifringe oder zunehmend auch mittels einer Hilfswicklung und Induktion in die Ankerwicklung und erzeugt ein Magnetfeld. Durch dessen Drehung wird eine Spannung in die fest mit dem Gehäuse verbundenen Statorwicklungen induziert. Die vom Generator erzeugte Spannung wird dabei durch die Höhe des Erregerstroms bestimmt und geregelt. Die Erregerspannung wird auf zwei Arten geregelt. Die billigere Methode besteht aus einem Kondensator, der parallel zur Hilfswicklung geschaltet ist und der in dieser Kombination die Erregerspannung an die Belastung der Statorwicklung anpasst. Wird der Generator überlastet, gerät der Kondensator sozusagen aus dem Takt und die Generatorspannung

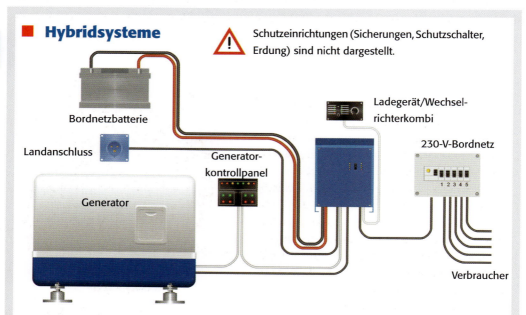

■ Hybridsysteme

Intelligenter als die konventionellen Anlagen sind Hybridsysteme, bei denen eine Ladegeräte/Wechselrichterkombination in die Versorgung des 230-Volt-Systems mit einbezogen wird. Bei diesem Einsatz wird überschüssige Generatorleistung zur Batterieladung verwendet, und der Wechselrichter springt ein, wenn die Generatorleistung nicht ausreicht oder wenn die geforderte Leistung so gering ist, dass sich der Start des Generators nicht lohnt. So kann der Generator trotz der Wandlerverluste erheblich kleiner ausfallen, die Betriebszeiten werden verringert und der Generator läuft nicht unter Leerlaufbedingungen. Voraussetzungen sind allerdings eine entsprechende Batteriekapazität und ein Wandler, der für den Parallelbetrieb geeignet ist.

bricht zusammen. Diese Regelung ist verhältnismäßig träge, führt also zu länger dauernden und größeren Spannungsschwankungen bei Lastwechseln, und verursacht – vor allem bei kleinen Lasten – erhebliche Verzerrungen der Sinusform der Generatorspannung.

Die zweite Art der Regelung besteht aus einem elektronischen Regler, der die Erregerspannung sehr schnell und genau dem jeweiligen Lastzustand anpasst. Diese unter dem Kürzel AVR bekannte Regelung ist in der Lage, selbst starke Lastwechsel innerhalb von ein oder zwei Perioden der Wechselspannung auszuregeln. Die Kondensatorregelung braucht dafür mehrere Dutzend Schwingungen.

Diese Spannungsregelungen sind nicht mit der Regelung der Motordrehzahl zu verwechseln. Hier gibt es mechanische und elektronische Regler, die mit Stellmotoren auf die Einspritzpumpe einwirken und dafür sorgen, dass die Frequenz der Wechselspannung schön brav bei 50 Hertz bleibt. Auch hier ist die elektronische Regelung schneller.

Apropos Frequenz: Die Frequenz der Generatorspannung ist bei Synchrongeneratoren genau proportional zur Anzahl der Rotorumdrehungen. Die Phasenlage der Spannung entspricht genau der Stellung des Rotors, mit anderen Worten: Die Spannung folgt genau der Drehung des Magnetfelds, das durch die Erregergleichspannung im Rotor aufgebaut wird, läuft also

■ Synchrongeneratoren

In Synchrongeneratoren entspricht die Drehzahl des Ankers (auch Rotor oder Läufer genannt) genau der Frequenz des produzierten Wechselstroms – daher der Name. Der Anker besteht aus Blechpaketen, die mit einer Wicklung versehen sind. Durch diese Wicklungen fließt ein Gleichstrom – der Erregerstrom – und es ensteht so ein Magnetfeld, das sich in den fest mit dem Gehäuse verbundenen Stator- oder Ständerwicklungen dreht und in diesen eine Spannung induziert. Die Spannungsregelung des Generators erfolgt durch die Erregerspannung, die der Erregerwicklung über Schleifringe und Kohlebürsten zugeführt wird. Alternativ kann die Erregerspannung auch induktiv durch eine Hilfswicklung erzeugt werden, dadurch entfällt die Notwendigkeit von Bürsten und Schleifringen (bürstenlose Synchrongeneratoren).

Frequenz und Spannung lassen sich bei Synchrongeneratoren mit entsprechender Regelung in einem engen Toleranzfeld konstant halten; sie können kurzzeitig ein Mehrfaches ihres Nennstroms liefern und sind daher sehr gut für induktive Lasten, zum Beispiel Elektromotoren von Kompressoren oder Klimaanlagen, geeignet. Nachteile: im Vergleich zu Asynchrongeneratoren aufwändige Regelung, erhöhter Wartungsaufwand bei Generatoren mit Schleifringen, aufwändigere Herstellung.

synchron. Daher auch der Name. Anders bei Asynchrongeneratoren. Hier läuft der Rotor immer etwas schneller, als der Frequenz der Generatorspannung entsprechen würde. Der Rotor (bei diesen Generatoren aufgrund des Aufbaus auch gerne „Käfig" genannt) läuft mit Schlupf, und – ähnlich wie bei Propellern – entsteht die Leistung erst durch den Schlupf, der genau betrachtet ja der Unterschied zwischen den Drehbewegungen der elektrischen Felder des Käfigs und des Stators ist.

Das Prinzip des Asynchrongenerators ist ebenso einfach wie genial und wurde bereits vor über 100 Jahren von Herrn Volta gefunden. Zunächst zum Läufer: Dieser besteht nicht aus vielen Kupferwicklungen, sondern aus einer Anzahl von relativ dicken Kupfer- oder Alustäben, die parallel zur Generatorachse angeordnet sind. Diese Stäbe sind an den Enden durch eine Kupfer- oder Aluminiumplatte kurzgeschlossen. Dreht sich dieser Käfig in einem magnetischen Feld, zum Beispiel in einer Statorwicklung, wird durch Induktion eine Spannung in den Stäben erzeugt, was, da diese dick und kurzgeschlossen sind, einen hohen Strom in

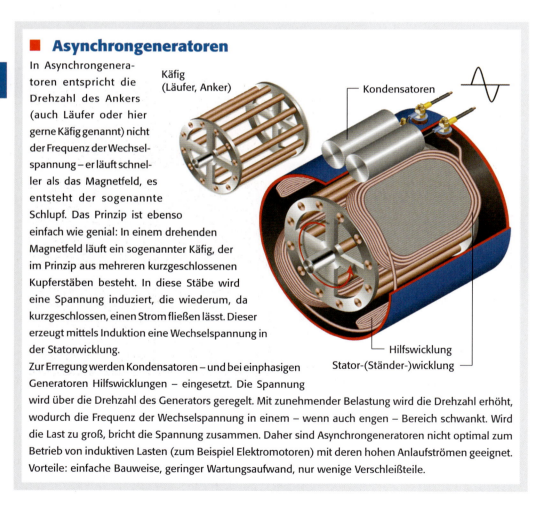

■ **Asynchrongeneratoren**

In Asynchrongeneratoren entspricht die Drehzahl des Ankers (auch Läufer oder hier gerne Käfig genannt) nicht der Frequenz der Wechselspannung – er läuft schneller als das Magnetfeld, es entsteht der sogenannte Schlupf. Das Prinzip ist ebenso einfach wie genial: In einem drehenden Magnetfeld läuft ein sogenannter Käfig, der im Prinzip aus mehreren kurzgeschlossenen Kupferstäben besteht. In diese Stäbe wird eine Spannung induziert, die wiederum, da kurzgeschlossen, einen Strom fließen lässt. Dieser erzeugt mittels Induktion eine Wechselspannung in der Statorwicklung.

Zur Erregung werden Kondensatoren – und bei einphasigen Generatoren Hilfswicklungen – eingesetzt. Die Spannung wird über die Drehzahl des Generators geregelt. Mit zunehmender Belastung wird die Drehzahl erhöht, wodurch die Frequenz der Wechselspannung in einem – wenn auch engen – Bereich schwankt. Wird die Last zu groß, bricht die Spannung zusammen. Daher sind Asynchrongeneratoren nicht optimal zum Betrieb von induktiven Lasten (zum Beispiel Elektromotoren) mit deren hohen Anlaufströmen geeignet. Vorteile: einfache Bauweise, geringer Wartungsaufwand, nur wenige Verschleißteile.

dem Käfig hervorruft. Dreht sich der Käfig schneller als das Statorfeld – wobei der Stator selbstverständlich nicht dreht, sondern nur das mit der Generatorspannung verbundene Magnetfeld des Stators – wird durch die Drehzahldifferenz eine Spannung im Stator induziert. Bei einphasigen Generatoren sind dazu eine Hilfs-(Stator)wicklung und zwei Kondensatoren erforderlich, damit der Käfig ein Feld erzeugen kann. Bei Generatoren,

Läufer eines Asynchrongenerators

die in ein vorhandenes Netz einspeisen, wird dies durch die Netzspannung erledigt. Der Hauptnachteil der Asynchrongeneratoren besteht darin, dass die Generatorspannung mit zunehmender Last zurückgeht. Die Drehzahl des Käfigs geht zurück, womit auch die Differenz der Felddrehzahlen zurückgeht. Damit geht auch die Spannung zurück, bis diese

■ Regelung und Verzerrungen

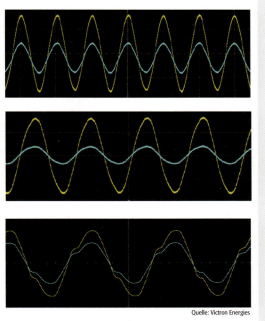

Wie sauber die Wechselspannung aus einem Generator herauskommt, hängt von dessen Bauweise (synchron oder asynchron) und von der Regelung ab. Asynchrongeneratoren (oben) liefern von Natur aus eine ziemlich saubere Wechselspannung mit Verzerrungen zwischen zwei und sechs Prozent; Synchrongeneratoren mit elektronischer Regelung (AVR) – (Mitte) – laufen ebenfalls rechts sauber, der Klirrfaktor (die Abweichung von der idealen Sinusform der Spannung) liegt in der Regel bei etwa 5 Prozent. Diese Art der Regelung wird heute bei fast allen größeren Synchrongeneratoren eingesetzt. Synchrongeneratoren mit Kondensatorregelung erkennt man an der deutlichen Abweichung deren Spannung von der Idealform (unten). Diese billigste Art der Regelung wird vorwiegend bei kleineren Einphasengeneratoren eingesetzt und produziert Verzerrungen, die, je nach Belastung,

Quelle: Victron Energies

deutlich über 10 Prozent liegen können. Je größer der Klirrfaktor, desto höher ist die Wahrscheinlichkeit, dass elektronische Geräte mit diesen Generatoren nicht problemlos funktionieren. Schaltnetzteile und Phasenanschnittsteuerungen sind auf eine saubere Wellenform angewiesen und werden durch die Abweichungen irritiert. Rein ohm'sche Lasten, zum Beispiel Herdplatten, und einfache Elektromotoren kommen jedoch auch mit stark verzerrten Spannungen zurecht.

bei gleicher Drehzahl der Felder komplett zusammenbricht. Dies kann zwar durch eine ausgleichende Regelung der Motordrehzahl in einem gewissen Bereich ausgeglichen werden, im Vergleich zu Synchrongeneratoren ist die Überlastbarkeit jedoch wesentlich geringer. Dies macht sich vor allem bei induktiven Lasten mit hohen Anlaufströmen bemerkbar: Synchrongeneratoren können kurzzeitig ein Vielfaches, in der Regel das Drei- bis Vierfache ihres Nennstroms abgeben – die Spannung eines Asynchrongenerators geht unter denselben Bedingungen hingegen so weit zurück, dass der angeschlossene Motor nicht anläuft. Andererseits stellt dieses Verhalten einen automatischen Schutz vor Überlastung dar.

Die Vorteile der Asynchrongeneratoren liegen im einfachen Aufbau, der einfachen Regelung und der Möglichkeit, mit relativ wenig Aufwand eine Wasserkühlung einzurichten, alles Faktoren, die sich langfristig positiv auf die Betriebssicherheit auswirken. Abgesehen von der automatischen Synchronisierung mit dem Netz ist dies einer der Hauptgründe dafür, dass man in Windkraftwerken fast ausschließlich Asynchrongeneratoren verwendet. Die Spannung der Synchrongeneratoren lässt sich mit den heute zur Verfügung stehenden elektronischen Bauteilen verhältnismäßig einfach in einem sehr engen Bereich konstant halten. Hier führt eine dauernde Überlastsituation dazu, dass der Generator den Antriebsmotor

■ 1.500 und 3.000 Umdrehungen oder: Polpaare

1 Polpaar: 50 Hz bei 3.000 Umdrehungen

2 Polpaare: 50 Hz bei 1.500 Umdrehungen

Kleine Dieselmotoren erreichen ihre Nennleistung bei höheren Drehzahlen als größere. Andererseits sollen 230-Volt-Generatoren eine Wechselspannung mit einer konstanten Frequenz von 50 oder, je nach Einsatzgebiet, 60 Hz liefern. Dies wird durch die Anpassung der Polzahlen in den Generatoren an die Motordrehzahl erreicht: Führt ein Polpaar, also jeweils ein Plus- und ein Minuspol, eine vollständige Umdrehung aus, erzeugt dies einen Wechselspannungszyklus (Bild links). Dreht der Motor mit 3.000 Umdrehungen je Minute, also 50 Umdrehungen je Sekunde, erhält man mit diesem Anker eine Frequenz von 50 Hertz (50 Schwingungen je Sekunde). Dreht der Motor mit 1.500 Umdrehungen je Minute, würde ein Generator mit einem Polpaar eine Frequenz von 25 Hertz erzeugen. Daher arbeiten Generatoren, die von größeren – und langsameren – Motoren angetrieben werden, mit zwei Polpaaren. Diese erzeugen mit jeder Umdrehung zwei Zyklen (Bild rechts), sodass auch hier eine 50-Hertz-Wechselspannung erzeugt wird: 1.500 min^{-1} : 60 s · 2 = 50 s^{-1} (oder Hertz).

abwürgt – vorausgesetzt, dieser ist nicht zu stark. Kondensatorgeregelte Synchrongeneratoren zeigen zwar ein ähnliches Verhalten wie Asynchrongeneratoren, sind jedoch unempfindlicher gegenüber induktiven Lasten. Daher haben die Synchrongeneratoren die früher vorherrschenden Asynchrongeneratoren im Yachtbereich fast vollständig verdrängt.

Was bedeutet das nun für die Praxis? Die entscheidende Frage ist, ob an Bord größere induktive Verbraucher betrieben werden sollen, zum Beispiel Tauchkompressoren oder Klimaanlagen. Wenn ja, sind Synchrongeneratoren – vorzugsweise mit AVR – im Vorteil, da sie für die zu erwartenden Anlaufströme kleiner dimensioniert werden können als Asynchrongeneratoren. Geht es hingegen größtenteils um ohmsche Lasten (zum Beispiel Herde) oder elektronische Geräte (Ladegeräte mit Schaltnetzteilen), überwiegen die Vorteile der Asynchrongeneratoren.

Mobile Generatoren

Hier tummeln sich mittlerweile diverse Billigstprodukte, die zum Teil für unter 100 Euro vor allem in Baumärkten angeboten werden. Die Eignung dieser Geräte für den Einsatz

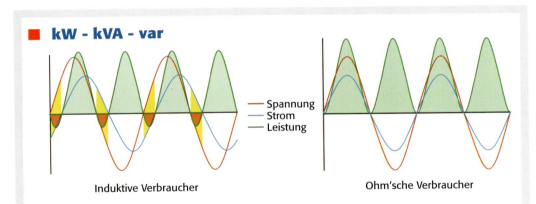

kW - kVA - var

Induktive Verbraucher — Ohm'sche Verbraucher

Leistungen werden bei Generatoren allgemein in Kilovoltampere (kVA) angegeben, bei Verbrauchern jedoch in Kilowatt (kW). Der Grund dafür besteht in der Phasenverschiebung zwischen Spannung und Strom in induktiven Verbrauchern wie Transformatoren und Elektromotoren (links). Hier wird ein Teil der Leistung benötigt, um ein Magnetfeld aufzubauen. Dabei hinkt der Strom der Spannung hinterher, und da Leistung das Produkt aus Spannung und Strom (V · A) ist, entsteht dort, wo Spannung und Strom ungleiche Vorzeichen haben (gelb unterlegt), negative Leistung (rot unterlegt). Diese Blindleistung wird nicht in Arbeit oder Wärme umgesetzt, sondern pendelt zwischen Generator und Verbraucher hin und her. Die Einheit für die Blindleistung ist var. Die Wirkleistung (grün unterlegt) ist die Leistung, die im Verbraucher in Arbeit oder Wärme umgesetzt wird und wird in Watt (W) oder Kilowatt (kW) angegeben. Die Scheinleistung ist die Summe von Blind- und Wirkleistung und wird in Kilovoltampere (kVA) angegeben. In rein ohm'schen Verbrauchern laufen Spannung und Strom phasengleich (rechts); hier gibt es keine Blindleistung, die Wirkleistung ist gleich der Scheinleistung.

an Bord ist zumindest zweifelhaft. Es gibt zwar keine zuverlässigen Angaben über deren Lebensdauer, jedoch allein schon die meist sehr hohen Schallpegel selbst der gekapselten Billiggeneratoren lassen deren Einsatz nur in reichlicher Entfernung zu anderen Menschen zu. Unterschiede im Schalldruckpegel von 20 dB(A) zwischen Geräten gleicher Leistung und Bauart sind keine Seltenheit – und das entspricht einer subjektiv empfundenen Vervierfachung des Lärms!

Nicht wenige Techniker beurteilen die Gesamtqualität einer Maschine nach deren Geräuschverhalten. Folgt man dieser Denkweise, liegen qualitative Welten zwischen den Billigprodukten und den Markengeräten – was sich konsequenterweise meistens auch im Preis niederschlägt.

Zur Technik: Als tragbar kann man Generatoren bis zu einem Gewicht von etwa 25 Kilogramm ansehen. Geräte in dieser Gewichtsklasse leisten etwa 2 Kilowatt und sind ausnahmslos Synchrongeneratoren. Einfache Geräte dieser Art sind mit Kondensatoren geregelt, die Ausgangsspannung ist entsprechend verzerrt und kann in einem weiten Bereich schwanken.

7 ■ Weniger Leistung ist oft besser

Bei der bis vor Kurzem üblichen Auslegung von Generatoren wurde deren Leistung so bemessen, dass sie den größten zu erwartenden Verbrauch abdecken konnte. Nehmen wir an, dieser beträgt 10 Kilowatt. Wird hier ein 10-Kilowatt-Generator eingesetzt, wird dieser die meiste Zeit mit einem Bruchteil dieser Leistung betrieben, da nur selten alle Verbraucher tatsächlich in Betrieb sind. Die durchschnittlich abgegebene Leistung wird also wesentlich kleiner sein,

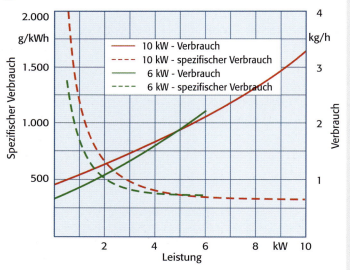

nehmen wir an, 1 Kilowatt. Lassen wir den Generator 10 Stunden am Tag laufen, verbraucht er in dieser Zeit etwa 12,50 Kilogramm gleich 15 Liter Diesel.

Ersetzen wir diesen Generator durch einen 6-kW-Generator (zum Beispiel in Verbindung mit einem Inverter), sinkt der Verbrauch auf 8,2 Kilogramm gleich 9,8 Liter: Der Mehrverbrauch des größeren Generators beträgt bei gleicher abgegebener Leistung 53 Prozent! Bei 30 Tagen Laufzeit summiert sich die Einsparung auf 156 Liter. Zusätzlich läuft der kleinere Generator in einem besseren Lastbereich, was der Lebensdauer des Aggregats durchaus zugutekommt.

Hinzu kommt, dass die Drehzahlstabilität der Antriebsmotoren – zumindest der Geräte in den unteren Preisklassen – nicht unbedingt berauschend ist. Entsprechend groß sind die Schwankungen in der Frequenz der Ausgangsspannung. Für den gelegentlichen Antrieb von Bohrmaschinen über nicht allzu lange Zeitspannen sind diese Geräte trotzdem geeignet; mit Ladegeräten oder gar Computern könnten Probleme auftreten. Bei einigen der mobilen Geräte gibt es mittlerweile eine elektronische Regelung; hier ist die Ausgangsspannung im gesamten Lastbereich stabil und die Verzerrungen bewegen sich in dem Bereich von denen in der häuslichen Stromversorgung. Aber die Motoren auch dieser Geräte müssen während des Betriebs dauernd mit einer Drehzahl von 3.000 Umdrehungen laufen, damit die Frequenz der Wechselspannung konstant bei 50 Hz bleibt. Dadurch wird Lärm erzeugt und mehr Kraftstoff verbraucht, als für die Erzeugung der elektrischen Leistung eigentlich erforderlich wäre – der Wirkungsgrad ist im Teillastbetrieb mehr als bescheiden.

Bei der bislang letzten Variante der kleinen Generatoren ist dies auch nicht mehr nötig. Diese Geräte produzieren Wechselstrom mit einer relativ hohen Frequenz – etwa 400 Hertz –, der gleichgerichtet wird und einem integrierten Inverter zugeführt wird. Der Inverter wandelt diesen Gleichstrom in eine sehr konstante Wechselspannung um, deren Wellenform annähernd der idealen Sinusform entspricht. Die Regelung der Motordrehzahl erfolgt dabei lastabhängig, sodass Invertergeräte etwa 20 Prozent weniger Kraftstoff verbrauchen als entsprechende Synchrongeneratoren mit AVR-Regelung.

Will man nur gelegentlich und für kurze Zeit ein 230-Volt-Elektrowerkzeug betreiben und muss keine Rücksicht auf lärmempfindliche Stegnachbarn nehmen, kann man ein preisgünstiges kondensatorgeregeltes Gerät einsetzen. Soll der Generator jedoch längere Zeit laufen und werden elektronisch geregelte Geräte versorgt, sollte man zumindest elektronisch geregelte Aggregate mit möglichst niedriger Schallleistung wählen. Mobile Geräte eignen sich nicht für den Betrieb unter Deck; abgesehen von der nicht zu unterschätzenden Gefahr eine Kohlenmonoxid-Vergiftung ist die abzuführende Wärmemenge bereits bei den kleinen Geräten so groß, dass die Temperatur im Schiff schon nach kurzer Zeit in unangenehme

■ Schallpegel

In den Angaben der Generatorhersteller findet man (meistens) zwei Angaben über die Lautstärke: Schallleistungspegel und Schalldruckpegel. Der Schallleistungspegel (LWA) gibt an, wie viel Schallleistung der Generator insgesamt abstrahlt. Diese Angabe ist unabhängig vom Aufstellort. Der Schalldruckpegel beschreibt hingegen den Lärm in einer bestimmten Entfernung von der Schallquelle. Die Einheit ist in beiden Fällen dB. Das Bel (und damit auch das Dezibel) ist eine logarithmische Einheit, eine Verdoppelung oder Halbierung des Schalldruckpegels ergibt eine Differenz von 6 dB. Eine Verdoppelung des Abstands von der Schallquelle ergibt ebenfalls eine Schalldruckpegeländerung von 6 dB. Will man verschiedene Schalldruckpegel vergleichen, müssen sich die Angaben auf denselben Abstand beziehen – sonst sind sie nicht direkt vergleichbar. Einige Schalldruckpegel zum Vergleich: Flüstern 40 dB, normale Unterhaltung 55 dB Hauptverkehrsstraße in zehn Meter Entfernung 80 dB, Schmerzgrenze ab 120 dB. Hörschäden sind schon bei einer Dauerbelastung von 90 dB möglich.

Bereiche steigen wird. Es sei denn, man arbeitet im Winter und benutzt den Generator zu Heizzwecken – dann muss jedoch gewährleistet sein, dass die Abgase zuverlässig nach außen geführt werden und genügend frische Verbrennungsluft zur Verfügung steht. Und Ohrenschützer.

Dieselgeneratoren

Entscheidet man sich dazu, einen Dieselgenerator fest einzubauen, sollte man bedenken, dass der Aufwand annähend dem eines Antriebsmotors entspricht. Es muss ein zuverlässiges Fundament geschaffen werden – selbst die kleinsten Einbauaggregate wiegen bereits um die 100 Kilogramm. Kühlwasserversorgung, Abgasführung und Kraftstoffversorgung sind genau so aufwändig wie beim Antriebsmotor und der Aufwand für Betrieb und Wartung dürfte ebenfalls in einer ähnlichen Größenordnung liegen.

Andererseits kann ein geschickt ausgelegter Generator eine weitgehend autarke Energieversorgung des Schiffes ermöglichen. Man wird unabhängig von Landstrom und selbst der Ausfall der Lichtmaschine fernab von Land führt nicht unbedingt zu furchterregenden Konsequenzen.

1.500 oder 3.000 Umdrehungen?

Im unteren Leistungsbereich erübrigt sich diese Überlegung, da die Wahl zwischen den beiden Motordrehzahlen erst ab einer Leistung von etwa 6 Kilowatt besteht. Unter dieser

■ Wechselstromgeneratoren

Antriebsmotor

Generator

Die älteste Form des Stromerzeugers besteht aus einem Dieselmotor mit fest angeflanschtem Generator. Der Motor ist – lastunabhängig – auf eine feste Drehzahl eingestellt, damit die Frequenz des erzeugten Wechselstroms konstant ist. Der Generator ist in der Regel auf die maximal zu erwartende Belastung ausgelegt, die jedoch über einen großen Teil der Laufzeit nicht abgefordert wird. Entsprechend hoch liegen die auf die tatsächlich erzeugte Leistung bezogenen Betriebskosten, die leicht das Zehnfache der Stromkosten an Land erreichen können.

Leistung gibt es lediglich Generatoren mit 3.000 Umdrehungen. Ab 6 bis weit über 100 Kilowatt kann man wählen.

Der Grund für die beiden Drehzahlversionen ist historisch bedingt. Bis vor wenigen Jahrzehnten lag die maximale Drehzahl von mittleren und größeren Fahrzeugdieseln bei etwa 2.800 Umdrehungen. Will man nun mit einem Generator eine Wechselspannung mit 50 oder, im amerikanischen Raum, 60 Hertz erzeugen, hat man zwei Drehzahlen zur Auswahl: Mit 1.500 (1.800) Umdrehungen je Minute erreicht man die Frequenz mit einem Generator mit zwei Polpaaren, arbeitet man mit nur einem Polpaar, benötigt man 3.000 (3.600) Umdrehungen. Bevor es Dieselmotoren gab, die mit 3.000 oder 3.600 Umdrehungen im Dauerbetrieb laufen können, wurden auch im mittleren Leistungsbereich großvolumige Motoren eingesetzt, die mit vierpoligen Generatoren und 1.500 Umdrehungen die 50 Hertz erzeugten.

Heute gibt es bis weit über 100 Kilowatt eine Vielzahl von Motoren, die durchaus in der Lage sind, die hochdrehenden zweipoligen Generatoren anzutreiben

Ein häufig geäußertes Argument für die langsam laufenden Antriebsdiesel bezieht sich auf deren Robustheit und Langlebigkeit. Der sogenannte Lebensdauer-Nennwert für Industrie-

■ Gleichstromgeneratoren

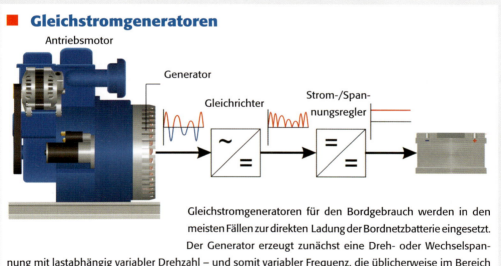

Gleichstromgeneratoren für den Bordgebrauch werden in den meisten Fällen zur direkten Ladung der Bordnetzbatterie eingesetzt. Der Generator erzeugt zunächst eine Dreh- oder Wechselspannung mit lastabhängig variabler Drehzahl – und somit variabler Frequenz, die üblicherweise im Bereich einiger hundert Hertz liegt. Durch die höhere Frequenz können die Generatoren kleiner und leichter ausgeführt werden, da der Wirkungsgrad mit der Frequenz steigt. Die Drehzahl des Antriebsmotors kann in einem weiten Bereich an die zu erzeugende Leistung angepasst werden, wodurch diese Aggregate wirtschaftlicher betrieben werden können als reine Wechselstromgeneratoren gleicher Leistung. Die vom Generator gelieferte Wechselspannung wird anschließend gleichgerichtet und einem Regler zugeführt, in dem die für die Batterieladung erforderlichen Kennlinien erzeugt werden. Die früher oft eingesetzten Gleichstromgeneratoren, bei denen die Gleichrichtung über einen Kommutator und Bürsten erfolgte, sind heute weitgehend vom Markt verschwunden.

motoren mit 3.000 Umdrehungen beträgt in der Regel 7.500 Betriebsstunden. Bei Aggregaten, die mit 1.500 Umdrehungen laufen, verdoppelt sich diese Zahl auf 15.000 Stunden. Geht man für eine ausschließlich privat genutzte Yacht von einer jährlichen Nutzungsdauer von zehn Wochen und durchschnittlich 5 Generatorbetriebsstunden pro Tag aus, ergibt dies eine (theoretische) Nutzungsdauer für die Antriebsmotoren von 21,4 Jahren für die Schnellläufer, und die 1.500er fallen erst nach fast 43 Jahren endgültig aus. Unter diesen Umständen sollten eher andere Kriterien bei der Auswahl des Aggregats helfen.

Ganz anders sieht es aus, wenn es sich um eine kommerziell genutzte Yacht, zum Beispiel im Charterbetrieb, handelt, auf der der Generator oft 24 Stunden durchläuft. Geht man von einer jährlichen Nutzung von 200 Tagen aus, ist der Lebensdauer-Nennwert eines schnelllaufenden Motors bereits nach etwas mehr als 18 Monaten erreicht; der langsamere Motor muss hingegen erst nach 3 Jahren ausgetauscht werden. Auch wenn das Aggregat mit dem langsamen Motor zwischen 30 und 50 Prozent teurer als ein vergleichbares schnelllaufendes ist, lohnt sich hier die Mehrinvestition.

Die anderen Kriterien sind: Gewicht, Abmessungen und Einbauaufwand. Hier liegen die Schnellläufer vorne: Sie sind wesentlich (etwa 20 bis 30 Prozent) leichter und kompakter, und sie benötigen in der Regel kleinere Kühlwasser- und Abgasleitungen. Das oft zitierte Geräuschverhalten ist eher Geschmackssache – vergleicht man gleich starke Generatoren, stellt man oft fest, dass die Schallpegel – unabhängig von der Drehzahl des Aggregats

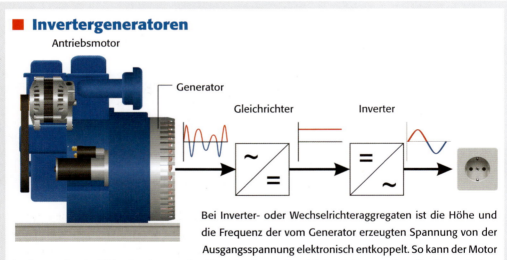

■ Invertergeneratoren

Bei Inverter- oder Wechselrichteraggregaten ist die Höhe und die Frequenz der vom Generator erzeugten Spannung von der Ausgangsspannung elektronisch entkoppelt. So kann der Motor in einem wirtschaftlich günstigen Drehzahl- und Leistungsbereich betrieben werden, die Eigenschaften der Ausgangsspannung werden ausschließlich im Inverter erzeugt. Die Generatoren liefern auch hier eine Dreh- oder Wechselspannung mit höherer Frequenz, die zunächst einem Gleichrichter zugeführt wird. Die darin erzeugte Gleichspannung wird vom Inverter in die Bordnetz-Wechselspannung umgewandelt, bei der Frequenz, Spannung und Wellenform wesentlich stabiler als die herkömmlicher Wechselstromgeneratoren sind.

– bei beiden Ausführungen gleich sind. Subjektiv empfinden manche Menschen die in einem niedrigeren Frequenzband verlaufende Abstrahlung der Langsamläufer jedoch als angenehmer.

Invertergeneratoren

Das Prinzip ist hier dasselbe wie bei den mobilen benzingetriebenen Geräten: Der große Vorteil dieser Aggregate liegt auch hier darin, dass die Drehzahl der Antriebsmotoren nicht mehr von der Frequenz der Wechselspannung diktiert wird, sondern in einem weiten Bereich an den jeweiligen Belastungszustand angepasst werden kann. Da die Generatoren zunächst mit einer höheren Frequenz (etwa 400 Hertz) arbeiten, sind diese Aggregate deutlich leichter und kleiner als vergleichbare „normale" Generatoren.

Durch die doppelte Umwandlung entstehen Verluste: Wechselstrom wird in Gleichstrom umgewandelt, der wiederum zu Wechselstrom wird. Diese Verluste, die sich je nach Lastzustand auf bis zu theoretischen 30 Prozent summieren können, werden durch die wirtschaftlichere Nutzung des Motors jedoch mehr als wettgemacht.

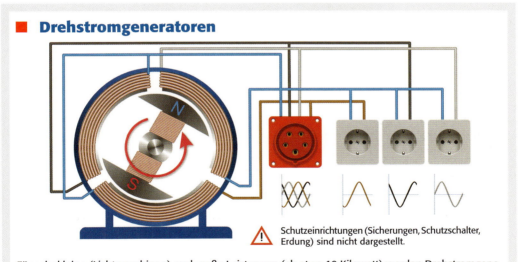

■ **Drehstromgeneratoren**

⚠ Schutzeinrichtungen (Sicherungen, Schutzschalter, Erdung) sind nicht dargestellt.

Für sehr kleine (Lichtmaschinen) und große Leistungen (ab etwa 10 Kilowatt) werden Drehstromgeneratoren eingesetzt. Es gibt sie als Synchron- und Asynchronmaschinen. Der Strom wird in drei um 120 Grad versetzte Statorwicklungen erzeugt, in denen bei jeder Drehung des Rotors drei um 120 Grad phasenverschobene Wechselspannungen entstehen, wobei die Summe aller Spannungen immer gleich null ist. In Lichtmaschinen wird der Drehstrom mit Diodenbrücken in einen Gleichstrom mit im Vergleich zu gleichgerichteten Wechselströmen sehr geringer Restwelligkeit umgewandelt, der direkt zur Batterieladung verwendet werden kann. Größere Drehstromgeneratoren können zum Antrieb von Drehstrommotoren, zum Beispiel in Kompressoren, oder für den Betrieb von Geräten mit großer Leistungsaufnahme, zum Beispiel Elektroherden, eingesetzt werden.

Gleichstromgeneratoren

Ein weiteres Ergebnis moderner Halbleitertechnik sind Generatoren, die ausschließlich zur Ladung von Batterien eingesetzt werden. Auch diese Generatoren sind kleiner und leichter als reine Wechselstromaggregate und arbeiten mit einem höheren Wirkungsgrad. Hier wird der ursprünglich erzeugte Wechselstrom komplett in Gleichstrom umgewandelt, der direkt zur Ladung der Bordnetzbatterien verwendet wird. Mit einem 8-Kilowatt-Generator können Ladeströme bis zu 280 Ampere bei 24 Volt erreicht werden, bei einer 12-Volt-Anlage reicht dazu ein Gerät mit einer Nennleistung von 4,5 Kilowatt.

Werden 230 Volt benötigt, ist dazu ein separater Inverter erforderlich. Mit diesen Generatoren lassen sich Anlagen aufbauen, mit denen sich selbst bei landähnlichen Verbrauchsverhältnissen die Generatorlaufzeiten auf wenige Stunden täglich reduzieren lassen – vorrausgesetzt, die Bordnetzbatterie ist so dimensioniert, dass die dafür nötige Pufferkapazität vorhanden ist.

■ Das Gleichstromkonzept

Bei dem Gleichstromkonzept wird ganz auf einen 230-Volt-Generator verzichtet. Stattdessen speist ein Gleichstromgenerator das gesamte Bordnetz. Die Wechselspannung wird durch einen oder mehrere Inverter erzeugt. Da der Landstrom nicht direkt in das Bordnetz eingespeist wird, sondern über das Ladegerät zunächst zur Batterieladung verwendet wird, ist das System mit einem entsprechenden Ladegerät weitgehend unabhängig von der Frequenz und der Spannung des Landanschlusses. Interessant für Eigner von Metallschiffen: Mit entsprechend ausgeführten Ladegeräten muss der Schutzleiter des Landstromanschlusses nicht mit der Schiffserde verbunden werden.

Stirling-Generator

Etwas aus der Reihe fällt der sogenannte Whispergen, ein Generator, der von einem Vierzylinder-Stirlingmotor angetrieben wird. Im Prinzip handelt es sich hier eher um ein kleines Blockheizkraftwerk, das hauptsächlich Wärme (5,5 Kilowatt) und nebenbei ungefähr 0,8 Kilowatt elektrischer Energie erzeugt. Die Wärme kann zur Brauchwassererwärmung und zu Heizzwecken benutzt werden, während die 800 elektrischen Watt in erster Linie zur Batterieladung dienen. Da der Motor theoretisch im Dauerbetrieb laufen kann – weitgehend geräuschlos und ohne die sonst übliche Wartung –, kann damit ein Energiebedarf von fast 20 Kilowattstunden täglich abgedeckt werden. Das entspricht etwa dem Verbrauch eines luxuriös ausgestatteten Vier-Personen-Haushalts an Land. Wird die Wärme mit genutzt, liegt die Energieausbeute bei 90 Prozent.

Konzepte für den Generatoreinsatz

Vor der Erfindung leistungsstarker Halbleiterbauelemente zu erschwinglichen Preisen konnten Wechselstromgeneratoren nur auf eine einzige Art betrieben werden. Sobald das Schiff vom Landanschluss getrennt war, musste der Generator alle 230-Volt-Verbraucher an Bord speisen. Das Dumme dabei war, dass die Leistung nach der höchsten zu erwartenden Last dimensioniert werden musste, diese jedoch die meiste Zeit nicht abverlangt wurde.
Dazu ein Beispiel: Eine gut ausgerüstete mittelgroße Segelyacht erreicht einen Grundbedarf von etwa 4 Kilowattstunden elektrischer Energie pro Etmal beispielsweise für Navigation, Kühlschrank, Beleuchtung, Wasserpumpen und Radio/Seefunkgerät. Diese Energiemenge kann mittels einer guten Lichtmaschine, einer entsprechenden Batteriekapazität und eventuell Solar- und Windenergie abgedeckt werden. Kommen jetzt weitere Verbraucher hinzu, die obendrein mit Wechselspannung betrieben werden müssen, wie zum Beispiel eine Klimaanlage, ein Wassermacher oder ein Tauchkompressor, steigt der Verbrauch schnell in einen Bereich, der von der Lichtmaschine nicht mehr abgedeckt werden kann. Hinzu kommt, dass, wenn ohnehin ein 230 Volt-Generator eingebaut werden muss, auch gleich eine Mikrowelle und ein Wasserkocher (beides eigentlich Geräte, mit denen Energie gespart werden kann) an Bord kommen. So ist man schnell bei einer Generatorleistung von 8 und mehr Kilowatt angekommen.
Das einzige Gerät, was nun tatsächlich unter Umständen 12 Stunden täglich in Betrieb ist, wird in den meisten Fällen die Klimaanlage mit einem Durchschnittsverbrauch von 700 Watt sein. Mikrowelle und Wasserkocher kommen zusammen vielleicht auf 40 Minuten Betriebszeit, und der Wassermacher läuft ungefähr 2 Stunden täglich. Für die Klimaanlage muss der Generator jedoch mindestens 12 Stunden laufen, er könnte in dieser Zeit 96 Kilowattstunden erzeugen, verbraucht werden jedoch nur 4 (für den Grundbedarf plus 13,4 (für Klimaanlage, Wassermacher, Mikrowelle und Wasserkocher) gleich 17,4 Kilowattstunden. Folge: Der Generator läuft die meiste Zeit in einem sehr ungesunden und teuren Teillast-

bereich – er ist durchschnittlich nur mit 1,45 Kilowatt belastet. Es gibt mehrere Wege aus diesem ökonomischen und ökologischen Irrsinn. Der einfachste besteht darin, sich darauf zu einigen, dass nicht mehrere Großverbraucher gleichzeitig in Betrieb genommen werden. Nehmen wir an, wir können die Spitzenlast dadurch halbieren, könnte auch die Leistung des Generators halbiert werden. Anstelle eines 8-Kilowatt-Gerätes käme man nun mit 4 Kilowatt aus, was in etwa auch die Betriebskosten halbieren würde. Aber auch hier muss der Generator 12 Stunden täglich laufen, zwar unter etwas besseren Bedingungen, aber immer noch nicht wirtschaftlich.

Es zahlt sich in jedem Fall aus, bereits in der frühen Planungsphase eine gründliche Energiebilanz für das Wechselstromnetz zu erstellen. Ebenso wie bei der 12- oder 24-Volt-Anlage kann man so grobe Fehlentscheidungen aufgrund falsch eingeschätzter Verbrauchssituationen von vornherein vermeiden: Zu groß gewählte Generatoren führen zu nicht unerheblichen Mehrkosten und unwirtschaftlichem Betrieb, zu klein ausgelegte Aggregate komplizieren die Handhabung des Systems und bringen selten zufrieden stellende Ergebnisse.

Während man früher Gleich- und Wechselstrombordnetze voneinander getrennt betrachtete – abgesehen von der möglichen zusätzlichen Batterieladung durch den Generator gab es keine Berührungspunkte zwischen den Systemen – , besteht heute dank fortgeschrittener Halbleitertechnik die Möglichkeit, einen Teil der benötigten Leistung für das Wechselstromnetz aus dem 12- oder 24-Volt-Bordnetz bereitzustellen. Man verwendet dann die ohnehin vorhandenen Bordnetzbatterien nicht nur als Puffer für das Gleichstromsystem, sondern benutzt sie gleichzeitig dazu, die während der Generatorlaufzeit fast laufend erzeugte überschüssige Energie zu speichern. Interessanterweise führt diese Methode zwar zu einem mehr an Komfort – alleine schon durch die kürzeren Generatorlaufzeiten – , ohne jedoch die Kosten zu erhöhen. Im Gegenteil, wie wir noch sehen werden, sind die Einstandskosten für die drei zur Auswahl stehenden Systeme fast gleich, die Betriebskosten lassen sich jedoch durch den geschickten Einsatz von Invertern und Ladegeräten um bis zu 70 Prozent im Vergleich zur konventionellen Generatorauslegung senken – selbst wenn man die für diese Systeme nötige größere Batteriekapazität mit einberechnet.

Hybridsysteme

Ein möglicher Weg zu diesem Ziel besteht darin, dem Generator eine oder mehrere Umformer/Ladekombinationen zur Seite zu stellen. Diese elektronischen Kästen können einerseits aus 12 oder 24 Volt Batteriespannung saubere 230 Volt Wechselspannung erzeugen, andererseits jedoch auch – wenn der Generator läuft – aus der Generatorspannung die Batterien laden. So wirken die Batterien als Puffer, und zwar in mehrerlei Hinsicht. Schauen wir uns die möglichen Varianten unter der Voraussetzung eines Spitzenverbrauchs von 8 Kilowatt und einer Generatorleistung von 4 Kilowatt an:

		Wechselstromgenerator im Alleinbetrieb	Wechselstromgenerator mit Inverter(n)	Gleichstromgenerator mit Invertern
Generatorleistung	kW	12	8	6
Laufzeit je Etmal	h	12	5	4
Verbrauch je Etmal	l	15,6	5,5	5,2
Bordnetzbatterie	Ah	400	800	800
Inverterleistung	kW	-	6	6
Erstehungskosten	%	100	98	108
Kraftstoffkosten pro Jahr [1]	%	100	35	33

1) Bei einer Nutzung von 40 Tagen pro Jahr.

Gegenüberstellung der unterschiedlichen Systeme für einen durchschnittlichen Tagesverbrauch von 15 Kilowattstunden

1. Es wird mehr Strom verbraucht, als der Generator liefern kann

Dies wird im Allgemeinen nur verhältnismäßig kurzzeitig der Fall sein. Klimaanlage und Wassermacher können zusammen betrieben werden, ohne den Generator auszulasten. Bleiben Kurzzeitverbraucher wie Mikrowelle oder Wasserkocher, die in der Regel nur einige Minuten am Stück laufen. Die Differenz zwischen Generator- und Verbraucherleistung kann problemlos von der (oder den) Lade/Umformerkombinationen (die ich im Folgenden aus Faulheit nur noch „Kombis" nennen werde) übernommen werden, sogar ohne die Batterien über Gebühr zu belasten. Beispiel: 10 Minuten Mikrowelle (1.500 Watt) verbrauchen 10,4 Amperestunden aus einer 24-Volt-Batterie.

2. Der Verbrauch liegt unter der Generatorleistung, jedoch über der Leistung der Kombi(s)

Die Generatorleistung, die nicht zur Speisung der Verbraucher verwendet wird, kann zur Batterieladung genutzt werden. Der Generator läuft in einer besseren Auslastung mit niedrigem spezifischen Verbrauch, die Stromproduktion für die Batterieladung ist wesentlich effektiver, als wenn nur für die Batterieladung die Hauptmaschine angeworfen werden muss.

3. Der Verbrauch liegt unter der Generatorleistung, kann jedoch von den Kombis abgedeckt werden

Jetzt kann der Generator ausruhen. Die gesamte Stromversorgung erfolgt aus den Bordnetzbatterien, die dafür natürlich eine entsprechende Kapazität aufweisen müssen. Eine große Batteriekapazität empfiehlt sich aber auch aus anderen Gründen: Sie können schneller geladen werden und müssen – bei gleichbleibendem Verbrauch – nicht so tief entladen werden, was der Batterielebensdauer sehr zugutekommt.

Rechnen wir nach: Wir gehen nach wie vor von einem Energieverbrauch von 17,8 Kilowattstunden pro Etmal aus und nehmen an, dass durch die Umwandlung von Gleich- in Wechselstrom und umgekehrt insgesamt Verluste von etwa 30 Prozent entstehen. Inverterhersteller werden jetzt aufschreien und darauf hinweisen, dass diese mit einem Wirkungsgrad von 96 Prozent arbeiten, aber wir haben es ja zusätzlich mit den Ladeverlusten in den Batterien und der Tatsache zu tun, dass der Generator nicht immer optimal ausgelastet ist. Der Generator muss also 17,8 · 1,3 = 23,1 Kilowattstunden liefern. Dies kann er mit einem spezifischen Verbrauch von circa 350 g/kwh, er braucht also rund 8 Kilogramm Dieselkraftstoff. Dies entspricht einem Gesamtverbrauch pro Etmal von 9,5 Litern.
Bei der Variante ohne Kombis läuft der große Generator 12 Stunden mit einer Durchschnittslast von 1,45 Kilowatt. Da der spezifische Verbrauch in diesem Lastzustand mit 1.400 g/kwh wesentlich höher liegt, verbraucht er 1,45 · 1.400 · 12 = 24.360 Gramm oder 28,7 Liter Kraftstoff. Ohne mehr Komfort – im Gegenteil, die Lärm- und Abgaserzeugung auch eines leisen Generators führt nie zu einer Komfortsteigerung.
Ein weiterer Vorteil der Hybrid-Anlagen besteht darin, dass auch bei schwach abgesicherten Landanschlüssen (in manchen Marinas stehen nur 4 Ampere zur Verfügung) das 230-Volt-Bordnetz ohne Einschränkungen und in der Regel ohne Generatorbetrieb betrieben werden kann. Die fehlende Leistung wird dann von den Kombis bereitgestellt. Damit dies funktioniert, müssen die Kombis oder Inverter jedoch in der Lage sein, sich mit dem Netz zu synchronisieren. Die in den Beispielen eingesetzten Zahlenwerte sind zum Teil grobe Näherungen. Trotzdem zeigen die Rechnungen ganz klar, dass der Einsatz der Hybridsysteme in jeder Beziehung vorteilhaft ist. Obwohl Hybridsysteme etwa den gleichen Preis haben wie die Standardanlagen (die Kosteneinsparung durch den kleineren Generator wird durch die Kombis ungefähr ausgeglichen), zahlt sich der höhere Installationsaufwand schon nach wenigen hundert Betriebsstunden aus. Nicht nur in Bezug auf die Betriebskosten, die sich durch den geringeren Kraftstoffverbrauch und weniger Wartungsaufwand deutlich verringern, sondern auch ökologisch – der CO_2-Ausstoß entspricht ja dem Kraftstoffverbrauch. Obendrein steigt die Redundanz – selbst bei Generatorausfall ist ein zumindest teilweiser Betrieb der 230-Volt-Verbraucher mithilfe der Kombis möglich.
Anlagen dieser Art sind nach der zur Zeit der Drucklegung diese Buches gültigen Norm DIN EN ISO 13297 nicht zulässig. In dieser Norm ist gefordert, dass auf gar keinen Fall mehr als eine Wechselstromquelle das Bordnetz versorgen darf; dies ist historisch bedingt – zu der Zeit, als die Norm erarbeitet wurde (vor dem Jahr 2000) gab es noch keine Inverter für den Einsatz auf Wasserfahrzeugen, die für einen Parallelbetrieb geeignet waren. Es ist jedoch zu erwarten, dass diese Forderung in der für 2012 erwarteten überarbeiteten Fassung der DIN EN ISO 13297 an den tatsächlichen Stand der Technik angepasst wird.

Das Gleichstromkonzept

Die Generatorlaufzeiten können noch effektiver gestaltet werden, wenn auf den 230-Volt-Generator ganz verzichtet wird und stattdessen ein Gleichstromgenerator eingesetzt wird, der ausschließlich zur Ladung der Batterien verwendet wird. Gleichstromgeneratoren sind kleiner, leichter und effizienter als Wechselstromgeneratoren gleicher Leistung und im Vergleich zu den Hybridsystemen entfällt eine Spannungswechselstufe. Damit reduzieren sich die Verluste, wodurch die Anlagen mit einem deutlich höheren Gesamtwirkungsgrad arbeiten. Der möglichen Leistung sind allerdings Grenzen gesetzt, da die für einen effizienten Betrieb erforderlichen Batteriekapazitäten mit dem Verbrauch wachsen. Auch hier gilt der Grundsatz, dass den Batterien pro Etmal nicht mehr als 50 Prozent ihrer Kapazität entnommen werden sollte. Bei einem Gesamtverbrauch von 17,8 Kilowattstunden müssten bei 24 Volt schon 1.500 Amperestunden Kapazität installiert sein. Das ist alleine aus Gewichtsgründen nicht unbedingt ideal, die Grenze selbst für größere Segelyachten dürfte bei etwa 800 Amperestunden liegen. Dazu müsste der Verbrauch auf unter 10 Kilowatt-

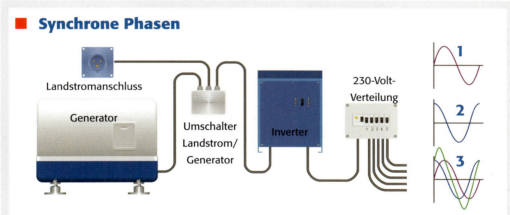

■ Synchrone Phasen

In unserem Beispiel soll der Inverter nicht nur alternativ zu Landanschluss und Generator, sondern auch als Ergänzung zu diesen Stromquellen bei höherem Energiebedarf eingesetzt werden. Dies bedingt, dass der Inverter in der Lage ist, die Phasenlage seiner Ausgangsspannung an die der zweiten Quelle anzupassen. Rechts ist dargestellt, was geschieht, wenn dies nicht der Fall ist. Spannung 1 (zum Beispiel der Landstromanschluss) ist gegen Spannung 2 (Inverter) um 90 Grad verschoben. Werden jetzt beide Spannungen einfach zusammengeschaltet, ergibt sich theoretisch eine Wechselspannung, deren Scheitelwert das 1,41-Fache der ursprünglichen Spannungen beträgt, wobei jedoch ein großer Teil der Leistung durch Ausgleichsströme zwischen den Stromquellen verloren geht – immer dann, wenn die beiden Spannungen unterschiedliche Vorzeichen haben. Sind die Phasen um 180 Grad verschoben, löschen sich beide Spannungen theoretisch vollständig aus – in der Praxis wird das schwächere Gerät sehr schnell zerstört oder, bei entsprechender Absicherung, abgeschaltet. Dies gilt auch für den Fall, dass mehrere Inverter parallel geschaltet werden sollen.

stunden pro Etmal reduziert werden, was in der Regel auch mit geringen Einschränkungen an Komfort möglich ist.

Anders auf Motoryachten: Hier kann ein Energiebedarf von bis zu circa 15 Kilowattstunden alleine von den Lichtmaschinen der Antriebsmotoren abgedeckt werden. Gehen wir in einem 24-Volt-Bordnetz von zwei 60-Ampere-Lichtmaschinen aus, die durchschnittlich jeweils 30 Ampere liefern, werden in 10 Stunden Motorlaufzeit 14,4 Kilowattstunden erzeugt. Diese Methode funktioniert, wenn man täglich mehrere Stunden motort und abends überwiegend vom Landanschluss versorgt wird. Will man allerdings längere Zeit ohne Landanschluss auskommen, zum Beispiel bei längeren Ankerzeiten, wird ein Generator durchaus sinnvoll. Es ist allemal wirtschaftlicher, einen kleinen Gleichstromgenerator mit einem 5-Kilowatt-Motor zur Batterieladung einzusetzen, als die Hauptmaschinen mit oft mehreren hundert Kilowatt für denselben Zweck zu „missbrauchen".

Inverter und Ladegeräte

Obwohl es sich dabei nicht direkt um Stromerzeuger handelt, spielen diese elektronischen Wandler bei Hybrid- und Gleichstromsystemen eine tragende Rolle. Idealerweise sollten die Anlagen möglichst automatisch arbeiten, also ohne manuelle Schalt- oder Regelvorgänge seitens des Skippers. Dazu müssen die Wandler einige Voraussetzungen erfüllen, die über das hinausgehen, was im Standardbetrieb gefordert wird.

Sollen Inverter dazu eingesetzt werden, einen Generator oder den Landstromanschluss zu

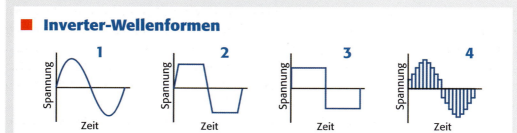

■ Inverter-Wellenformen

Soll ein Inverter uneingeschränkt für alle Arten von Verbrauchern geeignet sein, muss dessen Ausgangsspannung einer reinen Sinusform entsprechen (1). Ältere und billige Inverter arbeiten oft mit einer trapezförmigen Ausgangsspannung (2) oder produzieren Rechteckspannungen (3), beides Wellenformen, die für viele Verbraucher nicht geeignet sind. Mit rechteckförmigen Wechselspannungen können lediglich rein ohmsche Verbraucher, zum Beispiel Glühlampen oder Herdplatten, zufrieden stellend betrieben werden. Mit trapezförmigen Spannungen können einige induktive Lasten, zum Beispiel Bohrmaschinen – wenn auch mit Einschränkungen – versorgt werden. Elektronische Geräte wie zum Beispiel Monitore oder viele Netzteile laufen nur mit einer Sinusspannung und können durch die „eckigen" Spannungen sogar beschädigt werden. Inverter mit „quasi-sinusförmiger" Ausgangsspannung (4) kommen den reinen Sinuswechselrichtern am nächsten und sind bis auf ganz wenige Ausnahmen universell einsetzbar.

unterstützen, also zusätzlich Leistung während der Speisung durch andere Energiequellen zur Verfügung zu stellen, müssen sie sich mit deren Phasenlage synchronisieren können. Die Ausgangsspannung der Wandler muss für den uneingeschränkten Bordgebrauch eine saubere Sinusform aufweisen. Billige Geräte, die Trapez- oder Rechteckspannungen liefern, sind für viele Verbraucher an Bord nicht zu gebrauchen.

Idealerweise sollte die gesamte Anlage nach dem Prinzip der unterbrechungsfreien Stromversorgungen von Computeranlagen funktionieren: Sie sollte merken, welche Stromquelle gerade aktiv ist, ob deren Leistung für die zurzeit betriebenen Verbraucher ausreicht oder ob eventuell zusätzliche Leistung aus den Bordnetzbatterien erzeugt werden muss. Die dazu erforderliche Elektronik ist bereits verfügbar und wird in nicht allzu ferner Zukunft – wahrscheinlich – zur Standardausrüstung maritimer Inverter gehören.

Bereits heute gibt es Geräte, die im Parallelbetrieb Leistungen bis 18 Kilowatt – auch als Drehstrom – aus den Bordnetzbatterien erzeugen können. Damit lässt sich ein Energiebedarf von bis zu 240 Kilowattstunden pro Tag bewältigen, allerdings in Verbindung mit entsprechend leistungsfähigen Generatoren. Dieser Energiebedarf – der erst im Megayachtbereich auftritt – stellt jedoch auch die Grenze des Einsatzes von Hybridsystemen dar. Darüber hinaus wachsen die erforderlichen Batteriekapazitäten in einen gewichts- und kostenmäßig nicht mehr zu vertretenden Bereich.

Einbindung in das Bordnetz

Hier kann man drei Anschlussarten des Generators an das Bordnetz unterscheiden: tragbare Generatoren als eigenständige Einheiten - auch wenn diese nicht in das Bordnetz eingebunden sind -, Generatoren, die gleichberechtigt mit Landanschluss und eventuell vorhandenem Inverter als Stromquelle fest in das 230-Volt-Bordnetz eingebunden sind (im Alleinbetrieb oder in einem Hybridsystem) und Generatoren, die eigentlich als Batterielader arbeiten und so als Puffer für die Erzeugung der 230 Volt durch Inverter dienen (Gleichstromkonzept).

Tragbare Generatoren, die lediglich mit einer Schuko-Steckdose ausgestattet sind, werden nicht mit dem Bordnetz – falls vorhanden – verbunden. Da an diese Geräte immer nur jeweils ein Gerät angeschlossen sein darf, ist die Gefahr eines Elektrounfalls durch Berührungsspannungen nahezu ausgeschlossen. Tragbare Aggregate mit mehreren Steckdosen müssen mit entsprechenden Schutzmaßnahmen arbeiten, zum Beispiel Schutztrennung der einzelnen Steckdosen, damit ein gefahrloser Betrieb möglich ist. Auch hier dürfen nicht mehrere Geräte an eine Steckdose angeschlossen werden. Grund: Sobald hier zwei Fehler gleichzeitig auftreten, kann die Benutzung der Geräte in einem tödlichen Unfall enden.

Wie ein Generator mit 230 oder 400 Volt Ausgangsspannung fest an das Bordnetz angeschlossen wird, ist im Kapitel „Das Wechselstrombordnetz - AC" beschrieben. Sie müssen in die Schutzerdung mit einbezogen werden und dürfen nur über einen zweipoligen Schalter mit dem Netz verbunden werden.

Lichtmaschinen als 230-Volt-Generatoren

Eine Möglichkeit für die Stromerzeugung an Bord kleinerer Schiffe, in denen kein Platz für den Einbau eines Dieselgenerators vorhanden ist, bieten Lichtmaschinen, die anstelle der Nennspannung von 12 oder 24 Volt eine 230 Volt-Wechselspannung liefern. Sie ersetzen entweder die originale Lichtmaschine – dann werden die Batterien über ein separates Ladegerät geladen – oder werden als zweite Lichtmaschine an den Motor angeflanscht. Aggregate dieser Art bestehen heute in der Regel aus einer modifizierten Standard-Drehstromlichtmaschine mit nachgeschaltetem Inverter und sind verhältnismäßig teuer. Der Leistungsbereich erstreckt sich von 3 bis maximal 7 Kilowatt, wobei verhältnismäßig hohe Drehzahlen erforderlich sind, um die angegebenen Nennleistungen zu erreichen. Neben dem Preis besteht der Hauptnachteil dieser Systeme darin, dass die Redundanz, also Ausfallsicherheit, der elektrischen Anlage an Bord erheblich reduziert wird, wenn die 230-Volt-Lichtmaschine die Standardlichtmaschine ersetzt. Während selbst bei reinen Invertersystemen ohne zusätzlichen Generator zu dem bestehenden 12- oder 24-Volt-System eine zweite – eben die 230-Volt-Anlage – geschaffen wird, deren Ausfall in den meisten Fällen keine Auswirkungen auf die Schiffsicherheit haben wird, bricht beim Ausfall der 230-Volt-Lichtmaschine die gesamte Stromversorgung des Schiffes zusammen. Unter diesem Gesichtspunkt ist es sicherer (und preiswerter), an das vorhandene Gleichstrom-Bordnetz einen 230-Volt-Inverter anzuschließen. Dies könnte auch der Grund dafür sein, dass die Liste der Hersteller von 230-Volt-Lichtmaschinen in den letzten Jahren ständig geschrumpft ist.

■ Quellenschalter

Im Gegensatz zu den Gepflogenheiten an Land, bei denen der Neutralleiter nicht unterbrochen wird, muss dieser auf Schiffen mit dem Außenleiter zusammengeschaltet werden. Einer der Gründe dafür liegt darin, dass bei einigen Landanschlusssystemen Außen- und Neutralleiter nicht eindeutig festliegen. Der Schalter muss trennend schalten, das heißt, die Kontakte der vorherigen Schaltstellung müssen vollständig offen sein, bevor die nächste Schaltstellung verbindet. Zudem muss sichergestellt sein, dass eventuell installierte Ladegeräte abgeschaltet werden, wenn das Bordnetz aus dem Inverter gespeist wird. Diese Schalter gibt es auch als automatische Umschalter, die bereits mit einem Schaltrelais für das Ladegerät ausgestattet sind.

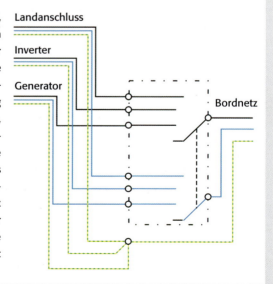

Zusammenfassung

Abgesehen vom Einsatz kleiner mobiler Stromerzeuger gibt es drei Systeme für die Energieversorgung des 230-Volt-Bordnetzes:

Dieselgenerator im Alleinbetrieb

Hier muss der Generator so ausgelegt sein, dass er den größten zu erwartenden Verbrauch abdecken kann. Auch bei niedrigen Lasten muss der Generator betrieben werden, was in der Regel dazu führt, dass er die meiste Zeit in einem unökonomischen und für die Generatorlebensdauer abträglichen Leistungsbereich betrieben wird.
Vorteile: sehr einfache Installation, unkompliziertes Netz.
Nachteile: unverhältnismäßig hohe Betriebskosten. Oft ist ein eigener Kraftstofftank erforderlich, und der Generator kann nicht parallel zum Landanschluss betrieben werden.

Hybridsysteme

Diese bestehen aus einem Dieselgenerator und einem oder mehreren Invertern. Niedriger Leistungsbedarf wird von den Invertern abgedeckt, Spitzenlasten durch den Generator in Verbindung mit den Invertern. Schwach abgesicherte Landstromanschlüsse können parallel zu den Invertern benutzt werden, wenn diese für eine Parallelschaltung geeignet sind.
Vorteile: Der Generator kann erheblich kleiner ausgelegt werden, die Generatorlaufzeiten fallen deutlich kürzer aus, in Verbindung mit entsprechenden Ladegeräten wird die bei den Generatorlaufzeiten anfallende überschüssige Energie zur Ladung der Bordnetzbatterien verwendet. Der Antriebsmotor des Aggregats läuft in einem effektiveren Lastbereich, insgesamt ergibt sich ein wesentlich ökonomischerer Betrieb.
Nachteile: In der Regel größere Kapazität der Bordnetzbatterie erforderlich, hoher Schaltungsaufwand.

Gleichstromsysteme

Hier wird auf den Wechselstromgenerator ganz verzichtet. Stattdessen übernimmt ein Gleichstromgenerator die Energieerzeugung. Das gesamte Wechselstromnetz wird aus Invertern gespeist, die, falls parallelschaltfähig, auch den Landstromanschluss unterstützen können.
Vorteile: Durch hohen Generatorwirkungsgrad kann der Generator kleiner gewählt werden, kürzeste Laufzeiten aller vorgestellten Systeme, niedrigste Betriebskosten.
Nachteile: teuerstes System, hohe Batteriekapazitäten, Leistungsbegrenzung durch Gewicht und Kosten der Batterien.

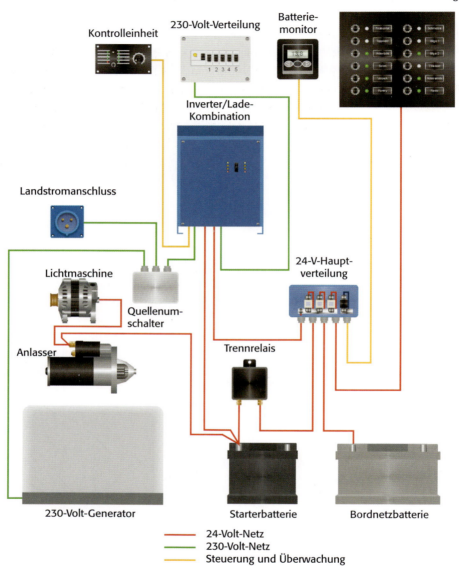

Schema der Energieversorgung eines 18-Meter-Motorseglers

Einsatz von „Landgeneratoren"

Für den Bootsbetrieb geeignete Generatoren kosten oft ein Mehrfaches gleich starker Aggregate, die für den Betrieb an Land konzipiert sind. Weshalb sollte es nicht möglich sein, solch ein Gerät zur Stromversorgung an Bord einzusetzen?

Theoretisch ist es möglich. Wenn man es schafft, den in der Regel luftgekühlten Antriebsmotor auf Wasserkühlung umzustellen, ein komplettes Seewasserkühlsystem an das Aggregat anbaut – einschließlich wassergekühltem Abgassammelrohr und Wärmetauschern –, und es zusätzlich schafft, den Schalldruckpegel um etwa 30 bis 40 Dezibel zu senken. Mit anderen Worten: Es ist vielleicht möglich, würde aber teurer als ein fertiger Marinegenerator. Und was geschieht, wenn man solch ein Aggregat mit Luftkühlung im Schiff betreibt, kann man sich vorstellen, wenn man drei bis vier Heizlüfter auf höchster Stufe einige Minuten im Schiff laufen lässt – deren Heizleistung entspricht etwa der eines luftgekühlten 6-Kilowatt-Generators.

Das Gleichstrombordnetz (DC)

Grundlagen

Bis in den Anfang dieses Jahrtausends gab es eine ganze Reihe von Normen und Richtlinien, in denen die Ausführung der Gleichstromanlagen an Bord von Freizeitschiffen geregelt war. Die Regelwerke enthielten teilweise sehr unterschiedliche Festlegungen – so wurden beispielsweise die zulässigen Spannungsverluste in Leitungen mal mit 10, an anderer Stelle mit 5 oder sogar mit 2 Prozent angegeben. Pünktlich zu Beginn des dritten Jahrtausends änderte sich dieser Zustand mit der Verabschiedung der Internationalen Norm ISO 10133, die unverändert von den Mitgliedsstaaten dieser Organisation übernommen und die heute fast weltweit als Stand der Technik gilt. Seit 2008 gibt es zwar zusätzlich eine Norm des Internationalen Elektrotechnischen Komitees, die IEC 60092-507/2, deren Geltungsbereich sich mit dem der DIN EN ISO 10133 überschneidet. Diese IEC-Richtlinie ist in der jetzigen Form jedoch noch nicht in das deutsche (nationale) Normenwerk implementiert und es ist

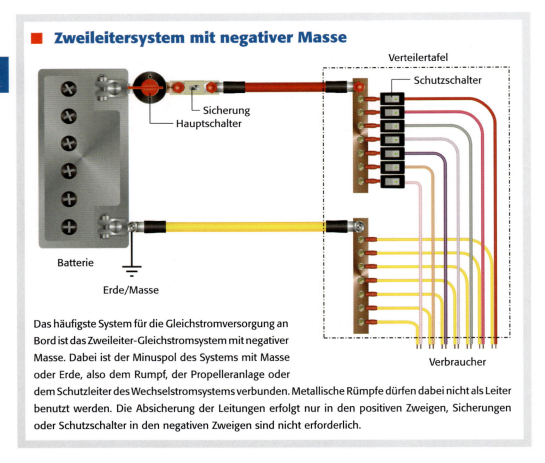

■ Zweileitersystem mit negativer Masse

Das häufigste System für die Gleichstromversorgung an Bord ist das Zweileiter-Gleichstromsystem mit negativer Masse. Dabei ist der Minuspol des Systems mit Masse oder Erde, also dem Rumpf, der Propelleranlage oder dem Schutzleiter des Wechselstromsystems verbunden. Metallische Rümpfe dürfen dabei nicht als Leiter benutzt werden. Die Absicherung der Leitungen erfolgt nur in den positiven Zweigen, Sicherungen oder Schutzschalter in den negativen Zweigen sind nicht erforderlich.

zum jetzigen Zeitpunkt noch nicht absehbar, ob beide Normen nebeneinander bestehen werden – was ziemlich unwahrscheinlich ist – oder die DIN EN ISO zurückgezogen wird. Inhaltlich bestehen keine wesentlichen Unterschiede, sodass die zu erwartenden Änderungen eher formaler und weniger technischer Natur sein dürften. Zudem dauern diese Verfahren – besonders, wenn unterschiedliche Normenorganisationen – hier das IEC und die ISO – an der Erstellung beteiligt sind, erfahrungsgemäß mehrere Jahre.

Zurück zur Gegenwart (Ende 2011): Kurz und prägnant heißt es im Anhang D der DIN EN ISO 10133: „Diese Internationale Norm wurde erarbeitet, um Explosionen und Feuern vorzubeugen". Das ist, gelinde gesagt, eine Untertreibung; mindestens ebenso viel Wert wurde darauf gelegt, die Betriebssicherheit der Anlagen auf einem möglichst hohen Stand zu halten. Beide Ziele werden im Prinzip dadurch erreicht, dass das System mit Sicherungen und Schutzschaltern ausgestattet wird, die auf die Eigenschaften der Leitungen und der Verbraucher abgestimmt sind. Aber die Absicherung gegen Überströme und Kurzschlüsse reicht alleine nicht aus, ein auf Dauer betriebssicheres System zu schaffen. Beschäftigen wir uns etwas eingehender mit den Inhalten dieser Norm:

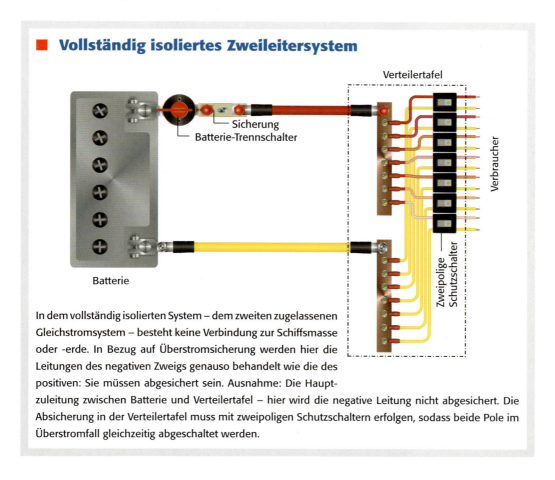

■ Vollständig isoliertes Zweileitersystem

In dem vollständig isolierten System – dem zweiten zugelassenen Gleichstromsystem – besteht keine Verbindung zur Schiffsmasse oder -erde. In Bezug auf Überstromsicherung werden hier die Leitungen des negativen Zweigs genauso behandelt wie die des positiven: Sie müssen abgesichert sein. Ausnahme: Die Hauptzuleitung zwischen Batterie und Verteilertafel – hier wird die negative Leitung nicht abgesichert. Die Absicherung in der Verteilertafel muss mit zweipoligen Schutzschaltern erfolgen, sodass beide Pole im Überstromfall gleichzeitig abgeschaltet werden.

Ein- und Zweileitersysteme

Einleitersysteme sind auf Yachten generell nicht zugelassen. Ausnahme: der Motor, dessen Block und Metallteile als Leiter benutzt werden dürfen. In Einleitersystemen wird nur der positive Zweig der Anlage in separaten Leitungen geführt, die Rückleitung übernimmt der Schiffskörper. Dies funktioniert nur bei Schiffen mit Metallrümpfen und wurde dort auch bis in die sechziger Jahre des letzten Jahrhunderts ab und zu praktiziert. An Land wurden bis vor wenigen Jahren die meisten Kraftfahrzeuge so verkabelt – man sparte Leitungen und somit Kosten und Gewicht und die elektrochemische Korrosion spielte bei Fahrzeugen kaum eine Rolle, da der ganz ordinäre Rost wesentlich schneller war.

In Schiffen hingegen führt der Missbrauch des Rumpfes als Leiter nicht nur zu herrlich undefinierten Potenzialverhältnissen (wo der Massepunkt ist, kann dann von der Anzahl

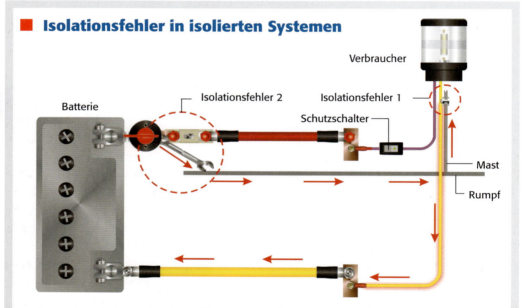

Im Gegensatz zu Systemen, bei denen Minus an Masse liegt, müssen in isolierten Systemen beide Leiter abgesichert sein. Ist nur der positive Leiter abgesichert, kann beim Auftreten von zwei Isolationsfehlern im System eine nicht abgesicherte Kurzschlusssituation entstehen. In unserem Beispiel ist die Isolierung der negativen Versorgungsleitung der Ankerlaterne im Mast beschädigt, es besteht ein Kurzschluss, der jedoch zunächst nicht bemerkt wird. Kommt nun ein zweiter Fehler hinzu, im Beispiel ein Kurzschluss zwischen der positiven Hauptleitung und dem Rumpf, fließt der Kurzschlussstrom durch den Rumpf zum Anschlusskabel der Ankerlaterne und durch dieses zurück zum Minuspol der Batterie – ohne jegliche Sicherung. Wäre die Minusleitung – wie gefordert – ebenfalls durch einen Schutzschalter gesichert, würde dieser auslösen.

und dem Stromverbrauch der angeschlossenen Geräte abhängen), sondern unter den maritimen Bedingungen auch sehr schnell zu elektrolytischen Zersetzungserscheinungen, die in schwimmenden Schiffen ganz anders geartete Auswirkungen haben können als in Kraftfahrzeugen – zum Beispiel, dass aus schwimmenden Yachten sinkende werden. Fassen wir zusammen: In Einleitersystemen sind nur die positiven Verbindungen in separaten Leitungen geführt, die negativen Verbindungen werden – zumindest teilweise – vom Rumpf übernommen, im betriebsmäßigen Zustand der Anlage fließt also ein Strom durch den Rumpf. Diese Systeme sind, wie eingangs erwähnt, nicht zulässig.

Die Tatsachen, dass der Rumpf nicht als betriebsmäßiger Leiter benutzt werden darf, führt bei vielen Laien und einigen Elektrikern zu der Meinung, dass keine Verbindung zwischen der Gleichstromanlage und dem Rumpf bestehen darf. Das ist, wie wir gleich lesen werden, falsch.

Zweileitersysteme mit negativer Masse

Zunächst eine Wiederholung der Definition des Begriffs „Masse" (der in der EN ISO 10133 inhaltlich mit „Erde" gleichgesetzt wird): Erdung – und somit nach DIN die Masseverbindung – ist eine beabsichtigte oder unbeabsichtigte leitende Verbindung von Teilen einer elektrischen Anlage mit der allgemeinen Erde. Mit „Erde" ist das Potenzial der Erdoberfläche gemeint, mit dem dann jeder leitende Teil der benetzten Oberfläche des Rumpfes verbunden ist. Dabei kann es sich um den Rumpf selber handeln – bei Metallrümpfen – oder um Teile der Antriebsanlage, Ruderblätter, Erdungsplatten, Opferanoden oder andere metallische Gegenstände im Unterwasserbereich.

Das Wörtchen „jeder" spielt hier eine bedeutende Rolle, wie wir spätestens in den Abschnitten „Elektrochemische Korrosion" und „Blitzschutz" erfahren werden. Als Erdung gilt übrigens auch eine Verbindung mit dem Schutzleiter eines Wechselstromsystems. Der Motor nimmt auch hier eine Sonderstellung ein: Er hat eine eigene „Motormasse", die als leitende Verbindung genutzt werden darf, die aber nichtsdestoweniger geerdet sein kann.

In Zweileitersystemen, bei denen nur die positiven Leitungen mit Sicherungen oder Schutzschaltern geschützt sind, muss der Minuspol der Anlage geerdet sein, also mit der Schiffserde verbunden sein. Die Erdung erfolgt in der Regel direkt am Minuspol der Bordnetzbatterie.

Besonders auf Aluminiumschiffen findet man jedoch häufig Anlagen, bei denen das komplette Gleichstromsystem aus Furcht vor elektrolytischer Korrosion vom Rumpf isoliert ist, ohne dass die Minusleitungen abgesichert sind. Diese Praxis erhöht die Wahrscheinlichkeit des Auftretens eines Kabelbrandes beträchtlich – der in einem korrekt ausgeführtem System praktisch ausgeschlossen ist. Zwei gleichzeitig auftretende Isolationsfehler reichen aus, ein Beispiel zeigt der Kasten „Isolationsfehler in isolierten Systemen".

Fassen wir zusammen: In einem Zweileiter-Gleichstromsystem mit negativer Masse ist der Minuspol der Anlage mit Masse (Erde) verbunden. Die Verbraucher sind mit positiven und negativen Leitungen angeschlossen, von denen jedoch nur die positiven abgesichert sein müssen. Unter normalen Betriebsbedingungen fließt kein Strom durch den Masse- (Erd-) leiter.

Vollständig isoliertes Zweileiter-Gleichstromsystem

In diesem zweiten zulässigen System besteht keine Verbindung der Gleichstromanlage mit Erde (Masse). Bedingung dafür ist, dass auch die negativen Leitungen abgesichert sind, und zwar mit gekoppelten Schutzschaltern, mit denen die Plus- und die Minusleitung zu der fehlerhaften Stelle gleichzeitig unterbrochen werden – Schmelzsicherungen können hier nicht eingesetzt werden. Ausnahme: Die Minushauptleitung zwischen Batterie und Verteilung oder Verteilertafel muss nicht abgesichert sein. Dieses Prinzip darf nicht auf Wechselstromanlagen übertragen werden – diese müssen auf jeden Fall geerdet sein.

Kabel und Leitungen

Die Auswahl der Kabel und Leitungen richtet sich grundsätzlich nach drei Kriterien: Flexibilität, Stromstärke und Betriebstemperaturbereich. Leitungen mit starren Adern dürfen auf Schiffen grundsätzlich nicht eingesetzt werden; aufgrund von Vibrationen können die Adern – vor allem an den Anschlussstellen – innerhalb kurzer Zeit brechen. Die Mindestzahl der Einzeldrähte in den Adern richtet sich dabei nach dem Querschnitt und der

■ Kabel und Leitungen – Aufbau

In Gleichstrom-Bordnetzen dürfen nur isolierte mehrdrähtige Leiter aus Kupfer verwendet werden. Der Mindestquerschnitt beträgt generell 1 Quadratmillimeter, in Ausnahmefällen – zum Beispiel in Verteilertafeln – sind auch 0,75 Quadratmillimeter zulässig. Auch für die Anzahl der Einzeldrähte einer Ader gibt es Mindestwerte, so muss eine Ader mit einem Querschnitt von 1,5 Quadratmillimetern aus mindestens 19 einzelnen Drähten bestehen. Eindrähtige Leiter sind nicht zugelassen. Der Werkstoff und die Dicke der Isolierung bestimmen die Spannungsfestigkeit und das Temperaturverhalten des Leiters. Die Isolierung muss aus feuerhemmenden Werkstoffen bestehen und zumindest selbstverlöschend sein. Für die Verlegung in Maschinenräumen muss die Isolierung ölbeständig und für eine Betriebstemperatur von mindestens 70 Grad Celsius bemessen sein. In mehradrigen Leitern sind die einzelnen Adern in ein Füllmaterial eingebettet und von einem Mantel umgeben, der in erster Linie einen mechanischen Schutz darstellt.

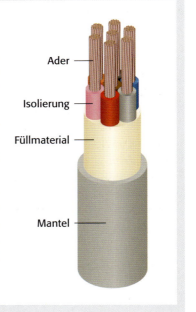

Ader

Isolierung

Füllmaterial

Mantel

Beanspruchung des Leiters. Ist dieser häufigen Biegungen ausgesetzt, müssen die einzelnen Drähte feiner ausfallen. Die Mindestzahlen sind in dem Kasten „Kabel und Leitungen - Flexibilität" aufgeführt.

Der erforderliche Querschnitt ergibt sich zunächst aus dem maximal zu erwartendem Betriebsstrom. Das klingt einfach, ist es aber nicht. Dies aus folgendem Grund: Fließt ein Strom durch einen Leiter, wird dieser erwärmt. Nun gibt es für die verschiedenen Isolierwerkstoffe unterschiedliche Temperaturgrenzen, die im Betrieb erreicht werden dürfen, ohne dass ein Schaden am Leiter auftritt (Isolationstemperaturklassen). Ein Leiter mit einem Querschnitt von 1,5 Quadratmillimetern mit einer Isolationstemperaturklasse von 60 Grad Celsius darf mit Strömen bis zu 12 Ampere betrieben werden, ist er bis 125 Grad Celsius zugelassen, erhöht sich der erlaubte Dauerstrom auf 30 Ampere. Diese Werte beziehen sich auf eine Umgebungstemperatur von 30 Grad Celsius, in Maschinenräumen wird hingegen von 60 Grad ausgegangen. Daher müssen dort die Stromstärken beziehungsweise in der Praxis eher die Querschnitte dieser höheren erwarteten Temperatur angepasst werden. Die dabei einzusetzenden Faktoren richten sich ebenfalls nach der Temperaturklasse der Leiterisolation und sind, zusammen mit den maximalen Stromstärken für Einzelleiter, in dem Kasten auf Seite 160 aufgeführt.

Der zweite Faktor für die Dimensionierung des Leiterquerschnitts ist der Spannungsabfall. Dieser darf allgemein 10 Prozent der System-Nennspannung nicht überschreiten – 1,2 Volt bei 12-Volt-Anlagen, 2,4 Volt bei 24-Volt-Anlagen. Dazu gibt es jedoch diverse Ausnahmen. So gilt für Positionslaternen ein zulässiger Spannungsabfall zwischen 2 und 5 Prozent, für einige Motoren 5 bis 7 Prozent und für Anlasserstromkreise meistens 5 Prozent. In der Regel geben die Hersteller der betroffenen Verbraucher die entsprechenden Werte für den Spannungsabfall vor, oder sie geben einen Spannungsbereich an, in dem die Versorgungs-

■ Kabel und Leitungen – Flexibilität

Wie flexibel ein Leiter ist, wird durch die Anzahl der Einzeldrähte in den Adern bestimmt. Je mehr Drähte, desto flexibler ist das Kabel. Für die Verkabelung von Wasserfahrzeugen sind in der EN ISO 10133 Mindestzahlen für die Anzahl der Einzeldrähte festgelegt, die erstens vom Querschnitt und zweitens von der Art der Beanspruchung abhängen. Typ A bezieht sich auf die generelle Verkabelung, Typ B bezieht sich auf Kabel, die während des Gebrauchs häufig einer Biegebeanspruchung ausgesetzt sind.

Leiter-typ	Mindestanzahl der Einzeldrähte bei einem Querschnitt von											
	0,75	1	1,5	2,5	4	6	10	16	25	35	50	70	95	120	150
	mm²											
A	16			19				37	49	127	127	127	259	418	418
B	-	-	26	41	65	105	168	266	420	665	1064	1323	1666	2107	

spannung des Verbrauchers für eine ordnungsgemäße Funktion liegen muss. In Gleichstromsystemen spielt der Spannungsabfall eine weit größere Rolle als in Wechselstromanlagen. Der Spannungsverlust in einem Kabel wird – abgesehen von der Länge des Leiters – von dessen Querschnitt und dem Belastungsstrom bestimmt. Da in Gleichstromsystemen an Bord mit wesentlich niedrigeren Spannungen gearbeitet wird, müssen die Stromstärken – will man dieselbe Leistung erreichen – entsprechend erhöht werden. Nehmen wir als Beispiel einen Flachbildschirm, durch dessen Versorgungsleitung bei 230 Volt 0,15 Ampere fließen. Wird dieser Flachbildschirm mit 12 Volt betrieben, müssen für dieselbe Leistung

■ Kabel und Leitungen - Strombelastbarkeit

Die Strombelastbarkeit von Leitern wird von deren Querschnitt und deren Isolationstemperaturklasse, also der maximalen Betriebstemperatur der Isolierung, bestimmt. Die Werte in der großen Tabelle beziehen sich auf eine Umgebungstemperatur von 30 Grad Celsius, für Maschinenräume wird jedoch von einer Temperatur von 60 Grad Celsius ausgegangen. Die Werte für die maximale Stromstärke müssen daher für Maschinenräume mit dem Korrekturfaktor aus der kleinen Tabelle multipliziert werden.

Isolations-temperaturklasse °C	Korrekturfaktor
70	0,75
85 bis 90	0,82
105	0,86
125	0,89
200	1

Querschnitt mm^2	Maximale Stromstärke für Einzelleiter bei der Isolationstemperaturklasse von					
	60 °C	70 °C	85 bis 90 °C	105 °C	125 °C	200 °C
	Ampere					
0,75	6	10	12	16	20	25
1	8	14	18	20	25	35
1,5	12	18	21	25	30	40
2,5	17	25	30	35	40	45
4	22	35	40	45	50	55
6	29	45	50	60	70	75
10	40	65	70	90	100	120
16	54	90	100	130	150	170
25	71	120	140	170	185	200
35	87	160	185	210	225	240
50	105	210	230	270	300	325
70	135	265	285	330	360	375
95	165	310	330	390	410	430
120	190	360	400	450	480	520
150	220	380	430	475	520	560

(35 Watt) fast 3 Ampere fließen. Der Strom ist annähernd 19-mal größer, damit ist auch der Spannungsabfall bei gleichem Kabelquerschnitt 19-mal größer.
Der Spannungsabfall in einem Leiter lässt sich nach folgender Formel berechnen:

$$E = 0{,}0164 \cdot I \cdot L : S$$

wobei E der Spannungsabfall in Volt, I der Strom in Ampere, L die Gesamtlänge des Leiters in Meter und S der Querschnitt in Quadratmillimetern ist. Nehmen wir nun an, dass die Versorgungsleitung des Bildschirms insgesamt 6 Meter lang ist und einen Querschnitt von 0,75 Quadratmillimetern aufweist. Bei 230 Volt Versorgungsspannung ergibt dies einen Spannungsabfall von circa 0,02 Volt (oder 0,009 Prozent), bei 12 Volt hingegen 0,4 Volt oder 3,3 Prozent – immer noch im zulässigen Bereich.
Erschreckend wird es, wenn man sich die dazugehörenden Leistungsverluste anschaut: Auf der einen Seite 0,02 Volt mal 0,15 Ampere gleich 0,003 Watt, bei der kleinen Spannung haben wir 0,4 Volt mal 2,9 Ampere gleich 1,16 Watt, also fast das 400-Fache. Dies ergibt sich interessanterweise auch, wenn man die Rechnung auf der Basis einer Abwandlung des Ohm´schen Gesetzes durchführt. Nach der Formel

$$P = R \cdot I^2$$

(P = Leistung, R = Widerstand und I = Strom) geht der Strom mit der zweiten Potenz in die Rechnung ein. Der Strom ist bei 12 Volt 19-mal so hoch, die Leistung entsprechend $19 \cdot 19 = 361$-mal höher. Leistung ist das – wir erinnern uns – , was letztlich die Batterien entleert. Die absoluten Zahlen unserer Beispielrechnung sind nicht übermäßig hoch. Übertragen wir die Situation jedoch auf größere Verbraucher, wird schnell klar, dass es nicht nur aus Gründen der Betriebssicherheit besser sein kann, den Leiterquerschnitt eine oder zwei Stufen größer zu wählen und dass es – zumindest ab einer Schiffsgröße von etwa 12 Metern mit entsprechend langen Leitungen – durchaus sinnvoll sein kann, ein 24-Volt-System zu wählen. Die Verdoppelung der Betriebsspannung reduziert – bei unverändertem Querschnitt – die in den Leitungen auftretenden Verluste auf ein Viertel.
Noch zwei Beispiele für die Dimensionierung von Leitern: Die elektrische Bilgenpumpe hat einen Anschlusswert von 23 Ampere. Sie liegt in der Bilge vor dem Maschinenraumschott. Die Leitungslänge zur Verteilertafel und zurück beträgt 5,6 Meter. Zum Einsatz kommen Leitungen mit einer maximalen Isolationstemperatur von 70 Grad Celsius. 1. Schritt: Aus der großen Tabelle „Kabel und Leitungen - Strombelastbarkeit" entnehmen wir für einen Strom von 23 Ampere und eine Isolationstemperaturklasse von 70 Grad Celsius einen Querschnitt von 2,5 Quadratmillimetern. Der Spannungsabfall in der Leitung beträgt $0{,}0164 \cdot 23 \cdot 5{,}6 : 2{,}5 = 0{,}84$ Volt oder 7 Prozent bei einer Nennspannung von 12 Volt. Der Querschnitt reicht also sowohl von der Strombelastbarkeit als auch vom Spannungsabfall.
Zweites Beispiel: Im Maschinenraum ist eine Dieselheizung untergebracht. Der Betriebsstrom

beträgt zwar nur 5,6 Ampere, der Anlaufstrom liegt jedoch für die Dauer von 2 Minuten bei 26 Ampere. Die Leitungslänge beträgt in diesem Fall 7,2 Meter, und auch hier soll ein Kabel mit einer Isolationstemperaturklasse von 70 Grad eingesetzt werden. Da die Leitung durch den Maschinenraum verläuft, muss die Stromstärke zunächst durch den Korrekturfaktor geteilt werden, um den passenden Querschnitt herauszufinden. In diesem Fall ergibt dies 26 : 0,75 = 34,7. Der dazu passende Querschnitt beträgt 4 Quadratmillimeter. In der Leitung fallen während des Startvorgangs 0,0164 · 26 · 7,2 : 4 = 0,76 Volt ab. Obwohl dieser Wert unter den 10 Prozent liegt, die in der Norm gefordert sind, tauchen hier trotzdem Probleme auf: Laut Betriebsanleitung ist das Heizgerät mit einer Unterspannungssicherung ausgestattet, die das Gerät abschaltet, sobald die Versorgungsspannung unter 10,5 Volt sinkt. Addieren wir nun den Spannungsabfall hinzu, kommen wir auf eine erforderliche Batteriespannung von mindestens 11,26 Volt. Je nach Batteriegröße kann diese Spannung bereits unterschritten werden, bevor die Batterie entladen ist, also auch bei Ladezuständen von 30 oder 40 Prozent. Will man also vermeiden, dass die Heizung aussetzt, lange bevor die Batterie entladen ist, muss man auf einen größeren Leiterquerschnitt ausweichen. Wählt man 6 Quadratmillimeter, reduziert sich der Spannungsabfall auf 0,51 Volt, die Heizung schaltet erst ab, wenn die Spannung an der Batterie unter 11,01 Volt fällt. Die Differenz zwischen den Spannungsabfällen wirkt zwar nicht gerade mächtig, kann in der Praxis

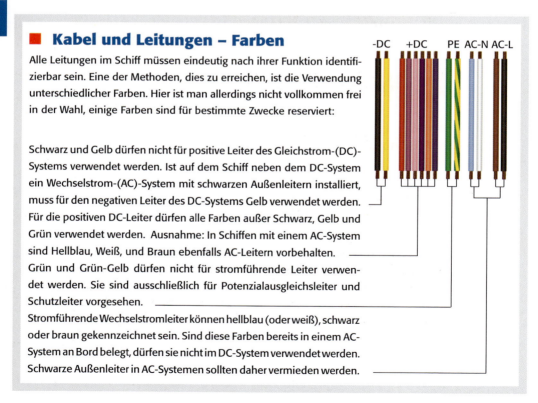

■ Kabel und Leitungen – Farben

Alle Leitungen im Schiff müssen eindeutig nach ihrer Funktion identifizierbar sein. Eine der Methoden, dies zu erreichen, ist die Verwendung unterschiedlicher Farben. Hier ist man allerdings nicht vollkommen frei in der Wahl, einige Farben sind für bestimmte Zwecke reserviert:

Schwarz und Gelb dürfen nicht für positive Leiter des Gleichstrom-(DC)-Systems verwendet werden. Ist auf dem Schiff neben dem DC-System ein Wechselstrom-(AC)-System mit schwarzen Außenleitern installiert, muss für den negativen Leiter des DC-Systems Gelb verwendet werden.
Für die positiven DC-Leiter dürfen alle Farben außer Schwarz, Gelb und Grün verwendet werden. Ausnahme: In Schiffen mit einem AC-System sind Hellblau, Weiß, und Braun ebenfalls AC-Leitern vorbehalten.
Grün und Grün-Gelb dürfen nicht für stromführende Leiter verwendet werden. Sie sind ausschließlich für Potenzialausgleichsleiter und Schutzleiter vorgesehen.
Stromführende Wechselstromleiter können hellblau (oder weiß), schwarz oder braun gekennzeichnet sein. Sind diese Farben bereits in einem AC-System an Bord belegt, dürfen sie nicht im DC-System verwendet werden. Schwarze Außenleiter in AC-Systemen sollten daher vermieden werden.

jedoch eine Laufzeitverlängerung von mehreren Stunden zur Folge haben. Ein Unterschied in der Batteriespannung von 0,25 Volt entspricht grob etwa 25 Prozent der Nennkapazität einer Bleibatterie – bei einer Batteriekapazität von 200 Amperestunden bedeutet das eine Laufzeitverlängerung von fast 9 Stunden.

Farben und Kennzeichnung

Grundsätzlich muss jeder Leiter im System nach seiner Funktion identifizierbar sein. Diese Forderung ergibt sich alleine schon aus Vernunftsgründen: Bereits in mittelgroßen Yachten können mehrere Kilometer Leiter verlegt sein, und wenn es nicht möglich ist, jeden einzelnen Leiter einem

Querschnitt mm²	Durchmesser mm
0,5	1,8-2,2
0,75	2,0-2,6
1,0	2,0-3,0
1,5	2,6-3,4
2,5	3,0-4,2
4,0	3,8-4,6
6,0	4,0-5,0

Durchmesser von Standardkabeln

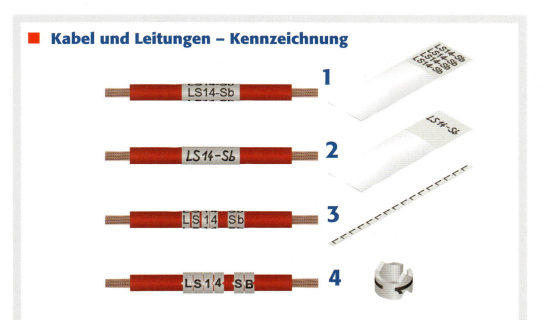

■ Kabel und Leitungen – Kennzeichnung

Für die Kennzeichnung von Leitern stehen verschiedene Hilfsmittel zur Verfügung. Auf selbstklebende Laminatfolie gedruckte Kennzeichen (1) wirken sehr professionell und sauber, nur sind die dazu erforderlichen Drucker nicht gerade billig. Preiswerter und nicht ganz so sauber wird es, wenn man die Kennzeichnung von Hand auf dafür geeignete Folien aufbringt (2), die dann um das Kabel geklebt werden. Die Arbeit mit einzelnen, auf selbstklebenden Streifen aufgedruckten Ziffern und Buchstaben ist verhältnismäßig mühselig (3), wenn mehrstellige Bezeichnungen aufgebracht werden sollen. Kunststoffclips mit aufgedruckten Ziffern und Buchstaben (4) sind einfach anzubringen, gehen jedoch ab und zu verloren, wenn bei der Montage nicht sorgfältig gearbeitet wird.

■ Kabel und Leitungen – Verlegung

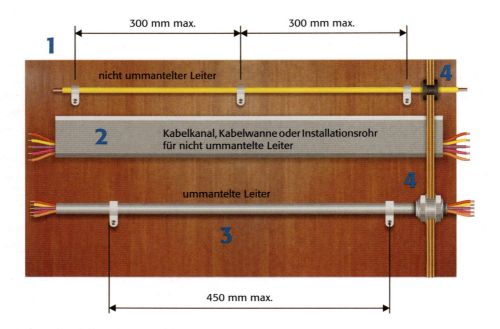
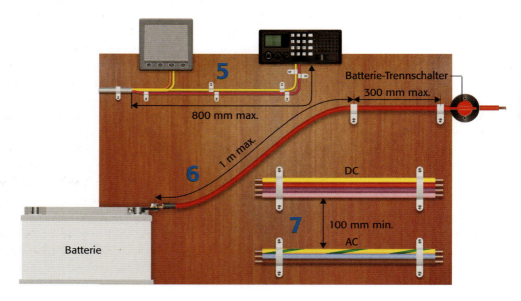

Für die Verlegung von Kabeln und Leitern gelten einige Regeln, die in erster Linie verhindern sollen, dass durch mechanische Einwirkungen Fehler in der Anlage entstehen. Dabei wird zwischen ummantelten und nicht ummantelten Leitern unterschieden. Werden nicht ummantelte Leiter individuell verlegt (1), müssen sie in Abständen von maximal 300 Millimetern befestigt sein. Dabei muss der Leiterquerschnitt mindestens 1 Quadratmillimeter betragen, wenn die Länge der freien Verlegung 200 Millimeter überschreitet. Ausnahme: In Schalt- und Verteilertafeln dürfen auch Leiter mit einem Querschnitt von 0,75 Quadratmillimetern ohne Längenbeschränkung verlegt werden. Die bevorzugte Verlegungsart für nicht ummantelte Leiter ist die Verlegung in Kabelkanälen, Kabelrohren oder Kabelwannen (2), die verwendet werden müssen, wenn Gefahr besteht, dass die Leiter mechanisch beschädigt werden, was bis auf wenige Ausnahmen praktisch für das ganze Schiff gilt.

Für ummantelte Leiter gilt ein Befestigungsabstand bei der individuellen Verlegung von maximal 450 Millimetern (3). Hier darf der Querschnitt der Adern nicht unter 0,75 Quadratmillimetern liegen. Werden einzelne Adern aus dem ummantelten Leiter separat weitergeführt, darf deren freie Länge 800 Millimeter nicht überschreiten (5).

Werden Leiter durch Schotte geführt (4), müssen sie gegen Schamfilen geschützt sein. Dazu eignen sich Gummimuffen (oben) oder, wenn die Durchführung wasserdicht ausgeführt sein soll, entsprechend ausgeführte Schottdurchführungen (unten).

Besondere Regeln gelten für den Anschluss der Batterie: Der Leiter von der Batterie zum Trennschalter muß in Abständen von maximal 300 Millimetern befestigt sein und der Abstand des ersten Befestigungspunkts vom Anschluss an der Batterie darf nicht größer als 1 Meter sein (6).

Gleich- und Wechselstromkreise müssen voneinander getrennt verlegt sein. Diese Trennung kann durch verschiedene Methoden erreicht werden: In vieladrigen Kabeln oder Leitungsbündeln müssen die Wechselstromleitungen durch eine metallische Abschirmung, die geerdet ist und deren Querschnitt mindestens dem der dicksten Ader des Wechselstromkreises entspricht, von den Gleichstromkreisen getrennt sein. Zweite Methode: Die Kabel sind in getrennten Fächern eines Kabelkanals oder einer Kabelwanne verlegt, in der Segmente zur Trennung der Systeme eingefügt sind. Drittens: Bei freier Verlegung wird ein Abstand von mindestens 100 Millimetern zwischen den Systemen eingehalten (7).

In Maschinenräumen dürfen nur Leiter verlegt werden, die für den Betrieb in einer Umgebungstemperatur von mindestens 70 Grad Celsius geeignet sind. Die Isolierung der Leiter muss ölbeständig sein, es sei denn, die Leiter sind durch Isolierrohre oder -schläuche geschützt. Der Abstand zu Teilen von wassergekühlten Abgasanlagen muss mindestens 50 Millimeter betragen. Von trockenen Abgasanlagen muss ein Mindestabstand von 250 Millimetern eingehalten werden, es sei denn, zwischen Abgasanlage und Leiter wird ein Hitzeschutz eingesetzt. Diese Regelung gilt auch für Abgasanlagen von Heizgeräten und Teilen von Heizgeräten, die während des Betriebs annähernd Abgastemperaturen erreichen können.

Stromführende Leiter dürfen nicht in Bereichen verlegt werden, in denen Bilgenwasser stehen kann. Sie müssen mindestens 25 Millimeter oberhalb des Niveaus verlegt sein, bei dem (ein eventuell vorhandener) Schwimmerschalter einer Bilgenautomatik anspricht. Ausnahme: Die Leiter werden so verlegt, dass kein Kontakt mit dem Bilgenwasser möglich ist (Schutzart mindestens IP 67).

Verbraucher zuzuordnen, ist es einfacher, die Nadel im Heuhaufen zu finden als einen Fehler in der Anlage. Das bevorzugte Mittel zur Kennzeichnung der Leiter besteht in der Verwendung unterschiedlicher Farben. Einige Farben sind bei diesem System fest vergeben, so zum Beispiel Grün, Grün-Gelb und Gelb. Grün und Grün-Gelb sind Potenzialausgleichs- und Schutzleitern vorbehalten, gelb darf nur für die negativen Leiter des DC-Systems verwendet werden und muss verwendet werden, wenn an Bord zusätzlich ein Wechselstromsystem installiert ist, in dem schwarze Außenleiter enthalten sind. Bei diesen Einschränkungen in der Wahl der Farben geht es in erster Linie darum, die nicht stromführenden Leiter – Potenzialausgleich und Schutzleiter – eindeutig und universell zu kennzeichnen. Dafür sind die Farben Grün und Grün-Gelb reserviert, die für keine anderern Leiter verwendet werden dürfen. Zweitens soll erreicht werden, in Anlagen mit Gleich- und Wechselstromsystemen – auch wenn diese voneinander örtlich getrennt sind – Verwechslungen der Leiter durch unterschiedliche Farbgebung weitgehend auszuschließen. So sollen in Anlagen mit beiden Systemen die Farben Braun, Weiß, Hellblau und – bei Wechselstromanlagen mit drei Außenleitern – Grau und Schwarz nicht für Leiter des Gleichstromsystems verwendet werden. Drittens müssen die negativen Leiter des Gleichstromsystems mit schwarzen oder gelben Leiterfarben gekennzeichnet sein; Schwarz ist jedoch nur dann zugelassen, wenn es im Wechselstromsystem nicht verwendet ist. Diese Einschränkung auf braun für den Außenleiter im AC-System muss auch beachtet werden, wenn zu einem ursprünglich ausschließlich vorhandenen DC-System nachträglich ein AC-System hinzugefügt wird. Das Problem, dass gelb isolierte Leiter kaum erhältlich sind, dürfte sich jedoch im Laufe der Zeit mit zunehmender Verbreitung der Festlegungen der einschlägigen Normen erledigen.

In der mittlerweile zurückgezogenen DIN 47100 waren 61 Farben (außer Grün-Gelb) festgelegt. Zieht man davon die sechs bereits vergebenen Farben ab, verbleiben 55 Farben als Kennzeichnung für die positiven Leiter des Gleichstromsystems. Dies sollte für die meisten Zwecke ausreichen, in der Praxis dürfte es jedoch nicht sinnvoll sein – außer bei Serienbauten – die für diese Farbkennzeichnung erforderlichen unterschiedlichen Kabel zu beschaffen und zu bevorraten. Hier ist es wesentlich einfacher, eine Farbe für alle positiven Leiter zu verwenden, die entweder mit Zahlen gekennzeichnet sind oder die bei der Installation mit einer Kennzeichnung versehen werden. Wird Letzteres konsequent und vor allem in Übereinstimmung mit dem Schaltplan durchgeführt, erhält man ein sehr übersichtliches System, in dem jeder Leiter eindeutig zugeordnet werden kann.

In vollständig isolierten Zweileitersystemen ist es kaum möglich, ohne zusätzliche Kennzeichnung zu arbeiten. Normgemäß sind auch hier alle negativen Leiter schwarz oder gelb, sodass ohne zusätzliche Kennzeichnung eine Zuordnung der Leiter nicht möglich ist.

Überstrom- und Kurzschlussschutz

Die größte Gefahr in Gleichstromsystemen auf Yachten besteht darin, dass ein Leiter überhitzt und einen Brand verursacht. Über weite Strecken liegen die Kabel hinter Wegerungen

■ Sicherungen und Schutzschalter

Sicherungen

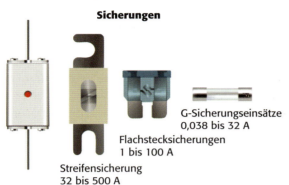

G-Sicherungseinsätze
0,038 bis 32 A

Flachstecksicherungen
1 bis 100 A

Streifensicherung
32 bis 500 A

NH-Sicherung
6 bis 1.250 A

Schutzschalter

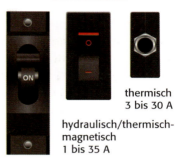

thermisch
3 bis 30 A

hydraulisch/thermisch-magnetisch
1 bis 35 A

hydraulisch/thermisch-magnetisch
35 bis 500 A

Sicherungen und Schutzschalter sollen in erster Linie verhindern, dass Leitungen durch zu hohe Ströme übermäßig erhitzt werden und letztlich einen Brand verursachen. Sicherungen sind mit einem Schmelzelement versehen, das bei Überschreiten eines festgelegten Stroms schmilzt und so den Stromfluss unterbricht. Sie sind nach einem Auslösen nicht mehr verwendbar und müssen ersetzt werden.

Schutzschalter, genauer Geräteschutzschalter, können oft auch als manuelle Schalter verwendet werden und enthalten meist zwei Auslösemechanismen. Bei sehr hohen Strömen, zum Beispiel infolge eines Kurzschlusses, erfolgt die Auslösung sehr schnell durch einen Elektromagneten. Wird der Nennstrom nur geringfügig überschritten, tritt nach einer festgelegten Zeit eine thermische (oder hydraulische) Auslösung ein, wobei die Auslösezeit von der Höhe des Stroms abhängt – je höher der Strom, desto schneller erfolgt die Auslösung. Einige Schutzschalter sind nur mit einer thermischen Auslösung ausgestattet und können daher zwar zum Schutz von Motoren und anderen Geräten mit hohen Anlaufströmen eingesetzt werden, sie erfüllen für sich alleine jedoch nicht die Forderung der Selektivität: Bei ausreichend hohen Stromstärken kann eine vorgeschaltete Sicherung oder ein vorgeschalteter magnetischer Schutzschalter zuerst auslösen.

Auf Yachten gebräuchliche Schutzschalter arbeiten mit Freiauslösung; nach einem Auslösen kann der Schalter nicht wieder eingeschaltet werden, solange die Ursache der Auslösung nicht beseitigt ist.

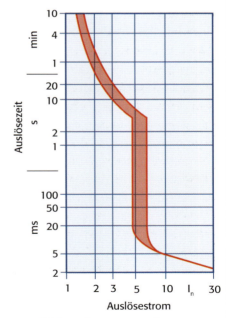

Je höher der Strom, desto schneller löst der Schutzschalter aus.

oder Verkleidungen, sodass Löschversuche oft vergebens sind. Da eine Überhitzung eines Leiters durch zu hohe Ströme entsteht, besteht die beste Vorsorge darin, den Strom durch den Leiter zu begrenzen oder diesen abzuschalten, sobald ein bestimmter Wert überschritten wird.

Der Übergang zwischen Überstrom und Kurzschluss ist bei den Kabelquerschnitten und Spannungen in DC-Bordnetzen fließend. Als Überstrom versteht man eine Stromstärke, die den Nennstrom eines Leiters übersteigt und die diesen über die zulässige Betriebstemperatur erwärmen kann. Kurzschluss hingegen ist ein Zustand, bei dem der durch den Leiter fließende Strom lediglich durch den Widerstand des Stromkreises, in dem der Kurzschluß liegt, begrenzt wird. In DC-Systemen können die Übergänge zwischen diesen beiden Zuständen verschwimmen, wenn der Leiter lang genug und dessen Querschnitt verhältnismäßig klein ist. Ein Beispiel: Nehmen wir an, im Masttopp ist eine Aktivantenne angebracht, die mit einem insgesamt 30 Meter langen Kabel mit einem Querschnitt von 0,75 Quadratmillimetern mit Strom versorgt wird. Da der Stromverbrauch der Antenne im Milliwattbereich liegt, reicht dieser Querschnitt selbst bei der langen Leitung aus. Der Widerstand der Leitung beträgt 0,0164 · 30 : 0,75 = 0,65 Ohm. Bei einer Spannung von 12 Volt können hier also im Kurzschlußfall maximal 12 : 0,65 = 18 Ampere fließen. Ist das Kabel entsprechend der Belastbarkeit für eine Isolationstemperaturklasse von 70 Grad Celsius mit einem Leistungsschalter mit Nennwert 10 Ampere abgesichert (laut der Tabelle „Kabel und Leitungen - Strombelastbarkeit"), löst dieser trotz Kurzschluss erst nach minimal 1 und maximal 4 Minuten aus. Macht aber auch nichts, weil die Leiterisolationstemperatur erst dann auch

■ G-Sicherungen

G-Sicherungen wurden und werden auch heute noch in Schalttafeln kleinerer Yachten eingesetzt, obwohl sie ursprünglich für den Einsatz in Geräten konzipiert waren. Für den Leitungsschutz werden überwiegend Sicherungen mit M- und F-Auslösecharakteristik eingesetzt. Sollen Elektromotoren angeschlossen werden (Kühlboxen, Pumpen), sind unter Umständen Sicherungseinsätze mit T-Charakteristik besser geeignet. Der Bemessungsstrom sollte etwa dem Betriebsstrom entsprechen, oder, bei reinem Leitungsschutz, unter dem Nennstrom des Leiters liegen.

Kenn-zeichnung	Auslösung	Abschaltzeit bei 10 I_B ms	Einsatzbereich
FF	sehr flink	< 1 bis < 6	Schutz von Halbleiterbauelementen
F	flink	20 bis 40	Stromkreise ohne Einschaltströme
M	mittelträge	5 bis 90	Stromkreise mit niedrigen Einschaltströmen
T	träge	10 bis 300	Stromkreise mit hohen und langsam abklingenden Einschaltströmen
TT	sehr träge	150 bis 3.000	Stromkreise mit hohen Überlastzuständen

die zulässigen 70 Grad überschritten haben wird. Wäre der Leiter nur 3 Meter lang, könnten 180 Ampere fließen. Dann löst der Leistungsschalter bereits nach 3 Millisekunden aus, sodass auch dieser Strom keinen Schaden anrichten kann.

Theoretisch gibt es für jeden Leiter eine Längen/Querschnittskombination, bei der eine Sicherung gar nicht mehr auslöst. Das wäre bei 0,75 Quadratmillimetern und einer Länge von ungefähr 57 Metern der Fall; Kombinationen dieser Art dürften in der Praxis an Bord jedoch nicht vorkommen. Da der Strom bei gegebenem Leiterwiderstand zur Spannung proportional ist, liegen die Kurzschlussströme in DC-Anlagen naturgemäß weit unter denen in AC-Anlagen.

Der Bemessungsstrom einer Sicherung ist ein theoretischer Wert und sollte niedriger als der oder gleich dem Nennstrom des zu schützenden Leiters sein. Für Schutzschalter wird anstelle des Begriffes „Bemessungsstrom" oft noch „Nennstrom" verwendet.

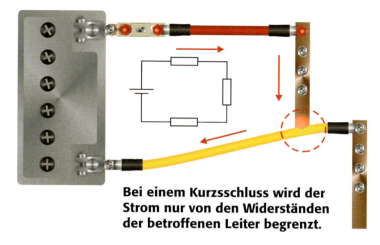

Bei einem Kurzschluss wird der Strom nur von den Widerständen der betroffenen Leiter begrenzt.

■ Bedingungen für den Überstromschutz

Für die Bemessung von Überstromschutzorganen gelten zwei Regeln:

- Nennstromregel: $I_b \leq I_n \leq I_z$. Der Betriebsstrom muss kleiner oder gleich dem Nennstrom (Bemessungsstrom) der Schutzeinrichtung sein, der wiederum unter der Strombelastbarkeit des Leiters liegen muss,

- Auslöseregel: $I_2 \leq 1{,}45 \cdot I_z$. Der Auslösestrom der Schutzeinrichtung darf nicht größer sein als der 1,45-fache Wert der Strombelastbarkeit der Leitung.

Die Auslöseregel ist deshalb erforderlich, weil in der Nennstromregel das Auslöseverhalten der Schutzeinrichtung nicht berücksichtigt ist und daher über längere Zeit geringe Überströme fließen könnten. Man geht bei der Auslöseregel davon aus, dass ein 1,45-Faches der Nennstrombelastbarkeit einer Leitung zwar zu einer Temperaturerhöhung des Leiters führt, dies jedoch noch keine bleibenden Schäden an Leiter und Isolierung verursacht.

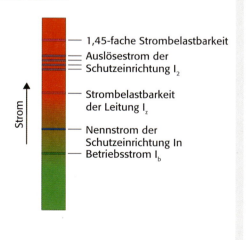

Das Schalt- oder Ausschaltvermögen eines Schutzelements ist der Strom, der noch sicher geschaltet werden kann. Dieser Wert muss größer sein als der rechnerisch mögliche Kurzschlussstrom des abzusichernden Stromkreises. Auch hierzu ein Beispiel: Nehmen wird an, der Kurzschluss besteht zwischen den Batterie-Hauptleitungen. Diese sind bei einem Querschnitt von 50 Quadratmillimetern insgesamt 2 Meter lang. Der Widerstand der Leiter beträgt 0,0164 · 2 : 50 = 0,00656 Ohm. Lässt man den Innenwiderstand der Batterie außer Acht, beträgt der theoretisch mögliche Kurzschlussstrom bei 12 Volt 1.829 Ampere, bei 24 Volt 3.658 Ampere. Diesen Strom muss die Kurzschlusssicherung noch schalten können.

Sicherungen und Schutzschalter

In Gleichstromsystemen auf Yachten kommen zwei Arten von Überstromschutzelementen zum Einsatz: Sicherungen und Schutzschalter. Schauen wir uns die Begriffe an: Das Wort

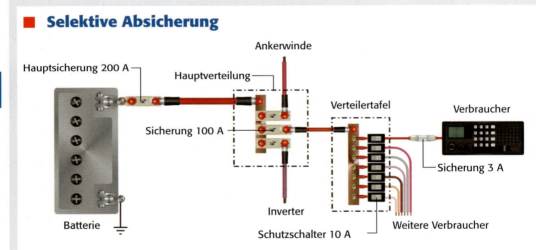

■ Selektive Absicherung

Schutzschalter und Sicherungen sollen so ausgewählt und eingesetzt werden, dass im Falle eines Fehlers Schäden an Leitungen, Verbindern und Klemmen sicher vermieden werden, andererseits die Auswirkungen auf das System so gering wie möglich gehalten werden – es soll nur das Überstromschutzelement abschalten, das unmittelbar vor der Fehlerstelle liegt. In unserem Beispiel ist die Leitung zwischen Stromquelle und Hauptverteilung mit 200 Ampere, die Leitung zwischen Hauptverteilung und Verteilertafel mit 100 und die Leitung zum Verbraucher mit 10 Ampere abgesichert. Der Verbraucher selber ist zusätzlich mit einer G-Sicherung ausgestattet, die jedoch ausschließlich dem Schutz des Geräts und nicht dem Leitungsschutz dient. Tritt nun ein Fehler im Verbraucher auf, schmilzt zunächst die 3-Ampere-Gerätesicherung, die anderen Stromkreise bleiben funktionsfähig. Tritt der Fehler in der Leitung zwischen Verteilung und Verbraucher auf, schaltet der Schutzschalter ab, während die anderen Verbraucher weiter versorgt werden. Das Gleiche gilt für Fehler zwischen Hauptverteilung und Verteilertafel. Erst wenn ein Fehler in der Leitung zwischen Batterie und Hauptverteilung auftritt, fällt das ganze System aus. Voraussetzung dafür ist, dass

„Sicherungen" wird im Zusammenhang mit Bordelektrik ausschließlich für Schmelzsicherungen verwendet. An Bord von Yachten findet man unter anderem NH-Sicherungen (Niederspannung-Hochleistung), Streifensicherungen, Flachstecksicherungen und G-(Geräte-)Sicherungen. Sicherungen arbeiten mit einem meist metallischen Element, das bei Überschreitung eines vorgegebenen Stroms nach einer definierten Zeit schmilzt und so den Stromkreis unterbricht. Naturgemäß sind Sicherungseinsätze nur einmal verwendbar und müssen nach einem Auslösen ersetzt werden. Die Kennlinie der meisten Schmelzsicherungen, also das Verhältnis von Auslösezeit zur Stromstärke, verläuft logarithmisch. Bei geringen Überströmen kann es Minuten oder gar Stunden dauern, bis die Sicherung schmilzt, bei Strömen im Kurzschlussbereich geschieht dies nach wenigen Millisekunden.

Schutzschalter - die in der deutschen Übersetzung der EN ISO 10133 nicht ganz korrekt als „Leistungsschalter" bezeichnet werden – werden landläufig auch Sicherungsautomaten genannt und sind mit zwei Schaltelementen ausgestattet. Sie enthalten einen Bimetallschal-

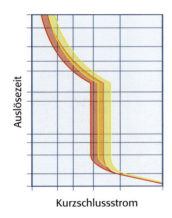

Im linken Diagramm überschneiden sich die Kennfelder der Schutzschalter – unter bestimmten Bedingungen kann der vorgeschaltete (gelbe) Schalter vor dem rot dargestellten Leistungsschalter auslösen. Damit sind die Selektivitätsbedingungen nicht erfüllt. Erst wenn die Kennfelder deutlich auseinanderliegen (rechts), ist ein trennscharfes Abschalten möglich und die Selektivität gegeben.

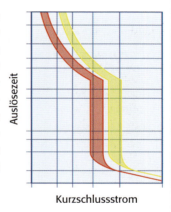

die einzelnen Sicherungselemente in ihrer Auslösecharakteristik aufeinander abgestimmt sind – es muss vermieden werden, dass ein vorgeschaltetes Sicherungselement schneller schaltet als das nachfolgende. Somit ist nicht nur der Ansprechstrom alleine das entscheidende Kriterium (Stromselektivität), sondern auch die Ansprechzeit muss in die Auslegung mit einbezogen werden (Zeitselektivität). Für Sicherungen gleicher Auslösecharakteristik gelten die Bedingungen als erfüllt, wenn zwischen deren Bemessungsströmen mindestens das Verhältnis 1:1,6 besteht.

Schutzschalter sind in Bezug auf die Selektivität problematischer. Bei ausreichend hohen Kurzschlussströmen wird es sich aufgrund der Auslösecharakteristik der Schalter nicht vermeiden lassen, dass alle Schalter auslösen, auch wenn sie nennstrommäßig gestaffelt sind. Allerdings kann man davon ausgehen, dass aufgrund der niedrigen Spannungen in DC-Bordnetzen und mit einer leiterangepassten Bemessung der Nennströme eine ausreichende Selektivität erreichbar ist. In AC-Anlagen kann mit Schutzschaltern nur eine begrenzte Selektivität geschaffen werden.

ter, der sich bei Erwärmung durch einen andauernden Überstrom verbiegt und mechanisch einen Kontakt unterbricht (thermische Auslösung). Im Prinzip soll der Bimetallschalter das Verhalten des Leiters bei zu hohen Strömen spiegeln und ausschalten, wenn der Strom zu hoch wird oder ein leicht überhöhter Strom zu lange andauert und der Leiter dadurch unzulässig erwärmt wird.

Auch hier schaltet der Schutzschalter um so schneller, je höher der Überstrom ist. Wird der Überstrom zu groß, zum Beispiel im Kurzschlussfall, tritt der zweite Schaltmechanismus in Aktion: Ein elektromagnetisch betätigter Kontakt öffnet innerhalb weniger Millisekunden (magnetische Auslösung). Schutzschalter sind nicht nur Sicherungselemente, sondern können je nach Ausführung auch als manuelle Schalter verwendet werden. Sie sind zwar teurer als Sicherungen, müssen jedoch nach einem Auslösen (in der Regel) nicht ausgetauscht werden und sparen die Montage und Kosten des Schalters, der sonst erforderlich wäre. Auch deshalb setzen sich die Schutzschalter zunehmend im Yachtbereich gegenüber den Sicherungen durch, besonders in Schalttafeln, wo sie zusätzlich die Betriebssicherheit der Anlage erhöhen – aufgrund weniger Verbindungen und damit weniger Fehlermöglichkeiten und geringerer Übergangswiderstände. Lediglich die Hauptabsicherung an den Batterien wird auch heute meist noch mit Sicherungen ausgeführt. Leistungsschalter – hier stimmt die Bezeichnung – an dieser Stelle müssen je nach Batteriegröße Kurzschlussströme von mehreren tausend Ampere sicher schalten können, sind dementsprechend aufwändig gebaut und nicht gerade billig. Schutzschalter sind frei auslösend, das heißt, die Auslösung im Überstromfall kann nicht durch manuelle Betätigung des Schalters verhindert werden. In den meisten Fällen ist es auch nicht möglich, den Schalter zurückzusetzen, solange der Kurzschluss besteht.

■ Flachsteck-sicherungen

Bemessungs-strom A	Farbe
1	schwarz
2	grau
3	violett
4	rosa
5	hellbraun
7,5	braun
10	rot
15	hellblau
20	gelb
25	weiß/klar
30	hellgrün
35	blaugrün
40	orange

■ Schutzschalternamen

Die in Gleichstromsystemen üblicherweise verwendeten Schutzschalter sind sogenannte „Geräteschutzschalter". Diese Schutzschalter wurden ursprünglich als Ersatz für die Gerätesicherungen entwickelt und sind für die Frontplattenmontage geeignet. Leitungsschutzschalter werden in erster Linie in Wechselstromsystemen verwendet, wo sie auf Hutschienen montiert sind. Leistungsschalter werden in industriellen Schaltanwendungen mit Bemessungsströmen im Bereich mehrerer hundert Ampere eingesetzt. In Leistungsschaltern kann das Auslöseverhalten in der Regel eingestellt werden, um zum Beispiel erhöhte Anforderungen an die Selektivität zu erfüllen.

Beiden Überstromschutzelementen ist gemeinsam, dass es keinen festgelegten Auslösestrom gibt. Die Auslösung ist zusätzlich von der Zeitspanne bestimmt, in der ein bestimmter Strom durch das Sicherungselement fließt – es ist also nicht so, dass eine Sicherung oder ein Schutzschalter mit einem Bemessungsstrom von 10 Ampere bei 10,1 Ampere den Stromkreis sofort unterbricht. Bei geringen Überströmen, zum Beispiel 1,2-facher Bemessungs- oder Nennstrom, kann die Auslösung erst nach mehreren Minuten oder gar Stunden erfolgen. Bei einem 10-fachen Strom wird der Stromkreis jedoch innerhalb weniger Millisekunden unterbrochen. Bei Schutzschaltern liegen die Auslösezeiten im hohen Strombereich auch bei unterschiedlichen Nennströmen sehr nahe beieinander; so nah, dass es kaum möglich ist, die allgemein geforderte Selektivität zu erreichen. Selektive Absicherung bedeutet, dass

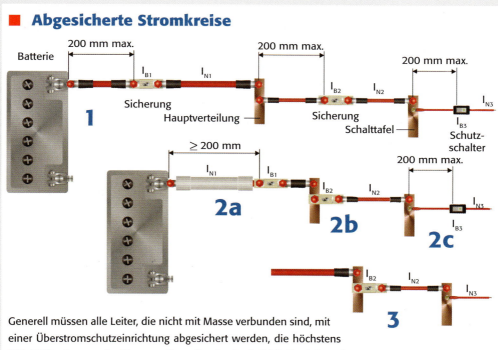

■ Abgesicherte Stromkreise

Generell müssen alle Leiter, die nicht mit Masse verbunden sind, mit einer Überstromschutzeinrichtung abgesichert werden, die höchstens 200 Millimeter von der Stromquelle entfernt sein darf (1). Zwei Ausnahmen: Wenn dies nicht möglich ist, muss der Leiter über seine gesamte Länge bis zur Schutzeinrichtung durch ein Rohr oder einen Kabelkanal geschützt sein (2a). Zweite Ausnahme: Der Hauptstromkreis zwischen Starterbatterie und Anlasser des Motors muss nicht abgesichert werden. Der Leiter muss jedoch mechanisch gegen Durchscheuern und Kontakt mit leitenden Oberflächen geschützt sein.

Der Bemessungsstrom der Sicherung oder des Schutzschalters I_B darf nicht größer sein als der Nennstrom I_N der nachfolgenden Leitung, also $I_{B1} \leq I_{N1}$, $I_{b2} \leq I_{N2}$ und $I_{B3} \leq I_{N3}$. Theoretisch ist es auch möglich, die Überstromsicherung so zu bemessen, dass bei zwei folgenden Leitern unterschiedlichen Querschnitts beide Leiter mit dem Nennstrom des kleinsten Querschnitts geschützt werden (3), also $I_{B2} \leq I_{N3}$. Dann muss der kleinere Leiter nicht separat abgesichert werden.

bei einem Fehler nur das Schutzelement auslösen soll, dass dem Fehler als Letztes vorgeschaltet ist. Weitere, in Richtung Stromquelle angebrachte Sicherungselemente sollen nicht auslösen. Diese Forderung kann mit Sicherungen erfüllt werden, wenn deren Bemessungsströme mehr als um das 1,6-Fache auseinanderliegen, in der Regel um zwei Bemessungsstromstufen. Die Kennlinien von Sicherungen gleicher Auslöseklassen (flink, träge und so weiter) laufen weitgehend parallel, und solange diese sich nicht kreuzen, ist die Selektivität gegeben. Bei Schutzschaltern liegen die Kennlinien bei hohen Strömen, in der Regel im Kurzschlussfall, sehr nahe beieinander oder überschneiden sich. In der Hausinstallation kann dies dazu führen, dass bei ausreichend hohen Kurzschlussströmen die NH-Sicherung (Hauptsicherung) vor dem Leitungsschutzschalter auslöst; in Gleichstromsystemen ist dies jedoch eher unwahrscheinlich, da durch die niedrigen Betriebsspannungen (12 oder 24 Volt) die maximal auftretenden Kurzschlussströme durch die Leiterwiderstände stärker begrenzt werden als in den 230-Volt-Wechselstromanlagen.

Anordnung und Dimensionierung von Überstromschutzelementen

Hier wird nach zwei Grundsätzen verfahren: Erstens muss jeder nicht geerdete Leiter innerhalb eines Abstandes von maximal 200 Millimetern von der Stromquelle abgesichert sein, und zweitens muss dieser, wenn diese Bedingung nicht eingehalten werden kann, mechanisch so geschützt sein, dass die Möglichkeit eines Kurzschlusses, also der Berührung des Leiters mit einer metallischen Oberfläche, ausgeschlossen ist. Ist es also nicht möglich, die Schäden infolge eines Kurzschlusses durch Sicherungen oder Schutzschalter zu begrenzen, muss der Kurzschluss an sich verhindert werden.

Die Grenzen einer Absicherung sind dann erreicht, wenn der Nennstrom eines Verbrauchers in die Nähe des Nennstroms des Leiters kommt und der tatsächliche Betriebsstrom den Nennstrom unter bestimmten Bedingungen deutlich überschreiten kann. Typisches Beispiel dafür ist der Starter eines Dieselmotors. Der Nennstrom selbst eines kleinen Startermotors beträgt schon rund 100 Ampere, aus denen während des Losbrechens ohne Weiteres 700 bis 900 Ampere werden können (siehe „Starter - Kennlinien" im Abschnitt „Motorelek-

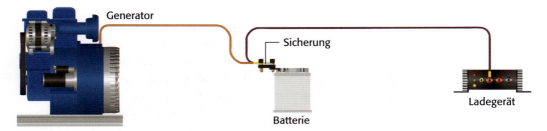

Generatoren und Ladegeräte mit automatischer Strombegrenzung gelten in Bezug auf die Absicherung nicht als Stromquellen. Die Leitungen müssen stattdessen an der Batterie abgesichert sein.

trik"). Wird das Kabel nach dem Nennstrom dimensioniert, müsste der Starter mit einem Leiter mit einem Querschnitt von 25 Quadratmillimetern angeschlossen werden. Der dazu passende Bemessungsstrom für eine Sicherung beträgt dann maximal 100 Ampere.

Kabelbrand als Folge von Korrosion

Selbst eine träge Sicherung löst bei 5-fachem Bemessungsstrom nach einigen Millisekunden aus; dauert der Losbrechvorgang etwas länger, zum Beispiel bei kaltem Motor und zähflüssigem Öl, löst die Sicherung aus, bevor der Motor zündet. Legt man den Bemessungsstrom so aus, dass die Sicherung bei den angenommenen 500 Ampere während des Losbrechens erst nach 10 Sekunden auslöst, wären die Bedingungen für den Überstromschutz des Leiters nicht mehr erfüllt.

Der Bemessungsstrom läge dann bei 200 Ampere und damit deutlich über der absoluten Grenze von $1{,}45 \cdot I_N$ des Leiters. Daher verzichtet man in der Praxis – auch im Hinblick auf die Schiffssicherheit – auf einen Überstromschutz der Hauptleitung zwischen Batterie und Motor. Stattdessen wird die Leitung so verlegt, dass ein Kurzschluss unter allen denkbaren Betriebsbedingungen verhindert wird, zum Beispiel durch einen mechanischen Schutz des Kabels mit Rohren oder Kabelkanälen über die gesamte Länge.

Messing-Flachsteckhülsen nach Kontakt mit Seewasser

■ Schraubanschlüsse

Stellen wir uns vor, dass sich die Mutter am Anschluss der Hauptzuleitung von der Batterie zum Anlasser am Magnetschalter löst. Wäre diese Leitung mit einem Gabelkabelschuh versehen, könnte der Leiter nun herunterfallen und am Motorblock einen (nicht abgesicherten) Kurzschluss verursachen. Daher sind bei Schraubanschlüssen ausschließlich Ringkabelschuhe und bei kleineren Querschnitten Gabelkrallenkabelschuhe zulässig, die auch dann auf dem Bolzen bleiben, wenn Mutter oder Schraube sich lösen. Schraubanschlüsse müssen mit korrosionsbeständigen Teilen hergestellt werden, Teile aus ungeschütztem Stahl oder Aluminium dürfen nicht verwendet werden. Besteht die Gefahr einer versehentlichen Berührung, müssen die Anschlüsse – zum Beispiel mit Isolierkappen – abgedeckt werden.

Absicherung von Generatoren und Ladegeräten

Generatoren und Ladegeräte sind allgemein von Natur aus mit einer Ausgangsstrombegrenzung versehen. Obwohl sie im engeren Sinn Stromquellen darstellen, werden die Leitungen von diesen Stromlieferanten daher nicht an der „Quelle" abgesichert. Sind Generatoren oder Ladegeräte direkt an der Batterie angeschlossen, müssen die Leiter jedoch an der Batterie abgesichert werden. Im

Freiliegende blanke Anschlußteile müssen gegen Kurzschlüsse geschützt werden, hier durch Stege und Isolierkappen.

Fehlerfall – zum Beispiel einem Masseschluss des Leiters – ist der Strom aus Generator oder Ladegerät zwar begrenzt, nicht jedoch der aus der Batterie – daher die Notwendigkeit der batterieseitigen Absicherung. Das Gleiche gilt, wenn die Stromerzeuger direkt an der Hauptverteilung angeschlossen sind. Dann muss das Kabel an oder in der Verteilung abgesichert sein, es wird also wie ein Leiter zu einem Verbraucher behandelt.

8 Anschlüsse und Verbindungen

Auf Yachten gibt es zwei Hauptfeinde für elektrische Verbindungen jeder Art: Korrosion, bedingt durch die feuchte und salzhaltige Umgebung, und Vibrationen. Korrosion an Anschluss- und Verbindungsstellen führt zunächst zu erhöhten Übergangswiderständen, die nicht nur die Leistung der angeschlossenen Verbraucher beeinträchtigen, sondern auch erhebliche Hitze verursachen können. Vibrationen lösen Schraubanschlüsse und führen auf Dauer dazu, dass starre Leiter brechen.

Eignung unterschiedlicher Werkstoffe für Verbinder							
	Stahl	Stahl verzinkt	Aluminium	Kupfer	Messing	Bronze	nicht rostender Stahl	
							A2	A4/A5
Korrosionsbeständigkeit allgemein	- -	0	0	+	+	+	+	++
Seewasserbeständigkeit	- -	-	-	-	-	+	0	++
Leitfähigkeit	-	-	+	++	++	++	-	-
elektrochemische Verträglichkeit mit Kupfer	- -	- -	- -	++	+	++	+	+
- - sehr niedrig, - niedrig, 0 mittel, + gut, ++ sehr gut								

Zunächst zur Korrosion: Im Prinzip kann man davon ausgehen, dass kaum ein handelsüblicher Leitungsverbinder seewasserbeständig ist. Man muss daher in der Praxis versuchen, beides, also Seewasser und Verbinder, so gut wie möglich voneinander fernzuhalten. In der ISO 10133 wird zwar gefordert, dass die für die Herstellung von Verbindungen verwendeten Metalle korrosionsgeschützt sein müssen, aber die einzigen explizit nicht zugelassenen Metalle sind blanker Stahl und Aluminium. Handelsübliche Steckverbinder aus Messing oder Scheiben und Muttern aus verzinktem Stahl entsprechen diesen Anforderungen, sind aber trotzdem alles andere als seewasserbeständig. Verbinder aus nicht rostendem Stahl sind für einige Zwecke erhältlich. Sie sind jedoch für Hochstrombelastungen nicht optimal geeignet, aber immer noch besser als verzinkter Stahl, dessen Zinkschicht sich in Rost umgewandelt hat. Ideal sind Verbinder aus Bronze, die

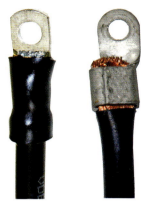

Fachgerecht montierter Ringkabelschuh (links) und Ausführung, die nur als abschreckendes Beispiel zu verwenden ist.

ausreichend korrosionsbeständig ist und gleichzeitig sehr gute Leiteigenschaften besitzt. Nur sind Kabelschuhe und Steckverbinder aus diesem Werkstoff – wenn überhaupt – sehr schwer zu finden. Um so wichtiger ist es, Seewasser und Kabelverbindungen voneinander getrennt zu halten; so dürfen zum Beispiel keine Leiter in Bereichen verlegt sein, die mit Bilgenwasser in Kontakt kommen können. Demzufolge gibt es auch keine Verbindungen im Bilgenbereich. Verbindungen in Bereichen, die in irgendeiner Form dem Wetter ausgesetzt sein können, zum Beispiel an Deck oder im Cockpit, müssen in Gehäusen untergebracht sein. Diese müssen mindestens der Schutzart IP 55 entsprechen, es sei denn, es besteht die Gefahr, dass sie überflutet oder untergetaucht werden können. Dann sind Gehäuse mit der Schutzart IP 67 zu verwenden (Erläuterung der Schutzarten siehe Anhang). Unter Deck und in wettergeschützten Bereichen sind keine besonderen Gehäuse vorgeschrieben; hier müssen nur alle stromführenden Anschlusteile, die nicht geerdet sind, durch Isolierstege oder Isolierkappen gegen Kurzschlüsse geschützt sein. Dabei gilt Schutzart IP 20.

Alle Leiterenden müssen mit zu den ent-

■ Isolierte Quetschverbinder

Die Farben der Isolierung von isolierten Quetschverbindern kennzeichnen die zugehörenden Kabelquerschnitte:
Rot: 0,5 bis 1,0 Quadratmillimeter
Blau: über 1,0 bis 2,5 Quadratmillimeter
Gelb: über 2,5 bis 6,0 Quadratmillimeter

sprechenden Verbindern passenden Anschlüssen versehen sein, zum Beispiel Aderendhülsen für Schraubklemmen, Ring- oder Gabelkrallenkabelschuhe („selbstsichernde Kabelschuhe") für Schraubanschlüsse. Offene Anschlüsse wie Gabelkabelschuhe dürfen nicht verwendet werden – es soll gewährleistet sein, dass die Verbindung auch dann bestehen bleibt, wenn die Schraubverbindung sich lockert. Ring- oder Gabelkrallenkabelschuhe bleiben so lange auf dem Bolzen, bis die Mutter sich vollständig gelöst hat (Ringkabelschuhe) oder verhindern (oder zumindest verlangsamen) sogar ein weiteres Lösen der Mutter (Gabelkrallenkabelschuhe), wenn sie mit den Krallen zur Mutter montiert sind. Zudem führt ein gelockerter Anschluss in der Regel zunächst zu einer Funktionsstörung des angeschlossenen Verbrauchers und wird daher meistens bemerkt. In allen Fällen dürfen jedoch nicht mehr als vier Leiter an einer Verschraubung befestigt sein.

Einfache Gabelkabelschuhe hingegen können mitsamt Kabel herabfallen, wenn die Mutter auch nur leicht gelöst ist. Geschieht das mit dem anlasserseitigen Anschluss der nicht abgesicherten Hauptleitung des Motors, kann sich jeder selbst ausmalen, welche Folgen es haben kann, wenn dieser Anschluss Kontakt mit der Motormasse erhält.

An Leiterenden, die nicht über 20 Ampere belastet sind, dürfen Steckverbinder, zum Beispiel Flachsteckhülsen, verwendet werden. Deren Zuverlässigkeit lässt jedoch stark zu wünschen übrig, wenn diese mehrmals abgezogen und wieder aufgesteckt werden. Diese Steckverbinder sind daher nach ISO 10133 nur zulässig, wenn zum Abziehen der Stecker eine Kraft von mindestens 20 Newton aufgebracht werden muss. Wie der Skipper dies messen soll, ist jedoch schleierhaft.

Alle Anschlüsse, an denen keine Quetschverbinder beteiligt sind, sind praktisch nicht zugelassen. Dazu gehören Verdrilltechniken (Wire Wrap) und Lötungen, die alleine wegen der damit verbundenen Bruchgefahr infolge der Vibrationen auf Schiffen für eine dauerhafte Verbindung nicht geeignet sind. In der ISO 10133 ist eine Tabelle enthalten, in der die Werte für die Abzugskräfte der Quetsch- und Crimpverbindungen vorgegeben sind. Diese wurde hier nicht aufgenommen, da diese Verbindungen, wenn sie mit den entsprechenden Werkzeugen fachgerecht ausgeführt werden, diese

■ Zugänglichkeit

Nach der Norm ist ein Element „zugänglich", wenn es ohne den Ausbau anderer, dauernd vorhandener Teile erreicht werden kann. „Leicht zugänglich" bedeutet, dass dies ohne Benutzung von Werkzeugen möglich ist.

Die Schalttafel sollte alle für die Steuerung und Überwachung der elektrischen Anlage an Bord erforderlichen Elemente enthalten.

Mindestwerte leicht einhalten. Wie diese fachgerecht hergestellt werden, zeigen wir im Kapitel „Handwerkliche Ausführung".

Schalttafeln

Die Schalt- oder Verteilertafel bildet das Herz – oder besser: das Nervenzentrum – der elektrischen Anlage an Bord. Sie sollte – abgesehen von den Hauptsicherungen und -schaltern – alle Elemente enthalten, die für die Steuerung und Überwachung der elektrischen Anlage erforderlich sind. Dazu gehören Schalter und Sicherungen – oder Schutzschalter – für die einzelnen Stromkreise, die Anzeige der Batteriespannung und des entnommenen oder eingeladenen Stroms. Interessanterweise gibt es für diese oft recht komplexen Einheiten nur wenige Regeln. Schalter, Anzeigeinstrumente und Sicherungen müssen leicht zugänglich sein – eine Selbstverständlichkeit, wer will schon, wenn das Salonlicht eingeschaltet werden soll, erst zum Schraubendreher greifen. Die Anschlussklemmen müssen zugänglich sein – ebenfalls eine triviale Forderung.

Die Schutzarten entsprechen denen der Leiterverbindungen. Im Inneren des Schiffes reicht IP 20, im Cockpitbereich, wo die Tafeln unter Umständen Spritzwasser ausgesetzt sein können, ist IP 55 vorgeschrieben und in Bereichen, die überflutet werden können, müssen die Bedingungen nach IP 67 erfüllt sein.

Die Nennspannung des Systems muss auf der Schalttafel angegeben sein. Sind Gleich- und Wechselspannungsanlage in einer einzigen Schalttafel untergebracht, müssen die Systeme – zum Beispiel durch Unterteilungen oder eigene Gehäuse – voneinander getrennt sein.

Batterien

In der ISO 10133 wird nicht zwischen geschlossenen und verschlossenen Batterien unterschieden. In den meisten Punkten spielt dies jedoch keine große Rolle, da diese sich

■ Batterieeinbau 1

Generell müssen Batterien für Wasserfahrzeuge Schräglagen bis 30 Grad überstehen (links), ohne dass Elektrolyt austritt. Auf Einrumpf-Segelyachten muss zusätzlich eine Auffangwanne vorhanden sein, die eventuell austretenden Elektrolyten bis zu einer Krängung von 45 Grad auffängt.

Motoryachten und Mehrrümpfer | Einrumpf-Segelyachten

hauptsächlich auf den Schutz der Batterien vor mechanischen Beschädigungen und die elektrische Sicherheit beziehen, bei denen zwischen den Batteriearten keine grundlegenden Unterschiede bestehen. Lediglich bei der Forderung nach der Kippsicherheit hätten die Eigenschaften der verschlossenen Batterien berücksichtigt werden können. Sie wurden es nicht, und daher müssen auch unter diesen Batterien in Einrumpf-Segelschiffen Auffangbehälter vorgesehen sein, die so bemessen sind, dass der in diesem Fall nicht vorhandene flüssige Elektrolyt bis zu einer Krängung von 45 Grad aufgefangen werden kann.

Die übrigen Vorgaben lassen sich so zusammenfassen: Batterien müssen außerhalb des Bilgenwasserbereichs und belüftet so eingebaut sein, dass sie nicht verrutschen können,

■ Batterieeinbau 2

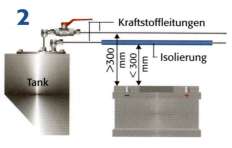

Batterien müssen an einem trockenen und belüfteten Ort eingebaut und so befestigt sein, dass sie sich in keiner Richtung um mehr als 10 Millimeter bewegen, wenn sie einer Kraft ausgesetzt sind, die dem Doppelten ihres Eigengewichts entspricht. Sie müssen so eingebaut sein, dass sie nicht durch hervorstehende oder lose herumfliegende Teile beschädigt werden können.

Batterien dürfen nicht direkt über oder unter Kraftstofffiltern oder Kraftstofftanks angebracht sein (1). So soll verhindert werden, dass sich an oder um die Batterie Kraftstoff ansammelt – zum Beispiel nach Entlüftungen oder Filterwechseln –, der durch einen Funken entzündet werden kann. Gelangt Dieselöl in eine geschlossene Batterie, ist diese in der Regel nicht mehr zu gebrauchen. Sind metallische Teile des Kraftstoffsystems, zum Beispiel Leitungen, weniger als 300 Millimeter von der Batterie entfernt, müssen sie elektrisch isoliert sein (2). Dahinter steht die Absicht, versehentliche Kurzschlüsse auszuschließen, die entstehen können, wenn mit Werkzeugen an den Batteriepolen gearbeitete wird, etwa bei der Befestigung der Batterieklemmen. Letztere müssen mit Schrauben befestigt sein, Federklemmen reichen hier nicht aus.

Zudem soll verhindert werden, dass metallische Teile unbeabsichtigt in Kontakt mit den Batteriepolen geraten. Diese etwas schwammige Forderung – die Größe der Teile ist zum Beispiel nicht festgelegt - lässt sich auf verschiedene Arten erfüllen. Man kann die Batterien in Gehäuse packen, die belüftet sein müssen, oder Abdeckungen über der Batterie anbringen. Am elegantesten dürfte es sein, wenn man die Pole separat mit eigenen handelsüblichen Abdeckkappen versieht (3). Diese bieten auch einen zusätzlichen Korrosionsschutz.

dass sie vor mechanischen Beschädigungen geschützt sind und dass jeder Kontakt mit Kraftstoff oder metallischen Teilen der Kraftstoffanlage verhindert wird. Die Einzelheiten sind in den Kästen „Batterieeinbau" aufgezeigt.

Der (oder die) positive(n) Leiter zwischen Batterie und Verteilung muss (müssen) so nah wie möglich an der Batterie mit einem Trennschalter versehen sein, dessen Belastbarkeit mindestens dem Bemessungsstrom der Hauptsicherung entspricht. In Anlasserstromkreisen muss der Trennschalter den Anlasserstrom schalten können. Auch hier gibt es Ausnahmen: Trennschalter sind nicht erforderlich für Anlagen, in denen lediglich der Anlasser eines Außenborders und die Positionslaternen mit Strom versorgt werden, für sicherheitsrelevante Stromkreise wie Alarmanlagen oder Bilgenpumpen, für elektronische Geräte, die ohne Strom ihr Gedächtnis verlieren und für Motorraumlüfter. Die Leiter zu diesen Verbrauchern müssen jedoch auf jeden Fall mit einer Sicherung oder einem Schutzschalter, der so nah wie möglich an der Batterie angebracht ist, abgesichert sein.

Fernbediente elektrische Trennschalter müssen mit einer leicht erreichbaren manuellen Notschaltmöglichkeit ausgestattet sein. Auch manuell betätigte Trennschalter müssen leicht erreichbar sein.

Steckdosen

Sind im Gleichstrom-Bordnetz Steckdosen vorgesehen, müssen diese so ausgeführt sein, dass sie auf keinen Fall mit denen eines Wechselstromsystems verwechselt werden. Es sollten auch keine Steckdosen verwendet werden, die ursprünglich anderen, zum Beispiel britischen, Wechselstromsystemen entstammen. Diese können zwar kaum mit den deutschen Steckdosen verwechselt werden, aber was geschieht, wenn zufällig ein Brite an Bord kommt?

Werden Steckdosen in Bereichen angebracht, die Regen, Spritz- oder Schwallwasser ausgesetzt sind, müssen diese nach der Schutzart IP 55 ausgeführt sein und bei Nichtgebrauch durch eine wasserdichte Kappe verschlossen sein. Für Bereiche, die untergetaucht oder überflutet werden können, gilt Schutzart IP 67, auch dann, wenn der Stecker eingesteckt ist.

Zündschutz

Alle elektrischen Komponenten, die in Motorräumen mit Benzin- oder Gasmotoren eingesetzt werden oder in Räumen, in denen Benzintanks oder deren Armaturen oder Anschlussleitungen enthalten sind, müssen zündgeschützt sein. Die entsprechenden Anforderungen an die Geräte sind in der ISO 8846 (entspricht der EN 28 846) festgelegt.

Belüftete Räume, deren offene Fläche zur freien Umgebung mindestens 0,34 Quadratmeter je Kubikmeter Raumvolumen beträgt, sind von dieser Regelung ausgenommen.

Das Wechselstrombordnetz (AC)

Grundlagen

Während es in den Normen und Richtlinien für das Gleichstrombordnetz in erster Linie darum geht, Schäden durch Überlastung und Kurzschluss zu verhindern, kommt für das Wechselstrombordnetz die zusätzliche Komponente des Personenschutzes hinzu. Der Grund dafür liegt in der wesentlich höheren Netzspannung, die – nach dem Ohm´schen Gesetz – zu entsprechend höheren Strömen durch den menschlichen Körper führt. Laut Berufsgenossenschaft Bau liegt der Widerstand des menschlichen Körpers bei etwa 1.000 Ohm, durch den bei einer Spannung von 24 Volt 0,024 Ampere oder 24 Milliampere fließen. Dieser Wert liegt deutlich unter der Grenze, die bei Wechselstrom allgemein als gefährlich angesehen wird.

Erhöht man die Spannung auf 230 Volt, fließen bei ansonsten gleichen Bedingungen 230 Milliampere, die, wenn sie den Weg durch den Brustkorb nehmen, zum Tode führen.

■ Wechselstromleiter

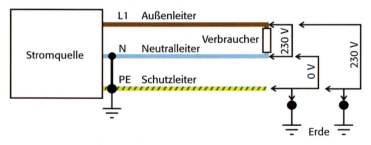

In einphasigen Wechselstromsystemen haben wir es mit drei Leitern zu tun: Außenleiter, Neutralleiter und Schutzleiter. Außenleiter und Neutralleiter sind die stromführenden Leiter, durch die, wenn ein Verbraucher angeschlossen (und eingeschaltet) ist, ein Strom fließt. Durch den Schutzleiter fließt unter normalen Betriebsbedingungen kein Strom. Erst im Fall eines Defekts, zum Beispiel eines Isolationsfehlers zwischen dem Außenleiter und einem leitenden Gerätegehäuse, fließt ein Strom, der dazu führt, dass die Sicherung oder der Schutzschalter auslöst.

Spannungen: Am Außenleiter (L1, Isolierung braun oder schwarz) können gegen Erde, Neutralleiter und Schutzleiter 230 Volt gemessen werden. Am Neutralleiter (N, hellblau) liegen, wenn kein Strom fließt, 0 Volt – also keine Spannung – gegen Erde und Schutzleiter. Fließt ein Strom durch den Neutralleiter, kann man eine – wenn auch geringe – Spannung messen, die durch den Widerstand des Leiters entsteht. Ist der Neutralleiter unterbrochen, kann auch dieser bei eingeschaltetem Verbraucher unter 230 Volt gegen Erde stehen. Der Schutzleiter (PE, grün-gelb) weist keine Spannung gegen Erde auf, da er in einem korrekt ausgeführten System mit Erde oder Masse und an der Stromquelle mit dem Neutralleiter verbunden ist.

■ Polarisierte und unpolarisierte Systeme

Systeme, in denen die Lage von Außen- und Neutralleiter nicht unter allen Umständen eindeutig feststeht, sind unpolarisiert. Dazu gehören praktisch alle Anlagen auf deutschen Yachten, die nicht über einen Transformator an das Landnetz angeschlossen sind. Sind hier die landseitigen Steckverbinder nicht fachgerecht ausgeführt oder – was häufig geschieht – werden Adapter mit nicht CEE-konformen Steckverbindungen benutzt, können Außen- und Neutralleiter vertauscht sein – mit anderen Worten, die Lage des Neutralleiters im Bordnetz ist nicht unter allen Umständen gleich. In einem unpolarisierten System müssen alle Sicherungs- und Schutzelemente zweipolig ausgeführt sein; die dadurch entstehenden Kosten können schon bei einem mittelgroßen Wechselstrom-Bordnetz die Kosten eines Trenntransformators übersteigen.

Ist ein Trenntransformator eingesetzt, werden Außen- und Neutralleiter an dessen Sekundärseite eindeutig festgelegt. Das daran angeschlossene Bordnetz kann mit einpoligen Schutzelementen ausgestattet werden. Zudem wird der landseitige Schutzleiter nicht auf das Schiff geführt – somit besteht keine Gefahr von elektrochemischer Korrosion durch den Schutzleiter.

Polarisierungstransformatoren seien hier nur der Vollständigkeit halber erwähnt. Sie sind in den USA verbreitet und sollen lediglich die Lage von Neutral- und Außenleiter festlegen. In manchen Publikationen werden sie auch „Polaritätsumwandler" genannt. Der landseitige Schutzleiter wird bei diesem System an Bord des Schiffes übernommen, sodass keine vollständige galvanische Trennung der Netze besteht – elektrochemische Korrosion ist möglich.

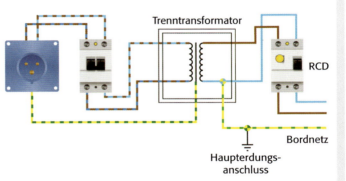

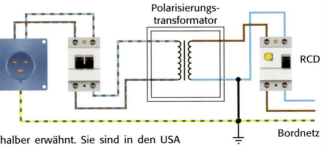

Daher ist es nur folgerichtig, wenn in den entsprechenden technischen Regelwerken versucht wird, alle überhaupt nur möglichen Ursachen auszuschalten, die dazu führen könnten, dass gefährliche Berührungsspannungen im und am Schiff entstehen.

Die Anforderungen an Wechselstromanlagen auf kleinen Wasserfahrzeugen (damit ist alles unter 24 Metern Rumpflänge gemeint) sind in der DIN EN ISO 13279 festgelegt. Diese Norm gilt international – entsprechend der ISO 10133 für Gleichstromanlagen – und ersetzt eine ganze Reihe von nationalen Normen und Richtlinien, die bis zum Jahr 2000 angewendet werden konnten. Allerding wurde im internationalen Bereich mittlerweile eine weitere Richtlinie erarbeitet und herausgegeben, die ebenfalls für die elektrischen Anlagen auf kleinen Wasserfahrzeugen gilt: IEC 600092-507/2. Die einzelnen Festlegungen weichen in einigen Bereichen voneinander ab, wo dies der Fall ist, werden wir im Text darauf hinweisen. Im Gegensatz zu den Gleichstromanlagen gibt es für Wechselstromanlagen bereits eine ganze Reihe von Richtlinien, die bei der Errichtung von Anlagen beachtet werden müssen – allen voran die „Elektrikerbibel"

■ Netzform

Obwohl es nicht explizit spezifiziert ist, sind aufgrund der Forderungen der DIN EN ISO 13297 an Bord kleiner Wasserfahrzeuge ausschließlich TNC-Netze (Erdung des Neutralleiters an der Stromquelle, Abschnitt 4.8) zugelassen. Auf die Darstellung der verschiedenen Netzformen wurde daher im laufenden Text verzichtet. Eine Übersicht der Netzformen ist im Anhang aufgenommen.

■ Schutzerdung – Prinzip

In Systemen ohne Schutzerdung (oben) kann bei einem Isolationsfehler in einem Gerät mit metallischen Gehäuseteilen das Äußere des Geräts unter Spannung stehen. Dies wird in der Regel nicht bemerkt, und auch die Sicherung löst nicht aus, da kein Strom fließt. Erst bei einer Berührung fließt ein Strom dann durch den Menschen, der jedoch viel zu schwach ist, um die Sicherung auszulösen, aber stark genug sein kann, um den Menschen zu töten.

Tritt derselbe Fall in einem System mit Schutzerdung (unten) ein – bei dem alle äußeren leitenden Teile der Geräte mit dem Schutzleiter verbunden sind – , entsteht bei einem Isolationsfehler sofort ein Kurzschluss, bei dem der Strom durch den Außenleiter, Teile des Gehäuses und den Schutzleiter fließt. Dieser Kurzschluss löst die Sicherung aus, sodass keine Gefahr mehr besteht.

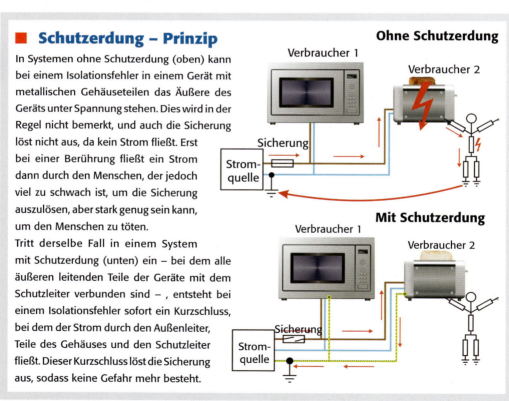

DIN VDE 0100. Aber: Diese umfangreichen Regelwerke sind auf die Erfordernisse an Land ausgerichtet und berücksichtigen daher nicht die Besonderheiten der Elektrik auf Schiffen. Teil 721 dieses Regelwerks war bis zum Erscheinen der DIN EN ISO 13297 zuständig für die Errichtung von elektrischen Anlagen auf Schiffen, heute gilt diese Norm jedoch nur noch für Caravane und Motorcaravane.

Im Gegensatz zu den Anforderungen an Gleichstromanlagen, bei denen es in erster Linie um den Schutz der Systemkomponenten und Geräte gegen Überstrom und Kurzschluss geht, wird im Wechselstrombereich der Personenschutz in den Vordergrund gestellt. Schauen wir uns zunächst die drei Stützpfeiler des Personenschutzes in AC-Systemen an:

Schutzerdung

Hätten wir ein System, das nur aus Außen- und Neutralleiter besteht, würden alle elektrischen Geräte auch funktionieren. Was geschieht aber, wenn in einem der Geräte zum

■ Weshalb zweipolige Schutzschalter?

Theoretisch sollte es nicht sein, aber praktisch kommt es immer wieder vor: Anstelle des vorgeschriebenen CEE-Steckers wird zur Herstellung des Landstromanschlusses ein Schutzkontakt-Adapter (oben) verwendet, bei dem die Zuordnung von Außen- und Neutralleiter zu den einzelnen Leitern nicht eindeutig festliegt, sondern – je nach Stellung des Steckers – vertauscht werden kann: Der Außenleiter wird zum Neutralleiter und umgekehrt. Ist nun, wie in der Hausinstallation üblich, nur der Außenleiter abgesichert – der ja nun zum Neutralleiter wurde – würde in einigen Fehlerfällen der Neutralleiter abgeschaltet (1), ohne dass der landseitige Schutzschalter im Außenleiter abschaltet. Im System würde nach wie vor die potenziell gefährliche Netzspannung von 230 Volt bestehen bleiben, obwohl die Sicherung ausgelöst hat. Daher muss der Landstromanschluss – und in unpolarisierten Systemen das gesamte Netz – durchgehend mit zweipoligen Schutzschaltern abgesichert sein (2). Zudem bietet dies einen zusätzlichen Schutz, falls der Schutzleiter im Landstromanschluß unterbrochen ist.

■ Schutzerdung – Schaltungen

1 Unpolarisiertes System

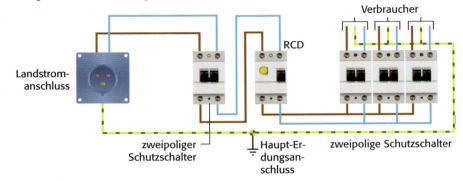

2 Polarisiertes System mit Trenntransformator

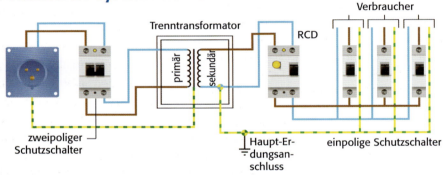

3 Polarisiertes System mit mehreren Stromquellen

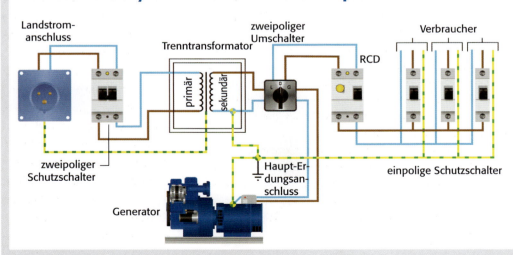

Damit die Schutzmaßnahme „Schutzerdung" funktioniert, muss der Schutzleiter an der Stromquelle – und nur dort – mit dem Neutralleiter verbunden sein. In einem unpolarisierten System (das Potenzial von Außen- und Neutralleiter liegt nicht fest und kann zum Beispiel durch nicht normgerechte Landstromverbindungen vertauscht werden) ist die Stromquelle der landseitige Anschluss (1). Die Verbindung zwischen Neutral- und Schutzleiter befindet sich daher ebenfalls an Land. Der Landstromanschluss erfolgt grundsätzlich über einen zweipoligen Schutzschalter, der im Fehlerfall beide stromführende Leiter abschaltet. Darauf folgt ein Fehlerstromschutzschalter (RCD), der, wie die Schutzschalter in der Verteilertafel, ebenfalls zweipolig ausgeführt sein muss. Wären die abzweigenden Leiter nur, wie an Land üblich, einpolig abgesichert, würde bei einem Fehlerfall und umgedrehter Polarität nicht der Außenleiter, sondern der Neutralleiter abgeschaltet. Würde der Neutralleiter auch an Bord geerdet, gäbe es bei der „falschen" Polarität des Systems – bei der der Neutralleiter zum Außenleiter wird – einen Kurzschluss. Der Schutzleiter hingegen muss bordseitig mit der Schiffserde verbunden sein. Weshalb darin auch alle nicht stromführenden Leiter an Bord, zum Beispiel metallische Tanks, Rohrleitungen oder Pantryspülen enthalten sein müssen, werden wir unter „Potenzialausgleich" erläutern.

System 2 enthält einen Trenntransformator. Da dessen Primär- und Sekundärwicklung keine direkte leitende Verbindung haben, kann man auf der Sekundärseite die Lage von Außen- und Neutralleiter – unabhängig von der Situation auf der Primärseite – definiert festlegen. Es handelt sich daher um ein polarisiertes System, in dem – wie in der Hausinstallation – mit einpoligen Schutzschaltern in der Verteilung gearbeitet werden kann. Der Transformator gilt hier als Stromquelle, daher erfolgt die Verbindung zwischen Neutral- und Schutzleiter auf dessen Sekundärseite. Ein großer Vorteil dieses Systems liegt darin, dass es keine Verbindung zwischen Land- und Schiffserde mehr gibt und eine durch den Schutzleiter verursachte elektrochemische Korrosion ausgeschlossen ist. Der Trenntransformator muss isoliert eingebaut sein, damit bei einem eventuellen Wicklungsschluss keine gefährliche Spannung auf die Schiffserde gelangen kann.

Im dritten System haben wir einen Generator hinzugefügt. Auch dieser gilt als Stromquelle und muss daher mit einer eigenen Erdung des Neutralleiters versehen sein. Damit daraus nicht zwei gleichzeitig bestehende Verbindungen zwischen Neutral- und Schutzleiter entstehen, muss die Umschaltung zwischen den Stromquellen mit einem zweipoligen Schalter erfolgen.

Beispiel die Isolierung des Außenleiters schadhaft wird und eine Verbindung des Leiters mit einem metallischen Gehäuseteil oder sonst einem leitenden Teil an Bord zustande kommt? Das betroffene Teil steht nun unter der vollen Netzspannung, was jedoch zunächst nicht bemerkt wird, da kein Strom fließt. Daher löst auch eine eventuell vorhanden Sicherung nicht aus. Erst wenn eine leitende Verbindung zwischen dem Gehäuse und der Erde geschaffen wird, kann ein Strom fließen, da der Neutralleiter ja systembedingt an der Stromquelle (in der Hauptverteilung der Marina, dem Generator oder dem Transformator) geerdet ist. Der Strom fließt dann aus dem Außenleiter in das Gehäuse und aus dem Gehäuse durch den erstbesten Leiter zur Erde. Ist dieser Leiter ein menschlicher Körper, haben wir einen Stromunfall.

Hier kommt der Schutzleiter und damit die Schutzerdung ins Spiel. Ist das Gehäuse mit einem dritten Leiter, in diesem Fall dem Schutzleiter, verbunden, der seinerseits ebenfalls geerdet ist, fließt schon in dem Augenblick des Kontakts zwischen Außenleiter und Gehäuse ein – ziemlich hoher – Strom durch

Außenleiter und Schutzleiter, der dazu führt, dass die Sicherung oder der Schutzschalter auslöst – vorausgesetzt, der Widerstand der Schutzerdung ist so klein, dass der zum Auslösen der Sicherung nötige Strom fließen kann. Durch das Auslösen der Sicherung wird der Stromkreis unterbrochen, das Gehäuse ist spannungslos und ein Stromunfall somit ausgeschlossen. Damit die Schutzerdung funktioniert, müssen einige Bedingungen erfüllt sein. Erste Bedingung: Alle leitenden Teile der elektrischen Geräte und Vorrichtungen im und am Schiff, die berührt werden können, müssen mit dem Schutzleiter verbunden und geerdet sein (siehe „Potenzialausgleich"). Zweitens: Der Schutzleiter muss an der Stromquelle – das kann die Landstromanlage der Marina, ein Generator oder ein Inverter sein – mit dem Neutralleiter verbunden und geerdet sein, und zwar so, dass mindestens der Strom fließen kann, der zum Auslösen des Sicherungselements führt. Die Bedingungen dafür dürften in dem durchschnittlichen Wechselstromnetz auf Yachten eingehalten sein,

■ Unterbrochener Schutzleiter

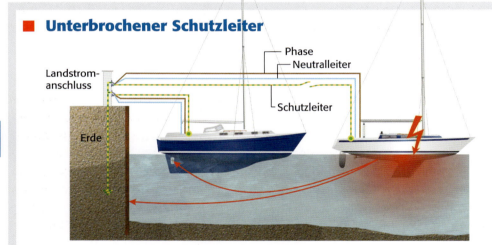

Ist der Schutzleiter – beabsichtigt oder unbeabsichtigt – zwischen Landstromanschluss und dem Bordnetz unterbrochen, kann durch einen einfachen Isolationsfehler an Bord eine kritische Situation entstehen. Unter Umständen kann der Rumpf dann unter der vollen Netzspannung stehen, was mehrere Konsequenzen hat: Erstens fließt nun der Strom, der eigentlich durch den Schutzleiter fließen sollte, durch das Wasser zur Erde. Um das Schiff herum besteht ein elektrisches Potenzial, das Schwimmern gefährlich werden könnte, ebenso den Menschen, die von einem geerdeten Steg an Bord steigen. Zusätzlich wird durch die Spannungsunterschiede ein galvanischer Strom in Gang gesetzt, der nicht nur dem betroffenen Rumpf, sondern auch anderen Schiffen und Schiffsteilen, die am Schutzleiter angeschlossen sind, schaden kann. Da es sich um Wechselstrom handelt, werden die beteiligten Leiter – also Rümpfe, Erdungsplatten, Opferanoden oder Antriebsteile – mit der Frequenz der Wechselspannung abwechselnd zu Kathoden und Anoden, wodurch sich im Grunde alle metallischen Gegenstände im Wasser auflösen können, egal welches elektrochemische Potenzial sie haben.

solange der Schutzleiter nicht unterbrochen ist. Wird der Schutzleiter hingegen unterbrochen, ist diese Schutzmaßnahme unwirksam, da kein Kurzschlussstrom fließt. Wird der Schutzleiter absichtlich unterbrochen, zum Beispiel aus Angst vor elektrolytischer Korrosion an einem Metallrumpf, ist dies nicht nur aus Personenschutzgründen unverantwortlich. Dies kann sogar dazu führen, dass die elektrolytische Zersetzung des Rumpfes oder von Antriebsteilen, etwa Saildrives, um ein Vielfaches verstärkt wird. Nämlich dann, wenn jetzt ein Isolationsfehler auftritt, bei dem der Rumpf oder Teile des Antriebs einbezogen werden. Der Fehlerstrom nimmt dann den einzigen übrigen Weg zur Erde, und dieser geht durch das Wasser. Entsprechend stark sind die Materialverluste: Ein komplettes Saildrivegehäuse kann innerhalb weniger Wochen komplett zerfressen werden.

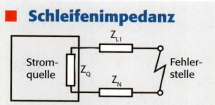

■ **Schleifenimpedanz**

ist der Wechselstromwiderstand von den Leitern, durch die der Kurzschlussstrom fließt. Dieser muss so klein sein, dass der Strom fließen kann, der das Sicherungselement in 0,2 Sekunden zur Auslösung bringt. Beispiel: Schutzschalter mit 16 Ampere Bemessungsstrom, Nennspannung 230 Volt. Damit der Schutzschalter in 0,2 Sekunden auslöst, muss ein Strom von 80 Ampere fließen. Daher darf der Widerstand nicht größer als 230 V : 80 A = 2,88 Ohm (Ohm'sches Gesetz) sein. Haben die beteiligten Leiter einen Querschnitt von 1,5 Quadratmillimetern, darf deren Gesamtlänge in diesem Fall 170 Meter nicht überschreiten.

Fassen wir zusammen: Das System „Schutzerdung" verhindert, dass potenziell gefährliche Berührungsspannungen an Leitern, wie zum Beispiel Gehäusen von Geräten, Tanks, Spülen aus Metall und Ähnlichem, an Bord durch einen Isolationsfehler in einem Außenleiter entstehen. Damit das System funktioniert, muss der Schutzleiter an der Stromquelle mit dem Neutralleiter verbunden und der Außenleiter mit einer Sicherung oder einem Schutzschalter versehen sein. Dabei muss der Schleifenwiderstand oder – bei Wechselstrom genauer – die Schleifenimpedanz in dem Stromweg einschließlich Außen- und Schutzleiter so klein sein, dass der Strom fließen kann, der den Schutzschalter oder die Sicherung rechtzeitig auslöst.

Potenzialausgleich

Mit einem Potenzialausgleich, genauer: mit einem Schutzpotenzialausgleich, werden mittels einer elektrisch leitenden Verbindung die Körper elektrischer Betriebsmittel und fremde leitfähige Teile auf gleiches oder annähernd gleiches Potenzial gebracht. Während ein Schutzpotenzialausgleich in Gebäuden schon lange zum Standard gehört, ist diese Schutzmaßnahme auf Schiffen nicht unumstritten – sie ist aufwändig und nachträglich kaum zu realisieren. In der DIN EN ISO 13297 ist der Potenzialausgleich lediglich stillschweigend vorausgesetzt, in der IEC 600092-507 hingegen ist er klar gefordert. Die meisten Werften orientieren sich – noch – an der „preiswerteren" DIN EN ISO 13297 und verzichten auf einen Potenzialausgleich.

Vorab zwei Beispiele: Mit einem elektrischen Einhand-Winkelschleifer wird an einem Tank aus nicht rostendem Stahl geschliffen. Einige der Bleche des Tanks sind nicht vollständig entgratet, sie sind scharfkantig. Das Anschlusskabel des Winkelschleifers verfängt sich an einer Tankecke, der Benutzer zieht am Kabel, dessen Isolierung wird beschädigt, und der Außenleiter des Anschlusskabels gerät in Kontakt mit dem Tank. Folge: Der komplette Tank steht unter voller Netzspannung.

Zweites Beispiel: Das Landstromanschlusskabel wird sicherheitshalber um eine Relingstütze gewickelt, damit die Bucht nicht in das Wasser rutschen kann. Durch die Schiffsbewegungen kommt Zug auf das Kabel und es entsteht ein Isolationsfehler, der dazu führt, dass die Reling Kontakt mit dem Außenleiter erhält. Damit steht nun die Reling unter Netzspannung. Nun könnte man einwenden, dass schließlich ein Fehlerstromschutzschalter vorhanden sein muss, der schwerwiegende Stromunfälle verhindert.

Aber: Erstens hilft das weder dem armen Kerl mit dem Winkelschleifer weiter, der diesen vor Schreck fallen gelassen hat und der ihm einen sauberen Schnitt in das rechte Bein verpasst hat, noch dem Hafenmeister, der die Reling losgelassen hat und zwischen Schiff und Steg im Wasser liegt – die sogenannten sekundären Unfallfolgen. Ganz abgesehen davon geht die Philosophie der Regelwerke davon aus, dass jede Schutzmaßnahme für sich versagen kann – zum Beispiel bricht ein Schutzleiter oder das Schaltschloss des RCD sitzt fest – und

■ Schutzpotenzialausgleich

In den Schutzpotenzialausgleich werden alle berührbaren leitenden Teile an Bord einbezogen. Dazu gehören unter anderem Motor, Tanks, Herd, Spülen, Ruderanlage, Relingstützen, Fußreling, und das Rigg. Diese Teile werden mit der Potenzialausgleichschiene verbunden, die wiederum an die Schiffserde angeschlossen ist. Das Ziel ist, zu verhindern, dass an Bord Potenzialunterschiede zwischen leitenden Teilen auftreten, die zu gefährlichen Berührungsspannungen führen können. In Schiffen mit Metallrumpf darf der Rumpf als Potenzialausgleichsleiter verwendet werden.

immer durch eine zweite Schutzmaßnahme ergänzt werden soll. Sind die betroffenen Teile nun in die Erdung des Bordnetzes mit einbezogen, schaltet der nächste Schutzschalter den Stromkreis infolge des dann entstehenden Kurzschlusses ab.

An Land wird zwischen Schutzpotenzialausgleich (früher: Hauptpotenzialausgleich) und zusätzlichem Schutzpotenzialausgleich (früher: zusätzlicher Potenzialausgleich) unterschieden. Die wesentlichen Unterschiede zwischen Schutzpotenzialausgleich und zusätzlichem Schutzpotenzialausgleich bestehen in den unterschiedlichen Leiterquerschnitten und darin, dass der zusätzliche Schutzpotenzialausgleich räumlich beschränkt sein kann. Ein typisches Beispiel für den zusätzlichen Schutzpotenzialausgleich an Land sind Badezimmer, in denen räumlich beschränkt die Einbindung von Bade- und Duschwannen in den Potenzialausgleich erforderlich ist.

Diese Einteilung kann auch auf die Verhältnisse an Bord von Yachten übertragen werden. Zu den Teilen, die auf Yachten direkt in den Schutzpotenzialausgleich einbezogen werden müssen, gehören:

- Erdungsleiter,
- Wasserführende Heizungsanlagen,
- Wasser- und Abwasserleitungen aus Metall,
- Gasleitungen,
- Kraftstoffleitungen,
- Wasser-, Abwasser- und Kraftstofftanks aus Metall,
- Schutzleiter der Elektroanlage,
- Abschirmungen von elektrischen und elektronischen Leitungen,
- Metallmäntel von Starkstromkabeln,
- Metallische Teile im Unterwasserbereich, die von Wasser benetzt sind, zum Beispiel Ruder oder Borddurchlässe,
- Maststützen aus Metall,
- Opferanoden des kathodischen Korrosionsschutzes,
- Metallische Rümpfe.

Alle Verbindungen des Schutzpotenzialausgleichs werden an Bord mit Kupferleitern mit einem Querschnitt von 6 Quadratmillimetern ausgeführt. Werden einige dieser Teile im Rahmen einer Blitzschutzanlage bereits als Ableiter benutzt – zum Beispiel Maststützen –, müssen diese nicht noch einmal mit der Erdungsschiene verbunden werden, ein Anschluss reicht aus.

Im Gegensatz zur Situation in Häusern, in denen es üblicherweise nur eine definierte Erdung gibt, haben wir in Schiffen eine Haupterdung (Erdungsplatte oder Kiel) und eine Vielzahl von „Nebenerden" in Form von Borddurchlässen und Zinkanoden.

Diese müssen in den Potenzialausgleich mit einbezogen werden, nicht nur zur Vermeidung einer elektrischen Gefährdung im Schiffsinneren, sondern auch, weil sonst der kathodische

Korrosionsschutz nicht funktionieren würde. Ab und zu findet man zwar „Experten" in Foren, die Zinkanoden und Schutzleiter von der Erdung abklemmen – erfolgreich, wie sie meinen, da die Anoden nun viel länger halten. Da der kathodische Korrosionsschutz mit Opferanoden jedoch nur dann funktioniert, wenn der Stromkreis zwischen Anode und dem zu schützenden Teil geschlossen ist, ist eine elektrisch leitende Verbindung der Teile zwingend erforderlich – schließlich kommt auch niemand auf die Idee, Opferanoden an einem Stahlrumpf isoliert anzubringen.

Zusätzlicher Schutzpotenzialausgleich

Im zusätzlichen Schutzpotenzialausgleich an Bord können verschiedene Gruppen von Teilen zusammengefasst werden, wodurch die Verkabelung erheblich vereinfacht werden kann. Im Gegensatz zum Schutzpotenzialausgleich, bei dem die Leiterquerschnitte durchgehend 6 Quadratmillimeter betragen müssen, können die Verbindungen in zusätzlichen Schutzpotenzialbereichen zwischen den Teilen mit 2,5 Quadratmillimetern ausgeführt

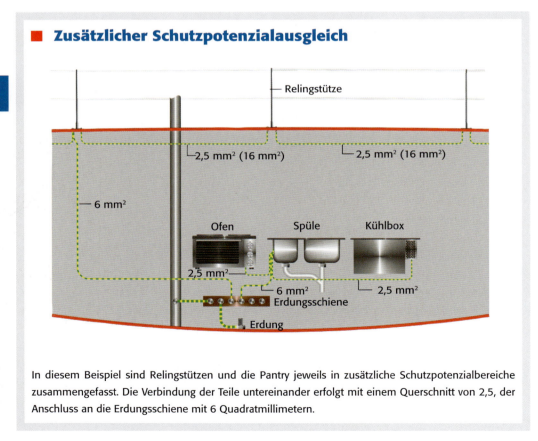

In diesem Beispiel sind Relingstützen und die Pantry jeweils in zusätzliche Schutzpotenzialbereiche zusammengefasst. Die Verbindung der Teile untereinander erfolgt mit einem Querschnitt von 2,5, der Anschluss an die Erdungsschiene mit 6 Quadratmillimetern.

werden. Der Anschluss der Bereiche des zusätzlichen Schutzpotenzialausgleichs an die Erdung muss jedoch ebenfalls mit 6 Quadratmillimetern erfolgen. Der Querschnitt der Schutzpotenzialausgleichsschiene muss an der dünnsten Stelle mindestens 50 Quadratmillimeter (Kupfer) oder, bei anderen Metallen, leitwertgleich sein. Die Schiene wird mit der Schiffserde verbunden. In Schiffen mit Metallrumpf sieht die Geschichte etwas einfacher aus: Hier reicht es aus, wenn die in den Potenzialausgleich einzubeziehenden Teile leitend mit dem Rumpf verbunden sind (IEC 600092-507).

Ist geplant, ein Blitzschutzsystem aufzubauen, gelten zum Teil andere Querschnitte. So muss der Mast mit einem Kupferkabel von 50 Quadratmillimetern an die Schiffserde angeschlossen werden, die Wanten jeweils mit mindestens 16 Quadratmillimetern Querschnitt. Detaillierte Angaben dazu gibt es in dem Buch „Blitzschutz auf Yachten", ebenfalls aus dem PALSTEK-Verlag. Es ist auf jeden Fall sinnvoll, darüber nachzudenken, ob man nicht schon von Anfang an die für den Blitzschutz nötigen Querschnitte verlegt, da dies nachträglich mit sehr hohen Kosten verbunden ist.

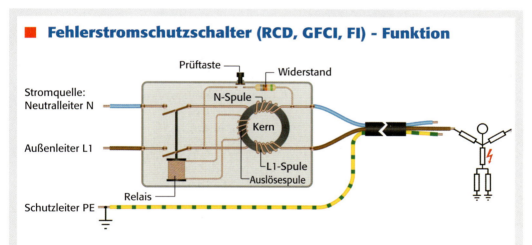

■ Fehlerstromschutzschalter (RCD, GFCI, FI) - Funktion

Fehlerstromschutzschalter arbeiten mit einem sogenannten Summenstromwandler, der die Ströme vergleicht, die in Außenleiter und Neutralleiter fließen. Der Wandler besteht aus einem Spulenkern, auf dem sich drei Wicklungen („Spulen") befinden. Zwei dieser Wicklungen sind gleich und sind mit dem Neutral- beziehungsweise Außenleiter verbunden. Solange die Ströme durch diese Wicklungen gleich sind, heben sich die durch den Stromfluss entstehenden magnetischen Felder aufgrund der entgegengesetzten Polarität auf. Fließt durch die Neutralleiterwicklung weniger Strom als in der Außenleiterwicklung – weil zum Beispiel ein Mensch den Außenleiter berührt und dadurch ein Teil des Strom durch die Erde zur Stromquelle zurückfließt – , wird der Kern magnetisiert und induziert eine Spannung in der Auslösespule. Diese betätigt ein Relais, das sogenannte Schaltschloss, das beide stromführende Leiter unterbricht. Mit der Prüftaste kann die Funktion des Schalters geprüft werden.

Fehlerstromschutzschalter im System

Fehlerstromschutzschalter im Hauptstromkreis

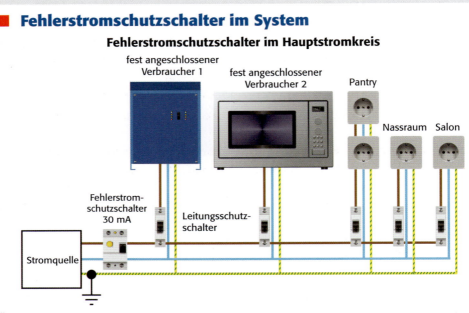

Üblicherweise wird das gesamte System durch einen Fehlerstromschutzschalter abgesichert, der im Hauptstromkreis installiert ist. Der RCD muss zweipolig ausgeführt sein und bei einem Fehlerstrom von 30 Milliampere auslösen. Nachteil: Bei Auftreten eines Fehlers wird das gesamte System abgeschaltet. Auf den zentralen RCD kann verzichtet werden, wenn die Steckdosen in „Küche, Toilette, Maschinenraum oder auf dem Wetterdeck" (DIN EN ISO 13297) mit Fehlerstromschutzschaltern gesichert sind, deren Auslöseempfindlichkeit 10 Milliampere beträgt. Im Gegensatz zu der an Land geltenden VDE 0100-410 dürfen an eine RCD-Steckdose explizit weitere ungeschützte Steckdosen angeschlossen werden – im Beispiel in der Pantry. In den übrigen Räumen dürfen Steckdosen ohne RCD eingesetzt werden.

Fehlerstromschutzschalter in Steckdosenkreisen

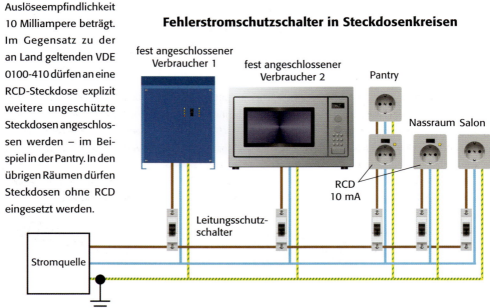

Fehlerstromschutzschalter

Fehlerstromschutzschalter, kurz RCD (Residual Current Protective Device, englisch) oder GFCI (Ground Fault Circuit Interrrupter, amerikanisch), früher FI-Schalter (deutsch), sind mittlerweile an Land und auf Schiffen vorgeschrieben. Diese Schalter dürften maßgeblich dazu beigetragen haben, dass die Zahl der tödlichen Stromunfälle drastisch zurückgegangen ist (1970 gab es 256 Stromtote allein in der Bundesrepublik, 2006 waren es noch 53 in Deutschland).

Fehlerstromschutzschalter sollen einen zusätzlichen Schutz bieten, wenn ein Fehler in der Schutzerdung – zum Beispiel durch den Bruch eines Schutzleiters – vorliegt oder zum Beispiel an einem beschädigten Kabel der Außenleiter freiliegt. Sie vergleichen den Strom im Außenleiter (von der Stromquelle zum Verbraucher) mit dem Strom im Neutralleiter

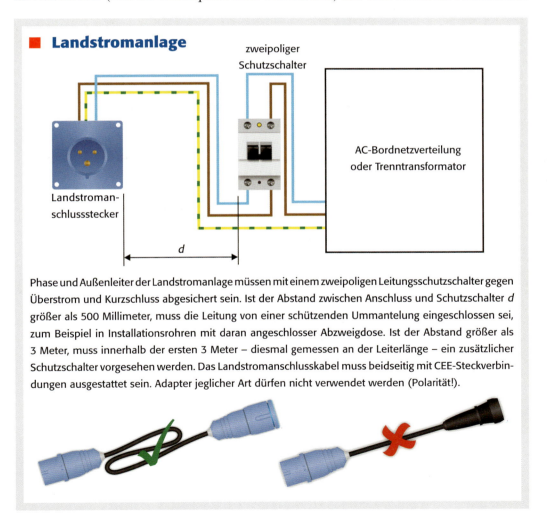

■ **Landstromanlage**

Phase und Außenleiter der Landstromanlage müssen mit einem zweipoligen Leitungsschutzschalter gegen Überstrom und Kurzschluss abgesichert sein. Ist der Abstand zwischen Anschluss und Schutzschalter *d* größer als 500 Millimeter, muss die Leitung von einer schützenden Ummantelung eingeschlossen sei, zum Beispiel in Installationsrohren mit daran angeschlosser Abzweigdose. Ist der Abstand größer als 3 Meter, muss innerhalb der ersten 3 Meter – diesmal gemessen an der Leiterlänge – ein zusätzlicher Schutzschalter vorgesehen werden. Das Landstromanschlusskabel muss beidseitig mit CEE-Steckverbindungen ausgestattet sein. Adapter jeglicher Art dürfen nicht verwendet werden (Polarität!).

(vom Verbraucher zurück zur Stromquelle). Wird dort eine Differenz festgestellt, die zum Beispiel entsteht, weil ein Teil des Stromes nicht durch den Neutralleiter, sondern durch einen Menschen und die Erde zurückfließt, unterbricht der Schalter – auf Wasserfahrzeugen zweipolig – den Stromkreis. Die Schutzschalter gibt es mit Auslöseempfindlichkeiten zwischen 10 und 500 Milliampere; für den Einsatz in Wohnhäusern und auf Schiffen sind 30 Milliampere vorgeschrieben, wenn der Schalter im Hauptstromkreis liegt, und 10 Milliampere, wenn einzelne Steckdosen abgesichert werden sollen. Ein Fehlerstromschutzschalter löst allerdings nicht aus, wenn die betreffende Person gleichzeitig die Phase und den Neutralleiter berührt und kein Strom über die Erde abgeleitet wird. Technisch elegant sind Fehlerstromschutzschalter mit integrierten Leitungsschutzschaltern, durch die eine nachgeschaltete separate Überstromschutzeinrichtung entfällt.

Hinter dem Fehlerstromschutzschalter darf keine zusätzliche Verbindung zwischen dem Neutralleiter und dem Schutzleiter bestehen; diese würde dazu führen, dass der Schutz-

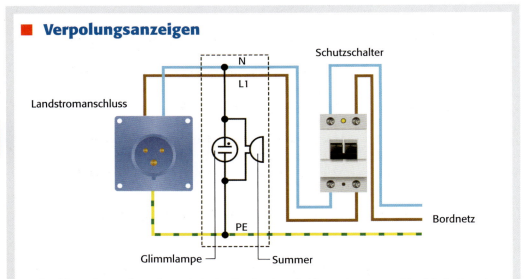

■ Verpolungsanzeigen

Sind auf deutschen Yachten theoretisch überflüssig – in polarisierten Systemen wirkt sich die Verpolung des Landstroms lediglich auf die Primärseite des Transformators aus, und in unpolarisierten Systemen müssen alle stromführenden Leiter – einschließlich Neutralleiter – abgesichert sein. Da sie in der DIN EN ISO 13297 angesprochen sind und auf Yachten, in denen die Steckdosen eindeutig belegt sind (zum Beispiel Großbritannien oder USA) auch durchaus sinnvoll sind, seien sie auch hier erwähnt. In der einfachsten Form bestehen sie aus einer Glimmlampe, die zwischen Neutral- und Schutzleiter geschaltet wird. Sobald aufgrund einer Verpolung des Landstromanschlusses Spannung auf den Neutralleiter kommt, leuchtet die Lampe auf. Zu der Lampe kann ein Summer parallelgeschaltet werden, sodass auch ein akustisches Signal ertönt. Ist der Schutzleiter unterbrochen, erfolgt keine Anzeige, ebensowenig, wenn der Schutzleiter mit dem Neutralleiter oder gar einem Außenleiter vertauscht wird. In polarisierten Systemen mit Transformatoren sind sie vollkommen überflüssig.

schalter auslöst, sobald ein Verbraucher eingeschaltet wird. Der Rückstrom vom Verbraucher zur Stromquelle würde sich dann auf Neutral- und Schutzleiter verteilen, sodass eine Differenz zwischen den Strömen im Außenleiter und dem Neutralleiter entsteht – eben der Strom, der den Weg durch den Schutzleiter nimmt.
Die Prüftaste sollte regelmäßig – mindestens einmal im Monat – betätigt werden, einerseits, um die Funktion des RCD zu prüfen, andererseits jedoch auch, damit das Schaltschloss gängig bleibt und nicht nach jahrelanger Untätigkeit beim ersten Ernstfall festsitzt.

■ Auslöseklassen

Leitungsschutzschalter sind in drei Auslöseklassen eingeteilt: B löst bei drei- bis fünffachem, C bei fünf- bis zehnfachem und D bei 10- bis 20-fachem Nennstrom innerhalb von 5 Sekunden aus. Die Klassen C und D werden vorzugsweise bei induktiven Lasten eingesetzt, zum Beispiel bei Motoren und Transformatoren.

■ Landstrom-Warnschilder

ACHTUNG — Zur Vermeidung von elektrischem Schlag und Feuergefahren:

1. Der Schalter im Wasserfahrzeug für den Landstromanschluss ist auszuschalten, bevor das Landstromkabel angeschlossen oder gelöst wird.
2. Das Landstromkabel ist zuerst am Wasserfahrzeug anzuschließen, bevor es an die Landstromquelle angeschlossen wird.
3. Das Landstromkabel muss sofort gelöst werden, wenn der Polaritätsanzeiger aktiviert ist.
4. Das Landstromkabel ist zuerst von der Landstromquelle zu lösen.
5. Der Landstromanschluss ist sorgfältig mit einer entsprechenden Kappe zu verschließen.

LANDSTROMKABELSTECKER NICHT VERÄNDERN!

Auf der Schalttafel des AC-Systems muss gemäß EN ISO DIN 13297 ein wasserfestes Warnschild dauerhaft angebracht sein. Der Text ist vorgegeben, kann jedoch an die Gegebenheiten des Wasserfahrzeugs angepasst werden. So entfällt zum Beispiel Punkt 3, wenn keine Polaritätsanzeige vorhanden ist. Alternativ können Symbole verwendet werden:

Gefahrenstelle

Gefährliche elektrische Spannung

Feuergefährliche Stoffe

Lesen des Handbuchs erforderlich

Landstromanlage

Diese gilt auf deutschen Yachten grundsätzlich als unpolarisiert, da nicht sichergestellt ist, dass weltweit in allen Landstromversorgungen die Lage der stromführenden Leiter einheitlich ist und in den sogenannten Schukosteckdosen die Position von Außen- und Neutralleiter vertauscht werden kann. Hinter dem schiffsseitigen Landstromanschluss muss ein zweipoliger Schutzschalter gegen Überstrom und Kurzschluss eingefügt werden. Kann dieser nicht innerhalb von 500 Millimetern hinter dem Anschluss installiert werden, muss die Leitung zwischen Anschluss und Schutzschalter mechanisch geschützt verlegt werden. Übersteigt der Abstand drei Meter, muss innerhalb der ersten drei Meter der Leitung ein zusätzlicher Schutzschalter eingefügt werden. Als Stromquelle gilt hier der landseitige Anschluss. Daher

■ Stromanschlusskennzeichnung

Der Landstromanschluss muss mit der Spannung, dem Strom, dem Symbol für gefährliche Spannung und dem Symbol für das Lesen des Handbuchs gekennzeichnet sein.

■ Trenntransformatoren – Prinzip

Transformatoren werden aus zwei Gründen eingesetzt: Zur galvanischen Trennung von Landstrom- und Bordnetz zwecks Vermeidung von elektrochemischer Korrosion und zur Polarisierung des Wechselstrombordnetzes. Sie bestehen aus einem Eisenkern, auf den – zählt man die Schirmwicklung mit – drei Spulen aus isoliertem Kupferdraht gewickelt sind. Fließt durch die Primärwicklung ein Wechselstrom, entsteht in der Spule ein alternierendes Magnetfeld. Dies wird durch den Eisenkern – der durch das Magnetfeld magnetisiert wird – in die Sekundärwicklung übertragen, in der es wiederum durch Induktion eine Spannung erzeugt. Das Verhältnis der Spannungen in Primär- und Sekundärwicklung entspricht dem Verhältnis der Windungszahlen. Sind diese gleich, ist die Spannung an der Sekundärseite gleich der an der Primärseite.

Trenntransformatoren sind mit einer Schirmwicklung versehen, damit bei einem Isolationsfehler der Primärwicklung keine Netzspannung auf den Kern oder die Sekundärwicklung übertragen werden kann. Die Schirmwicklung und der Kern werden mit dem landseitigen Schutzleiter verbunden. Der bordseitige Schutzleiter wird mit einem Pol der Sekundärwicklung verbunden, der somit zum Neutralleiteranschluss wird. So besteht keine Verbindung zwischen dem landseitigen und dem bordseitigen Schutzleiter.

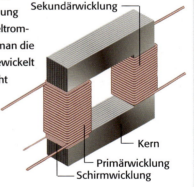

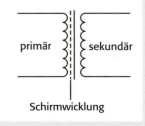

darf der Neutralleiter auf dem Schiff nicht geerdet werden. Der Schutzleiter muss hingegen mit der Schiffserde verbunden sein.

Transformatoren

In Transformatoren, die zur Trennung von Landstrom- und Bordnetz eingesetzt werden, erfolgt die Energieübertragung durch einen Eisenkern, auf dem zwei isolierte Wicklungen sitzen, die keine elektrisch leitende Verbindung miteinander haben – beide Seiten sind

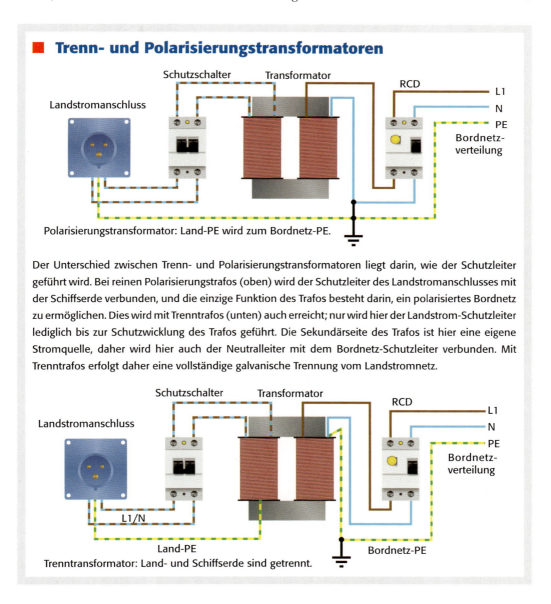

■ Trenn- und Polarisierungstransformatoren

Polarisierungstransformator: Land-PE wird zum Bordnetz-PE.

Der Unterschied zwischen Trenn- und Polarisierungstransformatoren liegt darin, wie der Schutzleiter geführt wird. Bei reinen Polarisierungstrafos (oben) wird der Schutzleiter des Landstromanschlusses mit der Schiffserde verbunden, und die einzige Funktion des Trafos besteht darin, ein polarisiertes Bordnetz zu ermöglichen. Dies wird mit Trenntrafos (unten) auch erreicht; nur wird hier der Landstrom-Schutzleiter lediglich bis zur Schutzwicklung des Trafos geführt. Die Sekundärseite des Trafos ist hier eine eigene Stromquelle, daher wird hier auch der Neutralleiter mit dem Bordnetz-Schutzleiter verbunden. Mit Trenntrafos erfolgt daher eine vollständige galvanische Trennung vom Landstromnetz.

Trenntransformator: Land- und Schiffserde sind getrennt.

199

■ Strom durch das Wasser

Elektrochemische Vorgänge im Zusammenhang mit dem Schutzleiter sind für viele Eigner nur schwer durchschaubar, im Prinzip aber ganz einfach. Vergleichen wir dazu das Wasser, in dem das Schiff mit diversen metallischen Teilen liegt, mit einer Batterie. Solange an den Batteriepolen – diese entsprechen den Metallteilen im Wasser – kein Verbraucher angeschlossen ist, fließt kein Strom, da es keine leitende Verbindung zwischen den Polen gibt. Erst wenn die Pole mit einem Leiter verbunden werden, kann ein Strom fließen. Die Funktion des Leiters wird in unserem Fall vom Schutzleiter übernommen.

Übertragen wir dies auf unsere beiden Beispiele: Im ersten Beispiel sind beide Schiffe durch den Schutzleiter des Landstromanschlusses miteinander und mit der Landerde – an der auch der Steg hängt – verbunden. Daher können zwischen allen metallischen Teilen, die vom Wasser benetzt sind, Ströme fließen, die durch die Höhe des elektrochemischen Potenzials (siehe Kapitel „Elektrochemische Korrosion") bestimmt werden. So schützt die Opferanode von Schiff 2 nicht nur die Metallteile des eigenen Schiffes, sondern auch die von Schiff 1 und die des Stegs (Bild 1a). Der dazu benötigte Rückstrom fließt durch den Schutzleiter. Tritt an einem der beteiligten Elemente ein Fehler auf – sodass zum Beispiel ein Gleichstrompotenzial auf den Rumpf kommt – kann eine regelrechte Zersetzung der Unterwasserteile einsetzen, die dann jedoch nicht mehr vom elektrochemischen Potenzial der Teile, sondern von der Fremdspannung bestimmt wird.

Ist eins der Schiffe mit einem Trenntransformator ausgestattet (2), ist der Leiter zwischen den „Polen" unterbrochen und das Schiff nimmt nicht mehr an elektrochemischen Vorgängen außerhalb des eigenen Systems teil (2a). Die roten Pfeile in den unteren Bildern zeigen den Stromfluss im Wasser, die gestrichelt dargestellten Wege gelten nur für nicht isoliert eingebaute Saildrives.

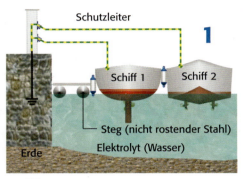

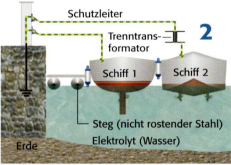

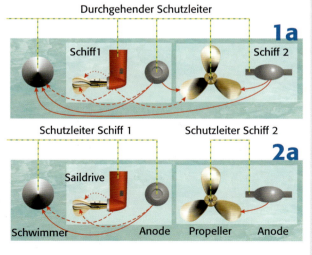

galvanisch getrennt. Wird ein Transformator zwischen das Landstromnetz und das Bordnetz geschaltet, sind beide Netze voneinander isoliert, daher auch der englische Name „Isolation Transformer".

Von der Landseite aus gesehen wird der Transformator wie jeder andere Verbraucher behandelt. Er muss auf der Primärseite mit einem zweipolig schaltenden Schutzschalter versehen sein, dessen Bemessungsstrom für höchstens das 1,25-Fache des Nennstroms des Transformators ausgelegt ist. Der Einschaltstrom eines Transformators beträgt ein Vielfaches (bis zum 30-Fachen) des Nennstroms. Wird ein Transformator ohne Einschaltstrombegrenzung verwendet, müssen daher träge auslösende Schutzschalter eingesetzt werden, zum Beispiel Leitungsschutzschalter Klasse C oder sogar D. Dies nützt dann nichts, wenn der Schutzschalter auf dem Steg nicht ebenfalls träge auslöst; dann schaltet zwar der bordeigene Schutzschalter nicht aus, Strom an Bord gibt es trotzdem nicht. Hat man daher die Wahl, ist ein Trafo mit Einschaltstrombegrenzung oder einem TSR (Transformator-Schalt- Relais) vorzuziehen. Auf der Sekundärseite braucht der Transformator nicht abgesichert zu werden, wenn gewährleistet ist, dass der Schutzschalter auf der Primärseite bei einem sekundärseitigen Kurzschluss abschaltet.

Auf der Primärseite ist eine Schirmwicklung vorhanden, die verhindert, dass bei einem Isolationsfehler in der Primärwicklung eine direkte Verbindung zwischen den Wicklungen

■ 115 V AC

Obwohl in den meisten amerikanischen Marinas mittlerweile 230- oder 240-Volt-Landstrom zur Verfügung steht, zeigen wir hier zwei Alternativen, wie das Bordnetz mit einem entsprechend ausgelegten Trenntransformator auch an Netzen angeschlossen werden kann, die mit den in Amerika üblichen Spannungen zwischen 110 und 120 Volt arbeiten.

Die einfache Version (oben) arbeitet mit einem Transformator mit einer einfachen Mittenanzapfung der Primärwicklung und einem einpoligen Umschalter. Mit dem Umschalter wird ein Leiter des Landstromanschlusses wahlweise auf die Mittenanzapfung oder das Ende der Wicklung gelegt. Da die Anzahl der Windungen auf der Primärseite halbiert ist, erfolgt auf der Sekundärseite eine Spannungsverdoppelung. Da lediglich die halbe Wicklung genutzt wird, wird die Leistung des Trafos ebenfalls halbiert.

Etwas aufwändiger ist die unten gezeigte Schaltung. Hier werden zwei getrennte Wicklungen auf der Primärseite benötigt, die – je nach Spannung – parallel oder in Reihe geschaltet werden. Durch diese Schaltung entsteht kein Leistungsverlust.

entsteht. Die Schirmwicklung wird – zusammen mit dem Kern – an den landseitigen Schutzleiter angeschlossen. Damit keine Verbindung zwischen Land- und Schiffserde entsteht, müssen die Transformatoren isoliert eingebaut sein.

Ein Trenntransformator wird von der Bordnetzseite wie eine Stromquelle behandelt. Der Schutzleiter ist am Trafo mit dem Neutralleiter verbunden, sodass Neutral- und Außenleiter eindeutig – unabhängig von der Position der Leiter im Landstromanschluss – festliegen. Damit handelt es sich um ein polarisiertes System, in dem – wie in der Hausinstallation üblich – einpolige Schutzschalter verwendet werden dürfen. Ausnahme: Der üblicherweise auf den Trafo folgende RCD muss – wie auch an Land üblich – zweipolig schalten.

Der zweite und für viele Eigner entscheidende Vorteil liegt jedoch darin, dass der Schutzleiter des Bordnetzes nicht mit dem Schutzleiter des Landstromanschlusses verbunden sein muss. In Landstromanschlüssen ohne Trenntransformator muss der Landstrom-Schutzleiter mit der Schiffserde verbunden sein. Damit besteht praktisch ein Stromkreis zwischen den benetzten Teilen des Schiffes und dem Land, der über den Schutzleiter geschlossen ist. Wird ein Trenn-

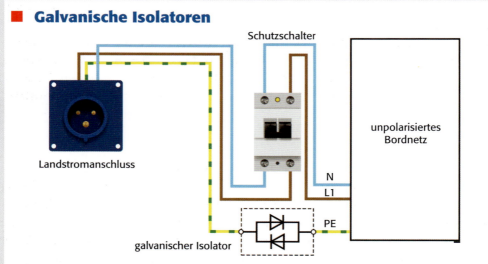

■ Galvanische Isolatoren

Galvanische Isolatoren dürfen seit einigen Jahren eingesetzt werden, um eine gleichstrommäßige Trennung von Land- und Bordschutzleiter zu schaffen und somit die Gefahr von galvanischen Strömen – die elektrolytische Korrosion verursachen können – zu bannen. Sie bestehen aus zwei antiparallel geschalteten Dioden und sind somit für Wechselstrom in beide Richtungen durchlässig. Für kleine Gleichspannungen, die unter der Schleusenspannung der Dioden liegen (circa 1,6 bis 4 Volt), ist der Durchlass in beide Richtungen gesperrt. Galvanische Isolatoren müssen kurzzeitig einen Strom von 5.000 Ampere (im Falle eines Kurzschlusses) überstehen können. Es gibt jedoch zurzeit (Herbst 2011) noch keine galvanischen Isolatoren, die mit einer adäquaten Funktionsüberwachung ausgestattet sind. Im Fehlerfall lassen sie bestenfalls Gleichströme durch, schlimmstenfalls sperren sie in beide Richtungen und unterbrechen so den Schutzleiter.

transformator eingesetzt, besteht keine Verbindung zwischen dem schiffseigenen und dem landseitigen Schutzleiter – galvanische Ströme zu anderen Schiffen oder Teilen der Hafeninstallation, zum Beispiel der berüchtigten „eisernen Spundwand", sind somit ausgeschlossen. Durch Trenntransformatoren wird die Schutzerdung nicht überflüssig, wie manchmal angenommen wird. Auch wenn im System auf der Sekundärseite des Trafos zunächst keine Verbindung mit der Erde besteht und daher selbst die direkte Berührung einer der stromführenden Leiter folgenlos bliebe, entsteht im Fall von zwei Fehlern eine lebensgefährliche Situation. Es sei denn, man baut ein sogenanntes IT-Netz auf, wie es an Land benutzt wird, wenn das Abschalten eines Stromkreises im Fehlerfall zu einer kritischen Lage führen kann, wie zum Beispiel in Operationssälen. Jedoch ist auch in diesen Netzen eine Schutzerdung erforderlich – die jedoch mit keinem der stromführenden Leiter verbunden ist – und eine Überwachung des Isolationswiderstands der stromführenden Leiter, womit diese Netze für den Einsatz auf kleinen Wasserfahrzeugen nicht geeignet und nach DIN EN ISO 13297 auch nicht zulässig sind. Diese Netze sind im Anhang unter „Netzformen" erläutert. Die Ausnahme vom „Schutzerdungszwang": Ist nur ein einzelner Verbraucher angeschlossen, zum Beispiel das Ladegerät, muss auf der Sekundärseite des Transformators nicht geerdet werden.

Fassen wir zusammen: Mit Trenntransformatoren lassen sich ohne großen schaltungstechnischen Aufwand sichere polarisierte Bordnetzsysteme aufbauen, deren Schutzleiter keine Verbindung mit dem Landstromsystem hat. Diese Systeme bieten einen guten und zuverlässigen Schutz vor durch Netzfehler hervorgerufener elektrchemischer Korrosion.

Polarisierungstransformatoren

Diese in manchen Publikationen auch „Polaritätsumwandler" (dort werden Trenntrafos übrigens als „Isolationsumwandler" bezeichnet) genannten Einrichtungen ähneln den Trenntransformatoren. Sie werden jedoch lediglich dazu verwendet, ein polarisiertes Bordnetz zu schaffen. Der Schutzleiter wird nicht getrennt – der Landstrom-Schutzleiter wird auch an Bord weitergeführt. Dieses in den USA häufig anzutreffende System ist auf deutschen Yachten aufgrund der dort unpolarisierten Steckdosen nicht sinnvoll.

Generatoren

Generatoren gelten als eigenständige Stromquelle; der Neutralleiter wird daher am Generator mit dem Schutzleiter verbunden. Die Einbindung des Generators in das Bordnetz muss durch einen zweipoligen Schalter erfolgen, dessen Kontakte „trennend" schalten, das heißt, dass bei einem Schaltvorgang die abzuschaltende Stromquelle bereits vom Netz getrennt ist, bevor die einzuschaltende verbunden wird. Damit soll verhindert werden, dass beide Stromquellen zusammengeschaltet werden, was in den meisten Fällen zu kurzschlussartigen Zuständen führt (siehe auch „Quellenschalter").

Selbstbegrenzende Generatoren, typischerweise Asynchrongeneratoren, benötigen keine zusätzliche Absicherung. Generatoren, die ihre Nennleistung im Überlastfall um mehr als 20 Prozent überschreiten können – die meisten Synchrongeneratoren – müssen ausgangsseitig mit einem zweipoligen Überstromschutzschalter abgesichert werden, der bei 120 Prozent des Nennstroms abschaltet. Wird der Generator dazu verwendet, größere induktive Lasten zu versorgen – zum Beispiel Tauchkompressoren – sollte das Schaltverhalten des Schutzschalters an die Anlaufströme dieser Motoren angepasst werden. Der Nennstrom der Leiter zwischen Generator und Hauptverteilung muss mindestens dem maximalen Ausgangsstrom des Generators entsprechen.

■ **Invertererdung**

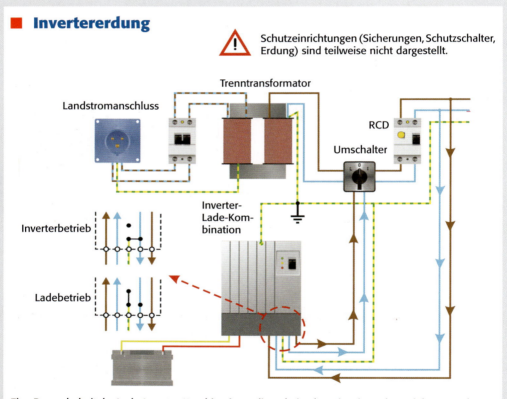

Eine Besonderheit der Lade-Inverter-Kombinationen liegt darin, dass sie – je nach Betriebszustand – sowohl Verbraucher als auch Stromquellen darstellen können. In einem Verbraucher darf der Neutralleiter nicht mit dem Schutzleiter verbunden sein, in einer Stromquelle muss er dies jedoch. Daher sind die meisten Kombigeräte mit einem automatischen Schalter versehen, der die Verbindung zwischen Neutral- und Schutzleiter unterbricht, sobald der Inverter keinen Strom mehr produziert. Da in den Geräten oft keine feste interne Verbindung zwischen Gehäuse und Schutzleiter besteht, wird dieses mit einem separaten Leiter an den Potenzialausgleich angeschlossen.

Energieversorgung mit Landstrom, Generator und Inverter

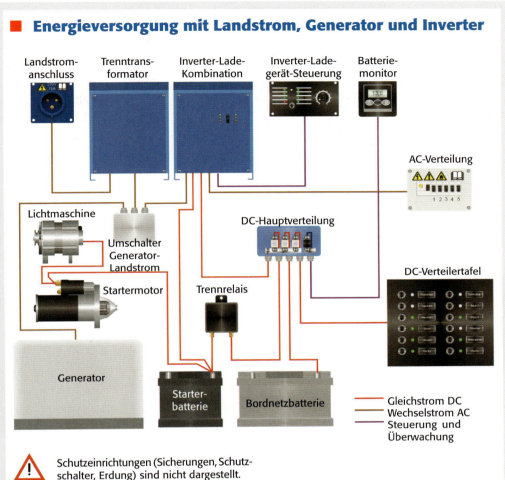

⚠ Schutzeinrichtungen (Sicherungen, Schutzschalter, Erdung) sind nicht dargestellt.

Mit den heute verfügbaren Geräten lässt sich eine komfortable und weitgehend unterbrechungsfreie Wechselstromversorgung an Bord realisieren. Erste Voraussetzung: Es muss sich um ein polarisiertes System handeln. Zweite Voraussetzung: Die Lade-Inverter-Kombination muss parallelschaltfähig sein. Drittens: Der Generator muss mit einem Autostart arbeiten. Die Grundversorgung erfolgt bei diesem System durch den Inverter, der – sobald kein Landstrom zur Verfügung steht – so lange Strom liefert, bis die Batterien geladen werden müssen. Dann wird der Generator eingeschaltet, der die Stromversorgung übernimmt und gleichzeitig über das Kombigerät die Batterien lädt. Sollen größere Verbraucher versorgt werden, deren Verbrauch die Leistung des Landstromanschlusses oder des Generators übersteigt, liefert der Inverter die zusätzlich benötigte Leistung. Übersteigt die Leistung des Landstromanschlusses die Verbraucherleistung, werden ebenfalls die Batterien geladen – und all dies automatisch. Eins der Kernelemente dieser Automatik ist der Umschalter zwischen Landstrom und Generator, der Letzteren automatisch startet, wenn ein entsprechender Leistungsbedarf entsteht und kein Landstrom vorhanden ist.

Inverter und Inverter-Lade-Kombigeräte

Reine Inverter gelten ebenfalls als eigene Stromquellen. Einer ihrer Ausgangsleiter wird durch die Verbindung mit dem Schutzleiter zum Neutralleiter, was so lange keine Probleme bereitet, wie der Inverter die einzige Stromquelle ist und nicht als Unterstützung zu einem kleinen Generator oder einem schwachen Landanschluss eingesetzt ist. Diese Betriebsart ist in der zur Zeit noch gültigen DIN EN ISO 13297 ausdrücklich untersagt, entspricht jedoch den an Land seit Jahren eingesetzten unterbrechungsfreien Stromversorgungen (USV), die hauptsächlich zur Versorgung von Servern eingesetzt werden. In deren überarbeiteten Fassung, die zurzeit als Vornorm vorliegt, wird dem Stand der Technik insofern Rechnung getragen, als dass dort die Zusammenschaltung von Invertern mit anderen Stromquellen gestattet ist, wenn der Inverter die Phasenlage seiner Ausgangsspannung mit der der anderen Stromquelle synchronisieren kann.

Inverter mit diesen Fähigkeiten sind heute verfügbar, sodass sich mit den entsprechenden Steuerelementen AC-Bordnetze aufbauen lassen, die weitgehend selbsttätig nach dem Muster der Land-USV arbeiten. Sie erkennen, wann Landstrom zur Verfügung steht, ob der Generator gestartet werden muss, wann die Batterien geladen werden können oder ob sie parallel zu Generator oder Landstromanschluss Strom in das Netz speisen müssen. Ein Beispiel einer solchen Anlage ist im Kasten „Energieversorgung mit Landstrom, Generator und Inverter" gezeigt.

Inverter-Lade-Kombinationen, die in solche Systeme integriert werden können, sind in der Regel mit einer Schaltung ausgestattet, die den Neutralleiter vom Schutzleiter trennt, sobald das Gerät als Ladegerät oder zur parallelen Stromversorgung eingesetzt ist. Ohne diese Schaltung gäbe es im System zwei Erdungspunkte für den Neutralleiter, wodurch einige Schutzelemente, zum Beispiel Fehlerstromschutzschalter, zu Fehlfunktionen verleitet werden.

Einigen Kombis, die nicht parallelschaltfähig sind, fehlt diese interne Umschaltung. Diese Geräte müssen mit einer zusätzlichen Schaltung ausgestattet werden, die eine Trennung von Neutral- und Schutzleiteranschluss bewirkt, wenn der Inverter nicht als Stromquelle genutzt wird.

Lade-Inverter-Kombinationen arbeiten nur mit polarisierten Systemen – sie müssen Strom aus dem Landstromanschluss beziehen und andererseits in das Bordnetz speisen, wobei sie teilweise parallel zum Landstrom arbeiten. Liegt dabei die Polarität der Landstromspannung nicht unter allen Umständen fest, kann dies zur Zerstörung des Inverters führen – es gibt Geräte, die gegen eine umgekehrte Polarität der AC-Eingangsspannung nicht abgesichert sind.

Die Absicherung der Inverter ist noch unterschiedlich – herstellerabhängig – geregelt. Es ist aber zu erwarten, dass die Ausgangsstromkreise der Inverter mit Leitungsschutzschaltern abgesichert werden müssen, auch wenn sie mit internen Überstromschutzeinrichtungen ausgestattet sind. Einige Hersteller schreiben einen zusätzlichen RCD im Ausgangsstromkreis vor. Installiert man einen Inverter oder eine Inverter-Lade-Kombination, sollte man sich vorher eingehend mit der Einbauanleitung des Herstellers auseinandersetzen und vor allem versuchen, die einzelnen Konzepte zu verstehen. Es hilft, wenn man dabei die grundsätzlichen Anforderungen an Erdung und Potenzialausgleich für Stromquellen und Verbraucher im Hinterkopf hat.

Kabel und Leitungen

Für die in Wechselstrom-Bordnetzen verwendeten Leiter und deren Installation gelten – mit einigen zusätzlichen Regeln – dieselben Anforderungen wie im Gleichstrombordnetz. Die Ergänzungen beziehen sich erstens auf die Spannungsfestigkeit – die Nennspannung der Leiter im AC-System beträgt mindestens 300/500 Volt, bewegliche Leiter kommen mit 300/300 Volt aus. Der erste Wert bezieht sich auf den Effektivwert der Spannung zwischen Außenleiter und Erde, der zweite auf die Spannung zwischen zwei Außenleitern – Letzteres in Systemen mit mehr als einem Außenleiter, zum Beispiel Dreiphasenwechselstromsystemen.

Die zweite Ergänzung betrifft Steckdosen im Pantrybereich: Diese dürfen nicht so angebracht sein, dass die Kabel der daran angeschlossenen Geräte über Herde oder Spülen geführt werden müssen. Ebenso sollte man Steckdosen nicht so anbringen, dass die Kabel der benutzten Geräte in Durchgangsbereichen hängen.

Die dritte Ergänzung regelt die zulässige Strombelastbarkeit von mehradrig ausgeführten Kabeln oder gebündelt verlegten Leitern. Die maximalen Stromstärken nach der Tabelle

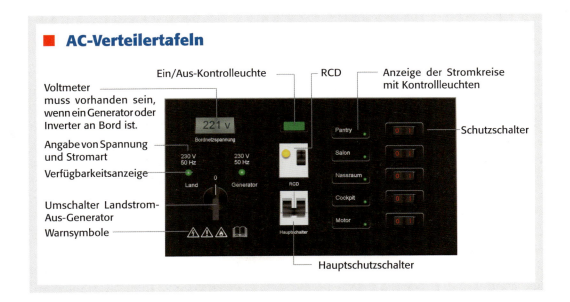

auf Seite 162 müssen – je nach Anzahl der gebündelten Leiter – mit einem Faktor nach folgender Tabelle multipliziert werden:

Anzahl der Leiter	Faktor
bis 3	1,0
4 bis 6	0,7
7 bis 24	0,6
ab 25	0,5

Liegen die Leiter im Maschinenraum, kommen zusätzlich die Korrekturfaktoren für die Isolationstemperatur ins Spiel. Sie müssen bei Bedarf mit den Korrekturfaktoren für die Anzahl der Leiter multipliziert werden.
Beispiel: Ein Leiter mit einem Querschnitt von 2,5 Quadratmillimetern ist außerhalb des Maschinenraums bis 25 Ampere belastbar. Wird er im Maschinenraum (Faktor 0,75) zusammen mit vier weiteren Leitern gebündelt (Faktor 0,7) verlegt, bleibt eine Strombelastbarkeit von $25 \cdot 0{,}75 \cdot 0{,}7 = 13{,}1$ Ampere.

Verteilertafeln

Die Vorderseiten der Schalt- und Verteilertafeln müssen auch in AC-Systemen leicht zugänglich sein. Die Rückseite muss zugänglich sein, darf jedoch ohne den Einsatz von Handwerkzeugen nicht erreichbar sein. Die Verteilertafel muss also zumindest verschraubt sein. Sie muss mit der Systemspannung gekennzeichnet sein, und es muss das auf Seite 197 gezeigte Warnschild oder die entsprechenden Symbole angebracht sein. Sie muss eine Kontrollleuchte enthalten, die anzeigt, ob das System ein- oder ausgeschaltet ist.
Kann ein Generator für die Stromversorgung eingesetzt werden, muss eine Spannungsanzeige installiert sein. Dies gilt auch, wenn einzelne Stromkreise für die Versorgung von Elektromotoren verwendet werden.
Je nach Einbauort werden folgende Schutzarten gefordert: IP 20, wenn die Schalttafel innerhalb des Wasserfahrzeugs geschützt eingebaut ist. Besteht die Gefahr, dass die Tafel Spritzwasser ausgesetzt sein kann, ist die Schutzart IP 56 erforderlich, besteht gar die Gefahr eines kurzfristigen Untertauchens, muss IP 67 eingehalten werden.

Zusammenfassung

Folgende Punkte müssen bei der Errichtung eines Wechselstromsystems an Bord beachtet werden:

- Das System muss mit einem separaten Schutzleiter versehen sein, der mit der Schiffserde verbunden ist (TNS-System). Der Neutralleiter muss an der jeweiligen Stromquelle mit dem Schutzleiter verbunden sein. Es darf keine weitere Verbindung zwischen diesen Leitern geben.

- Spannungsführende Teile müssen gegen unbeabsichtigte Berührung geschützt sein.

- Es ist ein Schutzpotenzialausgleich erforderlich, das heißt, alle nicht stromführenden Leiter im und am Schiff – dazu gehören zum Beispiel Spülen, Tanks, Borddurchlässe, Rigg – müssen mit der Schiffserde verbunden sein. In Metallschiffen reicht eine leitende Verbindung zum Rumpf.

- Alle Leiter müssen an der Stromquelle entsprechend ihrer Strombelastbarkeit abgesichert sein.

- In unpolarisierten Systemen (zum Beispiel Landstromanschluss ohne Trenn- oder Polarisierungstransformator) müssen alle Überstrom- und Kurzschlussschutzorgane zweipolig ausgeführt sein, also Außen- und Neutralleiter müssen im Fehlerfall gleichzeitig abgeschaltet werden. Sicherungen dürfen hier nicht verwendet werden.

- Das System muss mit einem oder mehreren (im Fall der Absicherung einzelner Steckdosenstromkreise) Fehlerstromschutzschaltern gesichert sein.

- Einzelne Stromkreise dürfen nicht durch mehrere Stromquellen gleichzeitig versorgt werden. Ausnahme: parallelschaltfähige Inverter.

- Es dürfen nur flexible Leiter aus Kupferlitze verwendet werden, deren Anschlüsse mit fachmännisch hergestellten Quetschverbindern ausgeführt sind. Für Schraubverbindungen dürfen nur Verbinder benutzt werden, die selbst bei einem unbeabsichtigten Lösen der Schraubverbindung den Kontakt aufrechterhalten (zum Beispiel keine Gabelkabelschuhe).

Netze der Zukunft: Bus-Systeme

Betrachten wir die Situation in der Kraftfahrzeugelektrik in den letzten Jahren des vorigen Jahrtausends: Wegen der gestiegenen (und weiter steigenden) Ansprüche an Komfort und Sicherheit werden immer mehr elektrische Verbraucher, Geber und Schalter in die Fahrzeuge eingebaut. ABS, ESP, elektrische Fensterheber und Klimaanlagen benötigen nicht nur Strom, sondern auch Leiter, die diesen transportieren. Damit entstand eine Situation, die durch zwei Faktoren bestimmt war: Einerseits reichte der für die Leitungsverlegung vorhandene Raum nicht mehr aus, und andererseits sollten immer mehr Funktionen in ergonomisch platzierten Multifunktionshebeln untergebracht werden, an denen der Platz für die Anschlüsse der teilweise recht dicken Kabel einfach nicht vorhanden war.

Der Ausweg aus diesem Dilemma wurde von der Firma Infineon in Form eines sogenannten PROFET erfunden. Dieses Teil – welches nichts mit biblischen Propheten zu tun hat – besteht

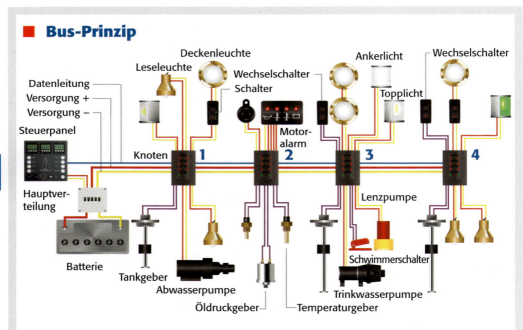

In Bus-Systemen wird das gesamte Bordnetz durch zwei Leiter (Plus und Minus) mit Strom versorgt, die – mit entsprechenden Querschnitten – durch das ganze Schiff verlaufen. An diese Hauptleiter sind sogenannte Knoten angeschlossen, von denen die Abzweigungen zu den Verbrauchern abgehen. In den Knoten sitzen elektronische Schalter, die durch Signale aus der Datenleitung gesteuert werden. Umgekehrt können die Knoten auch Daten, zum Beispiel von Temperaturgebern oder Schaltern, annehmen, verarbeiten und untereinander austauschen. So kann zum Beispiel die Betätigung des „Wechselschalters" an Knoten 4 bewirken, dass die an Knoten 3 angeschlossenen Salonleuchten ein- oder ausgeschaltet werden. Die gesamte Anlage kann von einem zentralen Steuerpanel gesteuert und überwacht werden.

aus einer Kombination eines MOSFET (Metall Oxid Semiconductor Field Effect Transistor, Metalloxid-Halbleiter-Feldeffekttransistor) mit einer Steuerlogik.

MOSFET sind ideale Schalter, die in ihrer Funktion am ehesten einem Relais entsprechen. Mit einem sehr kleinen Steuerstrom können große Ströme – zurzeit (2011) mehrere hundert Ampere – fast verlustfrei und sehr schnell geschaltet werden. Die Entwicklung dieser Bauelemente führte unter anderem zu elektronisch kommutierten bürstenlosen Gleichstrommotoren (siehe „Elektroantriebe") und Invertern, deren Spannungsverlauf an den anderer Quellen angepasst werden kann („Das Wechselstrombordnetz – AC"). Im Fahrzeugbau hatte der Einsatz der MOSFET zur Folge, dass die Bedienelemente (Schalter, Regler) nicht mehr an die Ströme und Leitungsquerschnitte der Verbraucher angepasst werden mussten, sondern auf die Steuerströme ausgelegt werden konnten. Diese liegen in der Regel im Bereich weniger Milliampere. Der eigentliche Schalter wurde also vom Armaturenbrett in die Zentralelektronik des Fahrzeugs, oft im Motorraum, verlegt.

Mit der Entwicklung des PROFET ging Infineon noch einen Schritt weiter. Der MOSFET erhielt eine Steuer- und Überwachungslogik, die den elektronischen Schalter vor Überlast,

MOSFET mit 120 Ampere Schaltvermögen.

■ MOSFET

Diese Halbleiter übernehmen im Kraftfahrzeugbereich weitgehend die Funktionen von Schaltern und Relais. Die Anschlüsse dieser Bauelemente heißen Gate (Steuerelektrode), Drain (Abfluss) und Source (Quelle). Die Strecke zwischen Drain und Source ist im Ruhezustand nicht leitend und entspricht einem offenen Schalter. Sobald am Gate eine positive Spannung anliegt, wird die Drain-Source-Strecke leitend, der Schalter ist geschlossen. Der Innenwiderstand der MOSFET zwischen Drain und Source beträgt, je nach Ausführung, lediglich 2 Milliohm. Damit ergibt sich eine sehr kleine Verlustleistung, was einerseits dem Spannungsabfall zugutekommt (2 Milliohm bei 10 Ampere ergeben einen Spannungsverlust von 0,02 Volt), und zum anderen verhältnismäßig kleine Bauformen erlaubt, da nur wenig Wärme abgeführt werden muss. Da diese Halbleiter im Vergleich zu mechanischen Schaltern sehr schnell sind (Schaltzeit zum Teil unter 100 Mikrosekunden), kann man mit entsprechenden Steuerungen ohne Weiteres Dimmer oder Motorsteuerungen auf Pulsweitenmodulationsbasis erstellen.

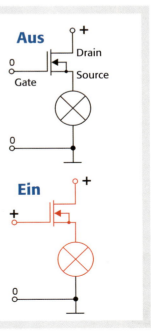

■ Bus-Systeme – Übersicht

Knoten

Die Anzahl der Knoten hängt davon ab, wie viele Verbraucher und Geber angeschlossen werden können. In unserem Beispiel kann ein Knoten 4 Verbraucher und 4 Geber versorgen. In anderen Systemen können bis zu 12 Verbraucher angeschlossen werden, sodass für die Beispielyacht lediglich 4 Knoten gebraucht würden.
Knoten 1 ist für die Hecklaterne und die Beleuchtung der Achterkajüte zuständig. Der Strom durch die Leuchte der Hecklaterne wird überwacht und löst bei Ausfall oder Kurzschluss einen Alarm aus. Knoten 2 überwacht hauptsächlich den Motor. Bei Über- oder Unterschreiten der vorgegebenen Werte für die Geber und Schalter am Motor (Temperaturen, Öldruck, Ladekontrolle) wird ebenfalls ein Alarm ausgelöst. Motoren, die bereits mit einem eigenen Bus-System ausgestattet sind, können nicht in das Bord-Bus-System eingebunden werden. Knoten 3 steuert unter anderem die Lenzpumpe. Dies kann automatisch geschehen – sobald der Schwimmerschalter schließt, läuft die Pumpe an – oder es wird ein Alarm ausgelöst. Nebenbei kontrolliert der Knoten die Stellung der Kugelventile an den Borddurchlässen. Dies kann zum Beispiel dazu verwendet werden, einen Motorstart zu verhindern, wenn der Seewasserzulauf nicht geöffnet ist. Knoten 4 überwacht die Borddurchlässe der Pantry und des Schmutzwassertanks und versorgt die Trink- und Schmutzwasserpumpe. Knoten 5 überwacht – neben den Tankinhalten – den Öffnungszustand der Toiletten-Borddurchlässe und versorgt die Leuchte in der Vorpiek mit Strom. Knoten 6 steuert und überwacht (Kettenzählwerk) die Ankerwinde. Knoten 7 ist für die Steuerung des Bugstrahlruders verantwortlich, versorgt die Rollreffanlage und schaltet und überwacht die Doppelfarblaterne.

Dargestellt ist die BUS-Anlage einer 12-Meter-Segelyacht, wobei in erster Linie die Versorgung, Steuerung und Überwachung der „schiffstechnischen" Verbraucher und Einrichtungen gezeigt wird. Einer der Hauptvorteile eines Bus-Systems ist, dass das System oder sogar die einzelnen Knoten programmiert werden können und in der Lage sind, miteinander zu kommunizieren. Ein Beispiel dafür ist die Steuerung der Pumpen, die mit den Tankinhalten koordiniert werden kann. So kann die Toilettenpumpe so gesteuert werden, dass sie nur dann läuft, wenn der Schmutzwassertank noch nicht voll ist, oder die Druckwasserpumpe wird abgeschaltet, sobald der Trinkwassertank leer ist.

Zusätzlich können verhältnismäßig einfach Schaltungen realisiert werden, die sich mit einer konventionellen Verkabelung nur mit sehr großem Aufwand oder gar nicht umsetzen lassen. So sind zum Beispiel Wechselschaltungen mit drei Schaltern (etwa für die Salon-Deckenleuchten, die mit jeweils einem Schalter am Niedergang, einem im Durchgang zur Achterkajüte und einem am Vorpiekschott geschaltet werden sollen) ohne zusätzlichen Verdrahtungsaufwand möglich – in konventionellen Systemen sind dazu mehrere Dutzend Meter zusätzliche Leitungen und spezielle Schalter erforderlich. In dem Bus-System können einfache Taster eingesetzt werden, die an beliebige Knoten angeschlossen werden und deren Betätigung im System die Aktion „Salonleuchte einschalten" auslöst.

Werden PROFET als Schalter eingesetzt, kann die Funktion der Verbraucher – zum Beispiel der Positionslaternen – überwacht werden. Dazu wird die im PROFET integrierte Strommessung verwendet – fließt kein Strom oder besteht ein Kurzschluss, leuchtet eine entsprechende Anzeige auf. Dabei müssen keine zusätzlichen Widerstände oder Wicklungen (zum Beispiel für Reed-Relais) in die Zuleitung zu den Leuchten geschaltet werden, womit Spannungsverluste verringert werden und die Betriebssicherheit erhöht wird.

Das Beispielsystem wird von einem PC gesteuert, der ebenfalls für die Programmierung der Knoten verwendet wird. Sind die Knoten einmal programmiert, ist für die Funktion des Systems kein PC mehr erforderlich. Andere Systeme werden über eine zentrale Steuereinheit programmiert.

— Versorgung −
— Versorgung +
— Datenleitung
— Versorgung Verbraucher
— Steuerung
— Überwachung

Übertemperatur und Kurzschluss schützt und einen Stromsensor enthält, mit dem Aussagen über den jeweiligen Lastzustand des Verbrauchers möglich sind. Mit anderen Worten: Ein verhältnismäßig kleiner PROFET mit den Gehäusemaßen 20 x 15 x 5 Millimeter (Infineon BTS555, Nennschaltstrom 165 Ampere) ersetzt ein Hochstromrelais, einen Schutzschalter, einen Messwiderstand und kann zusätzlich eine Menge Sachen, die mit diskreten Bauelementen kaum zu bewerkstelligen sind. Und das Ganze kann mit einem Leiterquerschnitt gesteuert werden, der weit unter dem liegt, was in einem Gleichstrombordnetz nach DIN EN ISO 10133 zugelassen ist.

Der nächste Schritt bestand nun darin, einen oder mehrere dieser PROFET in einem Gehäuse unterzubringen, das an eine (leistungsfähige) Stromquelle angeschlossen ist, und von diesem Kasten – für den sich die Bezeichnung „Knoten" eingebürgert hat – den oder die Verbraucher in der näheren Umgebung zu versorgen. Dazu ist noch eine Steuerung erforderlich, die über eine Leitung alle Knoten mit entsprechenden Steuersignalen versorgt – ein sogenannter „Datenbus".

Ergebnis: Die Stromversorgung der Yacht ist dezentralisiert. Die Absicherung und Überwachung der Stromkreise erfolgt nicht mehr in einer zentralen Verteilertafel, von der aus zu jedem Verbraucher mindestens zwei Leiter mit einem der Stromstärke des Verbrauchers angepassten Querschnitt verlegt sind, sondern in den Knoten, die mit lediglich zwei dickeren Leitern an die Stromversorgung und mit einer Datenleitung an das Steuerpanel

■ PROFET

Diese elektronischen Halbleiterbausteine wurden von der Firma Infineon ursprünglich für die Automobilindustrie entwickelt, wo sie zum Beispiel zur Ansteuerung von Glühlampen (Scheinwerfer, Blinker, Bremslicht) und induktiver Lasten (Scheibenwischermotor) eingesetzt werden. Sie vereinen in einem nur wenige Zentimeter großen Gehäuse die Funktion von mindestens vier diskreten Bauteilen, die wir zum Größenvergleich in dem blau eingekreisten Feld dargestellt haben: Hochstromrelais, Schutzschalter, Messwiderstand (Shunt) und eine Logikschaltung für die Erfassung und Auswertung der Zustände im angeschlossenen Stromkreis. Je nach Typ können PROFET-Ströme bis weit über 150 Ampere schalten, und dies, wenn es sein muss, sehr schnell. Damit können zum Beispiel pulsweitenmodulierte Spannungsbegrenzungen geschaffen werden, sodass

angeschlossen sind. Wohlgemerkt: Nicht jeder Knoten ist mit eigenen Leitungen versehen, sondern alle Knoten sind gemeinsam an drei Kabel angeschlossen, die durch die Yacht laufen.

Allein die bis jetzt geschilderten Eigenschaften des Systems führen zu einer bemerkenswerten Vereinfachung. Bei einer durchschnittlichen 12-Meter-Yacht mit 30 Verbrauchern kann man davon ausgehen, dass mehrere Hundert Meter Kabel eingespart werden. Nicht nur an Länge kann gespart werden, auch an Querschnitt: Da die überwiegende Mehrzahl der Leitungen nun wesentlich kürzer ist – nicht mehr von der Verteilertafel, sondern nur noch vom Knoten zum Verbraucher – und der Spannungsabfall entsprechend kleiner ausfällt, kann man oft eine Querschnittsstufe kleiner dimensionieren.

Je weniger Kabel verlegt sind, desto übersichtlicher gestaltet sich die Anlage und desto

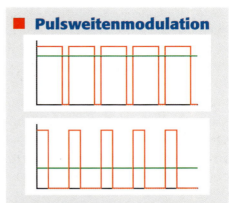

■ **Pulsweitenmodulation**

Bei der Pulsweitenmodulation wird die Spannung dadurch geregelt, dass ein schneller Schalter (zum Beispiel ein MOSFET) den Stromkreis sehr schnell ein- und ausschaltet (rot). Der (träge) Verbraucher „erlebt" dies als eine konstante Spannung (grün), deren Höhe von dem Verhältnis der Ein- und Ausschaltzeiten bestimmt wird.

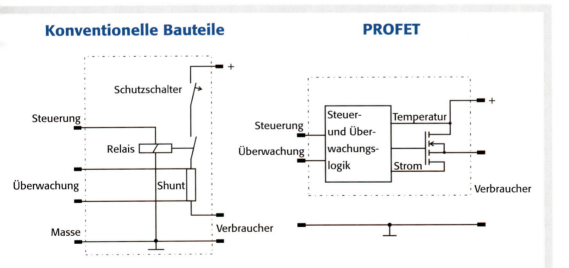

die für die Beleuchtung eingesetzten Glühlampen mit ihrer Nennspannung (12 Volt) betrieben werden können und nicht 14,4 Volt Ladespannung ertragen müssen. Sie sind mit einem integrierten Überstrom- und Kurzschlussschutz ausgestattet, womit ein zusätzlicher Schutzschalter entfällt. Die direkt im FET erfolgende Strommessung erzeugt ein Diagnosesignal, mit dem sich sowohl im Ein- als auch im Aus-Zustand offene Stromkreise (zum Beispiel infolge Lampenausfall) und Kurzschlüsse erkennen lassen.

einfacher ist es, einen eventuell auftretenden Fehler zu lokalisieren. Apropos Fehler: Die Wahrscheinlichkeit, dass in einem ausgereiften elektronischen System ein Fehler auftrit ist wesentlich geringer als ein Ausfall von elektromechanischen Bauteilen. Dies wird nicht nur von den Herstellern der Bauteile verkündet, sondern deckt sich auch mit meinen in 20 Jahren als Skipper gesammelten Erfahrungen. In dieser Zeit habe ich regelmäßig Schalter, Geräteschutzschalter, Relais, Steckverbinder und Elektromotoren ausgetauscht. Die Elektronik hielt hingegen wesentlich länger, als den Herstellern lieb sein durfte. Weder in der Navigationselektronik (vom Decca bis zum GPS, plus Log, Echolot etcetera) noch in anderen elektronischen Geräten (Ladegerät, Regler) gab es Ausfälle. Ausnahme: Ein Inverter ging zehn Minuten nach dem ersten Einschalten in Rauch auf. Bezeichnend ist es auch, dass trotz – oder wahrscheinlich wegen – der erheblichen Mehrausrüstung mit Elektronik und Elektrik aller Art die Pannenhäufigkeit der Pkw in Europa bei ständig längeren Wartungsintervallen seit Jahren rückläufig ist.

■ Die Evolution der Schalter

1 In der ursprünglichen Form wurde der Stromkreis zunächst mit einer Sicherung (1) abgesichert. Der Schalter (2) liegt in Serie mit dem Verbraucher (3) und muss für den Nennstrom des Verbrauchers oder, falls dieser größer ist, den Bemessungsstrom der Sicherung ausgelegt sein. Das Gleiche gilt für die Leiterquerschnitte.

2 Im nächsten Schritt wurden Sicherung und Schalter in einem Geräteschutzschalter (4) zusammengefasst. Sollte die Funktion des Verbrauchers, wie zum Beispiel bei Positionslaternen, überwacht werden, konnte dies nur über zusätzliche Schaltungen erfolgen. Hochstromverbraucher, zum Beispiel Ankerwinden, mussten über ein zusätzliches Relais gesteuert werden, da handelsübliche Geräteschutzschalter für deren Stromstärken nicht verwendbar sind.

3 Die Steuerung und der Schaltvorgang werden voneinander getrennt. Gesteuert wird mit einem separaten Schalter (5), der Stromkreis wird durch einen PROFET (6) geschlossen. Der Strom durch den Schalter und den Leiter zwischen Schalter und PROFET ist minimal, daher kann hier mit den kleinsten zulässigen Querschnitten gearbeitet werden.

4 Der letzte Stand der Entwicklung besteht darin, dass parallel zum PROFET ein Schutzschalter (7) angeordnet ist, der für den Fall des Versagens der Elektronik dazu benutzt werden kann, den Verbraucher direkt mit der Stromquelle zu verbinden (siehe Foto Seite 218).

Auch das manchmal geäußerte Argument, dass man den „eingelöteten Maikäfern" nicht ansehen könne, ob sie funktionieren oder nicht – vom Austausch eines „toten eingelöteten Maikäfers" auf See ganz zu schweigen – , ist bei näherer Betrachtung aus mehreren Gründen nicht ganz stichhaltig. Erstens nützt es auch bei den konventionellen elektromechanischen Bauelementen nicht viel, wenn man den Ausfall leicht diagnostizieren kann, jedoch kein passendes Ersatzteil an Bord hat. Nehmen wir einen Geräteschutzschalter: Er ist geschmolzen, weil einer der Anschlüsse – eine Flachsteckhülse – nicht fest genug auf dem Flachstecker steckte. Dadurch wurde zunächst der Anschluss und dann das Kunststoffgehäuse so weit erhitzt, dass der Schutzschalter unbrauchbar wurde. Frage: Was tut der Skipper, wenn er einerseits auf die Funktion des angeschlossenen Verbrauchers angewiesen ist, andererseits keinen passenden Ersatzschutzschalter an Bord hat? Eben.

Und damit kommen wir zur zweiten Entgegnung zum Maikäfer-Argument: Alle zurzeit angebotenen Knoten sind entweder mit einer zusätzlichen Ausfallsicherung versehen oder können „mechanisch" überbrückt werden. Zusätzlich deshalb, weil die darin sitzenden PROFET schon gegen alle denkbaren Zustände (Überspannung, Überstrom, Kurzschluss, Übertemperatur, sogar gegen eine Batterieverpolung) intern abgesichert sind. Wie die zu-

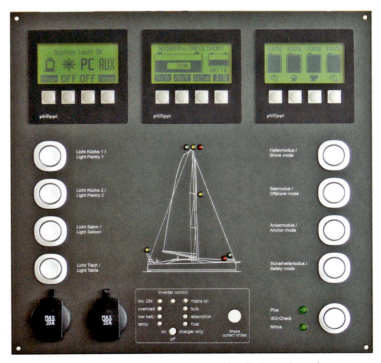

CAN-Bus-unterstütztes Steuerpanel mit Anzeige des Systemzustands, Tankanzeige, Batteriemonitor und Positionslaternenüberwachung (E-T-A PowerPlex/Philippi)

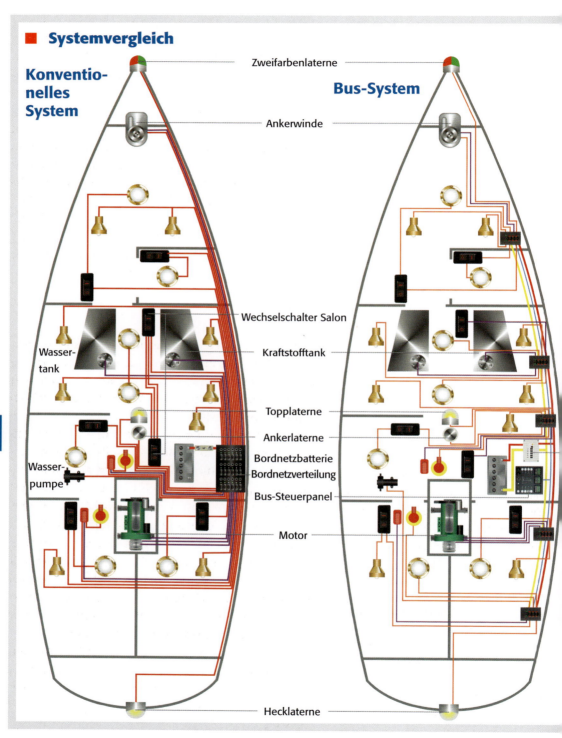

Legende

— Bus +

— Bus –

— Bus-Daten

— Versorgung (Standard)

— Versorgung (Bus)

— Steuerung und Überwachung

○ Deckenleuchte ohne Schalter

⏶ Leseleuchte mit Schalter

▭ Bus-Knoten

▭ Ein- oder Wechselschalter

▯ Schwimmerschalter

◉ Lenzpumpe

Dargestellt sind zwei verhältnismäßig einfache und von der Funktion her gleiche Systeme, links mit konventioneller Verkabelung und rechts mit einem Bus-System. Selbst wenn man nicht auf die zusätzlichen Möglichkeiten eines „intelligenten" Bus-Systems eingeht, ist offensichtlich, dass dessen Verkabelung erheblich übersichtlicher ist. Sowohl die Länge als auch die Anzahl der Leiter ist deutlich reduziert, was erstens die Ausfallwahrscheinlichkeit senkt und zweitens bei einem Fehler die Suche nach dessen Ursache wesentlich vereinfacht.

sätzliche Ausfallsicherung gehandhabt wird, ist von Hersteller zu Hersteller unterschiedlich. Während in den Knotenmodulen von E-T-A PowerPlex lediglich ein bereits im Modul enthaltener Flachsteckschutzschalter umgesteckt werden muss, mit dem die Source-Drain-Strecke des betroffenen MOSFET überbrückt wird, und so innerhalb weniger Sekunden eine – wenn auch nicht ganz so komfortable – Schalterfunktion zur Verfügung steht, muss bei anderen Herstellern der Knoten ausgebaut werden, bevor der oder die Verbraucher wieder in Betrieb genommen werden können. Bei einer dritten Variante muss ein Taster auf der Platine des Knotens gedrückt werden, um die Steuerung des PROFET zu umgehen, sodass dieser wie ein „normaler" Schalter arbeitet.

Die Systeme

Obwohl alle zurzeit verfügbaren Bus-Systeme nach demselben Prinzip arbeiten – die Bordnetzverteilung wird dezentralisiert und per Datentransfer gesteuert –, unterscheiden sich die Anlagen der einzelnen Anbieter beträchtlich.

Beginnen wir mit der Datenübertragung: Hier kommen zwei unterschiedliche Protokollsysteme (vereinfacht: die Verpackung der Anweisungen und Informationen) zum Einsatz. Aus der Fahrzeugtechnik stammt der CAN-Bus (Controler Area Network), der bereits 1983 von Bosch entwickelt wurde und ursprünglich mit drei Leitern für den Datenaustausch arbeitete. Heutige Anlagen für den Yachtbereich kommen mit zwei Leitern aus, können jedoch auch, zum Beispiel bei einem Aderbruch, mit einem Leiter eingeschränkt weiterarbeiten. CAN-Protokolle sind mittlerweile vor allem in sicherheitsrelevanten Bereichen etabliert, angefangen bei der Automobiltechnik über Anwendungen in der Medizintechnik bis zur Raumfahrt.

Ebenfalls in Deutschland wurde das zweite System entwickelt: CAPI (Common ISDN Application Programming Interface). Dieses System wurde ursprünglich für die Datenübertragung im ISDN-Netz entwickelt, wird jedoch mittlerweile in allgemeinen Kommunikations-Infrastrukturen verwendet. Das zurzeit einzige in Deutschland verfügbare System, das mit diesem Protokoll arbeitet, kommt von einem niederländischen Hersteller und mit einer einadrigen Datenübertragung aus.

Knoten und Module

Hier findet man die größten Unterschiede. Während das CAPI2-System mit drei verschiedenen Knoten arbeitet, die jeweils einen Verbraucher versorgen (Speisungsknoten), Daten von einem Sensor oder Schalter erfassen (Sensorknoten) oder für den Anschluss der Schalttafel (Zweigknoten) verwendet werden, sind die übrigen Systeme mit Knoten (die dort auch „Module" genannt werden) ausgestattet, die sowohl für die Versorgung als auch für die Datenerfassung geeignet sind. So können an die Knoten der Firma Beetz jeweils 5 Verbraucher und 5 Sensoren oder Schalter angeschlossen werden, und die Module von PowerPlex sind mit 12 Verbraucherausgängen, 8 Schalter- und 4 Sensoreingängen ausgestattet. CAPI2- und Beetz-Knoten werden zentral gesteuert, während die PowerPlex-Module mit einem eigenen Mikroprozessor ausgestattet sind, sodass diese ihre Aufgaben auch ohne zentrale

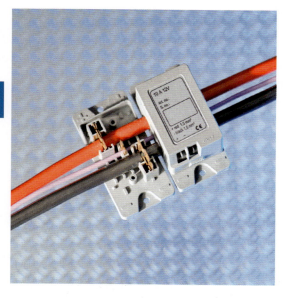

Das CAPI2-System kommt mit einer einadrigen Datenleitung aus. An diese Knoten kann jeweils ein Verbraucher angeschlossen werden. Neben den Verbraucherknoten gibt es Sensor- und Zweigknoten zur Überwachung und Steuerung des Systems.

In den PowerPlex-Modulen sind die für einen eventuellen Notbetrieb benötigten Sicherungen zur Überbrückung der PROFET bereits enthalten – sie müssen lediglich umgesteckt werden.

Steuereinheit verrichten können. Anders ausgedrückt: Die PowerPlex-Module tauschen die Daten untereinander aus und steuern sich gegenseitig, die Knoten der übrigen Systeme senden und empfangen die für den Betrieb erforderlichen Daten zunächst zu einer zentralen Steuereinheit, die diese verarbeitet und danach zu den Knoten zurücksendet. Interessant ist in diesem Zusammenhang, wie die Daten in den Modulen gespeichert werden: Power-Plex arbeitet hier mit einem System, bei dem die Programmierung der einzelnen Module auch in den Nachbarmodulen abgelegt wird. Dadurch ist selbst bei einem Austausch eines Moduls keine erneute Programmierung nötig; das neue Modul übernimmt automatisch die in den Nachbarmodulen abgelegten Einstellungen. In den anderen Systemen sind diese Informationen in der zentralen Steuereinheit gespeichert.

Steuerung und Programmierung

Hier gibt es drei unterschiedliche Verfahren: Steuerung und Programmierung erfolgen mit der zentralen Steuereinheit oder die Steuerung läuft über ein Steuerpanel und die Programmierung über einen externen PC, oder Steuerung und Programmierung erfolgen durch den externen PC. Systeme, die mit einem externen PC arbeiten – in der Regel über eine USB-Schnittstelle – können mittels einer unter Windows laufenden Benutzeroberfläche von der Werft oder dem Eigner an dessen Bedürfnisse und die Gegebenheiten der Yacht angepasst werden. Beschäftigt man sich ein wenig mit den Möglichkeiten, die diese Programmierung bietet, stellt man schnell fest, dass Bus-Systeme weit mehr als einen bloßen Ersatz für bestehende Gleichstrom-Bordnetze darstellen, der hauptsächlich auf eine Vereinfachung der Elektroanlage und Kabeleinsparung abzielt. Eine ausführliche Schilderung aller Möglichkeiten, die diese Systeme bieten, würde wahrscheinlich selbst den Rahmen dieses Buches sprengen, daher beschränken wir uns auf einige Beispiele.

Fall Nummer 1: In einer konventionell verkabelten Yacht werden die Salonleuchten im Salon ein- und ausgeschaltet. Will der Rudergänger während einer Nachtfahrt in das Vorschiff, muss er zwangsläufig zunächst in den voll beleuchteten Salon hinabsteigen, wenn er die seiner Nachtsicht abträglichen Leuchten aus- und eine Orientierungsbeleuchtung einschalten will. In einem Bus-System könnte man mit einem Taster am Ruderstand dem System befehlen, die Beleuchtung im Schiff auf eine für die Nachtsicht unschädliche Orientierungsbeleuchtung umzustellen.

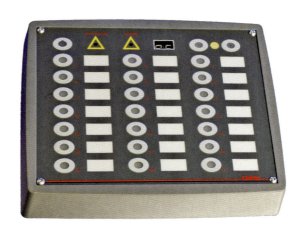

CAPI2-Schalttafel. Diese dient auch zur Konfigurierung der Anlage.

Fall Nummer zwei: Wird in einem Standard-Druckwassersystem der Wassertank leer, ohne dass es bemerkt wirkt, kann die Druckwasserpumpe, die von einem Druckschalter gesteuert wird, keinen Druck mehr im System aufbauen und läuft im Extremfall, bis die Batterie ebenfalls entleert ist oder – was wahrscheinlicher ist, bis der Pumpenmotor wegen Überhitzung mangels Kühlung stehen bleibt. In einem Bus-System kann man nun die Werte des Tankgebers mit der Steuerung der Pumpe kombinieren, sodass die Pumpe nur dann läuft, wenn ausreichend Wasser im Tank vorhanden ist.

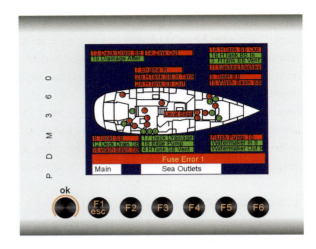

Anzeige der Seeventile und der Bilgenpumpensteuerung in einem Beetz-Bediendisplay an der Steuersäule.

Umgekehrt lassen sich Pumpen, die zur Entleerung der Toiletten in einen Schmutzwassertank dienen, so mit dem Tankgeber des Schmutzwassertanks koppeln, dass die Pumpe nicht mehr anläuft, wenn der Tank voll ist. Dies verhindert peinliche Momente, die dadurch entstehen können, wenn in der Marina der Tankinhalt in einem weiten Bogen aus der Tankentlüftung auf die Nachbarboote verteilt wird.

10 Komfort und Sicherheit

Mit einem Bus-System lassen sich viele Vorgänge an Bord automatisieren oder an bestimmte Bedingungen knüpfen. Dazu gehören die bereits geschilderten Pumpvorgänge, aber auch die automatische Lenzung der Bilge oder das Nachfüllen eines Tagestanks aus dem Haupttank. Man sollte jedoch beachten, dass Vorgänge, die zu einem Sicherheitsrisiko führen können, entweder nicht unbeaufsichtigt ablaufen dürfen oder zumindest nicht nur von einem einzelnen Geber oder Schalter gesteuert werden sollen. Nehmen wir das Beispiel Tagestank: Wird die Pumpe, die diesen aus dem Haupttank automatisch auffüllt, lediglich durch ein einziges Ereignis ausgeschaltet – zum Beispiel, wenn der Tankgeber signalisiert, dass der Tank voll ist, besteht die Gefahr, dass bei einem Fehler in dem elektromechanischen Gerät „Tankgeber" die Pumpe nicht mehr abgeschaltet wird. Folge: Der Inhalt des Haupttanks wird über die Entlüftung des Tagestanks in das Hafenbecken gepumpt. Hier sollte ein zweiter, unabhängiger Geber vorhanden sein, der über dem letzten Schaltpunkt des Tankgebers im Tank sitzt und den Pumpvorgang abbricht. Das Ganze funktioniert jedoch nur dann zuverlässig, wenn das Versagen des ersten Gebers angezeigt wird – eine leichte Aufgabe für ein Bus-System.

Ein weiterer sicherheitstechnischer Aspekt liegt in der Forderung, dass Stromkreise, deren Ausfall direkte Auswirkungen auf die Schiffssicherheit haben könnte, auch bei einem kompletten Systemausfall in Betrieb genommen werden können. Dieser Forderung wird in einigen Systemen dadurch Rechnung getragen, dass diese Stromkreise (Lenzpumpen, Positionslaternen, Funkgerät) aus dem Bus herausgenommen werden und mit manuell zu betätigenden Schaltern ausgestattet werden. In anderen Systemen können die Knoten bei Bedarf mit Schutzschaltern überbrückt werden, unabhängig davon, ob es sich dabei um sicherheitsrelevante Stromkreise handelt. Dies setzt allerdings voraus, dass die Knoten so eingebaut werden, dass sie leicht zugänglich sind.

Zusammenfassung

Mit Bus-Systemen können Länge, Anzahl und Querschnitte der Leiter im Gleichstrom-Bordnetz deutlich verringert werden. Die Systeme sind trotz der umfassenden Funktionen einfacher strukturiert und damit übersichtlicher als konventionelle Anlagen, was sowohl der Betriebssicherheit als auch der Fehlersuche zugutekommt. Die verwendeten elektronischen Schalter und Sicherungen arbeiten in der Regel zuverlässiger als elektromechanische Komponenten, sodass auch die Ausfallsicherheit insgesamt besser ist.

Es können zahlreiche Steuer- und Überwachungsfunktionen ohne zusätzlichen Aufwand an Bauelementen eingerichtet werden, die zur Betriebssicherheit der ganzen Yacht beitragen können. Allerdings können die in Navigationsinstrumenten verwendeten Bus-Systeme (Sea Talk, SimNet, NavBus etc.) aufgrund der unterschiedlichen Protokolle nicht in die Bordnetz-Bus-Systeme eingebunden werden.

Blitzschutz

Der Blitzschutz von Gebäuden aller Art an Land ist, zumindest in Deutschland, durch ein umfassendes Normenwerk geregelt. Die Anforderungen an die Schutzeinrichtungen sind nach Gebäudetypen gestaffelt: Einfamilienhäuser unterliegen keinem Zwang zum Blitzschutz, alle Gebäude, die für die Öffentlichkeit zugänglich sind, müssen jedoch geschützt sein, ebenso größere Wohnanlagen, Industrieanlagen und Lager für gefährliche Stoffe.

Gegenstände, die auf dem Wasser schwimmen, sind von Natur aus ideale Ziele für Blitze. Sie sind oft die höchsten Erhebungen weit und breit, schwimmen in einem gut leitenden Medium und strecken Stangen in den Himmel, die einen Blitzeinschlag geradezu herausfordern.

Genau wie für Einfamilienhäuser gibt es für nicht kommerziell genutzte Yachten keinen Blitzschutzzwang – es bleibt dem Eigner oder der Werft überlassen, ob und in welchem Umfang Blitzschutzmaßnahmen getroffen werden. Im Gegensatz zu den Gegebenheiten an Land gibt es im deutschsprachigen Bereich zurzeit keine Normen oder Richtlinien für den Blitzschutz auf kleinen Wasserfahrzeugen. Glücklicherweise sind die in der DIN EN 62305 – die eigentlich nur für Gebäude gilt – getroffenen Festlegungen so aufbereitet, dass sie fast vollständig auf die Verhältnisse an Bord von Yachten übertragen werden können. Einer der Vorzüge dieser verhältnismäßig neuen Normenreihe besteht darin, dass die meisten Festlegungen, zum Beispiel Leiterquerschnitte oder die Größen von Erdungsplatten, auf der Basis nachvollziehbarer physikalischer Grundlagen erfolgen, wodurch das System der Schutzmaßnahmen transparenter wird und einen guten Teil der Komplexität verliert. Trotzdem würde eine ausführliche Darstellung dieser Maßnahmen, die für die Errichtung einer kompletten Blitzschutzanlage ausreichen würde, den Rahmen dieses Buches sprengen. Wir beschränken uns hier daher darauf, den grundsätzlichen Aufbau und die Funktion der einzelnen Systemteile zu zeigen. Eignern, die den Aufbau oder die detaillierte Planung einer Blitzschutzanlage wagen wollen, sei die Lektüre des Buches „Blitzschutz auf Yachten", ebenfalls aus dem PALSTEK-Verlag, empfohlen.

Blitze in Zahlen

Die meisten Veröffentlichungen zum Thema Blitzschutz beginnen mit einer dramatischen Schilderung der meteorologischen Hintergründe eines Gewitters. Dass die meisten Blitze aus Cumulonimbuswolken herabfahren, ist allgemein bekannt, und wie sie entstehen, ist eigentlich nebensächlich.

Keine Nebensache sind die elektrischen Werte eines Blitzes. Mehrere Parameter sind entscheidend für den Umfang der Zerstörungen, die ein Blitz anrichten kann:
- Die Höhe des Blitzstroms bestimmt den Spannungsabfall am und im getroffenen Objekt und ist für die Potenzialdifferenz zwischen dem Objekt und seiner Umgebung verantwortlich.

Kugeln und Kegel

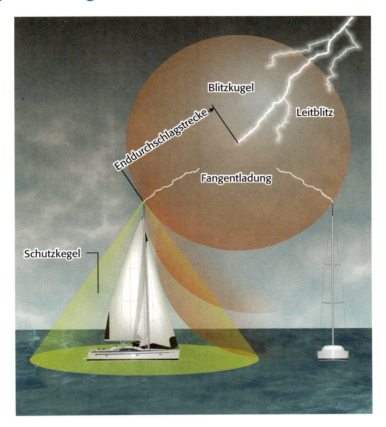

Während man bis vor wenigen Jahren davon ausging, dass sich unter der Fangeinrichtung ein Schutzkegel mit einem Öffnungswinkel von 90 Grad bildet, in dessen Bereich kein Blitz einschlagen konnte, geht man heute differenzierter vor. Man hat erkannt, dass sich der Leitblitz nur bis auf einige Dutzend Meter der Erdoberfläche nähern kann und dass dann eine Fangentladung, die von der Erde ausgeht, nötig ist, um den Rest der Strecke zu überwinden. Die Länge der Enddurchschlagstrecke wird dabei vom Potenzial des Blitzes bestimmt – je stärker der Blitz, desto länger die Strecke. Führt man diesen Gedanken etwas weiter, kann man sich eine Kugel vorstellen, deren Zentrum das Ende des Leitblitzes ist und deren Radius der Enddurchschlagstrecke entspricht. Rollt man nun diese Kugel um das zu schützende Objekt herum, ergeben die Berührungspunkte die möglichen Einschlagstellen, die durch Fangeinrichtungen geschützt werden müssen. Bei der für Yachten überwiegend geforderten Schutzklasse II hat die Kugel einen Radius von 30 Metern. Daher reicht hier eine Fangstange auf dem Masttopp vollkommen aus. Der Schutzkegel ergibt sich annähernd aus Tangenten der Blitzkugel, daher nimmt dessen Öffnungswinkel mit zunehmender Masthöhe ab – bei einer Masthöhe von 10 Metern beträgt er 110, bei 20 Metern nur noch 76 Grad.

Blitzschutz – Übersicht

Äußerer Blitzschutz (dick dargestellte Leiter)
Die äußere Blitzschutzanlage soll vor den direkten Folgen eines Einschlags schützen. Er besteht aus der Fangeinrichtung, der Ableitung und der Erdung.

Innerer Blitzschutz (dünn dargestellte Leiter)
Dazu gehören im Prinzip alle Leiter, die auch in den Potenzialausgleich einbezogen werden müssen, zum Beispiel Borddurchlässe, Stevenrohr, Motor, Propeller, Ruderwelle, Tanks, Spüle, der Minuspol des Bordnetzes (außer bei vollständig isolierten Zweileitersystemen) und metallische Rohrleitungen. Alle diese Teile müssen an die Erdung angeschlossen sein.

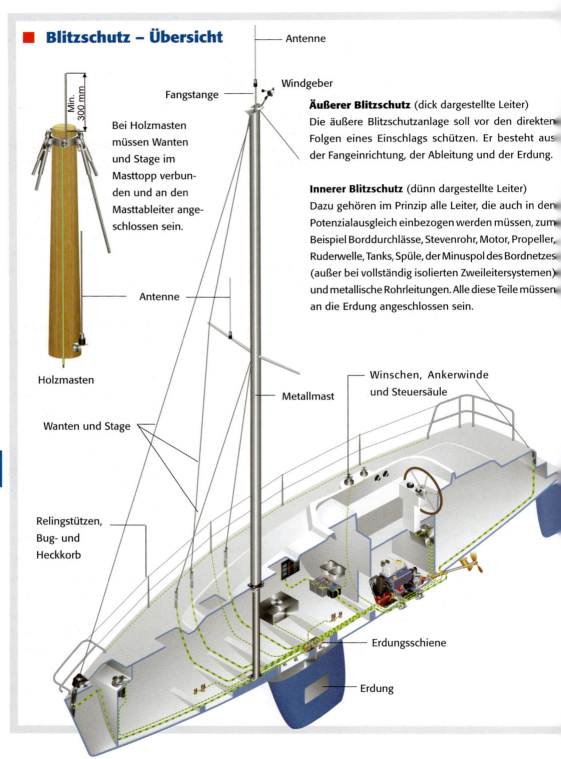

226

Fangstange: Besteht aus einem Rundstab aus Kupfer oder Aluminium mit einem Querschnitt von mindestens 50 Quadratmillimetern oder einem elektrisch gleichwertigen Metallrohr. Die Fangstange muss den Masttopp um mindestens 300 Millimeter überragen.
Windgeber: Diese sind oft außerhalb des Schutzbereichs der Fangeinrichtung montiert und werden einen Blitzschlag nicht überleben. Ein möglicher Schutz lässt sich erreichen, indem man den Fangstab so verlängert, dass der Schutzkegel auch den Windgeber mit einschließt.
Antenne: Diese ist meistens über der Fangstange montiert und wird infolgedessen bei einem Blitzeinschlag zerstört. Zwischen Antenne und Antennenkabel muss grundsätzlich ein Blitzstromableiter installiert werden. Besser für die Antenne ist ein Montageort innerhalb des Schutzbereiches der Fangeinrichtung, zum Beispiel auf der Saling oder im Schutzbereich einer die Antenne überragenden Fangstange.
Holzmasten müssen mit einem eigenen Ableiter, Querschnitt mindestens 50 Quadratmillimeter, geschützt sein. Die Wanten und Stage müssen miteinander und mit der Fangstange verbunden sein.
Metallmast: In der Regel der Hauptableiter. Er ersetzt den bei Holzmasten erforderlichen Ableiter. Er muss mit einem Querschnitt von mindestens 16 Quadratmillimetern an die Erdung angeschlossen sein. Maststützen aus Metall können als Ableiter benutzt werden, müssen dann jedoch mit dem Mast blitzstromtragfähig verbunden sein.
Wanten und Stage sind ebenfalls Ableiter und gehören zum äußeren Blitzschutz. Sie werden mit einem Leiterquerschnitt von mindestens 16 Quadratmillimetern an die Erdung angeschlossen.
Winschen, Ankerwinde, Steuersäule, Relingstützen, Bug- und Heckkorb müssen, wenn sie aus Metall sind, im Rahmen des Schutzpotenzialausgleichs mit Kupferkabeln, Querschnitt 6 Quadratmillimeter, an die Erdung angeschlossen sein.
Erdungsschiene: Hier laufen alle Leitungen des inneren und äußeren Blitzschutzes zusammen. Sie ist direkt an die Erdung angeschlossen.
Erdung: Muss auch bei Krängung unter Wasser liegen und soll eine Fläche von mindestens 0,25 Quadratmetern aufweisen. Geeignet sind Kiele – sofern sie nicht eingegossen sind – oder Erdungsplatten, nicht jedoch die als Funkerde genutzten Schwammerder.

- Die vom Blitz transportierte Ladung ist verantwortlich für Abbrandschäden an Metallen durch Lichtbögen des Blitzstroms.
- Die spezifische Blitzenergie sorgt für die Erwärmung in Blitzstromleitern und die mechanischen Effekte eines Blitzeinschlags.
- Der Blitzstromanstieg bestimmt die Einwirkungen auf andere elektrische Anlagen und Leiter in der Nähe der Blitzstromleiter durch Induktion.

Für die Dimensionierung der Blitzschutzanlage ist in erster Linie der Blitzstrom entscheidend. Die Anlage muss in der Lage sein, diesen abzuleiten, ohne Schaden zu erleiden. Die Stromstärke von 97,8 Prozent aller Blitze liegt unter 100.000 Ampere (100 Kiloampere), und 99 Prozent liegen unter 200 Kiloampere.

Noch ein wenig Statistik: In Deutschland werden jährlich im Mittel 1,5 Millionen Blitzeinschläge registriert und pro Quadratkilometer schlagen, je nach den örtlichen Gegebenheiten, zwischen 1,5 und 5 Blitze ein. Drei Prozent aller bei dem Yachtversicherer Pantaenius gemeldeten Sachschäden sind auf Blitzeinschläge zurückzuführen.

Schäden durch Blitzeinschläge

Hier stimmt die Wirklichkeit nicht ganz mit dem öffentlichen Bild überein. Es gibt zwar den spektakulären Einschlag mit schweren Sach- und sogar Personenschäden in der Besatzung. Weit häufiger jedoch sind sozusagen stille Untergänge im Hafen, lange nachdem das Gewitter abgezogen ist. Diese funktionieren etwa so: Der Blitz schlägt in den Mast ein und folgt diesem bis zum Deck. Im Mast verlaufen in der Regel diverse Kabel, zum Beispiel zu den Positionslaternen, zur Funkantenne oder zum Windgeber. Über diese Kabel gelangt der Blitz in das Schiff und findet seinen Weg in die Bordnetzverteilung, die auch Echolot und Log mit Strom versorgt – im Falle eines Blitzeinschlags mit reichlich zu viel Strom. Sowohl Log- als auch Lotgeber liegen weit unter der Wasserlinie und zumindest der Loggeber befindet sich teilweise im Wasser. Ein Teil des Blitzstroms wird wahrscheinlich über die Propellerwelle in das Wasser gelangen und dort verhältnismäßig wenig Schaden anrichten, da die Propellerwelle auch bei kleinen Motoren dick genug ist, um den Strom unbeeindruckt leiten zu können. Ein Teil fließt jedoch über den Loggeber, und dort kann es so warm werden, dass der Dichtring, der normalerweise das Wasser draußen hält, beschädigt wird und seine Aufgabe nicht mehr erfüllen kann. So gelangen zwar kleine, aber stete Wassermengen zunächst unbemerkt ins Schiffsinnere, die nach einiger Zeit dazu führen, dass das Schiff am Steg sinkt. Das Ganze findet vollkommen unspektakulär statt und daher ziemlich uninteressant für die Medien, ist aber nach Ansicht von Fachleuten die häufigste Folge eines Blitzeinschlags an ungeschützten Yachten.

Spektakulärer sind Schäden, die dadurch entstehen, dass dem Blitz ein – elektrischer – Widerstand in den Weg gelegt wird. Dies können dünne Kabel (brennen ab), Holzmasten (können regelrecht explodieren) oder Luftstrecken sein, die durch einen Lichtbogen überbrückt werden, was ebenfalls zu Bränden in der Umgebung führen kann.

Am folgenschwersten sind jedoch Personenschäden. Deren Ursache liegt darin, dass im (und auf dem) Schiff Spannungsunterschiede durch den Spannungsabfall an den elektrischen Widerständen der Leiter entstehen, die der Blitzstrom auf dem Weg zur Erde durchfließt.

■ Schutz des Rudergängers

Wendet man die Kugelmethode auf den Bereich des Cockpits an, stellt sich heraus, dass der Rudergänger durch die Wanten und das Achterstag – die als Nebenableiter gelten – selbst auf größeren Yachten geschützt ist. Der Berührungspunkt der Kugeln liegt bei Schutzklasse II 30 Meter über der Wasseroberfläche. Allerdings sollte er sich von metallischen Riggteilen fernhalten.

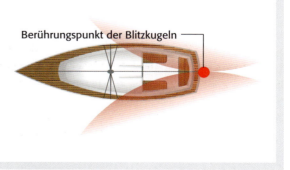

Berührungspunkt der Blitzkugeln

Dabei führen die gewaltigen Ströme selbst bei sehr guten Ableitungen mit einem Widerstand von wenigen Milliohm dazu, dass die Grenze der für Menschen potenziell gefährlichen Spannung von 50 Volt überschritten werden kann. Daraus ergeben sich zwei Forderungen, will man das Schiff und die Besatzung vor Schäden bewahren: Erstens muss dem Blitz ein Weg zur Erde, in unserem Fall, in das Wasser, geschaffen werden, der möglichst wenig Widerstand bietet. Also ein dicker Leiter von der Fangeinrichtung, in der Regel eine Metallstange oder ein Metallrohr auf dem Masttopp, in das Wasser. Damit wird gewährleistet, dass keine Schäden durch Überhitzung einzelner Teile des Schiffes, und sei es eines kleinen Dichtrings, auftreten können. Dieser Teil des Blitzschutzsystems wird „Äußerer Blitzschutz" genannt und schützt vor Schäden durch einen direkten Blitzeinschlag.

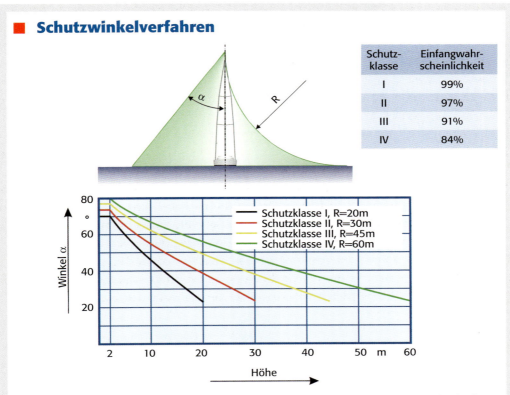

■ Schutzwinkelverfahren

Schutz-klasse	Einfangwahr-scheinlichkeit
I	99%
II	97%
III	91%
IV	84%

In der DIN EN 62305 wird der Blitzschutz in vier Klassen eingeteilt. Schutzklasse I bietet den höchsten und Schutzklasse IV den niedrigsten Schutz. Die Schutzklassen entsprechen unter anderem der Einfangwahrscheinlichkeit der Schutzeinrichtung, in anderen Worten, wie groß der Anteil der Blitzeinschläge ist, die von der Fangeinrichtung beherrscht werden. Da die Länge der Enddurchschlagstrecke direkt von der Ladung des Leitblitzes abhängt, ergibt sich daraus der Radius der „Blitzkugel" und, indirekt, der Schutzwinkel, der als Tangente der Blitzkugel gesehen werden kann. Auf Yachten wird in der Regel von der Schutzklasse II ausgegangen.

Zweite Forderung: Im und auf dem Schiff dürfen sich keine Potenzialunterschiede, sprich Spannungen, zwischen leitenden Gegenständen bilden können, die im direkten Weg des Blitzes liegen oder die von diesem als Nebenweg benutzt werden könnten. Dies wird dadurch erreicht, dass alle leitenden Gegenstände an und unter Deck mit der Erde verbunden werden. Dieser Systemteil, der schon im Abschnitt „Das Wechselstromsystem – AC" unter „Schutzpotenzialausgleich" beschrieben wurde, gehört zum inneren Blitzschutz und schützt sowohl bei einem direkten Einschlag als auch bei einem Naheinschlag, bei dem Überspannungen zum Beispiel durch den Landstromanschluss des Bordnetzes oder durch Induktion in das Schiff gelangen können.

Ein Teilbereich des inneren Blitzschutzes dient dem Schutz von Geräten, zum Beispiel der Navigationselektronik oder Ladegeräten, vor Überspannungen, die entweder durch einen direkten Einschlag oder durch Induktion zu den Geräten gelangen können.

Äußerer Blitzschutz

Die äußere Blitzschutzanlage soll vor den direkten Folgen eines Einschlags schützen. Er besteht aus der Fangeinrichtung, der Ableitung und der Erdung. Schiffe mit Metallrümpfen und Metallmasten benötigen keine äußere Blitzschutzanlage, sofern der Mast am Rumpf geerdet ist – was jedoch in den meisten Fällen ohnehin gegeben ist. Bei allen anderen Kombinationen – also auch Metallrumpf und Holzmast – ist sie erforderlich.

Beginnen wir mit der Darstellung des Systems: Höchster Punkt einer Segelyacht ist – von

■ Mehrmaster

Für Mehrmaster reicht eine einzelne Fangstange in der Regel nicht aus. Sowohl nach der Blitzkugel- als auch nach der Schutzkegelmethode ergibt sich oft, dass der Besan aus dem Schutzbereich herausragt. In diesem Fall muss der zweite Mast mit einer eigenen Fangeinrichtung ausgestattet werden, die mit entsprechenden Ableitungen geerdet ist. Man sollte daher – auch bei Schiffen, auf denen der Großmast weit vorlich steht oder auf denen ein Geräteträger montiert ist – bereits bei der Planung einer Blitzschutzanlage auf einem Segelriss des Schiffes mit einer maßstäblich ausgeschnittenen Pappscheibe prüfen, ob mit der geplanten Fangeinrichtung wirklich das gesamte Schiff geschützt ist.

wenigen Ausnahmen abgesehen – das obere Ende des Großmastes. Dies ist auch der Punkt, wo ein Blitz aller Wahrscheinlichkeit nach einschlagen wird – im Topp oder in unmittelbarer Nähe davon. Konsequenterweise ist dies auch der Punkt, an dem die Fangeinrichtung montiert werden sollte. Diese soll aus einem mindestens 8 Millimeter durchmessenden Kupfer- oder Aluminiumrundstab bestehen, der den Mast um mindestens 300 Millimeter überragt. Hier taucht auch schon das erste Problem auf: In den meisten Fällen ist die UKW-Funkantenne auf dem Masttopp montiert und überragt diesen und die Fangstange. Wird die Antenne oben auf der Fangstange montiert, liegt sie automatisch außerhalb des Schutzbereiches und wird somit bei einem Einschlag höchstwahrscheinlich zerstört. Auf jeden Fall muss zwischen die Antenne und dem nach unten führenden Kabel ein Blitzstromableiter geschaltet werden, damit das Kabel nicht zum Ableiter wird. Eleganter ist es, die Antenne im Bereich des Schutzkegels anzubringen, zum Beispiel auf einer Saling. Die Reichweite des Funkgeräts wird dadurch in der Regel nicht merklich beeinträchtigt. Nicht umsonst fordern die Richtlinien des ARC, dass eine steckfertige Zweitantenne bei den Regatten mitgeführt werden muß.

Aluminiummasten werden grundsätzlich als Ableiter angesehen. Der Materialquerschnitt ist selbst auf kleinen Yachten mehr als ausreichend – nach Norm wird ein Querschnitt von 50 Quadratmillimetern für Kupfer- oder Aluminium-Ableiter gefordert. Holzmasten müssen mit einem Ableiter versehen werden, dessen Querschnitt ebenfalls mindestens 50 Quadratmillimeter betragen muss Auf Schiffen mit Metallrümpfen ist der Blitzschutz hier zu Ende; der Rumpf bildet – von wenigen Ausnahmen abgesehen – eine Art Faradayschen Käfig, sodass ein innerer Blitzschutz durch den Rumpf gegeben ist. Ausnahmen: Der Landstromanschluss und die Funkanlage sollten mit einem Blitzstrom- und Überspannungsableitersystem gegen Einwirkungen von Blitzeinschlägen in der Nähe geschützt werden. Zudem sollte geprüft werden, ob Leiter des Gleich- oder Wechselstromsystems durch Induktion gefährdet sind, wenn sie zum Beispiel parallel zu einem Ableiter verlaufen. Diese müssen gegebenenfalls mit Überspannungsableitern versehen werden.

■ **Antennen**

Antenne

Wird die Antenne auf der Fangstange montiert, muss das Antennenkabel mit einem Blitzstromableiter geschützt werden, der möglichst direkt unterhalb der Fangstange angebracht ist. Die Antenne wird durch den Blitzstromableiter jedoch nicht geschützt. Alternative: eine Fangstange, die so hoch ist, dass die Antenne in ihrem Schutzbereich liegt.

Fangstange

Blitzstromableiter

Anders bei Kunststoff- und Holzrümpfen: Steht der Mast auf dem Deck, muss eine leitende Verbindung zwischen Mast und Erdung bestehen. Die Erdung erfolgt über eine metallische Fläche, die unter allen Betriebszuständen – also auch bei Krängung – komplett unter Wasser liegt und eine Fläche von mindestens 0,25 Quadratmetern aufweisen sollte. Die tatsächlich erforderlich Fläche richtet sich nach dem Fahrgebiet – in Meerwasser reichen aufgrund der besseren Leitfähigkeit kleinere Flächen aus – und kann berechnet werden (siehe „Blitzschutz auf Yachten", Seite 39).

Ideal geeignet sind untergebolzte metallische Kiele, an denen eine entsprechende Fläche farbfrei gehalten wird. Alternativ können Erdungsplatten aus Kupfer, Aluminium oder nicht rostendem Stahl verwendet werden, die auf den Rumpf oder den Kiel aufgesetzt werden. Die für Funkgeräte oft eingesetzten Schwammerden sind jedoch nicht zulässig. Aufgrund der hohen Ströme besteht die Gefahr, dass das Wasser in deren Gefüge zu kochen beginnt, womit der Übergangswiderstand sprunghaft steigen würde.

Die Verbindung zwischen Mast und Erdung kann bei auf Deck stehenden Masten über die Maststütze erfolgen, wenn diese aus Metall ist. Die elektrische Verbindung kann durch die Bolzen der Mastfußbefestigung erfolgen, sofern deren Gewinde mindestens M8 (zwei Schrauben) oder M10 (dann reicht eine Schraube) beträgt. Weiter geht es mit Kupferkabel zur Erdungsplatte.

Wanten und Stage gelten als Ableiter und sind weitere Bestandteile des äußeren Blitzschutzes. Sie werden mit Kupferkabeln, Querschnitt je nach Schutzklasse 16 bis 25 Quadratmillimeter, an die Erdungsplatte angeschlossen.

■ Blitzstromklemmen

M10   2 x M10   4 x M8   Bohrung für M10

Die Verbindungsstellen der Ableiter müssen in der Lage sein, Stromstärken von über einhundert Kiloampere standzuhalten. Viele der sonst in der Bordelektrik eingesetzten Verbinder sind für diesen Zweck nicht geeignet, da die Klemmkraft, die Flächen oder die Querschnitte für die Übertragung des Blitzstroms zu klein sind. In Blitzstromklemmen erfolgt die Klemmung durch mindestens eine Schraube mit Gewinde M10 oder zwei Schrauben M8, kleinere Gewinde sind nicht zugelassen. Die Befestigung von flexiblen Kabeln muss mit Presskabelschuhen erfolgen, Lötverbindungen sind untersagt, ebenso wie Würgeverbindungen oder eine Quetschung mit Madenschrauben.

Bei der Materialwahl sollte auf Korrosionsbeständigkeit geachtet werden. Materialpaarungen, die zu galvanischer Korrosion führen, wie zum Beispiel Kupfer und Aluminium, sollten vermieden werden.

Die Ableiter des äußeren Blitzschutzes sollen möglichst geradlinig ohne Schlaufen oder scharfe Biegungen und, wenn möglich, nicht parallel zu anderen Leitern im Schiff verlegt werden. Zu anderen Kabeln sollte ohnehin ein möglichst großer Abstand eingehalten werden, um Überspannungen im Bordnetz durch Induktion oder Überschläge zu vermeiden.

Innerer Blitzschutz

Dieser besteht aus drei Maßnahmen: Schutzpotenzialausgleich, Überspannungs- und Geräteschutz. Der Schutzpotenzialausgleich dient in erster Linie dem Personenschutz, Überspannungs- und Geräteschutz sollen Geräte und Anlagenteile vor Schäden bewahren. Durch den Schutzpotenzialausgleich werden alle größeren metallischen Teile auf und unter Deck miteinander und mit der Erdung verbunden. Dadurch können in dem gesamten System keine unterschiedlichen Spannungen mehr auftreten – es wird praktisch unmöglich, innerhalb des Schiffes versehentlich einen elektrischen Schlag zu erhalten. Ohne Schutzpotenzialausgleich könnte der Blitz zum Beispiel vom Unterwantrüsteisen auf die Spüle überspringen, die dann für die Dauer des Einschlags unter Spannung stehen würde. Aber nicht nur Personen werden geschützt: Borddurchlässe, Tanks und Rohrleitungen werden in den inneren Blitzschutz ebenso einbezogen wie – zumindest bei Zweileitersystemen mit Minus an Masse – der Minuspol der Bordnetzverteilung, sodass auch hier keine Schäden durch direkte Blitzeinwirkung entstehen können. Reling, Bug- und Heckkorb, Ankerwinden, Schotwinschen sowie, falls vorhanden, die Steuersäule gehören in den inneren Blitzschutz,

■ Faraday'scher Käfig

Metallrümpfe werden oft als Faraday'sche Käfige bezeichnet. Ein Faraday'scher Käfig ist eine allseitig geschlossene Hülle aus einem elektrischen Leiter, deren Innenraum dadurch von äußeren elektrischen Feldern oder elektromagnetischen Wellen abgeschirmt ist. Schlägt ein Blitz in einen Faraday'schen Käfig, bleiben Personen im Innenraum ungefährdet. Eine Erklärung lautet etwa so: Aufgrund des geringen elektrischen Widerstands des Rumpfwerkstoffs gleichen sich in ihm alle Potenzialunterschiede und elektrischen Felder aus – daher besteht im Inneren kein elektrisches Feld und auch kein Potenzialunterschied. Ein äußeres elektrisches Feld kann dies nicht ändern. Die Bewegung der Ladungsträger im Leiter entspricht genau den Strömen, die von außen einwirken und gleicht die Potenzialunterschiede im Inneren des Leiter aus. Ferromagnetische Werkstoffe (zum Beispiel Stahl) schirmen dabei auch magnetische Felder ab, Aluminium oder Kupfer hingegen wirken nur gegen elektrische Felder.

auch wenn sie nicht im Schiffsinneren zu finden sind. Je nach Umfang variieren die dazu erforderlichen Kabelquerschnitte zwischen 2,5 und 6 Quadratmillimetern. Die Leitungen des inneren Blitzschutzes sollten so verlegt werden, dass sie möglichst weit von den Ableitern entfernt sind, um induktive Einstreuungen zu vermeiden. Weder die Leitungen des äußeren noch die des inneren Blitzschutzes dürfen für irgendwelche anderen Zwecke, zum Beispiel als Minus- oder Schutzleiter, verwendet werden. Sie müssen unter normalen Betriebsbedingungen strom- und spannungslos sein.

Besonders gefährdete Leitungen des Bordnetzes können in geerdeten metallischen Kanälen oder Rohren verlegt werden, um induktive Einstreuungen zu verhindern. Die meisten gegen elektromagnetische Felder besonders empfindlichen Leitungen, zum Beispiel die der Geber der Navigationsinstrumente, sind in der Regel mit einer eigenen Abschirmung versehen. Überspannungen im restlichen Bordnetz können durch Überspannungsableiter verhindert werden.

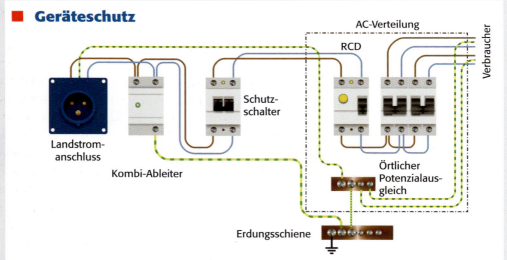

Geräteschutz ist ein Bestandteil des inneren Blitzschutzes und soll Anlagenteile und Geräte vor Überspannungen schützen. Bis vor einigen Jahren erfolgte dies in mehreren Stufen, zum Beispiel durch einen Blitzstromableiter am Übergangspunkt – auf Schiffen der Landstromanschluss – und nachgeschalteten Überspannungsableitern, die in der Verteilung oder unmittelbar vor den zu schützenden Geräten angebracht wurden. Mittlerweile ist die Installation erheblich vereinfacht: Kombi-Ableiter vereinen eine Funkenstrecke zur Ableitung des Blitzstroms mit einem Varistor, der eine niedrigere Restspannung ermöglicht, in einem Gehäuse. Damit hinter dem Ableiter keine neuen Überspannungen in die Anlage induziert werden, sollten jedoch keine Leitungen in der Nähe der Ableiter des äußeren Schutzes verlegt sein.

Blitzstrom- und Überspannungsableiter

Diese Maßnahmen des inneren Blitzschutzes sollen Überspannungen, die auch durch Einschläge in Nachbarschiffe oder Hafenanlagen entstehen können, vom Bordnetz fernhalten. Sie beruhen auf einem abgestuften System, in dem Blitzschutzzonen durch den Einsatz von Blitzstrom- und Überspannungsableitern definiert werden.

An der Übergangsstelle zwischen Schiff und Landanschluss wird zunächst ein Blitzstromableiter eingefügt. Diese arbeiten mit Gasableitern, die aus zwei Elektroden in einem gasgefüllten Zylinder bestehen, deren Abstand so gewählt ist, dass zwischen ihnen bei einer bestimmten Spannung ein Lichtbogen entsteht, über den der Blitzstrom zur Erde abfließen kann.

Gasableiter können zwar große Ströme ableiten, die Schutzklasse – die Spannung, die nach dem Ableiter bestehen bleibt – ist jedoch noch zu hoch für Teile des Bordnetzes. Daher wird in der Bordnetzverteilung zusätzlich ein Überspannungsschutz installiert, der aus einem oder mehreren Varistoren besteht. Varistoren sind Bauelemente, deren Widerstand spannungsabhängig ist. Bei einer bestimmten Spannung werden sie sozusagen zum Kurzschluss, ihre Schaltspannung ist niedriger als die der Gasableiter – sie können auch im 12- oder 24-Volt-Bordnetz eingesetzt werden –, dafür ist die Strombelastbarkeit geringer. Zwischen Varistoren und Gasableitern ist eine Mindestleitungslänge erforderlich.

Einfacher ist der Einsatz von Kombi-Ableitern. Diese vereinigen eine Gasableiter und einen Varistor in einem Gehäuse, wodurch der Installationsaufwand verringert wird.

■ Riggschäden

Wenn keine separate Fangeinrichtung auf dem Masttopp vorhanden ist, kann ein Blitz, vor allem bei Lage, durchaus in Teile des stehenden Guts einschlagen. Durch den an der Einschlagstelle wirkenden hohen Strom kann das Material dort geradezu verdampfen. In Einzelfällen kann dies zum sofortigen Bruch des Wants oder Stags führen.

Eine Blitzfangstange am Masttopp reduziert diese Gefahr erheblich. Da jedoch selbst kleine Anschmelzungen an der Drahtoberfläche – zum Beispiel durch Nebenentladungen verursacht – bei nicht rostenden Stählen mit der Zeit dazu führen, dass der Draht bricht, sollte man nach jedem Blitzschlag das stehende Gut sorgfältig auf Schäden untersuchen und verdächtig erscheinende Teile austauschen.

Unter bestimmten Einsatzbedingungen müssen Gasableiter mit einer Vorsicherung versehen werden. Dies dient nicht dem Blitzschutz, sondern soll verhindern, dass der Strom durch den Gasableiter nach Abklingen des Blitzstroms aus der Betriebsstromversorgung bestehen bleibt. Sowohl Gasableiter als auch Varistoren können durch Überlastung zerstört werden. Sie zeigen dies durch eine Leuchtdiode an und müssen dann ersetzt werden.

Empfindliche Geräte können zusätzlich durch einen steckbaren Überspannungsableiter – der auch für PC-Schnittstellen erhältlich ist – mit noch geringerer Restspannung (Schutzklasse 3) geschützt werden. Aber auch diese Ableiter funktionieren nur, wenn entsprechende Blitzstromableiter vorgeschaltet sind. Der VDE empfiehlt in einer Blitzschutzbroschüre sogar, hochempfindliche Geräte wie zum Beispiel einen PC in einem geerdeten Metallkasten unterzubringen. Soll dieser auch die magnetischen Felder abschirmen, muss er aus ferromagnetischen Werkstoffen bestehen – Aluminium hilft hier nur gegen elektrische Felder. Isolierte Achterstage, die als Antennen benutzt werden, müssen zum Schutz des Rudergängers mit einem Überspannungsableiter versehen sein.

■ Induktion und Schirmung

Wird ein Leiter von einem Strom durchflossen, bildet sich um diesen ein elektromagnetisches Feld. Ändert der Strom seine Richtung oder Stärke, führt dies zu einer Änderung des Feldes. Befindet sich ein zweiter Leiter im Bereich des Feldes, wird jede Änderung des Feldes in diesem einen Strom erzeugen (links). Dieser Effekt nimmt mit der Entfernung der Leiter zueinander und zunehmender Abweichung von deren Parallelität ab. Daher sollten blitzstromführende Leitungen möglichst weit vom übrigen Bordnetz entfernt verlegt werden.

Ist der zweite Leiter in einem geerdeten Metallrohr oder -kanal verlegt, werden die durch das Feld erzeugten Ströme abgeleitet und dringen nicht mehr zu dem Leiter durch (rechts). Er wird sozusagen durch das Rohr abgeschirmt.

Funkanlagen

Hier haben wir es mit zwei Bereichen zu tun: Erstens die Antennenanlage, die, wenn sie von einem Blitz direkt geroffen wird, in der Regel wegschmilzt, und zweitens die Eingangsschaltung des Funkgeräts, die auch dann mit Überspannungen konfrontiert sein kann, wenn die Antenne nicht direkt getroffen wird.

Die Zerstörung der Antenne lässt sich nur dadurch halbwegs zuverlässig verhindern, indem sie im Schutzbereich der Fangeinrichtung angebracht ist. Dies kann zum Beispiel dadurch geschehen, dass die Antenne nicht im Masttopp, sondern tiefer, zum Beispiel in Salinghöhe montiert wird. Zweite Alternative: Man montiert einen Fangstab im Masttopp, der so hoch ist, dass er die Antenne um 300 Millimeter überragt. Dabei muß jedoch beachtet werden, dass die Abstrahlung der dort meist ebenfalls montierten Positionslaternen nicht beeinträchtigt wird.

Zum Schutz des Geräteeingangs bieten sich mehrere Methoden an: Die älteste ist das Erden des Antennenkabels in Gerätenähe mit einem Schalter. Dieser muss jedoch gleichzeitig den Antenneneingang des Geräts vom Kabel trennen, da selbst in einem geerdeten Kabel aufgrund der hohen Ströme zumindest kurzzeitig Spannungen entstehen können, die die Eingangsstufen der Geräte schädigen können. Einen ähnlichen – oder besseren – Effekt erzielt man, wenn man den Antennenstecker vom Gerät abzieht und erdet.

Steckbarer Überspannungsschutz für Antennenleitungen.

Teurer sind Überspannungsableiter. Diese Geräte werden zwischen die Antennenleitung und den Antenneneingang am Gerät gesteckt, können 2.500 Ampere ableiten und kosten zwischen 50 und 100 Euro.

Alternativ können Überspannungsableiter in Form von Varistoren parallel zu den Antenneneingängen der Geräte eingefügt werden. Varistoren sind schneller als die früher oft eingesetzten Gasentladungslampen und können Ströme von mehreren tausend Ampere kurzzeitig ableiten. Sie kosten etwas über einen Euro, sind jedoch lediglich als „Feinschutz" eingestuft, nützen also nichts, wenn der volle Blitzstrom an der Antennenbuchse ankommt. Daher ist dieser Schutz nur sinnvoll, wenn die Antenne im Bereich

Ein Varistor parallel zur Antennenbuchse des Funkgeräts kann schädliche Überspannungen ableiten.

des Schutzkegels der Fangeinrichtung liegt oder mit einem Blitzstromableiter versehen ist. Beim Einsatz von Varistoren an Antennenein- und Ausgängen muss jedoch beachtet werden, dass die Sende- und Empfangsleistung des Geräts durch die verhältnismäßig hohe Eigenkapazität der Varistoren beeinträchtigt werden kann. Besser sind hier sogenannte Suppressordioden.

Provisorischer Blitzschutz

Ein fertig ausgebautes Schiff nachträglich mit einem kompletten Blitzschutzsystem auszustatten ist technisch sehr aufwändig und für viele Eigner nicht bezahlbar. Es sind allerdings einige Schutzanlagen erhältlich, die im Prinzip darauf basieren, ein dickes Kabel an den Mast und die Oberwanten anzuschließen und zwei freie, abisolierte Kabelenden in das Wasser zu hängen. Dieses System bietet einen bedingten Schutz, wenn die Verbindungen blitzstromgerecht ausgeführt sind und die im Wasser hängenden Kabelenden lang genug sind. Sie bieten jedoch keinen inneren Blitzschutz, man sollte sich daher von elektrisch leitenden Teilen im Schiff und von Riggteilen auf Deck – Letzeres auch auf geschützen Schiffen – fernhalten. Über den nötigen Abstand gibt es unterschiedliche Angaben; manche Publikationen geben 20 Zentimeter als Mindestabstand an, aber auch hier gilt: je weiter entfernt, desto sicherer.

Der schlechteste Aufenthaltsort an Bord bei drohendem Gewitter: auf Deck stehend und an den Mast gelehnt.

Blitzschutz auf Yachten

Die Häufigkeit von Blitzeinschlägen auf Yachten hat über die letzten Jahrzehnte stetig zugenommen. Die dadurch verursachten Schäden sind ebenfalls enorm gestiegen, und durch die wachsende Zahl der Gewitter dürfte sich dieser Trend fortsetzen. Dabei kann die Wahrscheinlichkeit, durch Blitzeinwirkung einen Schaden zu erleiden, mit einer gut geplanten und fachgerecht ausgeführten Blitzschutzanlage um bis zu 99 Prozent verringert werden.

Michael Herrmann zeigt in gewohnt anschaulicher und detaillierter Art den Weg zu einer effizienten Blitzschutzanlage. Dabei hat er größten Wert darauf gelegt, die teilweise recht komplexen Zusammenhänge so darzustellen, dass sie als solide Grundlage für die praktische Umsetzung an Bord dienen können. Als Basis für die technischen Anforderungen dienten die aktuellen Normen und Richtlinien für Blitzschutzanlagen an Land, aus denen unter anderem die Risikoanalyse, Auslegungskriterien und die Grundlagen des Geräte- und Personenschutzes entnommen und an die Gegebenheiten an Bord angepasst wurden. Am Beispiel der nachträglichen Ausrüstung einer Dehler Optima mit einer Blitzschutzanlage wird die praktische Umsetzung demonstriert, die durch eine detaillierte Auflistung der Kosten und des Arbeitsaufwands ergänzt ist.

NEU!

Michael Herrmann
Blitzschutz auf Yachten
palstek

Blitzschutz auf Yachten,
112 Seiten, gelumbeckt,
ISBN 978-3-931617-43-1,
14,80 Euro

Palstek Verlag GmbH | Eppendorfer Weg 57 a | 20259 Hamburg | Telefon 040 - 40 19 63 40 | Fax 040 - 40 19 63 41
Email: ahoi@palstek.de | Internet: www.palstek.de

Motorelektrik

Systeme

Bis vor wenigen Jahren gab es nur zwei Arten der Verkabelung von Motoren. Die Standardausführung entsprach der Praxis im Fahrzeugbau, bei der ein Einleitersystem in Gebrauch war. Dieses System wurde der Einfachheit halber für die Yachtantriebsaggregate übernommen. Der gesamte Motor ist dabei mit dem Minuspol der Batterie verbunden und wirkt so als großer Rückleiter. Die metallischen Gehäuse von Lichtmaschine, Starter, Magnetschalter und der Geber sind mit diesem mechanisch und elektrisch verbunden, sodass man hier, verglichen mit einem Zweileitersystem, mit der Hälfte der Kabel auskommt – nämlich denen, die direkt oder indirekt mit dem positiven Pol der Batterie verbunden sind.

Das zweite System wurde nur von wenigen Herstellern – meistens als Option – angeboten. Die Leitungsführung entspricht dabei einem vollständig isolierten Zweileitersystem (siehe „Das Gleichstrombordnetz - DC"). Diese „massefreien" Motoren wurden in erster Linie von Eignern von Aluminiumyachten erworben, die damit verhindern wollten, dass Streuströme aus dem Motor am Rumpf elektrochemische Korrosion auslösten. Versuche, ursprünglich mit Einleitersystemen ausgestattete Motoren umzurüsten, scheiterten in den meisten Fällen daran, dass es für die meisten Motoren keine Starter und Magnetventile in zweipoliger Ausführung gab. Mittlerweile gehören Motoren mit Zweileitersystemen bei einigen Herstellern zur Standardausführung.

Das neueste System stammt ebenfalls aus dem Kraftfahrzeugbereich. Aufgrund der für Kraftfahrzeuge geltenden Abgasvorschriften sind alle mittleren und größeren Dieselmotoren – die durchwegs aus Kraftfahrzeugen stammen – mit Common-Rail-Einspritzanlagen ausgestattet. Diese Anlagen sind elektronisch gesteuert und üblicherweise in das Bus-System des Fahrzeugs integriert. Dieses Bus-Motormanagement setzt sich nun auch im Bereich der Yachtantriebe zunehmend durch und es ist zu erwarten, dass in absehbarer Zukunft alle Dieselmotoren ab einer Leistung von ungefähr 40 Kilowatt nach diesem System gesteuert und überwacht werden. Diese Bus-Systeme sind jedoch nicht kompatibel mit den Bordnetz-Bus-Systemen.

So weit die Systeme. Will man die Details der elektrischen Anlagen beschreiben, bieten sich mehrere Wege. Zum einen kann man von der räumlichen Anordnung der einzelnen Elemente ausgehen und diese, zum Beispiel vom Instrumentenpanel bis zum Anlasser, der Reihe nach beschreiben. Die zweite Möglichkeit besteht darin, von den Funktionen auszugehen und die Teile in der Reihenfolge zu beschreiben, in der sie während des Motorbetriebs zusammenarbeiten, also vom Vorglühen beziehungsweise Starten bis zum Abstellen des Motors. Dieser Weg ist für die beiden konventionellen Systeme trotz deren unterschiedlichen Verkabelung anwendbar. Wir gehen hier den zweiten Weg und beginnen mit dem Drehen des Zündschlüssels in die Zündstellung.

■ Grundschaltung

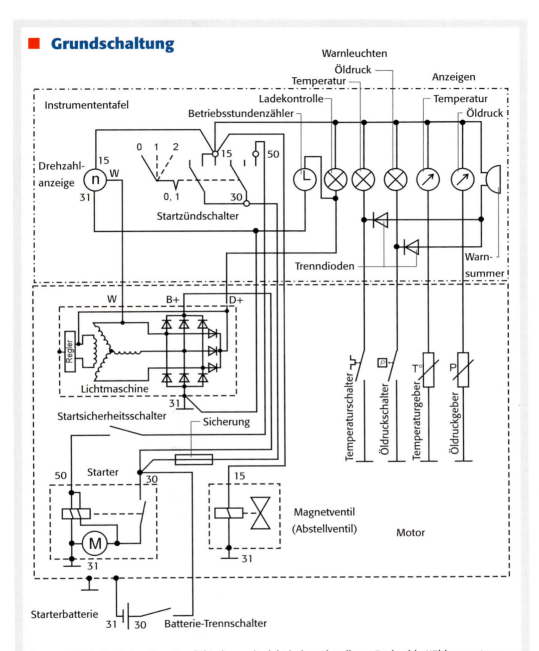

Dargestellt ist ein Motor ohne Vorglühanlage mit elektrischer Abstellung, Drehzahl-, Kühlwassertemperatur- und Öldruckanzeige und einer optisch/akustischen Warnung bei Übertemperatur und zu niedrigem Öldruck. Die Verkabelung ist einpolig ausgeführt, der Minuspol der Batterie liegt an Motormasse. Temperatur- und Öldruckschalter sind gegenseitig durch Trenndioden entkoppelt, da sonst die beiden Warnleuchten immer zusammen aufleuchten würden.

■ Motorelektrik – Übersicht

Lichtmaschine
Hauptstromlieferant auf Yachten. Heutzutage in der Regel als Drehstromlichtmaschine mit integriertem Regler ausgeführt.

Temperaturgeber
Dieser sitzt meistens im Zylinderkopf oder im Thermostatgehäuse und besteht aus einem veränderlichen Widerstand, dessen Wert von der Temperatur bestimmt wird. Angeschlossen ist die Motortemperaturanzeige.

Magnetventil
Fast alle Verteilereinspritzpumpen und viele Reiheneinspritzpumpen sind mit einem Magnetventil ausgestattet, das im stromlosen Zustand die Kraftstoffzufuhr unterbricht und so den Motor abstellt.

Temperaturschalter
Im Gegensatz zum Temperaturgeber schaltet dieser bei einer vorgegebenen Grenztemperatur durch und lässt eine Warnleuchte leuchten und/oder einen Summer ertönen.

Starter und Magnetschalter
Der Starter zieht beim Startvorgang als Reihenschlussmotor so viel Strom, wie die Batterie liefern kann und wird über den Magnetschalter gesteuert. Dieser ist im Prinzip ein Relais, das den Stromkreis zwischen Anlasser und Batterie bei Betätigung des Zündschlüssels schließt.

Startsicherheitsschalter
Viele Getriebe sind mittlerweile mit diesem Schalter ausgestattet, der den Stromkreis zwischen Zündanlassschalter und Magnetschalter unterbricht, solange ein Gang eingelegt ist.

Batterieanschluss
Die Leiter werden in der Regel nicht abgesichert und müssen daher geschützt (zum Beispiel in Installationsrohren) verlegt sein.

Batterie
Sollte gemäß den Angaben des Motorherstellers dimensioniert werden. Stark überdimensionierte Starterbatterien gefährden den Starter.

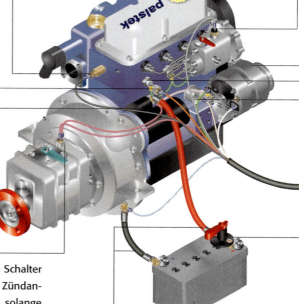

Instrumentenpanel
Enthält die für den Betrieb des Motors erforderlichen Kontroll- und Überwachungsinstrumente. In der Minimalausführung ist es mit einem Startzündschalter und Warnleuchten für Ladekontrolle und Öldruck bestückt. Mit zunehmender Motorgröße und -preis können hier leicht ein Dutzend Anzeige- und Kontrollinstrumente vorhanden sein, mit denen sich fast alle Motorparameter überwachen lassen.

Glühstifte
Vor- und Wirbelkammermotoren müssen in der Regel vorgeglüht werden. Dazu sitzen in den jeweiligen Kammern Glühstifte, die in alten Motoren in Reihe und bei neueren Motoren parallel geschaltet sind. In den meisten neueren Motoren ist der Glühvorgang von einem Relais oder dem Bus-System gesteuert.

Öldruckgeber
Veränderlicher Widerstand, dessen Wert sich mit dem Druck ändert und der an die Öldruckanzeige angeschlossen ist.

Batterie-Trennschalter
Trennt den Motor von der Batterie. Bei längeren Stillstandszeiten – oder wenn niemand an Bord ist – sollte er ausgeschaltet sein.

Bei den meisten Motoren werden alle Masseverbindungen, also der Teil der Anlage, der mit dem Minuspol der Batterie verbunden ist, über den Motor geführt – der Motor selber wird als Leiter benutzt. Daher ist jeder Verbraucher am Motor nur mit einem Kabelanschluss versehen, der als Plusleitung entweder zum Instrumentenpanel oder zur Lichtmaschine geführt wird. Ausnahme: „massefreie" Motoren. Hier ist jedes Teil mit einem separaten Minusleiter ausgestattet, der Motor selbst ist mit keinem der Batteriepole verbunden, also potenzialfrei (isoliertes Zweileitersystem). Mit Bus-Systemen gesteuerte Motoren sind ebenfalls mit einem Zweileitersystem ausgestattet.

Startzündschalter

Die meisten der sogenannten Marine-Zündschlösser weisen im Gegensatz zu ihren Verwandten in Kraftfahrzeugen nur drei Stellungen auf: „Aus", „Zündung" ein und „Start". In der Aus-Stellung ist der größte Teil der Motorelektrik von der Starterbatterie getrennt, lediglich der Anschluss des Batteriehauptkabels am Magnetschalter ist – wenn der Batterie-Trennschalter eingeschaltet ist – mit der Batterie verbunden.

In der Zündstellung erhalten alle Geber, Schalter, Warnleuchten und Anzeigeinstrumente sowie das eventuell vorhandene Glührelais Strom. Ist der Motor mit einem elektrischen Magnetventil an der Einspritzpumpe ausgestattet, wird auch dieses aktiviert und gibt den Weg des Kraftstoffs zur Einspritzpumpe frei.

Warnleuchten

Zu diesem Zeitpunkt müssen alle Warnleuchten aufleuchten, die im Betriebszustand einen Mangel anzeigen würden. In der Regel sind dies die Ladekontrollleuchte (Mangel an Ladung) und die Öldruckleuchte (Mangel an Öldruck). Ist der Motor mit einem akustischen

Alarm ausgestattet, wird dieser, je nach Schaltung, nun summen. Einige Motoren sind allerdings mit einer Stummschaltung ausgestattet, die verhindert, dass der Alarm bei stehendem Motor ausgelöst wird. Hier ist die Versorgung der Alarmstromkreise an die Spannung an der Klemme D+ der Lichtmaschine gekoppelt. Die Schaltung des akustischen Alarms wird erst dann aktiviert, wenn nach dem Start die Ladespannung der Lichtmaschine die Batteriespannung übersteigt.

Warnleuchten, die im Betriebszustand ein Übermaß anzeigen sollen, zum Beispiel die Kühlwassertemperaturanzeige (übermäßige Temperatur) oder ein Ansaugvakuumschalter in der Seewasserzuleitung (übermäßiger Unterdruck), bleiben dunkel.

Die Warnleuchten sind mit Schaltern im oder am Motor verbunden, deren Kontakte entweder bei einer Überschreitung (zum Beispiel Temperatur) oder einer Unterschreitung (zum Beispiel Druck) eines vorgegebenen Werts schließen. Dadurch wird die Warnleuchte, die über den Zündanlassschalter mit dem Pluspol der Batterie verbunden ist, mit der Motormasse (bei einpoligen Anlagen) oder direkt mit dem Minuspol der Batterie verbunden. So schließt sich der Stromkreis und die entsprechende Leuchte leuchtet. Parallel zu diesen Leuchten ist oft ein Warnsummer angeschlossen, der den Rudergänger akustisch auf eine Fehlfunk-

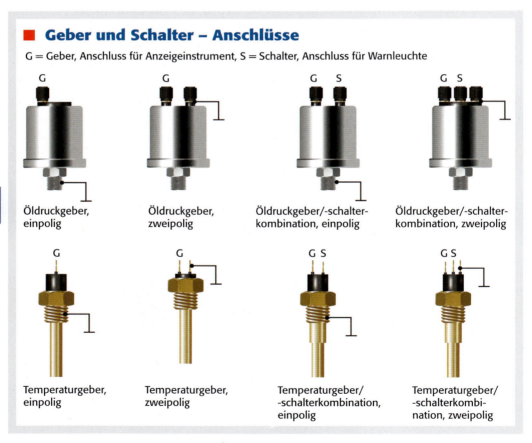

■ **Geber und Schalter – Anschlüsse**

G = Geber, Anschluss für Anzeigeinstrument, S = Schalter, Anschluss für Warnleuchte

Öldruckgeber, einpolig

Öldruckgeber, zweipolig

Öldruckgeber/-schalterkombination, einpolig

Öldruckgeber/-schalterkombination, zweipolig

Temperaturgeber, einpolig

Temperaturgeber, zweipolig

Temperaturgeber/-schalterkombination, einpolig

Temperaturgeber/-schalterkombination, zweipolig

■ Akustischer Alarm

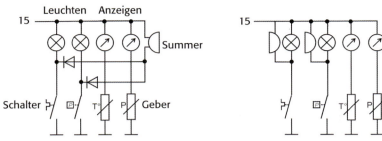

Wird ein Summer für alle Warnzustände eingesetzt, müssen die einzelnen Schalter gegenseitig mit Dioden entkoppelt sein, damit nicht alle Warnleuchten gleichzeitig aufleuchten (links). Alternativ kann jeder Warnleuchte ein eigener Summer parallel geschaltet werden. Damit können unterschiedliche alarmbezogene Signale ausgelöst werden (rechts).

tion des Motors aufmerksam machen soll. Hier gibt es mittlerweile drei Versionen: Bei der ersten ist jeder Warnleuchte ein eigener Summer zugeordnet. Dieser ist einfach parallel zu der Warnleuchte angeschlossen und ertönt, sobald der entsprechende Schalter am Motor durchschaltet, ohne andere Leuchten oder Summer zu beeinflussen.

Bei der zweiten Variante sind alle Warnleuchten auf einen einzigen Summer geschaltet. Damit nicht bei jedem Alarm alle Warnleuchten gleichzeitig aufleuchten, sind die einzelnen Anschlüsse mit Dioden gegenseitig entkoppelt (im Prinzip wirken die Dioden hier wie die Trenndioden bei mehreren Batterien).

■ Geber für zwei Fahrstände

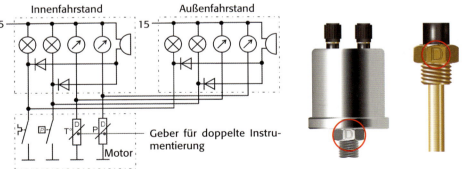

Geber sind im Prinzip veränderliche Widerstände; werden daran zwei „Verbraucher" (Anzeigen) angeschlossen, ändern sich die Spannungen, die Anzeigewerte sind unbrauchbar. Daher gibt es für Anlagen mit zwei Fahrständen (und jeweils zwei Anzeigen) Geber, deren Widerstandswerte speziell dafür ausgelegt sind. Sie sind mit einem „D" auf einer der Schlüsselflächen gekennzeichnet.

In der dritten – sehr seltenen – Version sind die Trenndioden als Leuchtdioden ausgeführt und ersetzen die Warnleuchten. Diese Schaltungsvariante ist einfach und preisgünstig herzustellen, bringt aber für den Skipper – abgesehen von der längeren Lebensdauer der Leuchtdioden gegenüber Glühlampen – keine Vorteile.

In einigen Instrumententafeln ist ein Taster vorhanden, mit dem die Warnleuchten und der Summer auf ihre Funktion geprüft werden können. Dieser Taster überbrückt die Schalter gegen Masse, wobei diese auch hier gegenseitig mit Dioden entkoppelt sein müssen.

Bei Bus-gesteuerten Motoren sind die Warn- und Anzeigefunktionen in das Bus-System integriert.

Anzeigeinstrumente

Anzeigeinstrumente wie Kühlwassertemperatur- und Öldruckanzeigen messen die Spannung zwischen dem Pluspol der Batterie und dem entsprechenden Geber im Motor, der nichts anderes als ein veränderlicher Widerstand ist. Der Wert dieses Widerstands ändert sich mit der Temperatur oder dem Druck des zu überwachenden Mediums, zum Beispiel der Kühlflüssigkeit oder des Motoröls. Da die Instrumente über die Klemme 15 des Zündanlassschalters mit dem Pluspol der Batterie verbunden sind, zeigen sie im Prinzip die Differenz zwischen der Batteriespannung und dem Spannungsabfall am Geber an.

Drehzahlanzeigen kommen in drei Ausführungen: Ganz alte Motoren waren mit einer mechanischen Übertragung der Motorumdrehungen ausgestattet, die etwa so aufgebaut war wie ein mechanischer Tachometer im Kraftfahrzeug. Die Drehbewegung der Kurbelwelle wurde mit einem mechanischen Kabel – ähnlich einem Schaltzug – auf magnetische Mitnehmer im Anzeigeinstrument übertragen und verstellte damit die Position eines Zeigers.

Je nach Drehrichtung des Motors konnte es bei diesen Anzeigen vorkommen, dass der Nullpunkt der Anzeigenskala im Gegensatz zu den heutigen Gepflogenheiten rechts lag und der Zeiger sich mit zunehmender Drehzahl gegen den Uhrzeigersinn bewegte. Diese Anzeigen sind heute fast gänzlich verschwunden und wurden zunächst durch Systeme mit elektrischen Gebern anstelle der mechanischen Übertragung und schließlich durch

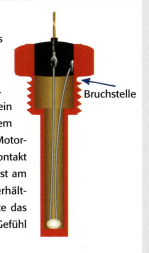

■ Temperaturgeber

Temperaturgeber bestehen aus einem in einem Metallgehäuse eingegossenen Widerstand, dessen Wert sich mit der Temperatur ändert. In der einpoligen Ausführung ist ein Anschluss des Widerstands mit dem Gehäuse verbunden, das in den Motorblock geschraubt ist und so den Kontakt zur Masse herstellt. Das Gehäuse ist am Ende des Einschraubgewindes verhältnismäßig dünnwandig. Daher sollte das Einschrauben des Gebers eher mit Gefühl als mit Gewalt erfolgen.

Bruchstelle

Instrumente ersetzt, die ihre Steuerimpulse von der Klemme W der Lichtmaschine erhielten.

Diese Klemme greift eine der Wechselspannungen in der Statorwicklung der Drehstromlichtmaschine vor den Gleichrichterdioden ab. Da die Frequenz dieser Spannung der Umdrehungszahl der Lichtmaschine proportional ist, kann sie verhältnismäßig einfach zur Ansteuerung einer Drehzahlanzeige verwendet werden. Einziger Nachteil: Die Anzeige wird bestimmt von der Anzahl der Polwicklungen und dem Übersetzungsverhältnis des Lichtmaschinenantriebs und muss daher für jeden Motor neu kalibriert werden. Instrumente dieser Art werden hauptsächlich eingesetzt, wenn zu einer bestehenden Instrumententafel eine Drehzahlanzeige hinzugefügt oder ein altes, nicht mehr erhältliches Instrument ersetzt werden soll.

Öldruckgeber sind oft mit selbstdichtenden konischen Gewinden ausgestattet, zum Beispiel M10x1k.

Serien-Yachtmotoren sind heute meistens mit einem elektronischen Geber (Hall-Sensor) zur Messung der Kurbelwellenumdrehungen ausgestattet. Vor allem in Bus-Systemen bietet diese verschleißfreie und exakte Messung eine ganze Reihe von Vorteilen, da damit auch eine elektronische Motorsteuerung möglich ist.

Einige der elektronischen Drehzahlanzeigen kehren nach Abstellen des Motors bei ausgeschalteter Zündung nicht zum Nullpunkt der Skala zurück, sondern pendeln sich an einer beliebigen Stelle im Skalenbereich aus. Dies ist konstruktionsbedingt und kein Anlass, an der Zuverlässigkeit der Anzeige zu zweifeln.

Umfang der Überwachung

Welche Parameter am Motor überwacht werden sollen, hängt einerseits vom Geschmack des Eigners und andererseits von der Größe des Motors ab. Ein weiterer Faktor ist die Bauart des Rumpfes; während in einer Segelyacht, die in den meisten Fällen übermotorisiert ist, kaum eine Überlastung des Motors zu erwarten ist und daher eine Überwachung der Abgastemperatur ziemlich überflüssig ist, sieht dies in einem Halbgleiter, in dem die Motoren häufig im Volllastbereich betrieben werden, anders aus. Hier kann man den Belastungszustand des Motors

Platzsparend: vier Anzeigen in einem Instrument.

sehr schnell an der Abgastemperatur (vor allem bei aufgeladenen Motoren) erkennen und entsprechend Gas zurücknehmen.

Der Mindestumfang sollte aus Öldruck-, Ladekontroll- und Kühlwassertemperaturwarnleuchten bestehen, idealerweise mit akustischem Alarm. Dies reicht für kleine Diesel, die lediglich für Hafenmanöver genutzt werden, in der Regel aus. Als nächste Stufe kämen Drehzahlanzeige und Betriebsstundenzähler in Betracht, gefolgt von Kühlwasser- und Öldruckanzeige. Oft machen sich Blockaden im Seewassersystem des Motors nur langsam bemerkbar und können Schäden im System verursachen, lange bevor die Warnleuchte für die Kühlwassertemperatur aufleuchtet. Mit einer Anzeige der Kühlwassertemperatur fällt dies etwas früher auf, falls jemand hinschaut.

Noch besser ist eine zusätzliche Überwachung des Seewasserkreislaufs mit einem Durchflusssensor – alternativ einem Unterdruckschalter an der Seewasserpumpe – und einem Temperaturschalter, der an der Abgas-Seewasser-Einspritzung angebracht ist. Mit dieser Ausstattung lässt sich die überwiegende Mehrzahl der wahrscheinlichen Störungen erkennen, bevor zusätzliche Schäden entstehen.

Abgas- und Öltemperaturanzeigen sind für die meisten Verdränger nicht unbedingt erforderlich, da diese Parameter erst dann signifikante Werte annehmen, wenn der Motor überlastet oder durch andere Einwirkungen geschädigt ist. Für größere Gleiter und Halbgleiter können sie sich jedoch durchaus als sinnvolle Investitionen erweisen, da sich damit Überlastzustände sehr schnell erkennen lassen. Hat man die Wahl zwischen analoger und digitaler Anzeige, sollte man die Analoganzeige vorziehen. Die Erfassbarkeit von analogen – oder quasianalogen LCD- – Anzeigen ist wesentlich schneller und sicherer. Digitale Anzeigen sind nur dann sinnvoll, wenn es darauf ankommt, einen Wert exakt zu erfassen – was bei der Motorüberwachung selten der Fall ist.

Glühanlage

Vor- und Wirbelkammermotoren müssen in der Regel vorgeglüht werden, um die Verbrennung des eingespritzten Diesels auch im kalten Motor zu ermöglichen. Auch einige Direkteinspritzer mit Common-Rail-Einspritzanlage werden vorgeglüht, um die

Umschaltbare LCD-Anzeige eines Bus-gesteuerten Motors (Volvo Penta EDC).

Schadstoffemission während und kurz nach dem Start zu reduzieren. An älteren Motoren findet man oft einen separaten Vorglühschalter, der vor dem eigentlichen Start für eine bestimmte Zeit betätigt werden muss. Bei Motoren, die nach etwa 1985 gebaut wurden, beginnt die Glühzeit mit dem Drehen des Zündschlüssels in die Zündstellung und endet automatisch. Diese Motoren sind mit einem Glührelais ausgestattet, das bei der Drehung des Zündschlüssels eingeschaltet wird und das die Glühzeit temperaturabhängig regelt. Das Verlöschen einer Kontrollleuchte zeigt hier die Startbereitschaft des Motors an.

Die Glühstifte (früher: Glühkerzen) in den manuell gesteuerten Anlagen sind meistens in Reihe geschaltet, das heißt, der Minuspol des ersten Stifts ist mit dem Pluspol des zweiten Stifts, der Minuspol des zweiten Stifts mit dem Pluspol des dritten verbunden und so weiter. Erst der Minuspol des letzten Glühstifts ist mit der Motormasse, also Batterieminus verbunden. Die Nennspannung der Stifte ist hier von der Zahl der Zylinder und der Batteriespannung abhängig; bei 12 Volt Batteriespannung und vier Zylindern beträgt sie zum Beispiel 3 Volt. Anders die neueren Anlagen: Hier sind die Stifte parallel geschaltet, das heißt, jeder Stift ist mit dem Pluspol an das hier meist vorhandene Glührelais und mit dem

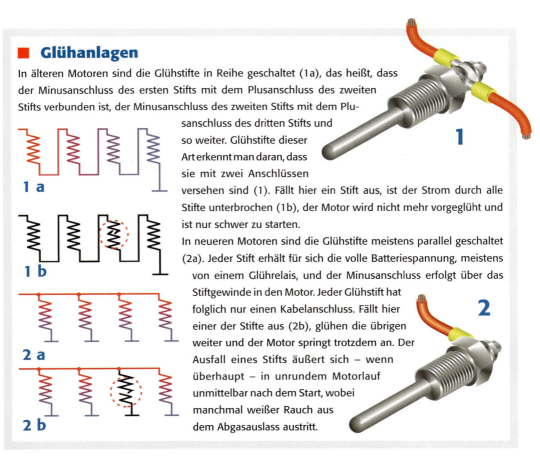

■ **Glühanlagen**

In älteren Motoren sind die Glühstifte in Reihe geschaltet (1a), das heißt, dass der Minusanschluss des ersten Stifts mit dem Plusanschluss des zweiten Stifts verbunden ist, der Minusanschluss des zweiten Stifts mit dem Plusanschluss des dritten Stifts und so weiter. Glühstifte dieser Art erkennt man daran, dass sie mit zwei Anschlüssen versehen sind (1). Fällt hier ein Stift aus, ist der Strom durch alle Stifte unterbrochen (1b), der Motor wird nicht mehr vorgeglüht und ist nur schwer zu starten.

In neueren Motoren sind die Glühstifte meistens parallel geschaltet (2a). Jeder Stift erhält für sich die volle Batteriespannung, meistens von einem Glührelais, und der Minusanschluss erfolgt über das Stiftgewinde in den Motor. Jeder Glühstift hat folglich nur einen Kabelanschluss. Fällt hier einer der Stifte aus (2b), glühen die übrigen weiter und der Motor springt trotzdem an. Der Ausfall eines Stifts äußert sich – wenn überhaupt – in unrundem Motorlauf unmittelbar nach dem Start, wobei manchmal weißer Rauch aus dem Abgasauslass austritt.

Minuspol über das Stiftgewinde mit der Motormasse verbunden. Diese unterschiedlichen Schaltungen wirken sich in der Praxis so aus, dass bei Ausfall nur eines Glühstifts in dem reihengeschalteten System die gesamte Glühanlage ausfällt (der Strom muss hier jeden Stift nacheinander durchfließen), während bei der parallel geschalteten Anlage nur der betroffene Stift ausfällt und der Motor lediglich etwas schlechter anspringt. In der Kaltlaufphase nach dem Start lassen unrunder Lauf und Weißrauch daher oft auf einen schadhaften Glühstift schließen. Bei modernen Common-Rail-Dieseln wird der Ausfall selbst mehrerer Glühstifte meistens nicht bemerkt, da die Glühanlage hier weniger das Startverhalten als das Abgasverhalten in der Kaltlaufphase verbessern soll.

■ Starter

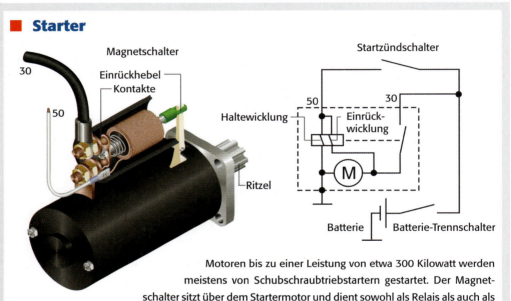

Motoren bis zu einer Leistung von etwa 300 Kilowatt werden meistens von Schubschraubtriebstartern gestartet. Der Magnetschalter sitzt über dem Startermotor und dient sowohl als Relais als auch als mechanische Einrückvorrichtung. Wird der Zündschlüssel in die Start-Stellung gedreht, werden beide Wicklungen des Magnetschalters über den Anschluss 50 mit Spannung versorgt, wobei der Minusanschluss der Einrückwicklung über die Motorwicklungen erfolgt. Dadurch erhält der Anker des Motors eine leichte Drehbewegung, die das nun erfolgende Einspuren des Ritzels durch die Bewegung des Einrückhebels erleichtert. Erst wenn das Ritzel vollständig in den Zahnkranz der Schwungscheibe eingespurt ist, werden die Kontakte des Magnetschalters geschlossen und Feld- und Ankerwicklungen des Startermotors mit Strom versorgt. Da nun beide Anschlüsse der Einrückwicklung an Plus liegen, ist diese abgeschaltet und die Haltewicklung muss nun alleine dafür sorgen, dass die Kontakte geschlossen bleiben. Dies ist so lange der Fall, wie der Zündschlüssel in der Start-Stellung bleibt. Springt der Motor an, sorgt eine Freilaufvorrichtung auf der Ankerwelle dafür, dass die Drehbewegung der Schwungscheibe nicht auf den Anker des Startermotors übertragen wird. Sobald der Zündschlüssel in die Zündstellung zurückgedreht ist, wird das Ritzel durch eine Feder aus dem Schwungscheibenzahnkranz zurückgezogen. In größeren Motoren kommen Schubtriebstarter zum Einsatz, bei denen Schalt- und Einrückwicklung räumlich voneinander getrennt sind. Die Einrückwicklung liegt dort auf der Ritzelwelle.

Starter

Nach der Glühzeit wird der Zündschlüssel in die Startposition gedreht und der Magnetschalter mit Spannung versorgt. Der Magnetschalter erfüllt bei den allgemein verwendeten Schubschraubtriebstartern zwei Aufgaben: Erstens ist er ein Relais, das die Batterie mit dem Startermotor verbindet, und zweitens betätigt er elektromagnetisch den Einrückhebel, der das Ritzel auf der Ankerwelle des Startermotors in den Zahnkranz der Motorschwungscheibe schiebt. Hier treten Ströme im Bereich einiger hundert bis über tausend Ampere auf, die erstens mit herkömmlichen Schaltern nicht bewältigt werden können, und zweitens die Verlegung dicker Kabel zum Fahrstand erfordern würde, wollte man auf den Magnetschalter verzichten.

Der Magnetschalter schiebt das Ritzel auf der Welle des Starters in den Zahnkranz auf der Schwungscheibe des Motors. Er ist in der Regel mit zwei Wicklungen ausgestattet, von denen eine abgeschaltet wird, sobald das Ritzel eingespurt ist. Ist das System Starter-

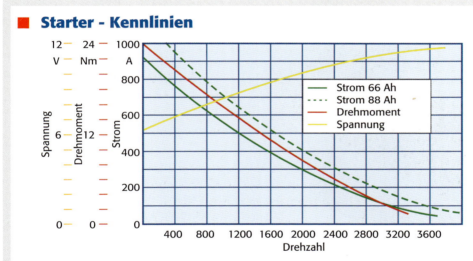

Starter - Kennlinien

Dargestellt sind die Kennlinien eines 12-Volt-Starters mit einer Nennleistung von 1,4 Kilowatt. Typisch für Reihenschlussmotoren ist, dass Strom und Drehmoment mit zunehmender Drehzahl abnehmen. Der größte Strom und das größte Drehmoment treten dann auf, wenn der Starter blockiert ist – dann ist der Strom durch den Motor lediglich vom Widerstand der Wicklungen und dem Innenwiderstand der Batterie begrenzt. Erst mit zunehmender Drehzahl gehen Strom und Drehmoment infolge der in den Wicklungen durch Induktion auftretenden Gegenspannungen zurück. Interessant ist auch der Vergleich der Stromstärken mit zwei unterschiedlichen Batterien (Kapazität 66 und 88 Amperestunden). Der Strom steigt mit der Kapazität an, da der Innenwiderstand der Batterien mit der Kapazität zurückgeht. Daher kann eine stark überdimensionierte Starterbatterie den Starter unter bestimmten Voraussetzungen zerstören, zum Beispiel bei einem blockierten Motor oder bei wiederholten Startversuchen mit einem sehr kalten Motor, den der Starter nur langsam durchdrehen kann.

Magnetschalter in Ordnung, treten nach Drehen des Zündschlüssels in die Start-Stellung folgende Ereignisse ein: Durch den durch die Wicklungen fließenden Strom baut sich im Magnetschalter ein Magnetfeld auf, das dessen Anker so bewegt, dass einerseits die Kontakte des Schalters zwischen Batterie und Anlassermotor geschlossen werden, auf der anderen Seite der Einrückhebel des Starterritzels gezogen wird. Dieser Hebel bewegt das Ritzel, das mit einer Freilaufvorrichtung versehen ist, in den Zahnkranz auf der Schwungscheibe. Gleichzeitig beginnt der Startermotor mit seiner Drehbewegung, die mittels Ritzel und Zahnkranz auf die Schwungscheibe des Motors übertragen wird. Der Motor sollte nun nach einigen Drehungen der Kurbelwelle anspringen. Sobald der Motor schneller dreht als der Anlasser, tritt der Freilauf des Ritzels in Aktion und trennt dieses von der Schwungscheibe. Sobald der Zündschlüssel in die Zündstellung zurückgedreht wird, wird der Magnetschalter stromlos, der Starter hört mit seiner Drehung auf und das Ritzel wird durch eine Feder zum Anlasser zurückgezogen.

■ Startermotorfehler

Versagt der Starter seinen Dienst, kann man meistens mit wenigen Messungen am Starter den Fehler eingrenzen. Vorsicht: Der positive Leiter zwischen Starter und Batterie ist höchstwahrscheinlich nicht abgesichert. Verursacht man bei der Messung einen Kurzschluss, kann dies kapitale Schäden zur Folge haben!

An Messstelle 1 (Klemme 50) muss die Batteriespannung gefunden werden, sobald der Zündschlüssel in die Startstellung gedreht wird. Ist dies nicht der Fall, besteht entweder eine Unterbrechung in der Leitung zwischen Zündschloss und Magnetschalter oder das Zündschloss ist defekt. Liegt die gemessene Spannung wesentlich unter der Batteriespannung (zum Beispiel unter 5 Volt bei einer 12-Volt-Anlage), liegt der Fehler wahrscheinlich in einer defekten Leiterverbindung (Übergangswiderstände!).

An Messstelle 2 (Klemme 30) muss die volle Batteriespannung stehen, sobald der Batterie-Trennschalter eingeschaltet ist. Ist die Spannung dort wesentlich niedriger als die Batterienennspannung, ist entweder der Trennschalter oder die Batterie defekt. Sinkt die Spannung stark ab, wenn der Starter betätigt wird, können auch hier – neben einer leeren oder defekten Batterie – Übergangswiderstände die Ursache sein.

An Messstelle 3 muss Spannung zu finden sein, wenn 1 mit Spannung versorgt wird, und der Anlasser muss drehen. Steht nur an 1 Spannung und ist 3 spannungsfrei, ist der Magnetschalter defekt. Steht sowohl an 1 als auch an 3 Spannung und dreht der Anlasser nicht, ist der Startermotor (Wicklungen oder Kohlebürsten) defekt.

Starterfehler

Störungen im Bereich Magnetschalter-Starter gehören zu den häufigen Ausfallursachen der kleinen und mittleren Schiffsdieselmotoren. Schon durch das Steuerkabel des Magnetschalters fließt ein verhältnismäßig hoher Strom. Lange Kabel zwischen Steuerstand und Motor verursachen hier ohnehin schon einen Spannungsabfall, und kommt hier noch Kontaktkorrosion an den Anschlussklemmen hinzu, reicht die Spannung am Magnetschalter oft nicht mehr aus, um diesen durchzuschalten. Langfristig führt ein zu hoher Spannungsabfall in der Steuerleitung zu einem übermäßigen Kontaktverschleiß und somit zu einem vorzeitigen Versagen des Magnetschalters.

Bevor wir uns die Ausfälle etwas näher anschauen, noch ein Hinweis: Die Zuleitung von der Batterie zum Starter ist in den meisten Fällen nicht abgesichert. Daher sollte man bei eventuellen Messungen an den Starter- und Magnetschalteranschlüssen extrem vorsichtig vorgehen - ein Kurzschluss in diesem Bereich kann kapitale Schäden zur Folge haben! Es ist nicht übertrieben, bei diesen Arbeiten eine Schutzbrille zu tragen. Nun zu den Ausfällen:

Nach dem Drehen des Zündschlüssels in die Start-Stellung (oder nach Drücken des Starttasters)

- geschieht gar nichts

Hier kann man in den meisten Fällen davon ausgehen, dass am Magnetschalter keine Spannung ankommt. Mögliche Ursachen: defekter Startzündschalter oder eine Unterbrechung im Leiter zwischen Startzündschalter und Magnetschalter (Klemme 50). Zweite Möglichkeit: Magnetschalter defekt. Letzteres ist der Fall, wenn am Steueranschluss des Magnetschalters bei der Stellung des Zündschlüssels in der Start-Stellung eine Spannung gemessen werden kann.

- klickt es im Magnetschalter, der Starter dreht jedoch nicht

Drei Möglichkeiten: Die Steuerspannung ist zu niedrig, zum Beispiel wegen zu langer Leitungslängen oder zu dünner Leiterquerschnitte. Dieses Symptom tritt oft erst nach geraumer Zeit auf, wenn die Übergangswiderstände an den Kontaktstellen infolge langsamer Korrosion gewachsen sind oder die Kontakte des Magnetschalters bereits ein wenig verschlissen sind. In diesem Fall hilft es oft, wenn der Kabelquerschnitt erhöht wird, um den Spannungsabfall zu reduzieren. Ob dies der Fall ist, kann man feststellen, indem man mit einem separaten Kabel Batterieplus mit der Klemme 50 am Magnetschalter verbindet. Dies sollte äußerst vorsichtig erfolgen, da der Motor eventuell startet und entsprechende Bewegungen ausführt. Mit dieser Methode kann man sich auch helfen, wenn der Motor aufgrund dieses Fehlers nicht mehr anspringt.

Zweite Möglichkeit: Die Kontakte des Magnetschalters sind verschlissen und schließen nicht mehr. Dann rückt zwar das Ritzel ein, der Startermotor erhält jedoch keinen Strom. Hier muss in der Regel der Magnetschalter ersetzt werden.

Dritte Möglichkeit: Das Innere des Magnetschalters ist verschmutzt oder verharzt, wodurch der Einrückmechanismus schwergängig wird. Hier hilft eine Reinigung und anschließendes sparsames Einfetten der Teile mit hitzebeständigem Fett.

- läuft der Starter mit hoher Drehzahl, ohne dass der Motor dreht
Erste mögliche Ursache: siehe Kasten „Freilauf". Zweite Möglichkeit: Der Zahnkranz auf der Schwungscheibe des Motors ist beschädigt – ziemlich teure Angelegenheit. Dritte, jedoch seltenere Möglichkeit: Das Ritzel des Starters ist beschädigt.

- werden die Kontrollleuchten deutlich dunkler oder verlöschen und der Motor dreht, wenn überhaupt, nur langsam durch
Batterie defekt, leer oder ein zu hoher Übergangswiderstand in den Leitern (positiv und/oder negativ) zwischen Batterie und Motor.

- ertönt ein schnarrendes Geräusch (sehr schnell wiederholtes Klicken), ohne dass der Motor dreht
Auch hier liegt die Ursache darin, dass die Spannung am Starter zu niedrig ist oder zusammenbricht, wenn die Wicklungen des Startermotors durch den Magnetschalter mit Batterieplus verbunden werden. Ohne die Last des Startermotors ist die Spannung hoch genug, um das Ritzel einzuspuren und den Kontakt zu schließen, sobald er geschlossen ist, bricht sie zusammen. Dieses Spiel wiederholt sich sehr schnell und kann Magnetschalter, Startermotor und Ritzel/Zahnkranz beschädigen. Abhilfe: Batterie laden oder austauschen (falls möglich, kann man versuchen, mit der Bordnetzbatterie zu starten) und die Kabelverbindungen zwischen Batterie und Motor prüfen. Wo es heiß wird, sitzt gewöhnlich der Fehler.

■ Freilauf

Der sogenannte Freilauf des Ankerritzels soll verhindern, dass der Anker des Starters von der Schwungscheibe des Motors nach dessen Anspringen unzulässig beschleunigt wird. Der äußere Ring des Freilaufs ist mit der Ankerwelle verbunden, der innere mit dem Ritzel. Dreht das Ritzel

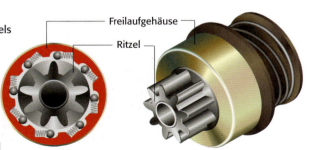

schneller als der Anker, trennt der Freilauf. Ist der Freilauf verschmutzt oder dessen Fett verharzt, stellt er keine Verbindung zwischen Starterwelle und Ritzel her. Der Startermotor dreht nach Drehen des Zündschlüssels in die Startstellung hoch, ohne den Motor durchzudrehen. In diesem Fall hilft es, den Freilauf zu reinigen und mit frischem hitzebeständigen Fett zu füllen.

Lichtmaschine

Die Funktion und der Aufbau dieser Generatoren wurde im Kapitel „Stromerzeugung an Bord – Gleichstrom" bereits ausführlich dargelegt. Hier noch einige Hinweise zu den unterschiedlichen Anschlussvarianten: In massefreien Lichtmaschinen ist der Minusanschluss getrennt herausgeführt; in der Regel ist der Flachstecker (12,6 mm) neben der Klemme „DF" (6,3 mm) im Mehrfachsteckverbinder hier anstelle mit „B+" mit Minus beaufschlagt. Zusätzlich gibt es in der Regel einen isoliert herausgeführten Schraubanschluss für Minus (B-).

Abstellung

Während ein Benzinmotor stehen bleibt, sobald man den Strom zur Zündspule wegnimmt, muss man bei einem Dieselmotor die Kraftstoffzufuhr unterbrechen. Es gibt dazu drei grundsätzlich verschiedene Methoden: eine rein mechanische Abstellung, die mittels Bowdenzug auf einen separaten Abstellhebel an der Einspritzpumpe wirkt (gelegentlich auch auf den Gashebel, der über den Leerlauf hinaus in eine Nullstellung gebracht wird), eine elektro-mechanische Abstellung, bei der ein Magnet auf ein Gestänge wirkt, das mit eben erwähntem Hebel verbunden ist, und schließlich Magnetventile, die in der Kraftstoffzuleitung liegen und die Zufuhr des Kraftstoffs zur Einspritzpumpe unterbinden, oder, in anderen Einspritzanlagen, den Druck auf der Förderseite zusammenbrechen lassen.

Nummer eins ist einfach und hat mit Elektrik nichts zu tun. Reißt oder bricht der Zug, kann man den Motor manuell direkt an der Einspritzpumpe abstellen. Nummer zwei kommt wiederum in zwei Ausführungen: eine billige, bei der der Magnet über einen separaten Taster betätigt werden muss und unter Spannung den Abstellhebel in die „Aus"-Stellung schiebt, und eine teure, bei der der Magnet unter Spannung nichts tut, also den Abstellhebel in der

Lichtmaschinenanschlüsse (Bosch)

"An"-Stellung hält. Erst wenn die Steuerspannung abgeschaltet wird, zieht eine Feder den Abstellhebel in die "Aus"-Stellung.

Die zweite Ausführung wird mit dem Zündschlüssel geschaltet und daher nicht bemerkt, bis sie ausfällt. Bei Ausfall der Elektrik können Motoren, die mit der ersten Version ausgestattet sind, per Hand nach Aushängen des Verbindungsgestänges an dem Hebel an der Einspritzpumpe abgestellt werden. Bei Version 2 ist dies nicht nötig, da der Motor von selbst stehen bleibt und man sich eher Gedanken darüber machen sollte, wie man diesen bei blockiertem Abstellmagnet wieder zum Laufen bringt.

Magnetventile sitzen bis auf wenige Ausnahmen in der Einspritzpumpe und funktionieren auf zwei Arten: Entweder sie blockieren in der "Aus"-Stellung die Kraftstoffversorgung der Pumpe (Reihenpumpen) oder sie sorgen dafür, dass der Druck auf der Förderseite der Pumpe zusammenbricht, indem sie einen Kanal zwischen der Förderseite und der Saugseite der Pumpe freigeben. Sie werden mit dem Zündschlüssel geschaltet und sind so gebaut, dass sie ohne Strom den Motor abschalten.

Im Vergleich zu den mechanischen und elektromechanischen Abstellvorrichtungen sind Magnetventile extrem zuverlässig; allerdings gibt es hier, von seltenen Ausnahmen abgesehen, auch keine Möglichkeit, bei Ausfall des Ventils Behelfsreparaturen durchzuführen.

■ Magnetventile

Wird der Motor mittels Magnetventil abgestellt, bleibt er bei Versagen des Ventils oder dessen Stromversorgung einfach und plötzlich ohne vorherige Warnung (zum Beispiel Drehzahlschwankungen) stehen. Zur Fehlereingrenzung kann man zunächst prüfen, ob bei eingeschalteter Zündung Spannung am Anschluss des Magnetventils anliegt. Ist dies der Fall, kann man den Kabelanschluss (in der Regel einen Flachstecker) abziehen. Dabei sollte ein kleiner Funke zwischen Stecker und Anschluss entstehen; ist dies nicht der Fall, kann man davon ausgehen, dass das Magnetventil defekt ist. Die Diagnose kann durch eine Widerstandmessung erhärtet werden. Findet man keine Spannung, liegt der Fehler im Kabel, der Motorsicherung (falls vorhanden) oder dem Zündschloss. Man kann versuchen, das Kunststoff-Dichtelement an Ende des Kolbens zu entfernen – bei einigen Ausführungen wird dadurch der Weg des Kraftstoffs freigegeben. Bei Verteilereinspritzpumpen funktioniert dies nicht, da dort das Ventil einen Kanal zwischen der Druck- und der Saugseite der Pumpe freigibt. Falls es funktioniert, sollte man sich vor dem erneuten Start des Motors jedoch Gedanken machen, wie man diesen wieder abstellt – wird nur die Zündung ausgeschaltet, läuft der Motor weiter, bis der Tank leer ist.

Pflege und Instandhaltung

Salzwasser und Elektrik sind traditionelle Feinde, und kaum eine andere elektrische Anlage an Bord ist den korrosiven Elementen so stark ausgesetzt wie der Motor. Das Ziel der Pflege des elektrischen Systems des Motors sollte daher in erster Linie darin bestehen, beides voneinander fernzuhalten. Dies gilt in erster Linie für die Übergangsstellen zwischen Leitungen und Aggregaten, also Kabelanschlüsse, Steckverbinder und alle Schrauben, mit denen ein Kabel befestigt ist. Diese werden regelmäßig mit einem schützenden Spray behandelt, um Korrosion und sich damit bildende Übergangswiderstände vorzubeugen. Besonders das Anlasser- und das Massekabel zur Batterie sollten sorgfältig gepflegt werden, da Kontaktkorrosion an diesen Stellen aufgrund der hier fließenden enorm hohen Ströme schnell zu einem Versagen der kompletten Motorelektrik führen kann.

Anlasser und Magnetschalter sind an den meisten Motoren verhältnismäßig tief angebracht und sind der Bilge oft gefährlich nahe; hier sollte man besonders darauf achten, dass Feuchtigkeit keinen Zugang zu diesen Teilen erhält. Der Belüfter des Abgassystems darf nicht direkt über dem Anlasser angebracht sein, da ansonsten bei der früher oder später auftretenden Undichtheit des Unterdruckventils Seewasser seinen Weg auf und anschließend in Anlasser und Magnetschalter findet.

Kabelschuhe und Steckverbinderkontakte müssen geprüft und sollten erneuert werden, wenn sie Verfärbungen oder Korrosion an den Übergangsstellen zwischen Kabel und Verbinder zeigen; auch wenn hier nicht unbedingt unmittelbare Schäden drohen, können Anzeigen verfälscht oder Warnfunktionen blockiert werden, wenn der Widerstand in den beteiligten Leitungen zu hoch wird.

Unterbrechung des Minusleiters

Allgemein wird empfohlen, beim Abklemmen der Batterien zuerst das Minuskabel abzunehmen. Erfolgt jedoch bei einem am Motor abgeklemmten Minuskabel bei einpolig ausgeführter Motorelektrik versehentlich ein Startversuch, kann dies fatale Folgen haben. Je nach Konfiguration der Anlage kann der Anlasser versuchen, seinen Strom durch andere, dünne Versorgungsleitungen oder den Gaszug zu ziehen, die in der Folge oft in Flammen aufgehen. Dies ist auch einer der Gründe, weshalb einige Klassifikationsgesellschaften fordern, auf Yachten mit metallischen Rümpfen die Einhebelschaltung isoliert vom Rumpf zu montieren. Damit ist ausgeschlossen, dass sich der Starter sein Minus über die Seele des Gas- oder Schaltzugs holt.

Fehlersuche

Entgegen einer weit verbreiteten Ansicht ist die Fehlersuche in der elektrischen Anlage des Motors in der Regel einfacher als in der Motormechanik oder der Einspritzanlage.

Grob zusammengefasst kann ein Fehler nur auf zwei Ursachen zurückzuführen sein, die sich schnell und einfach eingrenzen lassen: Entweder ist die Spannungsversorgung eines Teils unterbrochen (zum Beispiel durch einen Kabelbruch) oder das Teil selbst ist defekt. Dies trifft eingeschränkt auch auf die Lichtmaschine und den Starter zu, bei denen jedoch zwischen einwandfreier Funktion und völligem Versagen verschleißbedingte Zwischenzustände auftreten können, durch die der Startermotor langsamer dreht oder die Lichtmaschine weniger lädt.

Die Fehlersuche im Bereich des Starters haben wir bereits beschrieben. Lichtmaschinen sind im Allgemeinen weniger anfällig als Anlasser und Magnetschalter. Die meisten Ausfälle sind darauf zurückzuführen, dass die Lichtmaschine bei laufendem Motor von der Batterie getrennt wurde. Moderne Lichtmaschinen (etwa ab 2005) sind jedoch gegen Schäden durch die Trennung von der Batterie durch eine einfache Zenerdiode geschützt. Eine weitere Ausfallursache ist ein gerissener Keilriemen, der bei den meisten Motoren gleichzeitig die Wasserpumpe antreibt. Leuchtet also plötzlich die Ladekontrollleuchte auf und beginnt die Temperatur zu steigen, kann man davon ausgehen, dass der Keilriemen gerissen ist.

Der Regler regelt den Erregerstrom durch die Rotorwicklungen. Die Übertragung der Regelspannung auf die Wicklungen erfolgt über zwei Kohlebürsten auf zwei Schleifringe auf der Rotorwelle der Lichtmaschine. Tritt hier, vor allem bei alten Lichtmaschinen und niedrigen Drehzahlen, ein leichtes Flackern der Ladekontrollleuchte auf, kann dies an Kontaktschwierigkeiten der Kohlebürsten liegen. In manchen Lichtmaschinen sind die Kohlebürstenzuleitungen mit dem Regler verschweißt – hier kann man nicht löten, sodass in einem solchen Fall der Regler komplett erneuert werden muss.

Alle übrigen elektrischen Teile des Motors wie Geber, Schalter, Anzeigeinstrumente und Magnetventile können nach einem einfachen Schema geprüft werden, da es nur zwei mögliche Ausfallursachen gibt: Entweder liegt der Fehler in der Stromversorgung des entsprechenden Teils oder das Teil selber ist defekt. Die Prozedur der Fehlersuche ist in allen Fällen gleich:

■ Reglerkohlebürsten

Die Übertragung des Reglerstroms auf die Kohlebürsten erfolgt über eine dünne, hoch flexible Kupferlitze, die in der Druckfeder zwischen dem Anschluss am Regler und der Kohlebürste geführt ist. Reißt dieses Kabel, erfolgt die Stromleitung durch die Feder, die infolgedessen warm wird und erlahmt. Der Druck der Feder lässt nach, wodurch die Spannungsübertragung auf die Schleifringe zunehmend beeinträchtigt wird. Das anfängliche Flackern der Ladekontrollleuchte geht mit der Zeit in ein dauerndes Leuchten über.

Bei eingeschalteter Zündung wird vom Instrumentenpanel in Richtung Motor so lange gemessen, bis entweder keine Spannung mehr gemessen wird oder man an dem betroffenen Teil angelangt ist. Erinnern wir uns: Am Motor herrscht immer das Minuspotenzial der Batterie, woraus sich ergibt, dass alle Leitungen zum Motor, die vom Panel ausgehen, im Betriebszustand etwa die Batteriespannung aufweisen müssen. Fehlt diese Spannung an

■ Systematische Fehlersuche

Systematische Spannungsmessungen ermöglichen in den meisten Fällen eine schnelle und sichere Eingrenzung möglicher Fehler im elektrischen System. In unserem Beispiel haben wir es mit einer nicht funktionierenden Temperaturanzeige zu tun. Gemessen wird direkt am Instrument im Panel, am ersten Steckverbinder des Kabelbaums zum Motor, am zweiten Steckverbinder und am Anschluss des Gebers.

Die Ergebnisse in schwarzen Spannungswerten lassen auf einen defekten Geber schließen; die Batteriespannung lässt sich vom Panel bis hin zum Geber eindeutig verfolgen, und wenn der Motor mit dem Minuspol der Batterie verbunden ist, dürfte der Fehler im Geber liegen.

Anders bei den blauen Werten: Hier fehlt schon die Betriebsspannung am Instrument im Panel. Damit ergeben sich zwei Möglichkeiten: Entweder liegt keine Betriebsspannung im Panel an oder das Instrument ist defekt. Spannungen im Bereich einiger Volt sind jedoch durchaus normal – dann ergibt sich jedoch in der Regel ein vernünftiger Anzeigewert.

Die roten Spannungswerte ergeben deutlich einen Fehler im Kabelbaum zwischen den Steckverbindern. Hier verschwinden in diesem Kabelabschnitt die 12,8 Volt, wir haben es also mit einer Unterbrechung im Kabel oder mit einem abgerissenen Kabelschuh zu tun.

Diese Messmethode lässt sich im Prinzip auf alle Elemente der elektrischen Anlage des Motors übertragen; wichtig ist nur, dass man sich vor Beginn der Messungen in etwa darüber im Klaren ist, welche Werte wo zu erwarten sind.

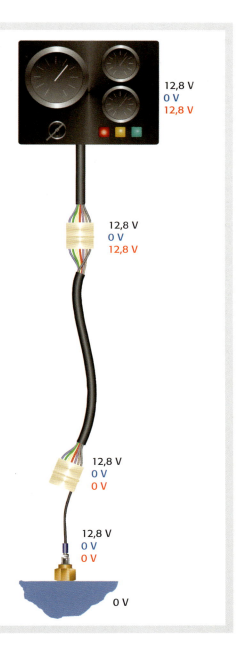

irgendeiner Stelle, kann man daher davon ausgehen, dass ein Kabelfehler vorliegt. Findet man die Batteriespannung am motorseitigen Anschluss des Gebers oder des Schalters, ist das Teil selber schadhaft. Da weder Geber noch Schalter repariert werden können, müssen diese ausgetauscht werden.

Motor-Bus-Systeme

Die zunehmend strikteren gesetzlichen Vorgaben in Bezug auf Abgasemissionen für Dieselmotoren im Kraftfahrzeugbereich konnten nur mithilfe von elektronisch gesteuerten Einspritzanlagen erfüllt werden. Zusammen mit steuerbaren Einspritzdüsen – Injektoren – und einer beachtlichen Erhöhung des Systemdrucks gelang das Kunststück, den Schadstoffanteil im Abgas teilweise um über 90 Prozent zu senken. Dabei werden zahlreiche Parameter erfasst und in die Berechnung der Einspritzmenge und der Einspritzzeitpunkte durch das Motorsteuergerät mit einbezogen, darunter auch Öldruck und Kühlmitteltemperatur. Auch die Bedienung dieser Motoren kommt ohne mechanische Übertragungen aus – die Drehzahlverstellung erfolgt elektronisch.
Dieses Prinzip ist mittlerweile auch bei den Yachtantrieben angekommen. Alle Daten, also auch die zur Überwachung und Steuerung benötigten, liegen in den je nach Hersteller MDC, EDC oder EDR genannten Motorsteuerungen in digitalisierter Form vor. Was liegt also näher, als auch die Bedienung und Überwachung der Motoren von der Mechanik (Gas- und Schaltzüge) und Elektrik (Geber, Schalter und Anzeigen) auf Elektronik umzustellen? Mittlerweile bieten fast alle größeren Hersteller von Marinedieseln Antriebssysteme an, in

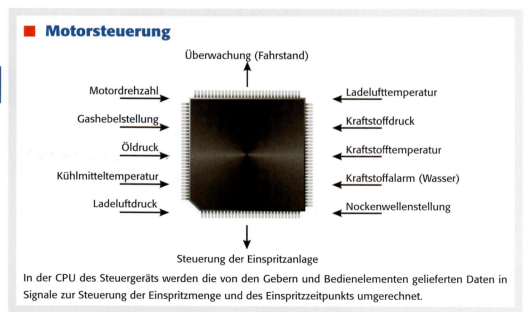

■ **Motorsteuerung**

In der CPU des Steuergeräts werden die von den Gebern und Bedienelementen gelieferten Daten in Signale zur Steuerung der Einspritzmenge und des Einspritzzeitpunkts umgerechnet.

denen die komplette Peripherie einschließlich Bedienung und Überwachung als Bus-System ausgelegt ist. Einige Systeme sind NMEA-183-kompatibel, können jedoch (noch) nicht in die Bordnetz-Bus-Systeme eingebunden werden.

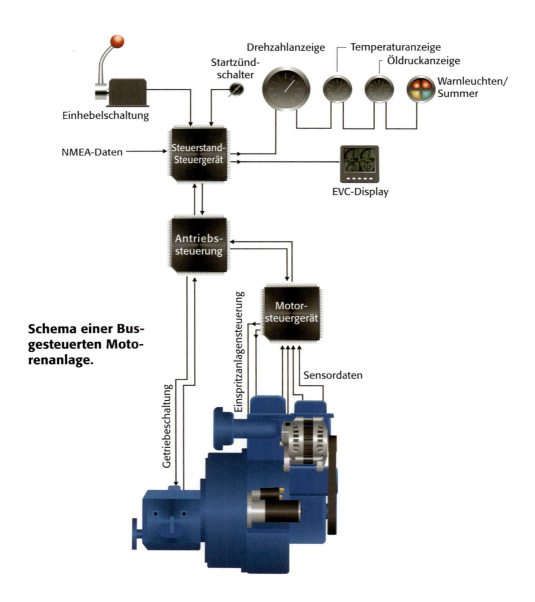

Schema einer Bus-gesteuerten Motorenanlage.

Elektroantriebe

Die Fortschritte in der Halbleitertechnik haben innerhalb von wenigen Jahren vollkommen neue Technologien für den Bau von Gleichstrom-Elektromotoren ermöglicht. Bis zu Anfang dieses Jahrtausends standen in diesem Bereich ausschließlich Innenläufer mit mechanischer Kommutierung zur Verfügung, die aufgrund ihres Wirkungsgrads und der eingeschränkten Gebrauchsdauer für den Einsatz als Hauptantrieb selbst einer kleinen Yacht nur mit großen Einschränkungen brauchbar waren. Innenläufer bestehen im Prinzip aus einem rohrförmigen Gehäuse, in dem entweder Permanentmagnete oder Kupferwicklungen untergebracht sind, die ein magnetisches Feld erzeugen. In diesem statischen Feld befindet sich der Anker, auf dem mehrere Kupferwicklungen sitzen,

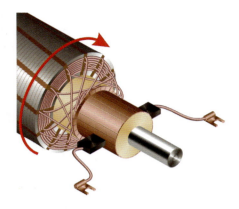

Am Kollektor wird dem Anker der Strom mittels Kohlebürsten und Kupferlamellen so zugeführt, dass das Magnetfeld immer an derselben Position entsteht.

■ MOSFET-Motorsteuerung

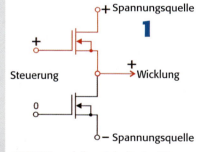
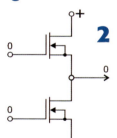
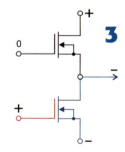

MOSFET und ihre Schalterfunktion wurden bereits im Kapitel „Netze der Zukunft – Bus-Systeme" beschrieben. Werden nun zwei MOSFET in Reihe geschaltet, lässt sich eine Motorwicklung mit dem positiven oder negativen Pol einer Spannungsquelle (zum Beispiel einer Batterie) verbinden oder von dieser trennen. 1. Der obere MOSFET erhält eine positive Steuerspannung, der untere nicht. Der obere ist leitend und verbindet die Motorwicklung mit dem Pluspol der Spannungsquelle. 2. Keiner der beiden MOSFET wird angesteuert, beide sperren, die Wicklung erhält keine Spannung. 3. Der untere MOSFET ist angesteuert und leitet, der obere ist nicht leitend. Die Wicklung ist mit dem Minuspol der Spannungsquelle verbunden. Auf diese Weise lassen sich mit entsprechenden Logikschaltungen Motorsteuerungen verwirklichen, von denen Elektroingenieure noch vor wenigen Jahren nicht einmal träumen konnten. Drehrichtung, Drehzahl, Leistung oder Drehmoment der Motoren können stufenlos geregelt werden, und das mit Schaltungen, die in eine Streichholzschachtel passen würden.

die, wenn sie von Strom durchflossen werden, ebenfalls ein magnetisches Feld erzeugen. Damit im Anker ein Drehmoment entsteht, muss immer die Wicklung mit Strom versorgt werden, die senkrecht zum Statorfeld steht. Anders ausgedrückt: Während der Anker sich dreht, muss das magnetische Feld des Ankers immer an derselben Position bleiben. Dies wird durch den sogenannten Kollektor bewerkstelligt, der aus mit den Wicklungen verbundenen Kupferlamellen auf der Ankerwelle und zwei Kohlebürsten besteht.

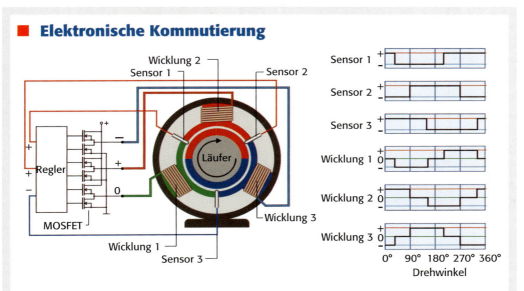

Elektronische Kommutierung

ist das fast an Magie grenzende Verfahren, mit dem es möglich ist, bürstenlose Gleichstrommotoren zu bauen, diese beliebig zu steuern, und dies bei Wirkungsgraden, die nur knapp unter 100 Prozent liegen. Das Prinzip ist einfach: Zunächst wird die Stellung des Läufers durch Sensoren, sogenannte Hall-Geber, ermittelt und an die Reglereinheit weitergegeben. Diese errechnet nun, welche der Feldwicklungen ein positives, neutrales oder negatives Feld erzeugen muss, um das optimale Drehmoment im Läufer zu erzeugen und sendet entsprechende Impulse an elektronische Schalter, meist MOS-Feldeffekttransistoren (MOSFET). Diese verbinden die einzelnen Wicklungen mit dem positiven oder negativen Pol der Stromversorgung, oder – falls ein neutrales Feld (sprich: kein Feld) gewünscht ist, trennen die Wicklung von der Stromversorgung. In unserem Beispiel steht der positive Pol des Läufers genau an der Wicklung 2. Diese ist ebenfalls positiv geschaltet, während Wicklung 3 negativ ist. Dadurch wird der positive Pol des Läufers von Wicklung 2 abgestoßen und von Wicklung 3 angezogen – er dreht sich in Richtung Wicklung 3. Wicklung 1 ist neutral und hat daher keine Wirkung. Hat der Läufer sich um 90 Grad gedreht, wird Wicklung 1 negativ, Wicklung 2 neutral und Wicklung 3 positiv – der Läufer dreht weiter. Zusätzlich können Leistung und Drehzahl des Motors durch die Länge der Impulse beeinflusst werden, sodass eine stufenlose Drehzahlregelung möglich ist.

Eine abgespeckte Version dieser Regelung kommt ohne Hall-Geber aus. Hier wird die Gegenspannung der Wicklungen zur Bestimmung der Läuferposition verwendet. Dies funktioniert aber erst ab bestimmten Mindestdrehzahlen mit einer dadurch eingeschränkten Drehzahlregelung.

■ Motorevolution

1 Konventioneller Innenläufer

Der sich drehende Anker wird über einen Kollektor und Kohlebürsten m[it] Strom versorgt, wobei der Kollektor gleichzeitig die Stromwendung übe[r]nimmt, die erforderlich ist, um ein Drehmoment am Anker zu erzeuge[n]. Das statische Feld wird durch Wicklungen oder Permanentmagne[te] erzeugt, die fest mit dem Gehäuse verbunden sind.

Lüfter — Lagerdeckel — Lager — Anker (Rotor) — Bürsten — Lager — Gehäuse (Stator) — Lagerschild — Kollektor

Gehäuse — Lager — Stator mit Feldwicklungen — Permanentmagnete — Rotor (Glocke)

3 Außenläufer

Hier sind gegenüber dem konventionellen Motor Stator und Rotor vertauscht; der Stator – vergleichbar mit dem Anker eines konventionellen Motors – ist fest mit dem Gehäuse verbunden und von dem mit Permanentmagneten besetzten Rotor umschlossen. Auch diese Motoren sind elektronisch kommutiert. Aufgrund des hohen möglichen Wirkungsgrads lassen sich in dieser Bauart sehr kompakte Motoren mit überraschend hohen Leistungen herstellen.

Anker — Kollektor — Stator - — Stator + — Bürsten

Prinzip der Kommutierung: Durch die Bürsten und die Lamellen des Kollektors werden immer die Ankerwicklungen mit Strom versorgt, die quer zu dem Statorfeld stehen.

2 Bürstenloser Scheibenläufer

Hier wird elektronisch ein drehendes Feld in den fest mit dem Gehäuse verbundenen Statorwicklungen erzeugt. Der Rotor ist mit Permanentmagneten bestückt und wird durch das Statorfeld in eine Drehung versetzt. Durch den großen Rotordurchmesser lassen sich niedrige Drehzahlen mit hohen Drehmomenten realisieren.

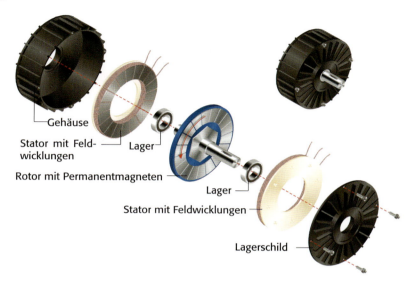

Gehäuse
Stator mit Feldwicklungen
Lager
Rotor mit Permanentmagneten
Lager
Stator mit Feldwicklungen
Lagerschild

Bis vor wenigen Jahren waren ausnahmslos alle Gleichstrommotoren als Innenläufer ausgeführt (1). Dies lag hauptsächlich daran, dass noch keine Bauelemente für eine elektronische Kommutierung zur Verfügung standen. Die einzige Möglichkeit, die Polung der Ankerwicklungen an die Drehbewegung des Ankers anzupassen, bestand darin, mittels eines Kollektors und Kohlebürsten immer diejenigen Wicklungen mit Strom zu versorgen, die quer zum Erregerfeld stehen. Dadurch werden die Wicklungen immer zu dem entgegengesetzt gepolten Statorfeld gezogen, der Anker gerät in eine Drehung (Bild links unten).

Aus mehreren Gründen ist diese Bauform nicht ideal; Bürsten und Kollektoren sind Verschleißteile und verursachen Übergangswiderstände. Mit zunehmender Drehzahl entstehen höhere Induktionsspannungen, die ebenfalls den Wirkungsgrad herabsetzen. Vor allem kleinere Gleichstrom-Innenläufer kommen daher oft nur auf einen Wirkungsgrad, der zwischen 50 und 60 Prozent liegt.

Erst mit der Entwicklung hochstromfähiger Halbleiterbauelemente – MOSFET – konnten drehende Felder elektronisch erzeugt werden. Mit dieser elektronischen Kommutierung (EC) wurde es möglich, das antreibende Feld im Stator zu erzeugen, sodass der Rotor ohne jeden elektrischen Anschluss frei drehen kann. Hinzu kommt, dass heute sehr starke Permanentmagnete, hauptsächlich kunstharzgebundene Seltene-Erden-Legierungen, verfügbar sind. Mit diesen lassen sich extrem kompakte Scheiben- oder Außenläufermotoren bauen, deren Wirkungsgrade über 90 Prozent liegen können. Mit anderen Worten: Aus 1.000 elektrischen Watt Eingangsleistung werden über 900 mechanische Watt (oder 1,22 PS). Zum Vergleich: Moderne Dieselmotoren erreichen einen Wirkungsgrad von etwa 40 Prozent.

Dieser auch als Kommutierung bekannte Vorgang ist mit nicht unerheblichen Verlusten verbunden; Motoren nach dieser Bauart erreichen oft nur die Hälfte des Wirkungsgrads moderner elektronisch kommutierter (EC) Motoren.

Einen weiteren Beitrag zu dem bescheidenen Wirkungsgrad lieferte die Erzeugung des Statorfelds; zur Verfügung standen Permanentmagnete auf Eisenbasis (Ferritische Werkstoffe) oder Kupferwicklungen, in denen das Feld mittels Strom erzeugt wurde. Heute stehen kunstharzgebundene Magnetwerkstoffe auf Seltene-Erden-Basis zur Verfügung, deren Feldstärke ein Vielfaches der alten Magnetwerkstoffe beträgt und die keinen zusätzlichen Strom zur Felderzeugung verbrauchen.

Mit der Einführung der MOSFET standen nun den Konstrukteuren der Elektromotoren neue Welten offen. Sie waren in die Lage versetzt, mit verhältnismäßig einfachen Schaltungen und feststehenden Kupferwicklungen rotierende Magnetfelder zu erzeugen. Kollektoren wurden dadurch überflüssig, und in Verbindung mit den neuen Magnetwerkstoffen konnten Motoren geschaffen werden, die so klein wurden, dass das größte Problem darin bestand, die zur Motorleistung passenden Kabelanschlüsse darin unterzubringen. Ein Beispiel: Ein Motor zum Antrieb eines Fahrrads mit einer Leistung von 70 Watt hätte die Größe einer Streichholzschachtel und das Gewicht eines Standardbriefs. Der kleinste als Bootsantrieb eingesetzte Motor ist etwas kleiner als eine kleine Kaffeetasse, wiegt rund 500 Gramm und entwickelt die Schubkraft eines 2,3-PS-Benziners.

■ Ringläufer

Ringläufer sind ebenfalls ein Ergebnis der elektronischen Kommutierung und so neu, dass man sich bis jetzt noch nicht auf einen einheitlichen Namen einigen konnte – je nach Hersteller heißen sie auch Torque-Motoren oder Dünnringläufer. Die Feldwicklungen sitzen in einem U-förmigen Statorrahmen, der einen Ring umgibt, auf dem Permanentmagnete befestigt sind. Seit das Problem der Abdichtung zwischen Stator und Rotor mittels keramischer Dichtflächen gelöst ist, sind diese Motoren auch für den Unterwasserbetrieb verfügbar und erlauben vollkommen neuartige Propellerkonzepte, die ohne Naben auskommen. Die kleinste zurzeit verfügbare komplette Antriebseinheit leistet 2 Kilowatt bei einem Durchmesser von 100 Millimetern und 85 Millimetern Länge.

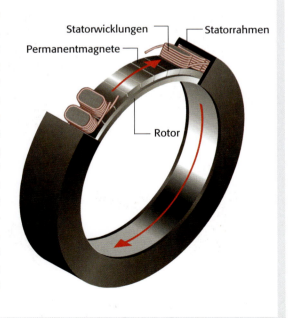

Nachdem erst einmal der Trick mit den rotierenden Feldern gefunden war, konnte man auch die bis dahin vorherrschende Form des Innenläufers verlassen. Werfen wir einen kurzen Blick auf die seither entwickelten Motoren.

Scheibenläufer

Der erste Schritt bei der Entwicklung dieser Motoren bestand darin, den Durchmesser des Ankers drastisch zu vergrößern und die Länge zu verkürzen – er wurde scheibenförmig. Das Ziel dabei war, Motoren zu schaffen, die schon bei geringen Drehzahlen ein hohes und gleichmäßiges Drehmoment liefern konnten und die zum Beispiel als Nabenmotoren zum Fahrzeugantrieb verwendbar waren. In den ersten Motoren dieser Art wurden mechanisch kommutierte Rotoren verwendet, in denen die Kupferwicklungen jedoch nicht – wie beim herkömmlichen Anker – radial zur Motorachse angeordnet waren, sondern parallel zur Motorachse auf der Scheibe verteilt wurden. Dadurch ergibt sich eine große wärmeabführende Oberfläche bei einer verhältnismäßig hohen Leistungsdichte.

Als die elektronische Kommutierung zur Verfügung stand, wurden auch hier die Rollen von Rotor (Scheibe) und Stator (Gehäuse) vertauscht: Die Permanentmagnete wanderten in die Scheibe und die Wicklungen wurden beiderseits der Scheibe im Gehäuse untergebracht. Dadurch ließen sich Drehmoment und Leistungsausbeute weiter steigern, so bringt zum Beispiel der Baumüller DSM 190N2L ein Drehmoment von 60 Newtonmetern, ein

Drei Beispiele innovativer Elektroantriebe. Von links: Kräutler SDK 48 (Scheibenläufer), Torqeedo Travel 800 (Außenläufer) und E-Jet 3-220 (Ringläufer).

Wert, der auch von einem 20-Kilowatt-Dieselmotor erwartet werden kann. Nur: Dieser Scheibenläufer ist bei einem Durchmesser von 280 Millimetern gerade mal 290 Millimeter lang. Zweites Beispiel: Der Perm PMG 132 liefert sogar mit Bürsten eine Nennleistung von 7,22 Kilowatt (Vortriebsleistung vergleichbar mit einem 15-Kilowatt-Diesel) und ein Spitzendrehmoment von 38 Newtonmeter. Ein vergleichbarer Diesel mit Wendegetriebe wiegt circa 140 Kilogramm, der Perm mit 11 Kilogramm nicht einmal 8 Prozent davon. Der Wirkungsgrad dieser Motoren kann bei über 90 Prozent liegen.

Scheibenläufer werden von einigen Firmen als Wellenantriebe oder auch als Saildrive angeboten. Der Leistungsbereich der Serienmotoren reicht bis etwa 10 Kilowatt, die Regelung ist üblicherweise in einem separaten Gehäuse untergebracht. Gesteuert werden die Motoren mit Einhebelschaltungen mit einem Regelbereich von praktischem Stillstand bis zur Nenndrehzahl.

Außenläufer

waren der nächste Schritt in der Entwicklung. Sie ähneln permanenterregten Innenläufern, nur dass hier der Anker steht und das Gehäuse rotiert. Die Funktionen von Stator und Rotor sind vertauscht, womit auch hier erstaunlich hohe Drehmomente möglich werden. Dabei sind diese Motoren so einfach aufgebaut, dass sogar einige Selbstbausätze angeboten werden – allerdings in einer Größenordnung, die eher für den Antrieb von Modellflugzeugen als für „richtige" Schiffe geeignet sind.

Stator und Steuerung eines Elektromotors, dessen Leistung der eines 5-PS-Außenborders entspricht.

Für Bootsantriebe liegt die Grenze der derzeit verfügbaren Leistung bei 4 Kilowatt. Dieser nach Herstellerangaben stärkste 24-Volt-Motor treibt einen Außenborder, dessen Schub dem eines 8,8-kW-Viertakters entspricht. Im industriellen Bereich gibt es bereits Motoren mit Leistungen von mehreren hundert Kilowatt und es ist zu erwarten, dass auch im Bootsbereich bald stärkere Ausführungen dieser zwergengroßen Drehmomentriesen folgen werden.

Ringläufer

Vielleicht die interessanteste Neuentwicklung. Interessant deswegen, weil sich mit dieser Motorart vollkommen neue Propellerkonzepte verwirklichen lassen. Bei allen anderen Motorenarten sitzen die Propeller mit einer Nabe auf einer Welle. Anders bei Ringläufern: Hier sind die Flügel an dem Rotorring befestigt oder sind sogar ein Teil dieses Rings und setzen sich nach innen fort, ohne dass die Notwendigkeit einer Nabe gegeben ist. Erste Prototypen dieser Motoren, deren Wirkungsgrad in derselben Größenordnung liegt wie bei den Scheiben- und Außenläufern, entwickeln einen Schub, der mit herkömmlichen Propellerantrieben gleichen Durchmessers bisher unerreichbar ist. Schon die kleinste Einheit mit einem Gesamtdurchmesser von einhundert Millimetern brachte bei einem Pfahlzugversuch einen Schub von 245 Newton, ein Wert, der üblicherweise von doppelt so großen Propellern zu erwarten ist. Nach Herstellerangaben lassen sich diese Werte noch steigern, wenn die ersten Ergebnisse der jetzt begonnenen Propelleroptimierung vorliegen. Welche Auswirkungen dieses Konzept auch auf das Layout von Freizeitbooten haben könnte, lässt

Außenläufer mit einer Leistung von 800 Watt im Größenvergleich.

sich erahnen, wenn man sich ein Projekt namens „Seacamper" anschaut. Die gesamte Motorinstallation dieses 8,3 Meter langen und 3 Tonnen schweren Wohnboots besteht aus zwei unter dem Rumpf angebrachten Ringläuferantrieben mit einem Durchmesser von 27 Zentimetern. Im Boot selber sind lediglich die Steuerung und die Batterien zur Stromversorgung untergebracht.

Energieversorgung

Direkte und exakte Vergleiche zwischen dem Energieverbrauch von Verbrennungsmotoren und Elektromotoren sind schwierig bis unmöglich. Eine Schwierigkeit besteht zum Beispiel darin, dass die Wirkungsgrade der Systeme unterschiedlich verlaufen – der spezifische Verbrauch von Dieselmotoren nimmt mit zunehmender Drehzahl ab, während Elektromotoren über einen weiten Drehzahlbereich einen fast gleichmäßigen Wirkungsgrad zeigen. Allgemein kann man schon davon ausgehen, dass Elektroantriebe wesentlich sparsamer mit Energie umgehen – die Wirkungsgrade moderner Elektromotoren sind mehr als doppelt so hoch wie der eines modernen Dieselmotors –, der Haken liegt jedoch in der Speicherung des „Kraftstoffs": Mit einem Liter Dieselkraftstoff kann man ungefähr 1,7 Kilowattstunden elektrischer Energie erzeugen, also 70 Amperestunden bei einem 24-Volt-System. Zur Speicherung dieser Energie benötigt man circa 50 Kilogramm an Bleibatterien, will man also einen 50-Liter-Dieseltank durch Bleibatterien ersetzen, bräuchte man 2.500 Kilogramm Batteriemasse. Setzt man statt Bleibatterien Lithiumbatterien ein, reduziert sich diese Masse zwar auf 760 Kilogramm, was die Tragfähigkeit einer kleinen Segelyacht – auf der man üblicherweise 50-Liter-Tanks findet – jedoch immer noch weit überschreitet.

Betrachtet man die Situation aus einer anderen Perspektive, wird der Einsatz von Elektroantrieben in vielen Bereichen der Freizeitschifffahrt allerdings nicht nur realisierbar, sondern ist mit einer ganzen Reihe von Vorteilen verbunden. Wagen wir einen Gewichtsvergleich: Wir nehmen den bereits erwähnten 15-Kilowatt-Diesel und ersetzen diesen durch einen Scheibenläufer mit einer Leistung von 7 Kilowatt – in der Praxis ist der Vortrieb des Elektromotors durchaus mit dem des doppelt so starken Diesels vergleichbar. Der Motor mit seiner Peripherie

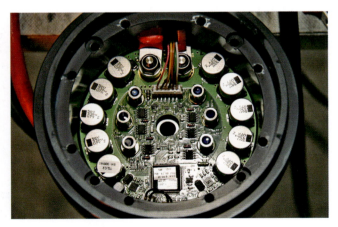

Die gesamte Regelelektronik eines 2-Kilowatt-Außenborders passt auf eine 60 Millimeter durchmessende Platine im Motorgehäuse.

(Tank, Abgas- und Seewasseranlage, Starterbatterie) wiegt etwa 236 Kilogramm. Der Scheibenläufer bringt netto 11 Kilogramm auf die Waage. Theoretisch könnte man nun 225-Kilogrammbatterien an Bord installieren, ohne an den Gewichtsverhältnissen etwas zu verändern. In Blei wären dies circa 9 Kilowattstunden, mit Lithiumbatterien käme man auf 23 Kilowattstunden.

Gehen wir davon aus, dass wir mit dem Elektromotor und einem gut angepassten Propeller mit 3 Kilowatt auf Marschfahrt kommen, die wir mit 4,5 Knoten annehmen. Das ergäbe mit den Bleibatterien eine Laufzeit von 3 Stunden, somit eine Reichweite von 13,5 Seemeilen. Dies ist mehr als ausreichend für eine Segelyacht, deren Motor in der Regel lediglich zum Ein- und Auslaufen und die damit zusammenhängenden Manöver benutzt wird. Für die Lithiumbatterien käme man auf 7,7 Stunden und 34 Seemeilen.

Rechnet man in die andere Richtung, geht also davon aus, wie lange der Motor laufen muss, bevor die Batterien entladen sind, kommt man auf wesentlich kleinere Werte für die Batteriekapazität.

Nimmt man zum Beispiel 30 Minuten als Motorlaufzeit pro Etmal, käme man auf eine erforderliche Batteriekapazität von 1,5 Kilowattstunden, oder, auf 24 Volt bezogen, auf zwei 12-Volt-Batterien mit jeweils 62,5 Amperestunden – und diese wiegen zusammen circa 45 Kilogramm. Macht zusammen mit dem Motorgewicht 53 Kilo, gegenüber dem Diesel hat man 183 Kilogramm gespart. Dafür kann man dann zusätzlich zwei kräftige Rudersklaven mitnehmen.

Prototyp eines Ringläuferantriebs am Heck einer 42-Fuß-Segelyacht. Im Vordergrund der Propeller des konventionellen Antriebs.

Fazit

Für stark motorisierte Motoryachten dürften Elektroantriebe auch in absehbarer Zukunft keine realistische Alternative darstellen. Kleine Segelyachten mit Elektroantrieben haben jedoch bereits die Welt umrundet und es ist zu erwarten, dass die Zahl der Hersteller in diesem Marktsegment stetig zunehmen wird und konzeptuell durchdachte Antriebe angeboten werden, die auch preislich mit den Verbrennern konkurrenzfähig sind.

Beleuchtung

Die Beleuchtung an Bord einer Yacht erfüllt mehrere Aufgaben: Unter Deck steht an erster Stelle dabei die Versorgung mit „Arbeitslicht" am Kartentisch, in der Pantry und im Motorraum. Zweitens soll ein wohnliches Umfeld geschaffen werden, in dem sich die Crew nach getaner Arbeit wohlfühlen darf. Drittens müssen diverse Stauräume so beleuchtet werden, dass möglichst keine Blendung auftritt, die gesuchten Dinge aber trotzdem gefunden werden. Nebenbei soll das Deck beleuchtbar sein, und zu guter Letzt müssen Positionslaternen geführt werden.

Diese Aufgaben erfordern einen differenzierten Zugang zu den unterschiedlichen Leuchtmitteln. Abgesehen von den Positionslaternen, deren Art und Ausführung in engen Grenzen vorgegeben ist, kann man sich im Inneren des Schiffes seinen kreativen Neigungen hingeben und mit den heute verfügbaren Mitteln Beleuchtungen schaffen, die durchaus mit den Möglichkeiten der „Illumination" von Eigenheimen vergleichbar sind. Wir werden deshalb versuchen, uns auf die wesentlichen Anforderungen an ein Beleuchtungssystem zu konzentrieren.

■ Lux, Lumen und Candela

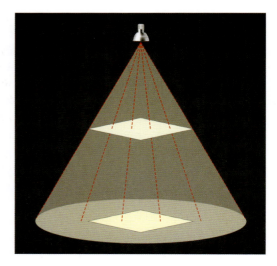

Der Lichtstrom – Einheit Lumen (lm) – ist die gesamte Strahlungsleistung im sichtbaren Bereich, die eine Lichtquelle abgibt. Die Lichtstärke – Einheit: Candela (cd) – ist ebenfalls eine Eigenschaft der Lichtquelle und gibt an, wie viel Lichtenergie pro Zeit in einem gewissen Winkelbereich von der Lichtquelle abgestrahlt wird. In der Darstellung entspricht die Lichtstärke der „Dichte" der von der Lichtquelle ausgesendeten roten „Lichtstrahlen", genauer gesagt, der Anzahl der Lichtstrahlen je Steradiant (Raumwinkel, bei dem die bestrahlte Fläche gleich dem Quadrat der Entfernung ist). Lichtstrom und Lichtstärke beschreiben also Eigenschaften der Lichtquelle.

Viel interessanter ist jedoch, wie viel Licht man auf der Seekarte oder der Pantryspüle braucht, um dort ermüdungsfrei sehen zu können – die Beleuchtungsstärke. Rechnerisch ergibt sich diese aus dem Quotienten aus dem Lichtstrom (Lumen) und der zu bestrahlenden Fläche (Quadratmeter). Die Einheit ist Lux (lx), und es gilt $1\,\text{lx} = 1\,\text{lm}/\text{m}^2$. In dem Bild entspricht dies der Anzahl der „Lichtstrahlen", die auf die Flächen treffen. Rechnet man ein wenig weiter, kommt man zu dem Schluss, dass die Beleuchtungsstärke mit dem Quadrat des Abstands zur Lichtquelle abnimmt – wie auch die Darstellung zeigt, in der das untere

Vielen Skippern ist nicht bewusst, dass die Beleuchtung auf den meisten Yachten neben dem Kühlschrank den größten Stromverbrauch verursacht. Noch – denn es sieht so aus, als ob wir in einem Prozess des Umdenkens stecken, bei dem herkömmliche Leuchtmittel wie Glühlampen, Leuchtstoffröhren und Halogenlampen innerhalb weniger Jahre von Halbleiterelementen ersetzt werden können. Deren Stromverbrauch beträgt nur ein Bruchteil dessen, womit heute aufgrund des niedrigen Wirkungsgrads das Innere der Yacht weniger beleuchtet als aufgeheizt wird. Zurzeit (im Herbst 2011) befinden wir uns in einer Phase, wo praktisch in Wochenfrist neue Entwicklungen auf dem Markt erscheinen und erst wenige Hersteller komplette Systeme in LED-Technik anbieten, die auch an Bord einer seegehenden Yacht problemlos eingesetzt werden können. Aber selbst damit ist es bereits möglich, den Energieverbrauch drastisch zu reduzieren. Einsparungen von 30 und mehr Prozent sind hier keine Ausnahme, sondern eher die Regel. Wird der Strom an Bord ausschließlich von der Lichtmaschine des Antriebsmotors erzeugt, bedeutet dies ganz einfach, dass auch die zur Batterieladung erforderlichen Motorlaufzeiten ebenfalls zurückgehen. Stehen alternative Stromerzeuger (Solarmodule, Windgeneratoren) zur Verfügung, können diese 30 Prozent Einsparung in vielen Fällen dazu führen, dass auf die teure und ökologisch unsinnige Methode der Stromerzeugung mithilfe eines 30-Kilowatt-Diesels, der eine 1,6-Kilowatt-Lichtmaschine antreibt, vollkommen verzichtet werden kann. Mehr dazu später, kümmern wir uns zunächst um die Grundlagen.

Beleuchtungsstärke

Dieser Begriff kann ungefähr mit „Helligkeit in einer bestimmten Entfernung von der Lichtquelle" umschrieben werden. Ungefähr deshalb, weil diese Helligkeit subjektiv auch von den Oberflächen und Farbgebungen der angestrahlten Flächen abhängt. Die Beleuchtungsstärke ist jedoch eine – abstrakte – Eigenschaft, die sich nur aus dem Lichtstrom der Lichtquelle und deren Entfernung ergibt, unabhängig davon, ob sich dort eine angestrahlte

---

Quadrat doppelt so weit von der Quelle entfernt ist wie das obere, aber nur ein Viertel der Strahlung erhält.

In der Praxis kann man diese Zusammenhänge benutzen, um die Anzahl und Leuchtkraft der Leuchten in einer Yacht zu berechnen. Dazu kann man sich einiger Anhaltswerte für die Beleuchtungsstärke bedienen, die für Arbeitsstätten dienen. Für Büroräume gelten 300 bis 500 Lux als ausreichend, für Kantinen- und Pausenräume werden 200 Lux gefordert, und Lagerräume müssen nur mit 100 Lux beleuchtet werden. Übertragen wir diese Werte auf eine Yacht, braucht man am Kartentisch und in Bereichen, in denen gelesen wird, 300 Lux, in der Pantry zwischen 150 und 200 und in den übrigen Bereichen zwischen 100 und 150 Lux. Hat man nun den Lichtstrom eines Leuchtmittels und kennt den Abstand zwischen Leuchte und zu beleuchtender Fläche, kann man damit die Beleuchtungsstärke ausrechnen. Beispiel: Ein LED-Spot, Lichtstrom 180 Lumen, in einem Abstand von einem Meter von der Arbeitsfläche (typisch für Salontisch und Pantry) ergibt eine Beleuchtungsstärke von 180 Lux. Verdoppelt man den Abstand auf 2 Meter, reduziert sich die Beleuchtungsstärke auf 45 Lux. Aber wer kocht schon auf dem Fußboden?

Beleuchtung – Übersicht

- A: Deckenleuchte 20 W Halogen / 4 W LED
- B: Deckenleuchte 10 W Halogen / 1,5 W LED
- C: Leseleuchte 10 W Halogen / 1,5 W LED
- D: Orientierungslicht 5 W Glühlampe / 0,5 W LED

Gelb: Grenzen der Ausleuchtung bei 60-Grad-Leuchtkegel in 0,9 Meter Höhe über dem Boden.

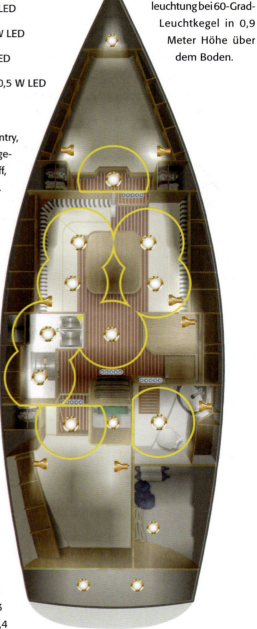

In dieser 10,5-Meter-Yacht sollten die Bereiche Pantry, Nassraum und Salontisch mit circa 200 Lux ausgeleuchtet werden. Für die übrigen Räume (Vorschiff, Achterkajüte, Stauräume) reichen 100 bis 150 Lux. Diese Beleuchtungsstärken gelten für die Höhe der Arbeitsflächen, also ungefähr 0,8 bis 0,9 Meter über dem Boden. Diese Werte können mit 20-Watt-Halogenstrahlern oder mit 4-Watt-LED-Leuchten erreicht werden. Zusätzlich sind in den Lesebereichen Leuchten vorgesehen, für die wegen des geringen Abstands zwischen Leuchte und Buch 1,5-Watt-LED- beziehungsweise 10-Watt-Halogenlampen ausreichen, um eine Beleuchtungsstärke von 250 bis 300 Lux zu erreichen. Die Deckenleuchten im Vorschiff sind ebenfalls mit 20- beziehungsweise 4-Watt-Lampen ausgestattet. Am Kartentisch und am Spiegel des Nassraums sorgen vier LED- oder 20 Halogen-Watt für 200 Lux. An strategischen Stellen sind zusätzlich 4 Orientierungsleuchten mit jeweils 5 beziehungsweise 0,5 Watt Leistung angebracht. Der gesamte Stromverbrauch – wenn alle Leuchten eingeschaltet sind – beträgt bei Halogenbeleuchtung 340 Watt (28,3 Ampere bei 12 Volt), mit LED sinkt dieser Verbrauch auf 64,5 Watt (5,4 Ampere). Ist die Hälfte dieser Leuchten 2 Stunden am Tag eingeschaltet, ergibt dies eine Kapazitätsentnahme aus der Batterie von 28,3 für die Halogenbeleuchtung, jedoch lediglich 5,4 Amperestunden für die LED-Beleuchtung.

Fläche befindet. Daher ist die Beleuchtungsstärke gut dafür geeignet, unterschiedliche Leuchtmittel unabhängig von deren Einsatzbereich oder deren Umgebung zu vergleichen. Die Einheit der Beleuchtungsstärke ist das Lux (lx), das sich physikalisch aus dem Quotienten aus Lichtstrom (die von dem Leuchtmittel ausgehende „Helligkeit", Einheit Lumen) und bestrahlter Fläche in Quadratmetern ergibt. Da sich das Ganze im dreidimensionalen Raum abspielt, wird hier mit Raumwinkeln (Steradiant) und Kugelflächen gerechnet, was in der praktischen Umsetzung für Beleuchtungszwecke in einer Yacht jedoch eine eher untergeordnete Rolle spielt.

Die Anforderungen an Beleuchtungsstärken sind für den gewerblichen Bereich in der Normenreihe DIN 5035 „Beleuchtung mit künstlichem Licht" und der DIN EN ISO 12464 „Beleuchtung von Arbeitsstätten" definiert. Diese reichen von 50 Lux für Lagerräume mit großem Lagergut bis zu 1.000 Lux für Großraumbüros mit mittlerer Reflexion. Für Kantinen werden 200 Lux gefordert und Büros sollen mit 300 bis 500 Lux ausgeleuchtet sein. Für die „Arbeitsstellen" in einer Yacht könnte man daraus 200 Lux für Pantry und Motorraum fordern, am Kartentisch sollten es 300 bis 500 Lux sein. Bei der Festlegung der physikalischen Größen Lumen, Lux und Candela (die von einer Lichtquelle pro Raumwinkel abgestrahlte Lichtleistung) wurden die physiologischen Eigenschaften der menschlichen Lichtwahrnehmung mit einbezogen. Weißes Licht setzt sich aus den Farben des Spektrums zusammen, wobei jedoch die einzelnen Farben unterschiedlich intensiv wahrgenommen werden. Diese wellenlängenabhängige Empfindlichkeit des Auges ist in den Einheiten für Lichtstärke, Lichtstrom und Beleuchtungsstärke berücksichtigt – diese Angaben sind daher unabhängig von der Lichtfarbe der Lichtquelle.

Kontinuierliches Spektrum (Sonne, Glüh- oder Halogenlampe).

Diskontinuierliches Spektrum (Leuchtstoffröhre, LED).

Lichtfarbe

Die Lichtfarbe ist die spektrale Zusammensetzung der von einer Lichtquelle ausgesendeten

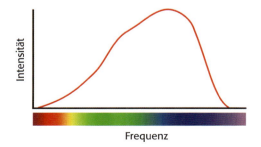
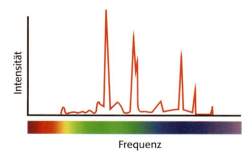

Spektren einer Glühlampe (links) und einer Leuchtstoffröhre.

Strahlung. Bei Lichtquellen, die ein kontinuierliches Spektrum aussenden, zum Beispiel Sonnen, Glüh- und Halogenlampen, entspricht die Lichtfarbe dem Maximum dieses kontinuierlichen Spektrums, dem eine Temperatur in Kelvin (K) zugeordnet ist. Dies lässt sich am Beispiel eines glühenden Hufeisens veranschaulichen: Mit zunehmender Temperatur wechselt dessen Farbe von Tiefrot über Orange und Gelb zu Weiß – jeder Temperatur ist eine Farbe zugeordnet.

Diese sogenannte „Lichtfarbe" wird in erster Linie dazu verwendet, die Wirkung des Lichts von Strahlern mit diskontinuierlichen Spektren (Leuchtstoffröhren, LED) zu charakterisieren. Eine grobe Einteilung erfolgt in drei Gruppen:

Lichtfarbe	Kelvin	Wirkung	Einsatzbereich
Warmweiß	bis 3.300	wird als gemütlich und behaglich empfunden	Wohnräume
Neutralweiß	3.300 bis 5.300	erzeugt eine eher sachliche Stimmung	Arbeitsstellen, Büros
Tageslichtweiß	über 5.300	wie Tageslicht	Museen, Druckereien

Je nach Hersteller und Lampenart wird weiter unterteilt, zum Beispiel Warmton-Extra (Philips) oder Weiß Deluxe (Sylvania). Die Lichtfarbe findet sich auch in der Bezeichnung von Leuchtstoffröhren wieder, die aus einer dreistelligen Zahl besteht. Die erste Stelle beschreibt die Qualität der Farbwiedergabe – je höher, desto besser – , und die beiden letzten Stellen geben die Farbtemperatur (in Kelvin · 100) an, zum Beispiel steht 940 für eine Leuchtstoffröhre mit Farbqualitätsstufe 9 und einer Lichttemperatur von 4.000 Kelvin.

Bei LED-Lampen besteht ein Zusammenhang zwischen Lichtfarbe und Lichtstrom. Je niedriger die Lichttemperatur, desto weniger Lichtstrom liefert die Lampe. Dies liegt unter anderem daran, dass bei diesen Lichtquellen die höherfrequenten Teile des Spektrums reduziert werden, um eine „wärmere" Lichtfarbe zu erreichen. LED mit warmweißem Licht liefern circa 30 Prozent weniger Licht als kaltweiße LED.

Stromverbrauch

Schaut man sich die Energiebilanz einer durchschnittlichen, etwa 11 Meter langen Segelyacht an, stellt man fest, dass zwei Verbrauchergruppen fast zwei Drittel des Stroms beanspruchen: Glühlampen und der Kühlschrank. Die zwei Stunden am Tag eingeschaltete Innenbeleuchtung einer durchschnittlich ausgestatteten Yacht und der Betrieb der Minimal-Dreifarbenpositionslaterne mit einer 25-Watt-Lampe ergeben zusammen einen Verbrauch

20-mW-Radial-LED und 3,5-Watt-Power-LED (rechts).

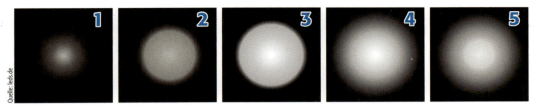

Leuchtkraftvergleich zwischen verschiedenen LED-Lampen und einem Halogenstrahler: 1. LED-Spot mit 20 Radial-LED (1 Watt), 2. Standard High Power LED-Spot (5 Watt), 3. hochwertiger High Power LED-Spot (4 Watt), 4. dito mit Diffusorlinse, 5. 20-Watt-Halogenspot

von etwa 45 Amperestunden pro Tag. Werden hier Glühlampen durch LED ersetzt, bieten sich Einsparpotenziale, die – zumindest auf Segelyachten – zu einer deutlichen Reduzierung der für die Batterieladung erforderlichen Motorlaufzeiten führen.

Leuchten

Im Bereich der Beleuchtungstechnik jagt eine Neuerung die nächste. Im häuslichen Bereich werden die herkömmlichen Glühlampen zunehmend von Kompaktleuchtstofflampen, allgemein als Sparlampen bezeichnet, verdrängt. Moderne Lampen dieser Art enthalten im Sockel ein Vorschaltgerät, in dem die für die Zündung der Gasentladung nötige Spannung elektronisch erzeugt wird. Der Wirkungsgrad liegt dabei etwa fünf- bis sechsmal so hoch wie bei den herkömmlichen Glühlampen und drei- bis viermal über dem von Halogenlampen – die Leuchtkraft einer 11-Watt-Kompaktleuchtstofflampe entspricht ungefähr der einer 60-Watt-Glühlampe.

Für den Bootsbereich ist die Auswahl dieser Leuchten nicht allzu berauschend. Für eine Betriebsspannung von 12 Volt sind zwar einige Leuchten in Stabform erhältlich, einen direkten Ersatz für die in herkömmlichen Innenleuchten verwendeten Lampen gibt es jedoch nicht und es ist auch nicht zu erwarten, dass Sparlampen für diesen Zweck entwickelt werden.

Einer der Gründe dafür dürfte in der rasanten Entwicklung im Bereich der LED-Lampen liegen. Mit der Einführung der ersten

High Power LED-Strahler mit 4-Watt-Chip (links) und passende Diffusorlinse (oben). Links eine flexible LED-Leiste.

Verbraucher	Verbrauch		Einschaltzeit/Etmal		Verbrauch
	Watt	Ampere	Stunden	ED %[1]	Ah/12 V
Navigation	10	0,8	24	100	19,2
Funksprechanlage, standby	1,2	0,1	24	100	2,4
Funksprechanlage, senden	50	4,2	0,2	50	0,4
Kühlschrank	45	3,8	24	40	36,5
Positionslaterne	25	2,1	8	100	16,8
Selbststeueranlage	36	3,0	12	20	7,2
Radio	12	1,0	3	100	3,0
Beleuchtung	340	28,3	2	50	28,3
Sonstige Verbraucher					5,0
Gesamtverbrauch je Etmal					**118,8**

1) ED = Einschaltdauer des Verbrauchers in der Betriebszeit

Energiebilanz einer 11-Meter-Segelyacht mit Standardbeleuchtung

Generation von „superhellen" LED erschienen auch die ersten LED-Lampen für Beleuchtungszwecke, in denen mehrere – bis zu 160 – einzelne Radialdioden in einem Gehäuse untergebracht waren. Diese Lampen sind mittlerweile sowohl für 12 als auch für 230 Volt Betriebsspannung verfügbar und werden mit unterschiedlichen Lichtfarben (Hellweiß, Warmweiß oder Neutralweiß) angeboten.

Bereits die 1-Watt-Typen können Halogenlampen mit einer Leistung von 5 Watt ersetzen. Die stärksten Radialdiodenleuchten mit einer Nennleistung von 3,2 Watt liefern eine Lichtausbeute, die der einer 15-Watt-Halogenlampe entspricht. Die Lampen kosten zurzeit allerdings auch fünf- bis zehnmal so viel wie entsprechende Halogenleuchtmittel.

Bei der letzten Entwicklung im Bereich der Beleuchtungs-LED, den sogenannten Power-

Für einige Leuchten sind Umrüstsätze erhältlich, die alle Teile für den Ersatz der Halogenleuchte enthalten.
Rechts: Moderne LED-Orientierungsleuchte.

LED, wird die gewünschte Lichtausbeute nicht durch den Einsatz vieler kleiner Radial-LED erzeugt, sondern mit einer einzelnen oder wenigen LED mit verhältnismäßig hoher Leistung. Gleichzeitig wurde die Lichtausbeute verbessert, sodass eine einzelne 4-Watt-Power-LED eine 20-Watt-Halogenlampe ersetzen kann. Mit diesen LED wurde auch die Radial-Bauform verlassen, die Dioden sind rechteckig und sitzen oft auf einer Platine, die einen Teil der Fassung darstellt. Die stärksten dieser Leuchten sind einem 70-Watt-Halogenstrahler ebenbürtig, kosten derzeit jedoch ebenso viele Euro. LED-Lampen mit dem in der 12-Volt-Halogentechnik üblichen GU5.3-Sockel, mit denen 10- oder 20-Watt-Halogenlampen ersetzt werden können, kosten zwischen 10 und 30 Euro.

Leuchtstoff oder LED?

Die Lichtausbeute von Kompaktleuchtstofflampen und LED-Lampen ist annähernd gleich. Beide liefern im Vergleich zu herkömmlichen Glühlampen zwischen vier- und sechsmal so viel Licht pro Watt, High Power LED bis zum Siebenfachen. Im häuslichen Bereich gibt es von beiden Leuchtmitteln eine breite Auswahl, im Bootsbereich mit 12- oder 24-Volt-Bordnetzen sind Sparlampen auf Leuchtstofflampenbasis jedoch ziemlich dünn gesät. Betrachten wir die Leuchtenarten etwas genauer:
Leuchtstofflampen geben – abgesehen von einigen Sonderausführungen für 230 Volt – in der Regel ein nicht gerichtetes, gleichmäßig verteiltes Licht ab. Die Leuchtkraft der für den Bootsbereich verfügbaren 12-Volt-Ausführungen liegt etwa zwischen denen von 40- und 70-Watt-Glühlampen. Wie bei allen Kompaktleuchtstofflampen dauert es einige Minuten, bevor nach dem Einschalten die volle Leuchtkraft zur Verfügung steht. Die Lebensdauer wird mit 5.000 und mehr Stunden angegeben, wobei Leuchten mit diesen Lampen über

Stromverbrauch: Rechts 35, Mitte 1 und links 7 Watt.

einen weiten Spannungsbereich – der keine Auswirkungen auf die Lebensdauer hat – arbeiten. Die Lampen sind nicht wesentlich teurer als Halogenlampen gleicher Eingangsleistung, womit sie auf die Lebensdauer bezogen zu den preiswertesten Leuchtmitteln zählen.

Mittlerweile gibt es auch die kleinen Leuchtstofflampen in verschiedenen Lichtfarben, sodass das früher oft geäußerte Argument des „kalten" Lichts heute keine Rolle mehr spielt. Da die Steuerungen der Röhren mit Frequenzen von 30.000 bis 40.000 Hertz arbeiten (Standardleuchtstoffröhren an Land arbeiten mit 50 Hertz), gehört das früher typische Flackern ebenfalls der Vergangenheit an.

1-Watt-LED-Leuchte mit Radial-LED.

Nachteilig könnte sich nach Ansicht von einigen Experten das Strahlungsverhalten der Leuchten auswirken; um die Leuchten bestehen elektromagnetische Felder, die stärker sind als die von Röhren-Computermonitoren.

Die Mehrzahl der LED-Lampen sind Strahler mit einem Abstrahlwinkel zwischen 30 und 110 Grad, wobei die mit Radialdioden bestückten Lampen im unteren Bereich angesiedelt sind. Die Hell-Dunkel-Grenze ist jedoch wesentlich schärfer als bei Halogenstrahlern, will man weiche Übergänge, kann eine Diffusorlinse vor dem Strahler platziert werden.

Die meisten LED-Lampen können – theoretisch – direkt am 12-Volt-Netz betrieben werden. Theoretisch deshalb, weil einige der für eine Nennspannung von 12 Volt vorgesehenen Lampen nicht mit Spannungen über 13 Volt betrieben werden dürfen. Läuft der Motor oder das Ladegerät, können im Bordnetz weit höhere Spannungen bestehen (bis zu 14,5 Volt), wodurch die Lampen geschädigt werden könnten. Optimal ist der Betrieb an einer Konstantstromquelle, da das entscheidende Kriterium beim Betrieb der LED nicht die Spannung, sondern der Strom ist. Teurere High-Power-Strahler enthalten oft eine eigene Konstantstromquelle, die auch Spannungen bis zu 30 Volt verkraftet.

LED-Lampen benötigen im Gegensatz zu den Leuchtstoffsparlampen keine Vorheizzeit und strahlen unmit-

Die Steuerung von LED-Positionslaternen kann aufgrund deren geringen Stromstärken an einer beliebigen Stelle im Schiff durch einen nav-switch erfolgen, dessen Schaltstellungen die erforderlichen Laterngruppen zugeordnet sind.

telbar nach dem Einschalten mit voller Leuchtkraft. Die Lebensdauer wird allgemein mit 40.000 bis 100.000 Betriebsstunden angegeben, einige Hersteller geben sogar 250.000 Stunden an. Letztere sind nach Ansicht von Experten jedoch mehr als optimistisch und beruhen auf dem Betrieb unter – idealen – Laborbedingungen, die im praktischen Einsatz nicht einzuhalten sind.

Eine der typischen Eigenschaften der LED-Lampen ist, dass deren Leuchtkraft mit der Zeit zurückgeht. So können sie nach 1.000 Betriebsstunden bereits 10, nach 5.000 Stunden 20 Prozent der ursprünglichen Helligkeit verloren haben. Die Leuchtkraft der meisten Halogenlampen beträgt nach solchen Betriebszeiten in der Regel genau 0.

Wie bei vielen anderen Technikartikeln sollte man sich auch hier davor hüten, billig einzukaufen. Vor allem in Bezug auf Leuchtstärke und Lebensdauer werden von unseriösen Händlern oft Angaben geliefert, die der Wirklichkeit so nahe kommen wie die Prüfung zum Sportbootführerschein.

LED sind als einzelne Dioden, als Lampen (zum Beispiel in Strahlerform) und auch als Leuchten erhältlich, wobei die Grenzen zwischen den einzelnen Begriffen manchmal verschwimmen.

Einsatzbereiche

Aufgrund der Lichtverteilung kommen für einige Anwendungsbereiche, zum Beispiel die Ausleuchtung der Pantry, in erster Linie Leuchtstofflampen in Betracht. Hier spielt die Einschaltverzögerung keine große Rolle, da die meisten Tätigkeiten in der Pantry länger dauern. Wichtig ist hingegen eine möglichst gleichmäßige Ausleuchtung des gesamten Arbeitsbereichs, was bei den dort erforderlichen Lichtstärken am ehesten mit Leuchtstoffröhrenlampen gelingt. Sollen auch hier LED eingesetzt werden, sollte die Lichterzeugung auf mehrere Leuchten verteilt werden, um Blendeffekte durch starke einzelne Lichtquellen zu vermeiden.

In Toiletten- und Nassräumen wären Leuchtstofflampen hingegen fehl am Platz; bevor diese ihre volle Helligkeit erreichen, ist man schon wieder draußen. Da diese Räume zudem verhältnismäßig klein sind, kann man hier mit strategisch platzierten LED-Leuchten optimale Ergebnisse erzielen.

Im Salon und den Kajüten können einige 0,5-Watt-LED als Orientierungshilfen eingesetzt werden. In Bereichen, in denen gelesen oder gearbeitet wird – zum Beispiel über dem Salontisch – können einige High-Power-Strahler für die nötigen Lichtstärken sorgen. Sollen Akzente gesetzt werden oder ganz andere Beleuchtungskonzepte umgesetzt werden, bieten die vielfältigen Erscheinungsformen der LED-Leuchttechnik ausreichend Raum, um selbst ausgefallene Vorstellungen umzusetzen.

Rund um den Motor kann man mit fünf bis sechs LED-Lampen mit jeweils einem Watt eine Rundumbeleuchtung schaffen, die sofort nach dem Einschalten zur Verfügung steht. Die meisten Motorräume sind verhältnismäßig klein, sodass sich auch mit diesen geringen

Leistungen ausreichende Beleuchtungsverhältnisse schaffen lassen. Andererseits dürften die Einschaltzeiten der Leuchten im Maschinenraum so kurz sein, dass hier die für diese Zwecke optimalen Glühlampen in der Energiebilanz keine große Rolle spielen.

Erreichbare Einsparungen

Befasst man sich näher mit den Möglichkeiten moderner Leuchtmittel, kann dies zu der Erkenntnis führen, dass man ohne zusätzlichen Energieeinsatz ein perfekt ausgeleuchtetes Schiff erreichen kann. Das Thema auf den meisten Fahrtenyachten ist jedoch Stromsparen, und so rechnen wir einfach nur nach, was an Energie gespart werden kann, wenn die vorhandenen Leuchten gegen solche mit effektiveren Lampen ausgetauscht oder mit solchen bestückt werden.

Nehmen wir dazu an, dass im Salon (einschließlich Kartentisch und Pantry) sechs Deckenleuchten zu 20 Watt, eine Arbeitsleuchte in der Pantry mit ebenfalls 20 Watt, eine Kartentischleuchte und zwei Leseleuchten mit 10 Watt vorhanden sind. Die Deckenleuchten werden zwei Stunden am Tag eingeschaltet, die Pantryleuchte eine Stunde und die Leseleuchten eine Stunde. Dies ergibt für den Salon einen Verbrauch von 290 Wattstunden oder 24,2 Amperestunden.

In Vor- und Achterkajüte sind jeweils zwei Deckenleuchten mit 10 Watt und vier Kojenleuchten, ebenfalls mit 10-Watt-Glühlampen bestückt, angebracht. Die Deckenleuchten werden eine halbe Stunde pro Tag betrieben, die Kojenleuchten zusammen eine Stunde

Verbraucher	Verbrauch		Einschaltzeit/Etmal		Verbrauch	Einsparung
	Watt	Ampere	Stunden	ED %[1]	Ah/12 V	Ah
Navigation	10	0,8	24	100	19,2	-
Funksprechanlage, standby	1,2	0,1	24	100	2,4	-
Funksprechanlage, senden	50	4,2	0,2	50	0,4	-
Kühlschrank	45	3,8	24	40	36,5	-
Positionslaterne	2	0,16	8	100	1,3	15,5
Selbststeueranlage	36	3,0	12	20	7,2	-
Radio	12	1,0	3	100	3,0	-
Beleuchtung	64,5	5,4	2	50	5,4	22,9
Sonstige Verbraucher					5,0	
Gesamtverbrauch					**80,4**	
Einsparung gesamt						**38,4**

1) ED = Einschaltdauer des Verbrauchers in der Betriebszeit

Die Energiebilanz unserer Musteryacht nach Abschluss der Energiesparmaßnahmen. Vom ursprünglichen Verbrauch von 118,8 Amperestunden sind noch 80,4 übrig – eine Einsparung von 32,5 Prozent.

oder jede eine Viertelstunde. Verbrauch: 30 Wattstunden oder 2,5 Amperestunden.
Im Nassraum ist ein 20-Watt-Strahler installiert, der eine Stunde am Tag leuchten muss. Macht nochmal 20 Wattstunden oder 1,7 Amperestunden.
Der Gesamtverbrauch dieser Beispielsyacht für Beleuchtungszwecke beläuft sich also ungefähr auf 340 Wattstunden oder, in einem 12-Volt-Bordnetz, auf Rund 28 Amperestunden.
Ersetzen wir nun alle in der Rechnung vorkommenden Beleuchtungskörper durch Leuchtstoff- oder LED-Lampen, reduziert sich der Stromverbrauch – konservativ gerechnet – um etwa 75 Prozent, da der Wirkungsgrad der „alternativen" Lampen mindestens viermal so hoch ist wie der von Glüh- oder Halogenlampen. Die Einsparung durch den Austausch der Lampen beträgt in unserem Beispiel 275 Wattstunden oder 22,9 Amperestunden, was einer Reduzierung der zur Batterieladung erforderlichen täglichen Motorlaufzeit um bis zu einer Stunde (Lichtmaschine mit Standardregler) oder 30 Minuten (mit Hochleistungsregler) entsprechen kann.

Positionslaternen

Hier gibt es mittlerweile attestierte LED-bestückte Laternen, die nur noch 2 Watt verbrauchen. Attestiert sind nur die kompletten Laternen, der alleinige Austausch des Leuchtmittels ist nicht zugelassen. Geht man unterwegs von einer 8-stündigen Einschaltzeit aus, werden aus 200 verbrauchten Wattstunden (bei einer 25-Watt-Glühlampe) 16 für die LED-Laterne (16,7 zu 1,33 Amperestunden). Zusammen mit der ausgetauschten Innenbeleuchtung haben wir nun 459 Wattstunden oder 38,25 Amperestunden gespart.

Zusammenfassung

In unserer fiktiven Yacht haben wir allein durch den Austausch der Glühlampen gegen Sparlampen den Energiebedarf um ein Drittel reduziert. Wird der Strom unterwegs ausschließlich mit der Lichtmaschine des Motors erzeugt, sind die Motorlaufzeiten nun ebenfalls deutlich verringert. Theoretisch könnte die Größe der Bordnetzbatterie dem veränderten Verbrauch angepasst werden, da deren Kapazität vom Verbrauch bestimmt wird. Die Faustregel dazu lautet, dass die Kapazität der Batterie in Amperestunden dem doppelten Verbrauch pro Etmal entsprechen soll – in unserem Beispiel könnte die Batteriegröße also von 240 auf 160 Amperestunden reduziert werden. Allerdings lassen sich die größeren Batterien schneller laden und sind weniger anfällig für Tiefentladungen, da weniger Strom verbraucht wird. Noch interessanter ist in diesem Zusammenhang, dass ein Verbrauch von 80 Amperestunden – zumindest in südlicheren Breiten – aus drei entsprechend ausgerichteten Solarmodulen, Größe 50 Wp, abgedeckt werden kann. Mit ein wenig Geschick können drei Module dieser Größe auch auf einem 11-Meter-Schiff untergebracht werden, und läuft vielleicht noch ein Windgenerator mit, haben wir eine funktionierende energieautarke Yacht.

Elektrochemische Korrosion

Früher war Korrosion nur ein besseres Wort für Rost, der in erster Linie Stahlschiffseigner mit braunen Streifen auf dem sonst oft makellosen Anstrich des Rumpfes ärgerte. Traditionellerweise verbrachten die Skipper dieser Eisenkähne die langen Winterabende weniger vor dem heimischen Kamin als an ihrem Unterwasserschiff, das dem Ritual des Entrostens und Konservierens unterzogen wurde. Diese Korrosion ist so alt wie der Stahlschiffbau und soll hier nicht weiter erörtert werden.

Im Gegensatz zu diesem, fast ehrlich zu nennenden, Zersetzungsprozess des Eisens haben viele Skipper heute mit anderen Formen der Korrosion zu kämpfen. Merkwürdigerweise scheint es so, dass mit zunehmender Verwendung korrosionsbeständiger Werkstoffe die Probleme nicht ab-, sondern eher zunehmen. So häufen sich Fälle, in denen die Propellerwelle aus teurem Niro Ähnlichkeit mit einem Eichenrundholz aufweist, dessen Inneres von einer Kompanie Holzwürmer heimgesucht wurde. Oder Stahlrümpfe, die in der Umgebung von Teilen aus nicht rostendem Stahl wie der Mond nach einem Meteoritenhagel aussehen. Oder Aluminium-Saildrives, deren Unterwasserteile eine Seewasserbeständigkeit aufweisen, die nur unwesentlich über der von Haushaltszucker zu liegen scheint.

All diesen Erscheinungen ist eins gemeinsam: Sie werden durch elektrochemische Aktivitäten ausgelöst oder begünstigt, die auftreten, sobald Metalle in eine leitfähige Flüssigkeit, zum Beispiel Meerwasser, eingetaucht werden oder wenn einem Metall in einem Elektrolyten ein Fremdstrom aufgezwungen wird.

■ Galvanisch oder elektrolytisch?

Galvanische Korrosion | Elektrolytische Korrosion

Korrosive Vorgänge, die allein durch Potenzialunterschiede in Metallen ausgelöst werden, fallen unter den Begriff „galvanische Korrosion" (links). Ist eine zusätzliche Stromquelle beteiligt (rechts), die die Richtung und Stärke des Stroms festlegt, handelt es sich um elektrolytische Korrosion.

Die elektrochemische Spannungsreihe

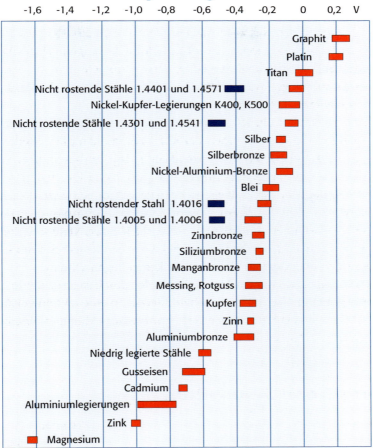

Werden zwei unterschiedliche Metalle in eine leitfähige Flüssigkeit eingetaucht und elektrisch leitend miteinander verbunden, fließt ein elektrischer Strom. Der Stromkreis besteht dabei aus den Metallen, dem Verbindungskabel und der Flüssigkeit, die in diesem Zusammenhang als Elektrolyt bezeichnet wird.

Bei diesem Vorgang geht das unedlere Metall in Lösung, es löst sich praktisch im Laufe der Zeit in der Flüssigkeit auf. Wie stark nun der Stromfluss und damit der Zersetzungsprozess ist, wird hauptsächlich durch die Spannungsdifferenz zwischen den beteiligten Metallen bestimmt.

Die in der obenstehenden Tabelle aufgeführten Werte beziehen sich auf Meerwasser. Je weiter links das Metall steht, desto unedler ist es und desto stärker ist es gegenüber einem gegebenen edlen Metall elektrolytischen Angriffen ausgesetzt. Die roten Kästchen gelten für bewegtes Wasser mit normalem Sauerstoffgehalt, die blauen hingegen für stehendes Wasser mit abnehmendem Sauerstoffgehalt. Dies wirkt sich in erster Linie auf die Eigenschaften der nicht rostenden Stähle aus, da sich die schützende Passivschicht nur regenerieren kann, wenn ausreichend Sauerstoff vorhanden ist. In sauerstoffarmen Elektrolyten fällt deren Korrosionsbeständigkeit fast auf das Niveau der niedrig legierten Stähle.

■ Materialmix

Einhebelschaltung
Diese liegt zwar nur in den seltensten Fällen unter Wasser, kann jedoch in einem Metallschiff über die leitenden Metallseelen der Steuerkabel zu einer unbeabsichtigten Verbindung des Motors oder des Saildrives mit dem Rumpf führen.

Motor
Dieser ist meistens mit dem Minuspol der Batterie verbunden und weist daher in Metallschiffen das selbe Potential auf wie der Rumpf. Ist die Wellenanlage nicht sauber vom Motor isoliert und besteht kein kathodischer Korrosionsschutz, können zwischen den Teilen der Wellenanlage und dem Rumpf galvanische Ströme auftreten.

Propeller
Meistens aus Bronze. Die Potenzialdifferenz zu Aluminium beträgt circa +0,6 Volt, zu Stahl ungefähr +0,3 Volt. Passive nicht rostende Stähle liegen in ihrem Potenzial knapp über Bronze, sodass bei intakter Passivschicht auf der Propellerwelle eher der Propeller durch die in der Regel vorhandene Wellenanode geschützt wird.

Kiel
Werden metallische Kiele an Holz- oder Kunststoffrümpfen an die Schiffserde angeschlossen (zum Beispiel wegen Blitzschutz oder als Funkerde), müssen sie auch in den Korrosionsschutz mit einbezogen werden.

Flexible Kupplung
Diese dient oft gleichzeitig zur elektrischen Trennung von Motor und Wellenanlage. Ist diese Isolation Bestandteil der Schutzmaßnahme, sollte man sich vergewissern, dass die Kupplung unter allen Betriebszuständen die Isolierwirkung behält. So sind zum Beispiel Drucklager zwar in der Regel durch Gummipuffer vom Rumpf isoliert, zum Motor hin kann jedoch eine Verbindung über die Kugeln und Lagerkäfige hergestellt werden.

Stevenrohrdichtung/Stopfbuchse
Hier können ideale Voraussetzungen für Spalt-, Lochfraß- und Kontaktkorrosion entstehen. Bei herkömmlichen Stopfbuchsen kann in dem Spalt zwischen Packung und Welle in einer sauerstoffarmen Umgebung bei gleichzeitig vorhandenen Chloridionen Spaltkorrosion auftreten, in anderen Bereichen und bei anderen Dichtungen kann Lochfraß entstehen. Kommen unterschiedliche Metalle in der Dichtung in direkten Kontakt, wird das unedlere Material von Kontaktkorrosion befallen. Sauerstoffarmes Wasser, zum Beispiel in Stevenrohren ohne Spülung, fördert die Entstehung von Korrosion an nicht rostenden Stählen, da sich die eventuell durch Chloridionen angegriffene Passivschicht nicht regenerieren kann.

Galvanische und elektrolytische Korrosion

Bei der elektrochemischen Korrosion werden zwei Fälle unterschieden. Fall 1: Galvanische Korrosion ist durch zwei voneinander abhängige, jedoch an verschiedenen Orten auftretende chemische Vorgänge in Metallen gekennzeichnet. An der einen Stelle geben Metallatome Elektronen ab, werden so zu positiven Ionen, verlassen den Metallverband und gehen in den Elektrolyten über – sie gehen in Lösung. Diese Stelle wird zur Anode, die auch als Lösungsanode bezeichnet wird und von der ein Strom von Ionen in die Flüssigkeit fließt. Ist diese Stelle mit einer anderen Stelle – der Kathode – leitend verbunden, wird ein Strom von Elektronen an den Elektrolyten abgegeben. Dieser Vorgang führt zur Zerstörung der Anode. Fassen wir zusammen: Galvanische Korrosion wird durch die Bildung lokaler galvanischer Elemente in einer leitenden Flüssigkeit verursacht, bei der ein Stromkreis durch den äußeren Leiter und den Elektrolyten entsteht und eins der Elemente – das chemisch unedlere – aufgelöst wird. Fall 2: Bei der elektrolytischen Korrosion handelt es sich um eine anodische Zersetzung eines Metalls durch einen aufgezwungenen – von außen einwirkenden – elektrischen Strom.

Galvanische Korrosion

Die chemischen und physikalischen Vorgänge, die sich dabei abspielen, sind ziemlich komplex. Zwei in eine leitfähige Flüssigkeit – den Elektrolyten – eingetauchten Metalle weisen zueinander ein Potenzial auf. Dieses Potenzial wird einerseits vom Metall selber bestimmt, andererseits von der Zusammensetzung der Flüssigkeit. Um die Position der Metalle zueinander vergleichbar zu machen, setzt man diese in Beziehung zu einer standardisierten Referenzelektrode, zum Beispiel einer Platin-Was-

Propellerwelle

Vor allem in engen Stevenrohren können Bedingungen herrschen, die selbst in sonst gut seewasserbeständigen Stählen zu Lochfraß und Spaltkorrosion führen können. Freie Chloridionen und Sauerstoffmangel sind die idealen Voraussetzungen für die Zerstörung der schützenden Passivschicht auf der Stahloberfläche, sodass hier nur Werkstoffe mit sehr hoher Korrosionsbeständigkeit verwendet werden sollten.

Stevenrohr

In Metallschiffen ist das Stevenrohr meist eingeschweißt und besteht aus dem gleichen Grundwerkstoff wie der Rumpf. Das Innere des Rohrs kann kaum vor Korrosion geschützt werden, was jedoch bei ausreichender Dimensionierung keine Probleme bereitet. Kritisch hingegen sind eingeschweißte Stevenrohre aus nicht rostendem Stahl, die zwar gegenüber der Propellerwelle neutral sind, den Rumpf jedoch angreifen können.

In Kunststoff- und Holzrümpfen werden oft Rohre aus Messing oder Bronze verwendet. Diese Werkstoffe liegen in der Spannungsreihe nicht allzu weit von den nicht rostenden Stählen entfernt, sodass die Korrosionspotenziale verhältnismäßig niedrig sind.

serstoff-Elektrode, deren Potenzial dann als Nullpunkt angesehen wird. Edlere Metalle weisen gegenüber dieser Elektrode dann positive, unedlere entsprechende negative Spannungen auf. Fasst man die Ergebnisse in einer Tabelle zusammen, erhält man eine elektrochemische Spannungsreihe. Werden die in die Flüssigkeit eingetauchten Metalle durch einen zusätzlichen Leiter außerhalb des Elektrolyten miteinander leitend verbunden, fließt ein Strom, dessen Stärke bei gleicher Oberfläche der Werkstücke hauptsächlich von der Potenzialdifferenz zwischen den Werkstoffen bestimmt wird. Und nun passiert Folgendes: Während durch den Leiter zwischen den Metallen, zum Beispiel einem Kupferkabel, Elektronen fließen, erfolgt der Potenzialausgleich in der Flüssigkeit durch Ionen, die am unedleren Metall in Lösung gehen und sich teilweise auf dem edleren Metall abscheiden. Anders ausgedrückt: Das unedlere Metall wird zur Anode und löst sich mit der Zeit auf. Dieser Vorgang wird häufig als elektrolytische Korrosion bezeichnet, physikalisch korrekt ist diese Zersetzung – mangels Fremdstromeinwirkung – jedoch eine rein galvanische Korrosion.

Elektrolytische Korrosion

Legt man eine Gleichspannung an zwei in einen Elektrolyten eingetauchte Metalle, entsteht ebenfalls ein Ionenstrom in der Flüssigkeit, dessen Stärke und Richtung in diesem

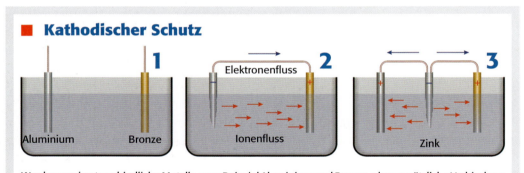

■ Kathodischer Schutz

Werden zwei unterschiedliche Metalle, zum Beispiel Aluminium und Bronze, ohne zusätzliche Verbindung in eine leitfähige Flüssigkeit eingetaucht, passiert zunächst einmal gar nichts (1). Abgesehen von den durch die Flüssigkeit ausgelösten oberflächlichen Veränderungen (Bildung einer Oxidschicht) bleiben die Werkstoffe weitgehend unbeeinflusst. Darin besteht auch die Schutzwirkung der elektrisch isolierten Anordnung von Wellenanlage, Borddurchlässen, Kiel und anderen Unterwasserteilen am Rumpf. Werden hier jedoch Fehler gemacht, etwa durch eine unbeabsichtigte Verbindung der Wellenanlage über den Motor zum Rumpf, sind die Folgen oft schwerwiegend: Das unedlere Metall wird angegriffen (2).
Bringt man nun ein weiteres Metall ins Spiel, dessen elektrochemisches Potenzial mit Sicherheit unter denen aller anderen Metalle liegt, in unserem Beispiel Zink, erhält man den sogenannten kathodischen Korrosionsschutz (3). Vereinfacht ausgedrückt, geht hier das unedelste Metall in Lösung und schützt damit alle anderen (edleren) Werkstoffe. Dies bedingt jedoch, dass alle Metalle im Elektrolyten, also sowohl die Opferanoden als auch die zu schützenden Metalle, leitend miteinander verbunden sind.

Fall jedoch nicht von dem elektrochemischen Potenzial der Metalle bestimmt ist, sondern hauptsächlich von der Polarität und der Höhe der Fremdspannung. So kann man durch die Fremdspannung die Elektronen dazu zwingen, ihren Weg umzukehren, womit sich auch der Ionenfluss umkehrt. Dann geht das edlere Metall in Lösung und wird auf der unedleren Elektrode abgeschieden, ein Vorgang, der zum Beispiel zum galvanischen Vernickeln oder bei der Vergoldung von hochbeanspruchten Steckkontakten eingesetzt wird. Elektrolytische Korrosion wird also in erster Linie von der Art und der Polarität des Fremdstroms bestimmt, die elektrochemischen Potenziale der Metalle spielen eine untergeordnete Rolle. Dieser Effekt tritt auch bei Wechselstrom auf, nur sind die Auswirkungen dabei wesentlich geringer. Elektrolytische Korrosion kann – im Gegensatz zu landläufigen Anschauungen – nicht durch Ströme innerhalb von metallischen Rümpfen hervorgerufen werden. Diese sind nicht nur

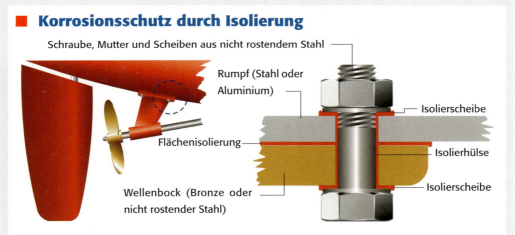

■ **Korrosionsschutz durch Isolierung**

Eine der Methoden, um galvanische Korrosion im Unterwasserbereich zu vermeiden, besteht darin, die unterschiedlichen Metalle voneinander zu isolieren. Dadurch wird der Stromkreis unterbrochen und die Ionenwanderung im Wasser kann nicht stattfinden. Während diese Methode an Holz- und Kunststoffrümpfen aufgrund des nicht leitenden Rumpfwerkstoffs verhältnismäßig einfach umzusetzen ist, ist die isolierte Montage der metallischen Unterwasserteile wie Borddurchlässe, Ruder und Propellerwellenanlage an Stahl- und Alurümpfen sehr aufwändig. Als Beispiel ist hier ein Wellenbock gezeigt, der, wenn er aus einem gegenüber dem Rumpf edleren Metall besteht, einschließlich aller Befestigungsteile keine direkte Verbindung mit dem Rumpfwerkstoff haben darf. Dazu muss zwischen Rumpf und Wellenbock eine Flächenisolierung eingebracht werden, die Durchgangsbohrungen für die Aufnahme der Befestigungsschrauben müssen mit Isolierhülsen versehen werden und unter Schraubenköpfe und Muttern gehören Isolierscheiben. Die verwendeten Isolierwerkstoffe müssen hier nicht nur für eine zuverlässige und dauerhafte elektrische Trennung sorgen, sondern teilweise auch, wie zum Beispiel bei den Isolierscheiben der Befestigungsschrauben, mechanische Kräfte aufnehmen.
Entsteht in diesem System ungewollt oder unbemerkt ein Kontakt zwischen unterschiedlichen Metallen, setzt unvermeidbar Korrosion ein.

von außen, sondern auch von innen Faraday'sche Käfige (siehe „Blitzschutz"). Ströme, die im Inneren dieses Käfigs fließen, gelangen nicht in das Wasser und können folglich an den Außenseiten des Rumpfes keine Korrosion hervorrufen.

Größe der Elektroden

Der zweite Faktor, der die Auswirkungen sowohl der elektrolytischen als auch der galvanischen Korrosion bestimmt und der gerne übersehen wird (da er im Labor und der Theorie meistens keine Rolle spielt), ist die Größe der Oberfläche der beteiligten Werkstücke. Hat man auf der einen Seite zum Beispiel einen kompletten Aluminiumrumpf und auf der anderen den Stummel einer Propellerwelle, wird, wenn man alle anderen Korrosionsarten außer Acht lässt, der Rumpf nicht merklich angegriffen. Käme man jedoch auf die Idee, unter einem Aluminiumrumpf Kühlrohre für die Motorkühlung aus nicht rostendem Stahl zu verlegen, wäre es nur eine Frage der Zeit, bis der Rumpf oberhalb der Rohre durchgefressen wäre.

Werkstoffe

Theoretisch wäre es also möglich, galvanische Korrosion im Unterwasserbereich unserer Rümpfe vollständig auszuschalten. Man bräuchte nur alle metallischen Teile, die sich im Wasser befinden, aus demselben Material herzustellen. Oder zumindest aus Metallen, die das gleiche elektrochemische Potenzial aufweisen.

Ersteres ist nur eine theoretische Lösung. Man könnte zwar alle Teile im Unterwasserbereich aus seewasserbeständigem nicht rostenden Stahl herstellen – dieser weist eine für alle Anwendungen ausreichende mechanische Festigkeit auf – dies wäre jedoch kostenmäßig nicht zu vertreten. Es gab zwar schon Versuche, sogar den kompletten Rumpf aus diesem Werkstoff herzustellen (in erster Linie, um die eingangs erwähnten braunen Flecken zu vermeiden),

Rotguss-Faltpropellernabe mit fortgeschrittener Entzinkung.

interessanterweise wurden diese Rümpfe jedoch nach einiger Zeit undicht. Mehr dazu später, wenn wir auf die speziellen Eigenarten von nicht rostenden Stählen eingehen.

In der Regel muss man sich damit abfinden, dass Borddurchlässe aus Messing, Propeller aus Bronze, Propeller- und Ruderwellen aus nicht rostendem Stahl und Saildrives aus Aluminium bestehen. Metallrümpfe werden aus Stahl oder auch zunehmend aus Aluminium hergestellt, wobei die Position des letztgenannten Werkstoffs in der elektrochemischen Spannungsreihe dazu führt, dass Aluminiumschiffseigner oft schlaflose Nächte mit der Suche nach dem idealen Kugelhahn für den Toilettenauslass verbringen.

Die zweite Möglichkeit ist da schon Erfolg versprechender: Es gibt zwar keine unterschiedlichen Metalle mit identischem Potenzial, aber zum Beispiel Bronzen und viele nicht rostende Stähle liegen nahe beieinander, sodass sich die bei ausschließlicher Verwendung dieser Metalle entstehenden Korrosionserscheinungen theoretisch in Grenzen halten sollten. Ein weiterer Pluspunkt dieser Werkstoffe ist, dass fast alle Teile, die im Unterwasserbereich erforderlich sind, in diesen Materialien erhältlich sind. Der erste und mit der wichtigste Schritt auf dem Weg zur Vermeidung galvanischer Korrosion besteht also darin, Werkstoffe einzusetzen, die in der Spannungsreihe möglichst eng beieinanderliegen. Hat man einen Holz- oder Kunststoffrumpf ohne Saildrive, sind so die Voraussetzungen für eine gute Nachtruhe schon fast gegeben.

Schauen wir uns die gängigen Metalle an:

Messing

ist eine Kupfer-Zink-Legierung und wird zu Kugelhähnen, Borddurchlässen, Stevenrohren und Stopfbuchsengehäusen verarbeitet. Es weist eine höhere Festigkeit auf als seine einzelnen Legierungsbestanddteile und ist nicht unbedingt seewasserbeständig. Daher werden Kugelhähne in der Regel vernickelt, wodurch deren Beständigkeit wesentlich erhöht wird. In Seewasser neigt unbeschichtetes Messing zur Auszinkung: Das Zink geht in Lösung und zurück bleibt der Kupferanteil der Legierung. Die Festigkeit des Teils wird dadurch erheblich verringert und in der Regel ist es nur eine Frage der Zeit, bis es bricht. Auszinkung erkennt man an der rötlichen Verfärbung des Materials. Ausnahmen: Von den Klassifikationsgesellschaften als meerwasserbeständig attestiertes Messing.

Bronze

galt jahrhundertelang als das optimale Metall im nautischen Bereich. Es ist eine Kupfer-Zinn-Legierung und in der Praxis gut seewasserbeständig. Bronze ist der Standardwerkstoff für Propeller und wird auch zu Borddurchlässen, Stevenrohren, Stopfbuchsen und Seeventilen verarbeitet. Wurde bis zur Einführung der nicht rostenden Stähle auch für Propellerwellen verwendet.

Aluminium

Dieses Metall bildet in Gegenwart von Sauerstoff an der Werkstückoberfläche spontan eine Schutzschicht, die eine weitere Korrosion des Teils weitgehend unterbindet. Einige Legierungen, zum Beispiel AlMg4.5Mn, sind bedingt

■ Korrosionsarten nicht rostender Stähle

Lochkorrosion   Spannungsrisskorrosion   Spaltkorrosion

Lochkorrosion bildet sich infolge kleiner Verletzungen der Passivschicht an nicht rostenden Stählen. Die Passivschicht, die aus Metalloxiden sowie Metalloxidhydraten besteht und die sich bei Anwesenheit von Sauerstoff spontan auf der Oberfläche dieser Stähle bildet, weist gegenüber dem Grundwerkstoff ein höheres elektrochemisches Potenzial auf (darauf beruht auch die Korrosionsbeständigkeit dieser Stähle). Durch diesen Potenzialunterschied setzt an einem oft nur nadelstichgroßen Durchbruch der Passivschicht Korrosion ein. Diese breitet sich unterhalb der weitgehend intakten Werkstückoberfläche sehr schnell höhlenartig aus. Dies wird dadurch begünstigt, dass der großen Kathodenfläche der gesamten Oberfläche des Teils nur eine verhältnismäßig kleine Anodenfläche im Bereich des Durchbruchs gegenübersteht. Die Passivschicht kann sich innerhalb der Höhlen nicht regenerieren.

Spannungsrisskorrosion entsteht ebenfalls nach Durchbrüchen in der Passivschicht. Sie tritt an Bauteilen auf, die durch Zug oder Biegung mechanisch belastet sind. Hier breitet sich die Korrosion jedoch nicht höhlenartig aus, sondern folgt dem Verlauf der Korngrenzen im Gefüge des Stahls und führt letztlich zum Bruch des Bauteils. Typisch für diese Art der Korrosion sind Brüche von Terminals in der Verstagung des Riggs. Auch die Spaltkorrosion folgt nach einer Verletzung der Passivschicht. Sie bildet sich gerne in engen Spalten, zum Beispiel im Lager- oder Dichtungsbereich der Propellerwelle, in denen kein Sauerstoff zur Verfügung steht, mit dem sich die Passivschicht regenerieren kann. Da die Spaltkorrosion im Vergleich zu Lochfraß bereits bei wesentlich schwächerer Korrosionsbeanspruchung auftritt, sollten Spalte in chloridhaltigen Medien (und dazu zählt Meerwasser) so weit wie möglich konstruktiv vermieden werden. Alle hier aufgeführten Korrosionsarten werden durch Chloridionen und Sauerstoffmangel begünstigt. Hoher Chromgehalt sowie die Beimischung weiterer Legierungsbestandteile wie zum Beispiel Molybdän erhöhen die Beständigkeit der Stähle gegen Korrosionsangriffe. Auch die Oberflächenbeschaffenheit wirkt sich auf die Beständigkeit aus: Je glatter die Fläche, desto geringer ist die Gefahr von Korrosionsschäden.

Werkstoff-nummer	Kurzname	Ähnlich AISI	Korrosions-beständigkeit	Anmerkung
1.4005	X12CrS13	416	1	
1.4006	X10Cr13	410	1	In salzhaltiger Umgebung nicht korrosionsbeständig.
1.4016	X6Cr17	430	1	
1.4301	X5CrNi18-10	304	2	Im polierten Zustand bedingt im Überwasserbereich einsetzbar.
1.4310	X10CrNi18-8	302	2	
1.4401	X5CrNiMo17-12-2	316/317	3	Geeignet für den Einsatz im Unterwasserbereich.
1.4462	X2CrNiMoN22-2-5	-	4	Sehr hohe Beständigkeit gegen alle Korrosionsarten.
1.4541	X6CrNiTi18-10	321	2	Nicht für den Unterwasserbereich geeignet.
1.4550	X6CrNiNb18-10	347	2	
1.4571	X6CrNiMoTi17-12-2	316Ti	3	Geeignet für den Einsatz im Unterwasserbereich.

meerwasserbeständig, solange kein Kontakt mit edleren Metallen vorliegt. Die Gefahr von galvanischer Korrosion ist verhältnismäßig groß, da Aluminium in der Spannungsreihe weit im negativen Bereich liegt. Ein direkter Kontakt mit edleren Metallen, zum Beispiel Bronze oder nicht rostender Stahl, muss durch konstruktive Maßnahmen verhindert werden. Ist dies, wie etwa bei Saildrive-Unterwasserteilen, nicht möglich, muss Aluminium durch Opferanoden im Rahmen des kathodischen Korrosionsschutzes abgesichert oder vollständig isoliert werden.

Niedrig- und unlegierte Stähle

rosten schon an der Luft und erst recht im Wasser. Neben dem bekannten bräunlichen bis schwarzen Flächenrost gibt es hier zusätzlich die Kontaktkorrosion, die auftritt, wenn ein edleres Metall in direkten Kontakt mit dem Stahl kommt. Dabei können in sehr kurzer Zeit tiefe Anfressungen im Stahl entstehen, die die mechanische Festigkeit des Werkstücks beeinträchtigen können. Ein typisches Beispiel dafür ist der verchromte Schraubenschlüssel in der Motorbilge eines Stahlrumpfes: Wird dieser nicht entdeckt und beseitigt, frisst er sich mit beeindruckender Geschwindigkeit durch den Rumpf.
Wenig bekannt ist, dass Rost ein verhältnismäßig hohes elektrochemisches Potenzial hat. So können Rostpartikel in Rohren aus Kupfer oder an Teilen aus nicht rostendem Stahl Lochkorrosion auslösen.

Nicht rostende Stähle

Auch als VA oder Niro bekannt, bestehen diese Werkstoffe hauptsächlich aus Eisen, Chrom und Nickel. Weitere Legierungsbestandteile, die die Korrosionsbeständigkeit oder Schweißbarkeit verbessern, sind Molybdän und Titan. Generell steigt die Korrosionsbeständigkeit mit dem Chromgehalt. Stähle mit 12 Prozent Chrom dürfen sich zwar „nicht rostend" nennen, laufen jedoch schon bei einem geringen Salzgehalt in der Luft braun an. Erst ab einem Chromgehalt von 17 Prozent gelten diese Stähle als meerwasserbeständig. Handelsüblich waren die Bezeichnungen V2A und V4A, die auf alte Krupp-Markennamen gründeten, von denen jedoch nur die Qualität V4 in salzhaltiger Umgebung eingesetzt werden sollte. Im Bereich der mechanischen Verbindungselemente finden sich auch heute noch diese Bezeichnungen wieder – so bedeutet die Kennzeichnung einer Schraube mit A4-70, dass diese aus einem seewasserbeständigen Werkstoff mit einer Zugfesigkeit von 70 Dekanewton je Quadratmillimeter hergestellt ist.

Die Korrosionsbeständigkeit dieser Werkstoffe beruht darauf, dass sich an der Oberfläche der Werkstücke bei Anwesenheit von Sauerstoff eine Schutzschicht, die sogenannte Passivschicht, bildet. Wird diese Schicht mechanisch oder chemisch angegriffen, bildet sie sich immer wieder neu, solange der Angriff nicht stärker ist als die Fähigkeit des Stahls, die Passivschicht zu regenerieren. Begünstigt werden diese Angriffe durch freie Chloridionen und den Mangel an Sauerstoff, der ja für die Regenerierung gebraucht wird. Elektrochemisch liegen die Stähle im passivierten Zustand leicht über Bronze und weit über Aluminium, sodass der direkte Kontakt mit Letzterem vermieden werden sollte. Ohne Passivschicht liegen die nicht rostenden Stähle nur wenig über den niedrig legierten Stählen und verlieren weitgehend ihre Korrosionsbeständigkeit.

Die Korrosion findet an diesen Werkstoffen heimtückischerweise kaum an der Oberfläche statt. Am bekanntesten ist hier die Loch- oder Lochfraßkorrosion, die mit nadelstichgroßen Verletzungen der Passivschicht beginnt, an denen das elektrochemische Potenzial stark abfällt. Dadurch entsteht ein sogenanntes lokales Element, das aus dem umgebenden Material mit entsprechend hohem Potenzial und dem Loch mit dem niedrigen Potenzial besteht. Anders ausgedrückt: An einem großen edlen Teil bildet sich eine kleine unedle Stelle, die in der Folge in Lösung geht. Durch die chemischen Reaktionen sinkt an der Verletzung der Sauerstoffgehalt, die Passivschicht kann sich nicht regenerieren und die Korrosion schreitet höhlenartig in dem Material unter der sonst intakten Oberfläche fort. Dies kann im Extremfall dazu führen, dass Propellerwellen innerlich zerfressen werden und letztlich brechen.

Ist das Teil auf Zug beansprucht (wie zum Beispiel ein Terminal im Rigg), breitet sich der Zerfall nicht höhlenartig, sondern entlang der Korngrenzen im Material aus. So entsteht ein haarfeiner, mit dem bloßen Auge kaum sichtbarer Riss, der sich durch den gesamten Materialquerschnitt ausbreiten kann und dann zu dem gefürchteten plötzlichen Versagen des Teils führt. Auch diese Korrosionsart, die sogenannte Spannungsrisskorrosion, wird durch Chloridionen begünstigt. Sie tritt gerne an Schweißnähten auf, an denen die Gefügestruktur des Stahls durch die Hitzeeinwirkung verändert ist.

An engen Spalten, zum Beispiel Lagersitzen, herrscht unter Wasser mangels Durchströmung in der Regel Sauerstoffmangel. Wenn es sich bei dem Wasser um Meerwasser handelt, liegen reichlich freie Chloridionen vor, womit die idealen Voraussetzungen für die Spaltkorrosion gegeben sind. Diese funktioniert nach demselben System wie die Lochkorrosion und führt letztlich zur Unbrauchbarkeit des Bauteils.

Kontaktkorrosion infolge des direkten Kontakts zweier unterschiedlicher Metalle kann in Verbindung mit nicht rostenden Stählen auftreten, die Werkstoffzerstörung betrifft in der Regel jedoch das andere Metall.

Die Beständigkeit der nicht rostenden Stähle hängt auch von der Beschaffenheit der Oberfläche ab; je glatter diese ist, desto beständiger ist das Material. Dies lässt sich vereinfacht dadurch erklären, dass die glattere Oberfläche weniger Angriffsfläche bietet und dass Unterbrechungen der Passivschicht durch Verunreinigungen verkleinert werden. In der Praxis kann man, zumindest im Überwasserbereich, daher durchaus mit einem Stahl der Qualität A2 arbeiten, wenn das Teil poliert ist.

Besonders anfällig für jede Art der Korrosion sind Schweißnähte. Daher müssen diese Bereiche besonders sorgfältig gereinigt und poliert werden, wenn man die Beständigkeit des Grundwerkstoffes auch dort erhalten will.

Verunreinigungen der Oberfläche durch Fremdrost, wie zum Beispiel durch Bürsten aus Eisenwerkstoffen oder durch Funkenflug von Trennschleifern, beeinträchtigen dauerhaft die Beständigkeit auch der hochlegierten Stähle.

Zink

liegt in der Spannungsreihe unter allen im Schiffbau konstruktiv verwendeten Werkstoffen und eignet sich daher vorzüglich als Opferanode im Rahmen des kathodischen Korrosionsschutzes.

Magnesium

Ähnlich wie Zink, nur dass es noch niedriger liegt und sich bereits an der Luft zersetzen kann. Wird gerne als Opferanode in Süßwasser eingesetzt und wenn nicht besonders beständige Aluminiumlegierungen geschützt werden sollen.

Magnesiumanoden können nicht zusammen mit Zinkanoden eingesetzt werden, da sie dann in erster Linie die Zinkanoden schützen würden. In Verbindung mit kupferhaltigen Antifoulings kann es vorkommen, dass sich in der Umgebung der Anoden eine Magnesiumschicht auf dem Antifouling bildet. Hier wird der Stromkreis durch die Anodenbefestigung im Antifouling geschlossen, welches offensichtlich eine ausreichende Leitfähigkeit aufweist, um von den Magnesiumionen als schützenswertes Bauteil erkannt zu werden.

Schutzmaßnahmen gegen galvanische Korrosion

In der Praxis lässt es sich kaum vermeiden, dass unterschiedliche Metalle im Unterwasserbereich eingesetzt werden. Um Korrosion durch elektrolytische Ströme zu verhindern, kann man zwei Wege beschreiten: Der erste besteht darin, dass man den Stromfluss unterbricht, indem man alle metallischen Bauteile im Unterwasserbereich voneinander isoliert. Dies ist jedoch nur dann möglich, wenn die Yacht mit einem vollständig isolierten Zweileiter-DC-System ausgestattet ist und keine Blitzschutzanlage installiert ist. Bei dem zweiten Weg fügt man dem Gemenge aus den unterschiedlichen Metallen mit unterschiedlichen Spannungspotenzialen ein zusätzliches Metall hinzu, dessen Potenzial mit Sicherheit unterhalb dem des unedelsten schiffbaulichen Teils liegt. Dieses System ist als kathodischer Korrosionsschutz bekannt und wird angewendet, wenn es technisch nicht möglich ist, die Metalle voneinander zu isolieren.

Welche dieser Methoden sinnvollerweise eingesetzt wird, hängt nicht zuletzt vom Rumpfmaterial ab. Holz- und Kunststoffrümpfe sind von Natur aus nicht leitend, sodass hier eine Isolation der Metallteile im Unterwasserbereich in der Regel keinen großen Aufwand darstellt. Bis auf wenige Ausnahmen kann hier ein System geschaffen werden, in dem sich

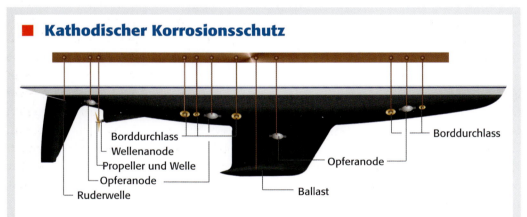

■ Kathodischer Korrosionsschutz

Borddurchlass
Wellenanode
Propeller und Welle
Opferanode
Ruderwelle
Ballast
Opferanode
Borddurchlass

Beim kathodischen Korrosionsschutz werden alle metallischen Teile im Unterwasserbereich über einen Potenzialausgleich leitend miteinander verbunden. Dazu gehören zum Beispiel Borddurchlässe (Messing), Ruderwelle (nicht rostender Stahl), gegebenenfalls das Stevenrohr (Messing oder Bronze) oder das Unterwasserteil des Saildrives (Aluminium) und, falls nicht eingegossen, der Ballast (Gusseisen oder Blei). Werden jetzt Opferanoden (Zink oder Magnesium) strategisch am Rumpf verteilt und ebenfalls an den Potenzialausgleich angeschlossen, schützen diese infolge ihres niedrigen elektrochemischen Potenzials alle anderen Metalle, die sonst zum Opfer der edelsten Metalle am Unterwasserschiff würden.
Ohne Potenzialausgleich wären die Opferanoden wirkungslos; sie wären nicht mit den zu schützenden Materialien verbunden und der für die Schutzwirkung erforderliche Ausgleichsstrom könnte nicht fließen.

die meisten Metalle nicht gegenseitig beeinflussen können. Ausnahmen bilden in fast allen Fällen die Teile des Antriebs, die mit Seewasser in Verbindung kommen: Bei Schiffen mit konventioneller Wellenanlage sind dies Stevenrohr, Propellerwelle, Propeller samt Befestigungsmaterial und gegebenenfalls ein Wellenbock. In wassergeschmierten Wellenanlagen kommt noch die Stevenrohrdichtung (Stopfbuchse) hinzu.

Ist jedoch eine Blitzschutzanlage installiert, müssen ohnehin alle leitenden vom Wasser benetzten Teile in den Potenzialausgleich mit einbezogen sein. Eine Isolierung scheidet damit aus, allerdings ist dann eine ideale Voraussetzung für die Wirksamkeit des kathodischen Korrosionsschutzes gegeben.

In fast allen Wellenanlagen kommen unterschiedliche Metalle zum Einsatz. Beispiel: Stopfbuchse aus Messing, Stevenrohr aus Bronze, Wellenbock aus Bronze, Propellerwelle aus nicht rostendem Stahl, Propeller aus Bronze und Propellermutter mit Zinkhut. Eine konsequente Isolierung der Teile voneinander ist hier nicht möglich, da zum Beispiel der Propeller auf der Welle sitzt und die Stopfbuchse oft fest mit dem Stevenrohr verbunden ist. Schleift das Stopfbuchsengehäuse nun, nicht unbedingt beabsichtigt, auf der Welle, hat man einen Stromkreis, in den alle Teile mit eingeschlossen sind, und somit die erste Voraussetzung für galvanische Korrosion geschaffen.

Daher sollte man hier von vorneherein versuchen, die Teile der Wellenanlage konstruktiv so zu gestalten, dass sie entweder voneinander isoliert sind und auch bleiben (zum Beispiel durch eine isoliert montierte Stopfbuchse, eine isolierende Kupplung zwischen Motor und Propellerwelle) oder aus weitgehend verträglichen Werkstoffen bestehen. Ist auch dies nicht sicher möglich, kann zusätzlich ein kathodischer Korrosionsschutz in Form einer Wellenanode geschaffen werden. Auf keinen Fall sollte jedoch in einen Stahlrumpf ein Stevenrohr aus nicht rostendem Stahl eingeschweißt werden, da sich im Bereich der Schweißung mit an Sicherheit grenzender Wahrscheinlichkeit im Stevenrohr Korrosion bilden wird. Um den Sauerstoffgehalt im Stevenrohr hoch und das Risiko von Lochfraß an der Propellerwelle niedrig zu halten, ist eine Zwangsspülung des Stevenrohrs, etwa durch Zuführung von Motorkühlwasser, einer Anlage ohne Wasseraustausch vorzuziehen. Die sicherste Methode ist auch hier, die Antriebsanlage in einen kathodischen Korrosionsschutz des Unterwasserschiffs mit einzubeziehen.

Bei Motorenanlagen mit Saildrive besteht dieser aus einer kompakten Einheit, die bei den meisten Installationen isoliert im Rumpf aufgehängt ist und die herstellerseitig schon mit einem entsprechenden kathodischen Schutz versehen oder vollständig isoliert ist. Solange keine anderen (edleren) Metallteile direkt mit dem Unterwasserteil des Saildrives verbunden sind, braucht man sich an und für sich keine Sorgen um diese Einheit zu machen. Nur: Von entscheidender Bedeutung ist, dass keine elektrisch leitende Verbindung, ob beabsichtigt oder versehentlich, zu anderen metallischen Teilen unter Wasser besteht!

Metallrümpfe und Opferanoden

Während es in Holz- und Kunststoffrümpfen aufgrund der nicht leitenden Natur des Rumpfwerkstoffs nicht besonders aufwändig ist, die Metallteile unter Wasser voneinander zu isolieren (im Grunde muss man dafür gar nichts tun) und Kontaktkorrosion kein Thema ist, wird der Versuch der Isolierung aller Unterwasserteile in einem Metallrumpf zur Sisyphusarbeit. Auch wenn man hier zur Vermeidung von Kontaktkorrosion keine „edlen" Teile direkt auf den Rumpf schrauben sollte (zum Beispiel einen Borddurchlass aus Bronze auf einen Stahlrumpf), ist es fast unmöglich, alle leitenden Verbindungen im Rumpf, die zum Rumpf oder anderen Unterwasserteilen führen, zu finden und zu unterbrechen. Ein Beispiel: Der nicht massefreie Motor ist isoliert in den Rumpf eingebaut und mit einer Kupplung mit Metallgehäuse an die Propellerwelle angeschlossen, die in Gummilagern läuft. Daher dürfte keine Verbindung zwischen Propellerwelle und dem Unterwasserschiff bestehen. Nun ist die Einhebelschaltung jedoch an der Alu-Steuersäule befestigt, die wiederum auf den metallischen Cockpitboden geschraubt ist. Über das Steuerkabel ist so der Stromkreis zwischen Propellerwelle und Rumpf geschlossen.

Hier ist es sicherer, von vornherein davon auszugehen, dass eine Isolierung nicht möglich ist und stattdessen ein kathodisches Korrosionsschutzsystem vorzusehen. Dieses besteht aus einer Reihe von Opferanoden, die den Rumpf und alle unedleren Unterwasserteile schützen sollen. Voraussetzung für die Schutzwirkung ist, dass alle zu schützenden Teile

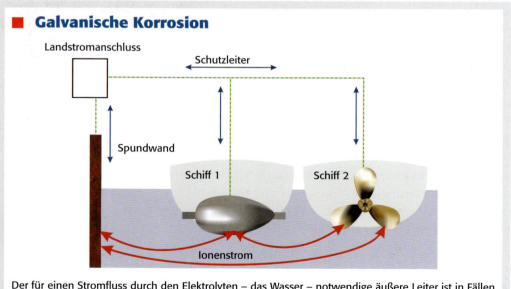

Galvanische Korrosion

Der für einen Stromfluss durch den Elektrolyten – das Wasser – notwendige äußere Leiter ist in Fällen von elektrochemischer Korrosion fast immer der Schutzleiter des Wechselstromsystems, der auch die Schaden verursachenden Gleichströme leitet. Rot: Ionenfluss, blau: Elektronenfluss.

mit den Anoden elektrisch leitend verbunden sind, damit nicht zum Beispiel der Messing-Borddurchlass, der mit Dichtmasse (versehentlich) isoliert in den Rumpf eingesetzt wurde, trotz der daneben angebrachten Opferanode durch Entzinkung auseinanderfällt!

Die Anzahl und die Zusammensetzung der Opferanoden muss an die Größe und Art der zu schützenden Fläche angepasst sein. Eine alte Faustregel besagt, dass sich die Opferanoden gegenseitig „sehen" können sollten. Diese Regel kann für die im Allgemeinen stark gewölbten Rümpfe von Segelyachten ausreichen, für größere Motoryachten mit ihren lang gestreckten geraden Flächen dürfte sie nicht ausreichen. Hier sollte man sich eher an die Empfehlungen der Anodenhersteller halten. Das Gleiche gilt für das Anodenmaterial. Es muss an die Umgebung angepasst sein. So können Zink- oder Aluminiumanoden in Süßwasserrevieren oxidieren. Sie werden dadurch mit einer nicht leitenden Schicht überzogen und verlieren ihre Schutzwirkung, die auch bei einem anschließenden Aufenthalt in Salzwasser nicht wieder zurückkehrt. Folge: Das Teil, dessen elektrochemisches Potenzial dem der Opferanode am nächsten liegt, übernimmt deren Aufgabe. Das kann durchaus der Propeller sein!

Werden Magnesiumanoden hingegen in Salzwasser eingesetzt, halten sie unter Umständen nur wenige Monate und versehen ihre Umgebung mit einer weißen Schicht, die aus Magnesium-Kalk-Verbindungen besteht und nur schwer zu entfernen ist. Magnesiumanoden sind daher für Salzwasserreviere nicht geeignet, unabhängig vom Rumpfmaterial. An Holzrümpfen dürfen Magnesiumanoden auf keinen Fall angebracht werden – auch nicht in Süßwasser, da sie das Holz chemisch verändern können.

Galvanischer Isolator.

Generell sollten nur Anoden von namhaften Herstellern verwendet werden. Wie sich bei Testreihen unabhängiger Institute herausstellte, führten einige der im Handel erworbenen Opferanoden sogar zu einer verstärkten Korrosion. Bei der Auswahl von Anoden für Aluminiumrümpfe sollte – vor allem für den Einsatz in Süß- und Brackwasserrevieren – der Hersteller der Anoden das letzte Wort haben.

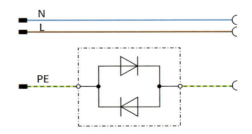

Schutzmaßnahmen gegen elektrolytische Korrosion

Damit elektrolytische Korrosion entsteht, muss eine externe Stromquelle – die auch aus einem galvanischen Element bestehen kann – von außen auf die Metalle einwirken. Dieser

Strom entsteht in fast allen Fällen aufgrund eines Fehlers in der Elektroinstallation, sei es an Bord eines Schiffes oder der Landstromversorgung. Die Fremdspannung gelangt über den Rumpf oder Teile der Antriebsanlage in das Wasser, und je nach Polarität der Spannung wird diese Elektrode zur Anode oder zur Kathode.

Die für einen Stromfluss im Wasser nötige äußere leitende Verbindung ist in den meisten Fällen der Schutzleiter des Wechselstrombordnetzes, der in Systemen ohne Trenntransformator mit der Schiffserde verbunden sein muss. Es gibt zwei Möglichkeiten, wie dieser Stromkreis unterbrochen werden kann: ein sogenannter „Galvanischer Isolator" im Landstromanschluss oder ein Trenntransformator.

Ein galvanischer Isolator besteht im Prinzip aus zwei anti-parallel geschalteten Dioden und macht sich eine ansonsten eher negativ bewertete Eigenschaft dieser Gleichrichter zunutze.

Trenntransformator mit einer Leistung von 3,6 Kilowatt (Victron)

Siliziumdioden sind unter einer bestimmten Spannung, der Schwellspannung, nicht leitend. Diese liegt im Bereich zwischen 1,6 und 4 Volt, Spannungen unter diesem Wert werden in keiner Richtung durchgelassen. Somit sperren die Dioden in den galvanischen Isolatoren Gleichspannungen unter diesem Wert, lassen jedoch die für die Schutzleiterfunktion entscheidenden Wechselspannungen von 230 Volt durch. Nachteilig ist, dass bisher keine Überwachung der Schutzfunktion erhältlich ist. Es gibt zwar Ausführungen, in denen ein Stromfluss (Fehlerstrom) angezeigt wird, falls die Dioden jedoch zu Schließern werden – was sie infolge von Überströmen in der Regel tun –, wird dies nicht angezeigt. Nach der DIN EN 13279 müssen die Isolatoren drei Stromstöße von 5.000 Ampere in simulierten Kurzschlüssen so lange aushalten, bis die Schutzschalter abschalten. Vorteil: Galvanische Isolatoren sind verhältnismäßig preiswert und auch nachträglich leicht zu installieren.

Die zweite (und sicherere) Möglichkeit ist ein Trenntransformator, der eine galvanische Trennung von Land- und Bordnetz bewirkt. Dieser bietet den zusätzlichen Vorteil, dass gleichzeitig ein polarisiertes System geschaffen wird (siehe „Wechselstrom-Systeme – DC") und damit die Betriebssicherheit der Anlage erhöht wird.

Zusammenfassung

Elektrochemische Korrosion hat zwei Ursachen. Galvanische Korrosion beruht auf den unterschiedlichen elektrochemischen Potenzialen der Metalle, die in den Elektrolyten See-

oder Süßwasser eingetaucht sind und durch einen äußeren Leiter elektrisch verbunden sind. Elektrolytische Korrosion tritt ein, wenn – meist durch einen Fehler in einer Elektroanlage an Bord eines (nicht unbedingt des eigenen) Schiffes – die Metalle einer Fremdspannung ausgesetzt sind.

Galvanische Korrosion läßt sich durch zwei Methoden vermeiden: entweder durch eine vollständige Isolation aller benetzten metallischen Teile oder durch kathodischen Korrosionsschutz mit Opferanoden. Im Allgemeinen ist die zweite Methode sicherer, einfacher durchführbar und kann bei allen Yachten – auch solchen mit Blitzschutzanlage, Potenzialausgleich und Zweileiter-Gleichstromsystemen mit Minus an Masse – eingesetzt werden. Elektrolytische Korrosion kann weitgehend durch Galvanische Isolatoren oder Trenntransformatoren vermieden werden. Obwohl Trenntransformatoren wesentlich teurer als galvanische Isolatoren sind, bieten sie noch andere Vorteile, die deren Einsatz an Bord nicht nur in Metallschiffen empfehlen.

Handwerkliche Grundlagen

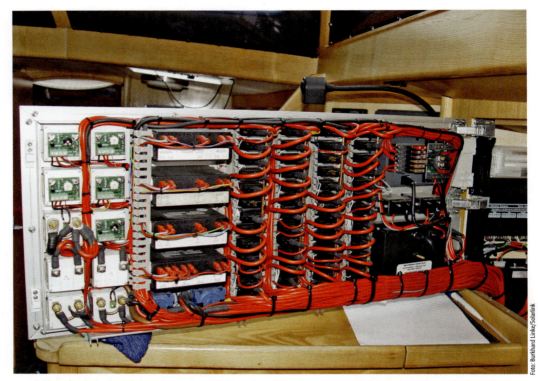

Vorbildlich ausgeführte Verkabelung der Schalttafel einer 13-Meter-Segelyacht

Mindestens ebenso wichtig wie das Verständnis der theoretischen Grundlagen ist die fachgerechte handwerkliche Ausführung für die Betriebssicherheit der elektrischen Anlage an Bord. Nach Ansicht von Fachleuten sind über 50 Prozent der Ausfälle in der Bordelektrik allein auf eine unsachgemäße Ausführung der Leiterverbindungen und -anschlüsse zurückzuführen – weit vor den anderen Ursachen wie Geräteversagen oder äußere Einwirkungen. In elektrischen Anlagen an Land ist das Verhältnis genau umgekehrt – hier entstehen die meisten Störungen durch das Versagen von Geräten.

Dafür gibt es mehrere Gründe – allen voran die feuchtsalzige Umgebung. Dies als alleinige Ursache für hohe Übergangswiderstände, korrodierte Kabelschuhe und Leiterunterbrechungen hinzustellen, ist jedoch ein wenig kurzsichtig und oberflächlich – es gibt schließlich auch Yachten, deren elektrische Systeme über Jahrzehnte störungsfrei funktionieren.

Die vergrößerte Oberfläche und die Kapillaren führen zu stärkerer Korrosionsanfälligkeit der flexiblen Leiter.

Crimpzangen

Zangen zum Anbringen von Quetschkabelschuhen an Leitern mit Querschnitten bis zu 6 Quadratmillimetern werden allgemein Crimpzangen genannt. Die damit hergestellten Verbindungen müssen den in DIN EN ISO 10133 und 13297 vorgegebenen Abzugskräften standhalten. Diese beträgt zum Beispiel für einen Querschnitt von 1,5 Quadratmillimetern 130 Newton. Daher fallen die Zangen 2 und 3 aus dem Rennen – mit diesen lassen sich diese Festigkeiten nicht erreichen.

Geeignet sind Zangen in der Ausführung 1. Diese verfügen über eine ausreichend große Übersetzung und eine Zwangssperre, die sich erst dann löst, wenn die vorgegebene Presskraft erreicht ist. Diese kann an einem Stellrad (Bild 4) eingestellt werden. Neben dem Stellrad ist ein kleiner Hebel, mit dem die Zange entriegelt werden kann, wenn der Daumen oder ein Ohrläppchen versehentlich zwischen die Backen gerät. Die meisten dieser Zangen sind mit auswechselbaren Backen versehen (6), sodass sowohl isolierte als auch unisolierte Kabelschuhe damit verpresst werden können. Die Backen für die isolierten Kabelschuhe sind farblich – entsprechend der Farbe der Isolierung – gekennzeichnet (5).

Fachgerecht ausgeführte Pressungen sind verblüffend fest. Die Abzugskraft für 1,5 Quadratmillimeter beträgt – wie oben erwähnt – 130 Newton. Dies entspricht etwa dem Gewicht eines vollen 10-Liter-Farbeimers. Wie nebenstehender Versuch zeigt, kann dieser mit einem Ringkabelschuh, der mit Zange 1 an einem 1,5-Quadratmillimeter-Kabel befestigt wurde, angehoben werden.

■ Presskabelschuhmontage

Man nehme: ein Kabel, einen Presskabelschuh, ein Klingenmesser, eine Heißluftpistole, ein Stück Schrumpfschlauch und eine Presszange mit einem zum Kabelschuh passenden Presseinsatz. Ohne diese Zange ist es nicht möglich, den Kabelschuh so mit dem Kabel zu verbinden, dass erstens die mechanische Stabilität der Verbindung gegeben ist und zweitens die Verbindung so dicht ist, dass kein Wasser zwischen Kabelschuh und Kabeloberfläche eindringen kann. Der Kabelschuh muss sowohl zum Kabelquerschnitt als auch zum Durchmesser der Befestigungsschraube passen; ist das Loch zu groß, ist die Auflagefläche zu klein; muss es aufgebohrt werden, wird die Korrosionsschutzschicht beschädigt. Beides erhöht den Übergangswiderstand.

Zunächst wird das Kabelende mit dem Klingenmesser abisoliert. Dabei ist darauf zu achten, dass das freie Kabelende gerade in den Kabelschuh passt und der Spalt zwischen Isolierung und Kabelschuh möglichst klein gehalten wird. Dann kann die Zange auf den Kabelquerschnitt – in unserem Fall 16 Quadratmillimeter – eingestellt werden. Das Kabel und Kabelschuh werden dann so in die Zange eingeführt, dass die erste Pressung am ringseitigen Ende des Kabelschuhrohres erfolgen kann. Die Zange wird bis zum Anschlag zusammengepresst und anschließend erfolgt die zweite Pressung am kabelseitigen Ende des Kabelschuhs.
Zum Abschluss erhält die Verbin-

dung einen zusätzlichen Schutz in Form eines Schrumpfschlauchs mit Kleber. Der Kleber verflüssigt sich während des Aufheizvorgangs und sorgt so für eine zusätzliche Abdichtung der Verbindung und für einen besseren mechanischen Halt. Der Trick dabei besteht darin, den Schrumpfschlauch gerade so weit zu erhitzen, dass er auf die gewünschte Größe schrumpft und der Kleber ausreichend flüssig wird, ohne jedoch weder die Kabelisolierung noch den Schrumpfschlauch zu überhitzen. Ein geeigneter Aufsatz für die Heißluftpistole besteht aus einem halbrund gebogenen Blech.
Zum Schluss ein Beispiel, wie es nicht gemacht werden soll – mithilfe eines Schraubstocks.

Ausfallursachen

Schauen wir ein wenig genauer hin: In der Landinstallation werden durchwegs starre Leiter verwendet, auf Yachten kommen hingegen ausschließlich flexible Kabel zum Einsatz. Dies ist alleine schon durch die Vibrationen, denen die Leitungen in einer Yacht ausgesetzt sein können, zwingend erforderlich. Flexible Leiter brechen zwar nicht so schnell wie starre, weisen jedoch zwei Nachteile auf, die deren Einsatz in der yachttypischen Umgebung entgegenstehen: Die Summe der Oberflächen der Einzeldrähte ist wesentlich größer als die Oberfläche eines starren Leiters gleichen Querschnitts, und zwischen den Einzeldrähten entsteht eine Kapillarwirkung, durch die Wasser – und damit in maritimer Umgebung Salz – tief in den Leiter transportiert wird.

Aufgrund der Kapillarwirkung kann die Korrosion tief in das Kabel fortschreiten.

Dies fällt auf, wenn man zum Beispiel einen korrodierten Kabelschuh an einem etwas älteren Kabel auswechseln will. Hier findet man oft noch im Abstand von mehreren Dezimetern von der Anschlussstelle vollkommen korrodierte Einzeldrähte unter der Isolierung. Oft muss dann das ganze Kabel ausgetauscht werden.

Während die Korrosion sich an einem starren Leiter nur an der Oberfläche abspielt und dessen Querschnitt im Allgemeinen nicht gravierend verringert wird, kann unter sonst gleichen Umständen ein flexibler Leiter erheblich an leitfähigem Querschnitt verlieren,

■ Kabelscheren

Leiter bis zu einem Querschnitt von 16 Quadratmillimetern können sauber mit einem guten Seitenschneider (links) abgeschnitten werden. Ab 25 Quadratmillimetern ist dieser jedoch überfordert – ein sauberes Ablängen ist nicht mehr möglich, weil das Kabel ausweicht. Für größere Querschnitte lassen sich Kabelscheren (rechts) einsetzen, mit denen ohne großen Aufwand absolut saubere Schnitte möglich sind. Ab einem Querschnitt von 150 Quadratmillimetern werden Scheren mit einer Ratschenübersetzung verwendet, deren Anschaffung sich für den Hobbyelektriker aufgrund des hohen Preises jedoch nicht lohnt. Die rechts abgebildete Schere kann bis 50 Quadratmillimeter eingesetzt werden.

da dort jeder Einzeldraht angegriffen wird und dessen erheblich kleinerer Querschnitt bei identischer Korrosionstiefe deutlich reduziert wird. Dies hat unter anderem eine übermäßige Erhitzung stark belasteter Leiter an deren Anschlussstellen zur Folge, die so weit führen kann, dass das angeschlossene Gerät durch die Hitze in Mitleidenschaft gezogen wird. Dass die handelsüblichen Verbinder nicht besonders korrosionsbeständig sind, führt nicht

■ Aderendhülsen

Obwohl Aderendhülsen oft nicht so kritisch gesehen werden wie Kabelschuhe, müssen sie fachgerecht angebracht werden. Auch hier sollte eine Zange mit Hebelübersetzung und Zwangssperre eingesetzt werden. Bei den meisten Zangen sind die Backen mit dem passenden Kabelquerschnitt gekennzeichnet (1). Beim Einführen des Leiters muss man darauf achten, dass alle Einzeldrähte der Ader in die Hülse eingeführt werden (2). Die Hülse wird nun so weit auf die Ader geschoben, bis deren Kragen an der Isolierung anliegt. Je weniger freies Kupfer zwischen Isolierung und Hülse herausschaut, desto besser ist die Ader gegen Feuchtigkeit und Knickbelastung geschützt. Im Idealfall ist das Kabel so weit abisoliert, dass die Länge der freiliegenden Ader der Länge der Endhülse entspricht (3). Ist es zu kurz abisoliert, kann dies später zu einer unzuverlässigen Klemmung führen, da die Ader dann bereits in der Hülse endet. Im Zweifelsfall ist es daher besser, die Ader aus der Hülse herausstehen zu lassen.

Die Hülse mit dem Kabel wird gerade so weit in die Matrize der Backen eingeführt, dass der Kragen nicht mitgepresst wird (4). Bei einer fachgerechten Ausführung ist die Hülse gleichmäßig auf die Ader aufgepresst und der Kragen schließt mit der Isolierung ab (5).

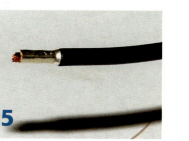

unbedingt zur einer Verbesserung der Situation – korrosionsbedingte Übergangswiderstände schaffen eine zusätzliche Wärmequelle und zusätzliche Spannungsverluste, die bei entsprechenden Stromstärken dazu führen, dass das von dem Leiter versorgte Gerät ausfällt.

Verzinnte Kabel sind deutlich widerstandsfähiger gegen Feuchtigkeit und Salzeinwirkung.

Womit wir bei dem zweiten wesentlichen Unterschied zwischen Haus- und Yachtelektrik angekommen sind: An Land beträgt die Systemspannung 230, in den Gleichstrombordnetzen sind es hingegen 24 oder sogar nur 12 Volt. Folge: Die für dieselbe Leistung erforderliche Stromstärke ist rund 10- bis 20-mal so hoch. Nach dem Ohm'schen Gesetz sind dann die durch Leitungs- und Übergangswiderstände verursachten Leistungsverluste um das Quadrat dieser Faktoren – also das 100- bis 400-fache – größer. Diese Leistungen gehen im engeren Sinn jedoch nicht verloren, sondern werden in den Leitern und an deren Anschlussstellen in Wärme umgewandelt, die korrosionsfördernd wirkt und die Übergangswiderstände erhöht.

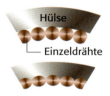

Oben: zu geringer Pressdruck, unten: ausreichender Pressdruck.

Zusammengefasst haben wir es also mit dem Zusammenwirken mehrerer Faktoren zu tun (Korrosionsanfälligkeit der Adern, korrosionsfördernde Umgebungsbedingungen und höhere Stromstärken), die zu der erhöhten Ausfallhäufigkeit in der Yachtelektrik führen.

Auch bei der Pressung von Kabelschuhen sollte die Drähte ein wenig aus der Presshülse herausstehen.

Negativbeispiel

In dieser Bordnetzverteilung sind fast alle Fehler vorhanden, die schaltungstechnisch und handwerklich gemacht werden können. Beginnen wir mit den allgemeinen Regelverstößen: Die Verkabelung ist unübersichtlich, eine Zuordnung der Leiter zu Funktionen ist nicht möglich. Die Leiterfarben scheinen willkürlich gewählt und wechseln teilweise im Leitungsverlauf. Weder Leiter noch Sicherungen sind gekennzeichnet. Die Verdrahtung erfolgte „freitragend", lediglich drei Leiter sind durch einen Kabelbinder gestützt. Die Rückwand besteht aus einem brennbaren Material.

1. Es wurden Leiter mit zu kleinem Querschnitt verwendet, die teilweise offenbar nicht abgesichert sind.
2. Keiner der Kabelschuhe ist fachgerecht verpresst. An einigen Flachsteckern sind mehrere Leiter angeschlossen.
3. Leiter sind mit nicht passenden Kabelschuhen versehen, zum Beispiel Kabel mit 1,5 Quadratmillimetern in einem Flachstecker 2,5-6.
4. Die Sicherungen sind im engeren Sinne nicht zugänglich, da erst mehrere Kabel beiseite geschoben werden müssen, falls eine der Sicherungen ausgetauscht werden muss.
5. Die mangelhafte Verpressung der Kabelschuhe hat teilweise bereits zu Überhitzungen der Leiter und entsprechenden Verfärbungen der Isolierung geführt.
6. Lose Kabelanschlüsse können – unabhängig davon, ob das andere Ende an Plus oder Minus angeschlossen ist oder nicht – infolge von Schiffsbewegungen Kurzschlüsse verursachen.
7. Gleich- und Wechselstromkreise sind nicht räumlich voneinander getrennt.
8. Auch die Aderendhülsen sind nicht fachgerecht verpresst oder fehlen ganz.
9. Die Schraube dieser nicht belegten Anschlussstelle ist lose und kann durch Vibrationen herausfallen.

Anforderungen an die Verbindungen

Aus diesen Zusammenhängen ergeben sich mehrere Forderungen an die Ausführung von Leiterverbindungen. Zunächst muss so weit wie möglich verhindert werden, dass zwischen Leiter und Kabelschuh Zwischenräume bestehen bleiben, in denen sich Feuchtigkeit und Salz sammeln und Korrosion verursachen können. Dies bedingt, dass der Pressdruck auf die Quetschverbinder so hoch ist, dass sich das Metall der Hülse, in der die Ader steckt, an die Form der Einzeldrähte anpasst und umgekehrt. Dies ist auch die Voraussetzung dafür, dass eine formschlüssige Verbindung zwischen der Ader und dem Verbinder entsteht und somit die in DIN EN ISO 10133 und 13297 geforderten Abzugskräfte (siehe Anhang) erreicht werden können.

Derartige feste Verbindungen lassen sich nur mit Zangen herstellen, in denen die Kraft mit Hebelgelenken auf einen Ratschenmechanismus übertragen wird. Für Kabelquerschnitte bis 6 Quadratmillimeter sind diese sogenannten Crimpzangen mittlerweile erschwinglich und eigentlich auf jeder Yacht mit einer Elektroanlage unverzichtbar. Für größere Quetschverbinder – ab 10 Quadratmillimetern – werden die Zangen groß und teuer. Aber gerade diese Verbindungen sind den größten Strömen ausgesetzt und befinden sich oft in Bereichen mit erhöhter Feuchtigkeit, zum Beispiel am oder in der Nähe des Motors, und müssen daher besonders sorgfältig ausgeführt sein. Ohne die entsprechende Zange ist dies nicht mög-

Dieses Massekabel war die Ursache für Startschwierigkeiten des Motors.

Bei isolierten Kabelschuhen lässt sich der Erfolg der Pressung auch daran erkennen, dass die Nenngröße in die Isolierung eingeprägt ist.

lich – Versuche mit Rohrzangen und Schraubstöcken sind zum Scheitern verurteilt. Möglicherweise versehen sie eine Zeitlang ihren Dienst, früher oder später werden sie – wenn man Glück hat – langsam ausfallen. Hat man Pech, fällt das falsche Kabelende aus dem Kabelschuh und verursacht einen kapitalen Kurzschluss.

Ehe man diese Risiken (Motorversagen, Feuer oder einen kompletten Ausfall der elektrischen Anlage) eingeht, sollte man – falls nicht die Möglichkeit besteht, eine Quetschzange auszuleihen – die Kabel von einem Elektriker herstellen lassen.

Alle Verbinder, die erhöhter Feuchtigkeit oder großen Temperaturschwankungen ausgesetzt sind (am Motor, an Deck, im Rigg), sollten zusätzlich so ausgeführt sein, dass keine Feuchtigkeit in die Adern eindringen kann. Dies lässt sich elegant mit Schrumpfschläuchen erreichen, die mit Heißkleber gefüllt sind und die über den (fachgerecht montierten) Kabelschuh gezogen werden. Will man die positiven Eigenschaften der Schrumpfschläuche erhalten, sollte man den Aufheizvorgang nicht mit Feuerzeugen oder Kerzen ausführen, sondern mit einem Heißluftgebläse und ein wenig Gefühl.

■ Abisolierwerkzeug

Idealerweise wird beim Abisolieren der Leiter nur die Isolierung entfernt, ohne die Ader zu beschädigen. Mit der herkömmlichen Abisolierzange (1) ist dies nur mit viel Übung und Fingerspitzengefühl möglich – diese Zangen wurden in erster Linie für die Bearbeitung von starren Leitern entwickelt, und bei flexiblen Leitern fehlt das Gefühl für den „Druckpunkt", auch wenn die Zange mit der Stellschraube auf den jeweiligen Leiterquerschnitt eingestellt wurde. Besser geeignet ist eine automatische Abisolierzange (2), bei der auch die Länge des freien Aderendes einstellbar ist. Mit diesen Zangen ist eine Beschädigung der Ader ausgeschlossen.

Zum Entfernen des Mantels von Mantelleitungen werden Mantelzangen (3) verwendet, die auf die Dicke des Mantels eingestellt werden. Mit diesen Zangen können auch längere Mantelstücke mühelos entfernt werden, ohne die Isolierung der Adern oder die Adern selbst zu beschädigen.

Flachsteckverbinder

Diese Kabelschuhe sind zwar praktisch, jedoch nicht so zuverlässig wie zum Beispiel Ringkabelschuhe. Der Grund liegt darin, dass die Federwirkung der Klammer mit der Zeit nachlässt, besonders wenn die Stecker mehrmals abgezogen und wieder aufgesteckt werden. Dies dürfte auch einer der Gründe sein, weshalb diese Stecker nur für Ströme bis 20 Ampere zugelassen sind. Hat man die Wahl zwischen den Anschlussarten, sollte man sich für Ringkabelschuhe entscheiden.

Ringkabelschuhe

Diese Kabelschuhe haben eine größere Kontaktfläche als Flachstecker und fallen – vorausgesetzt, die Befestigungsschraube ist fest angezogen – selten ohne erkennbare Ursachen ab. Der Bohrungsdurchmesser muss auf den Durchmesser der Befestigungsschraube abgestimmt sein, da ansonsten die Kontakteigenschaften leiden. Will man ganz sichergehen, kann man die Schraube beziehungsweise Mutter mit einem Federring oder einer Fächerscheibe sichern. Bei größeren Kabelquerschnitten – ab etwa 10 Quadratmillimetern – sollte das Befestigungselement grundsätzlich gesichert sein.

■ Schrumpfschläuche

Schrumpfschläuche gehören zu den wichtigsten Hilfsmitteln, wenn es darum geht, Kabelverbindungen mechanisch zu entlasten und vor Feuchtigkeit zu schützen. In unserem Beispiel haben wir einen Leiter verlängert – was in der Praxis vermieden werden sollte – indem zunächst ein Kabelverbinder aufgepresst wurde. Anschließend wurde die Verbindungsstelle mit einem Schrumpfschlauch überzogen. Ohne Schrumpfschlauch ist die Verbindung mechanisch schwächer als ein durchgehendes Kabel und an den offenen Enden des Verbinders kann Feuchtigkeit eindringen. Verwendet man Schrumpfschläuche mit Heißkleberfüllung, ist die Verbindungsstelle mindestens ebenso fest wie das Kabel und obendrein wasserdicht. Der Schrumpfvorgang muss – damit ein gleichmäßiges Ergebnis erzielt wird – mit einer Heißluftpistole durchgeführt werden. Feuerzeuge sind hier fehl am Platz!

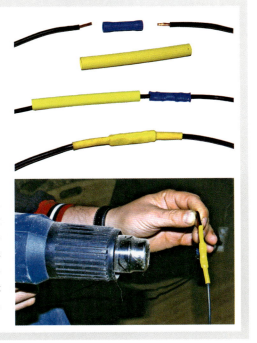

Aderendhülsen

Adern, die geklemmt werden, müssen mit Aderendhülsen versehen sein. Dabei spielt es keine Rolle, ob die Klemmung durch Schrauben oder schraubenlos, zum Beispiel in Reihenklemmen, erfolgt. Aderendhülsen müssen genauso sorgfältig verpresst werden wie Kabelschuhe, auch wenn sie zusätzlich mit der Befestigungsschraube geklemmt werden. Bei unsachgemäßer Pressung wird die Kontaktfläche verringert, es werden nicht alle Einzeldrähte erfasst und Feuchtigkeit kann in die Hülse eindringen. Oft genug kann man dann das Kabel samt Ader aus der Klemmung herausziehen und die Hülse bleibt stecken. Ebenso wichtig ist, dass die Hülse zum Aderquerschnitt passt. Auch wenn es manchmal mühsam ist, wegen einer kleinen Hülse die Bilge absuchen zu müssen – ist die Hülse zu groß, hält das Kabel nicht!

Schrauben und Schraubendreher

Die Qualität einer Klemmverbindung, die mit Schrauben hergestellt wird, hängt unter anderem davon ab, wie stark die Schraube angezogen wird. Hier wird in Elektrikerkreisen gerne mit zu kleinen Schraubendrehern gearbeitet, mit denen sich ja auch größere Schrau-

■ Schraubanschlüsse

Anschlüsse, die Vibrationen ausgesetzt sind – zum Beispiel am Motor – müssen besonders sorgfältig ausgeführt werden. Dazu gehört, dass Muttern mit Federringen oder Fächerscheiben gegen unbeabsichtigtes Lösen gesichert sind. Liegen die Anschlüsse frei und auf Plus-Potenzial, sollten sie zusätzlich mit einer Isolierkappe versehen werden, um Kurzschlüsse, zum Beispiel bei Arbeiten an anderen Systemen des Motors, zu verhindern. Die Mutter auf dem kleineren Bolzen in dem Foto ist mit einem Sicherungskleber beschichtet.

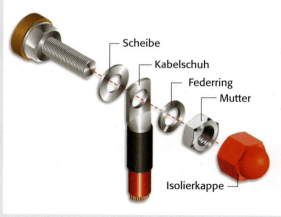

Sauber ausgeführte Verteilung mit Reihenklemmen, von denen die abgehenden Leiter in Kabelkanälen geführt sind.

ben drehen lassen. Damit lässt sich jedoch nicht das Drehmoment aufbringen, das für eine sichere Verbindung erforderlich ist – abgesehen davon, dass dabei die Gefahr besteht, den Schraubenschlitz zu beschädigen. Grundsätzlich sollte man es sich angewöhnen, einen genau passenden Schraubendreher zu benutzen und eine fertig gestellte Klemmverbindung mit einem kurzen Zug an dem Kabel darauf zu prüfen, ob sie tatsächlich hält.

Leitungsführung

Die grundlegenden Bestimmungen sind bereits in den Kapiteln „Das Gleichstromsystem – DC" und „Das Wechselstromsystem – AC" erörtert. Dazu gehören die Kabeltypen, deren Belastbarkeit, Farben und Verlegung, und dass das Wechsel- und Gleichstromsystem voneinander getrennt verlegt sein müssen. Daher bleiben nur wenige Anmerkungen. Grundsätzlich sollten Leiter immer etwas länger gelassen werden als es nötig scheint. Dies aus zwei Gründen: Je straffer – kürzer – ein Leiter gespannt ist, desto weniger kann er Schwingungen abfangen, die durch Motorvibrationen oder aus anderen Quellen entstehen; und es kommt manchmal vor, dass ein Kabelschuh nicht richtig sitzt oder geändert werden muss. Dann ist es immer von Vorteil, noch ein wenig von dem Kabel abschneiden zu können.
Werden Kabel an beweglichen Teilen angebracht, muss eine Bucht vorhanden sein, die die

für die Bewegung nötige Kabellänge enthält. Ein Beispiel dafür ist die Schalttafel, die aufgeklappt werden kann, um an der Anschlussseite arbeiten zu können. Hier sind manchmal dutzende Kabel an der Bewegung beteiligt – haben diese nicht ausreichend Lose, werden sich die Anschlüsse der kürzesten Kabel früher oder später lösen. Zudem müssen die Kabel stramm zu einem „Baum" zusammengebunden und gleichzeitig an der Schalttafel befestigt sein, damit die Belastung nicht von einigen wenigen Kabeln getragen werden muss. Diese Situation lässt sich sehr gut auf dem Foto am Anfang dieses Kapitels erkennen.

Handwerkzeuge

Gleich vorweg: Die meisten Werkzeuge, die für Arbeiten an der elektrischen Anlage benötigt werden, gibt es nicht in seewasserbeständiger Ausführung. Crimpzangen rosten, sobald sie den Schrei einer Möwe hören. Dasselbe gilt für Abisolierzangen. Seitenschneider aus nicht rostenden Stählen sind ebenfalls weitgehend unbekannt. Auch wenn einige Zangen, Schraubendreher und -schlüssel in nicht rostender Ausführung erhältlich sind, muss man die Elektrowerkzeuge trocken aufbewahren. Für den gelegentlichen Gebrauch – wie es auf einer fertig gestellten Yacht in der Regel der Fall ist – reichen daher preisgünstige Werkzeugsätze, die auch im Heimwerkerbereich zum Einsatz kommen.

Wichtiger ist es, für möglichst viele der unterwegs auftretenden eventuellen Reparaturen gewappnet zu sein. Bewährt hat sich hier, einen Werkzeugsatz zusammenzustellen, der ausschließlich für Elektroarbeiten verwendet wird. Dieser sollte enthalten:

- jeweils eine Crimpzange für Kabelschuhe (mit auswechselbaren Backen) und Aderendhülsen,
- eine Abisolierzange,
- ein Cuttermesser,
- einen Satz Schraubendreher,

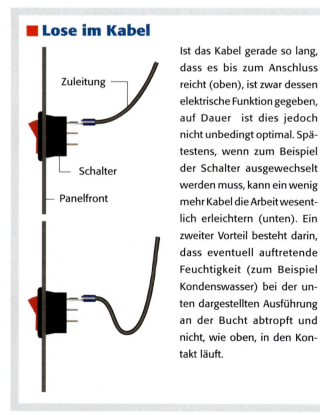

■ **Lose im Kabel**

Zuleitung
Schalter
Panelfront

Ist das Kabel gerade so lang, dass es bis zum Anschluss reicht (oben), ist zwar dessen elektrische Funktion gegeben, auf Dauer ist dies jedoch nicht unbedingt optimal. Spätestens, wenn zum Beispiel der Schalter ausgewechselt werden muss, kann ein wenig mehr Kabel die Arbeit wesentlich erleichtern (unten). Ein zweiter Vorteil besteht darin, dass eventuell auftretende Feuchtigkeit (zum Beispiel Kondenswasser) bei der unten dargestellten Ausführung an der Bucht abtropft und nicht, wie oben, in den Kontakt läuft.

- einen Satz Ringschlüssel von SW 5 bis SW17,
- einen Satz Gabelschlüssel in denselben Schlüsselweiten,
- ein Zangenset mit Kombi-, Spitz- und Rundzange sowie einem Seitenschneider,
- eine Prüflampe für Gleichspannung (6 bis 24 Volt),
- eine Heißluftpistole und
- ein Multimeter, möglichst wetterfest und mit Autoranging.

Für den gelegentlichen Einsatz an Bord reichen preisgünstige Werkzeugsätze vollkommen aus, wenn sie vor Salzwasser geschützt aufbewahrt werden.

Mit diesem Set sollte es möglich sein, bis auf wenige Ausnahmen alle auf einer Yacht anfallenden Reparaturen an der Elektroanlage auszuführen. Die Grenzen liegen bei Schäden, die in den Hauptzu- oder Anlasserleitungen auftreten können. Wenn diese fachgerecht ausgeführt sind, kann man jedoch davon ausgehen, dass Ausfälle in diesen Bereichen eher unwahrscheinlich sind. Reparaturen an elektronischen Geräten sind damit nur begrenzt durchführbar. So benötigt man für den Anschluss eines simplen Telefonsteckers eine Spezialzange, deren Preis etwas über dem liegt, was für das gesamte restliche Paket zu bezahlen ist.

Verbrauchsmaterial

Hier werden von den einschlägigen Versandhäusern Sortimente angeboten, die fast alles abdecken, was an Material jemals benötigt werden kann. Praktisch sind Kabelbinder in unterschiedlichen Längen, Quetschkabelschuhe – sowohl isoliert als auch unisoliert – als Rundkabelschuhe und Flachsteckverbinder, Aderendhülsen in den Größen von 1 bis 6 Quadratmillimeter, Schrumpfschläuche und zu guter Letzt Isolierband. Nicht direkt elektrisch, aber trotzdem ganz nützlich sind einige Schrauben, Muttern und Scheiben von M3 bis M10 für den Fall, dass kleine Teile in der Bilge verschwinden.
Für alle Schmelzsicherungen müssen entsprechende Ersatzelemente vorhanden sein; zusätzlich schadet es nicht – außer dem Geldbeutel – wenn man auch für die eventuell vorhandenen Schutzschalter jeweils ein Reserveexemplar mitführt.
In der Praxis hat es sich bewährt, sowohl die Werkzeuge als auch die Teile getrennt von den übrigen Werkzeugen aufzubewahren und darauf zu achten, dass diese auch für keine anderen Arbeiten eingesetzt werden. Nur so ist es in der Regel möglich, den sonst üblichen Werkzeugschwund in den Griff zu bekommen und im Ernstfall über ein komplettes Werkzeugset verfügen zu können.

Dokumentation

Unter den Begriff „Technische Dokumentation" fallen so unterschiedliche Werke wie zum Beispiel visitenkartengroße Gebrauchsanweisungen für Druckerpatronen oder die etwa 100 Tonnen bedrucktes Papier, die zu einem Airbus gehören. Er umfasst sowohl die „interne Dokumentation", die Konstruktions- und Fertigungsunterlagen enthält und die beim Hersteller verbleibt, als auch die „externe Dokumentation", in der benutzerspezifische Informationen wie Betriebs- oder Gebrauchsanweisungen, Konformitätserklärungen und Sicherheitshinweise enthalten sind.

Für Freizeitschiffe zwischen 2,5 und 24 Metern Länge gilt für die Erstellung der externen Dokumentation die DIN EN ISO 10240 „Kleine Wasserfahrzeuge – Handbuch für Schiffsführer", in der auch die Anweisungen für den Betrieb der elektrischen Anlage enthalten sein müssen. In der Norm wird wiederum Bezug genommen auf die bereits bekannten Normen DIN EN ISO 10133 und 13297, in deren jeweiligen Anhängen die „Informationen und Anweisungen, die im Handbuch für Schiffsführer enthalten sein müssen", aufgelistet sind.

Dort findet man neben allgemeinen Warnhinweisen (siehe Anhang) auch die Forderung, dass Anweisungen für den Betrieb und die Wartung des Systems sowie ein Schaltplan mit Leiterkennung enthalten sein müssen. Diese Forderungen gelten für alle nach 1998 in der EG in Verkehr gebrachte Freizeitschiffe unter 24 Metern Länge, außer für Fahrzeuge für Renn- und Versuchszwecke und Eigenbauten.

Während für die anlagenspezifischen Anweisungen zum Betrieb und zur Wartung eines Elektrosystems kaum allgemeingültige Vorgaben festgelegt werden können, sind die Anforderungen, die an einen Schalt- oder Stromlaufplan gestellt werden, in wenigen Sätzen dargelegt.

Der Schaltplan muss folgende Informationen enthalten:

- Art und Anzahl der Einzelelemente des oder der dargestellten Stromkreise,
- die Verbindungen der Elemente
- den Stromfluss durch die Einzelelemente,
- die Farbe und Kennzeichnung der Leiter und
- die Leiterquerschnitte.

Die räumliche Lage der Bauteile zueinander wird in einem Schaltplan nicht angegeben. Der Aufbau und die in Schaltplänen verwendeten Schaltzeichen sind im Kapitel „Bauteile, Schaltzeichen und Schaltpläne" erläutert.

Kleine Anlagen mit nur wenigen Teilen und Leitern können auch tabellarisch so dargestellt werden, dass die Funktionen und Stromverläufe ausreichend deutlich entnommen werden können. In umfangreicheren Systemen werden neben den Stromlaufplänen oft tabellarische Anschlussbelegungen komplexer Geräte angefertigt, in denen auch Funktionsdaten aufgelistet sind. Derart umfangreiche Dokumentationen werden zum Beispiel

■ Stromlaufpläne

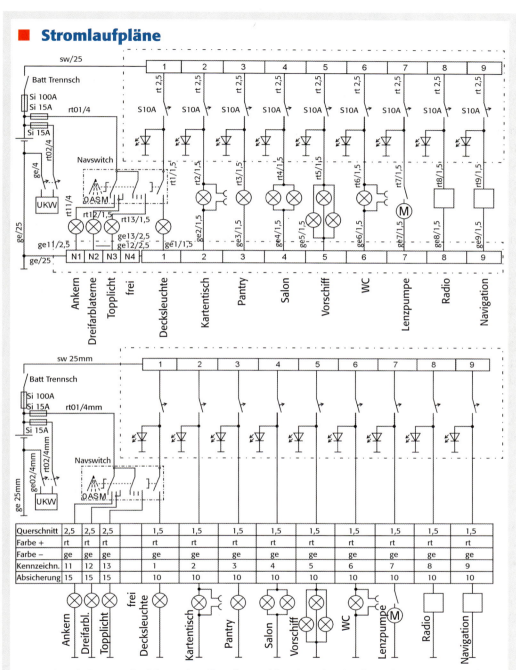

Zwei Beispiele für Stromlaufpläne. Sie sollen die Anzahl und Art der einzelnen Elemente im Stromkreis, deren Verbindung, die Farbe und den Querschnitt der Leiter und – bei Übersichtsplänen – die Verbindungen zwischen den einzelnen Stromkreisen darstellen. Sie geben nicht die räumliche Lage der Elemente an.

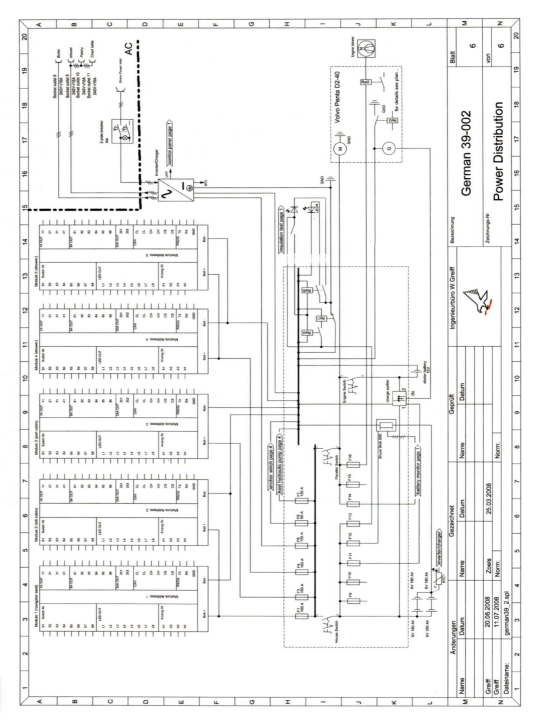

Schaltplan der Stromversorgung einer 39-Fuß-Segelyacht

bei Bus-Systemen verwendet, weil dort eine Darstellung sämtlicher Schaltkreise in einem Stromlaufplan auf einem Blatt kaum möglich ist. Aufgrund des Aufbaus dieser Systeme ist es zudem wesentlich übersichtlicher, wenn die Dokumentation an die hierarchische Struktur der Bus-Systeme angepasst ist.

Eine getrennte Darstellung der verschiedenen Verteilungen und Unterverteilungen bietet sich auch in konventionellen Systemen an, sobald sie einen bestimmten Umfang erreichen. Dazu gehört in der Regel ein Übersichtsstromlaufplan, in dem die Verbindungen der Unterverteilungen untereinander und der strukturelle Aufbau des Systems dargestellt sind.

Bei der Erstellung der Pläne sollte immer deren Einsatzzweck im Vordergrund stehen. Sie werden in den seltensten Fälle wegen ihrer ästhetischen Qualitäten angeschaut – das soll zwar auch vorkommen, spricht aber nicht von einem ausgeglichenen Geschmack des Betrachters – sondern fast ausschließlich zu Rate gezogen, wenn ein Fehler in der Anlage auftaucht oder diese erweitert werden soll. Diesen Zweck erfüllen sie am besten, wenn sie klar gegliedert und übersichtlich unter Verwendung allgemein verständlicher Symbole angelegt wurden. So kann sich auch jemand darin zurechtfinden, der nicht an der Errichtung der Anlage beteiligt war, und ist in die Lage versetzt, Stromkreise schnell und sicher zu identifizieren.

Module 1 (navigator seat)									
Switches, Inputs	cable		Status LED	cable		loads		I_{rated}	cable
S1 sw offshore mode	0,75	L1	offshore mode		0,75	81		8,00 A	2,5
S2 sw shore mode	0,75	L2	shore mode		0,75	82	PC system (3A), screen	8,00 A	2,5
S3 sw anchor mode	0,75	L3	anchor mode		0,75	83	VHF, entertainment (radio,cd)	8,00 A	2,5
S4 sw safety mode	0,75	L4	safety mode	1xminus	0,75	84	fridge	4,00 A	2,5
S5 sw pantry lights 1	0,75	L5	sailing	8xbunt	0,75	85	supply CAN panel+ tank gauges	1,00 A	1,5
S6 sw pantry lights 2	0,75	L6	motoring		0,75	86	2 x 12 V outlet		
S7 sw salon lights	0,75	L7	anchoring		0,75	251		20,00 A	10
S8 sw table lights	0,75	L8	decklight		0,75	252	radio SSB 125W	20,00 A	10
Analog Inputs		CAN-Bus							
A1		CL	module 2 (stb cabin)			11	reading light chart table	0,075 A	0,75
A2 diesel oil sensor	0,75	CL	CAN panel			12	gas alarm	0,02 A	1,50
A3 ballast sensor stb	0,75	CH	CAN panel			13	measuring tank gauge	0,02 A	0,75
A4 ballast sensor port	0,75	CH	module 2 (stb cabin)			14			
								69,04 A	

Tabellarische Darstellung der Anschlussbelegung eines CAN-Bus-Moduls

Anhang

Strom, Spannung, Widerstand und Leistung – das Formelrad

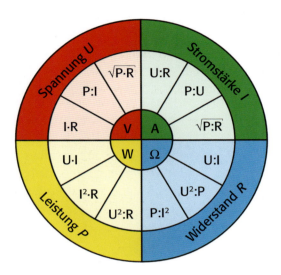

Dieses „Formelrad" ist im Prinzip eine Umsetzung des Ohm'schen Gesetzes. Damit lässt sich ein gesuchter Wert für Strom, Spannung, Widerstand oder Leistung ohne großes Nachdenken finden. Beispiel: Gesucht ist die Spannung, gegeben sind Widerstand und Strom. Vorgehensweise: Man sucht im äußeren Kreis „Spannung" (rot) und findet darin die Formel I · R für Widerstand und Strom. Lösung: U = I · R.

Das Leistungsdreieck

Eine Hilfe bei der Berechnung von Leistungen (P), Spannungen (U) oder Strömen (I) ist das Leistungsdreieck:

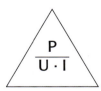

Der Wert, den man berechnen will, wird abgedeckt. Mit den dann offen Werten wird die Berechnung durchgeführt. Beispiel: Gesucht ist die Leistung P. Abgedeckt wird also P, die Berechnung erfolgt nach U · I. Oder: Gesucht ist der Strom I. Dieser wird abgedeckt, gerechnet wird P : U.

IP-Schutzarten

Die sogenannten IP-Schutzarten (Internal Protection) sind ein Klassifizierungssystem, das den Schutzgrad elektrischer Geräte und Anlagen gegen Berührung, das Eindringen von Fremdkörpern und gegen das Eindringen von Wasser festlegt. Die Bezeichnung der Schutzart setzt sich zusammen aus den Buchstaben IP und zwei Ziffern, von denen die erste den Schutzgrad gegen das Eindringen von Fremdkörpern beziehungsweise Berührungen und die zweite den Schutz gegen das Eindringen von Wasser angibt. Je größer die Ziffern, desto größer ist der Schutz oder: Je höher die geforderte Schutzklasse ist, desto dichter muss das Gerät sein.

Erste Kennziffer	Berührungsschutz	Fremdkörperschutz	Zweite Kennziffer	Wasserschutz
0	Kein besonderer Schutz		0	Kein besonderer Schutz
1	Schutz gegen Berührung durch großflächige Körperteile, zum Beispiel der ganzen Hand	Schutz gegen Eindringen von festen Fremdkörpern mit einem Durchmesser > 50 mm	1	Schutz gegen senkrecht tropfendes Wasser
2	Schutz gegen Berührung mit den Fingern	Schutz gegen Eindringen von festen Fremdkörpern mit einem Durchmesser > 12,5 mm	2	Schutz gegen Tropfwasser mit 15° Neigung
3	Schutz gegen Berührung mit Werkzeugen oder Drähten >2,5 mm	Schutz gegen Eindringen von festen Fremdkörpern mit einem Durchmesser > 2,5 mm	3	Schutz gegen Sprühwasser
4	Schutz gegen Berührung mit Werkzeugen oder Drähten >1 mm	Schutz gegen Eindringen von festen Fremdkörpern mit einem Durchmesser > 1 mm	4	Schutz gegen Spritzwasser
5	Vollständiger Schutz gegen Berührungen	Geschützt gegen Staubablagerungen	5	Schutz gegen Strahlwasser
6	Vollständiger Schutz gegen Berührungen	Staubdicht	6	Schutz gegen starkes Strahlwasser
			7	Schutz gegen zeitweises Untertauchen
			8	Schutz gegen andauerndes Untertauchen

Typische Schutzarten auf Yachten sind: IP 20 als Minimum für Verteilertafeln, die geschützt unter Deck eingebaut sind, IP 55 für Leiterverbindungen, die nicht in wettergeschützten Bereichen angeordnet sind und IP 67 für Leiterverbindungen an Deck, die zeitweisem Untertauchen ausgesetzt sein können.

Widerstand von Leitern

Neben der Strombelastbarkeit ist der Spannungsabfall in einem Leiter das entscheidende Kriterium bei der Auswahl des Leiterquerschnitts. Der Spannungsabfall errechnet sich aus dem Nennstrom des Verbrauchers und dem Widerstand des Leiters. In folgender Tabelle sind die Widerstände der Leiterquerschnitte zwischen 1 und 95 Quadratmillimetern für Längen von 1 bis 25 Metern aufgelistet.

Länge	Leiterquerschnitt mm²										
	1	1,5	2,5	4	6	10	16	25	35	50	70	95
m	Widerstand mΩ										
1	18	12	7,1	4,5	3,0	1,8	1,1	0,7	0,5	0,4	0,25	0,19
2	36	24	14	8,9	5,9	3,6	2,2	1,4	1,0	0,7	0,51	0,37
3	53	36	21	13	8,9	5,3	3,3	2,1	1,5	1,1	0,76	0,56
4	71	47	28	17	11	7,1	4,5	2,8	2,0	1,4	1,02	0,75
5	89	59	36	22	14	8,9	5,6	3,6	2,5	1,8	1,27	0,94
6	107	71	43	27	17	11	6,7	4,3	3,1	2,1	1,53	1,12
7	125	83	50	31	20	13	7,8	5,0	3,6	2,5	1,78	1,31
8	142	95	57	36	23	14	8,9	5,7	4,1	2,8	2,03	1,50
9	160	106	64	40	26	16	10	6,4	4,6	3,2	2,29	1,69
10	178	119	71	45	30	18	11	7,1	5,1	3,6	2,54	1,87
15	267	178	107	67	44	27	17	11	7,6	5,3	3,81	2,81
20	356	237	142	89	59	36	22	14	10	7,1	5,09	3,75
25	445	297	178	111	74	45	28	18	13	8,9	6,36	4,68

Werte auf der Basis von σ = 0,0178 Ω · mm²/m

Abzugskräfte von Verbindungen

Nach DIN EN ISO 10133 und 13297 müssen Leiter-zu-Leiter- und Leiter-zu-Kontakt-Verbindungen Mindestabzugskräften widerstehen. Diese Werte sind vom Querschnitt abhängig und in der Tabelle aufgeführt.

Querschnitt mm²	1	1,5	2,5	4	6	10	16	25	35	50	70	95	120
Abzugskraft N	60	130	150	170	200	220	260	310	350	400	440	550	660

Diese Abzugskräfte sind höher, als man allgemein vermutet, und können nur mit speziellen Crimp- und Quetschzangen hergestellt werden. Siehe dazu auch den „Eimerversuch" im Kapitel „Handwerkliche Ausführung".

Warnungen und Anweisungen Im „Handbuch für Schiffsführer"

Im Handbuch für Schiffsführer auf Schiffen mit Wechselstromsystem müssen nach DIN EN ISO 13297 folgende Warnungen und Anweisungen enthalten sein:

a) Das elektrische System des Wasserfahrzeugs und entsprechende Zeichnungen dürfen nicht verändert werden. Installationen, Änderungen und Wartung müssen durch einen qualifizierten Schiffselektrotechniker durchgeführt werden. Überprüfung des Systems mindestens alle zwei Jahre.
b) Im ungenutzten Zustand des Systems Landstromanschluss abtrennen.
c) Metallische Gehäuse oder Umhüllungen von eingebauten elektrischen Geräten sind mit dem Schutzleitersystem in dem Wasserfahrzeug zu verbinden (grüner Leiter oder grüner Leiter mit gelbem Streifen).
d) Es sind nur doppelt isolierte oder geerdete elektrische Geräte zu verwenden.
e) Wenn umgekehrte Polarität angezeigt wird, darf das elektrische System nicht benutzt werden. Der Polungsfehler ist zu beheben, bevor das elektrische System auf dem Wasserfahrzeug eingeschaltet wird.
f) Warnung – Das Ende des Landstromkabels darf nicht ins Wasser hängen. Es kann ein elektrisches Feld erzeugt werden, das in der Nähe befindliche Schwimmer verletzen oder töten kann.
g) Warnung – Zur Vermeidung von elektrischem Schlag oder von Feuergefahren:

- Der Schalter im Wasserfahrzeug für den Landstromanschluss ist auszuschalten, bevor das Landstromkabel angeschlossen oder gelöst wird.
- Das Landstromkabel ist zuerst am Anschluss des Wasserfahrzeugs anzuschließen, bevor es an die Landstromquelle angeschlossen wird.
- Das Landstromkabel ist zuerst an der Landstromquelle zu lösen.
- Wenn umgekehrte Polarität angezeigt wird, ist das Kabel sofort zu lösen.
- Der Landstromanschluss ist sorgfältig mit einer entsprechenden Kappe zu verschließen.
- Die Landstromkabelverbindungselemente dürfen nicht verändert werden, nur passende Stecker verwenden.

Die Warnungen in Bezug auf Polarität sind nur dann erforderlich, wenn eine Polaritätsanzeige vorhanden ist. Die Warnungen und Hinweise für den Anschluss des Landstromkabels gelten nur, wenn das Landstromkabel bootsseitig nicht fest angeschlossen ist.

Für Schiffe mit Gleichstromsystemen müssen nach DIN EN ISO 10133 folgende Hinweise und Warnungen aufgenommen werden:

Niemals

    a) an elektrischen Anlagen arbeiten, die mit Energie versorgt werden;
    b) das elektrische System des Wasserfahrzeugs oder die zugehörigen Zeichnungen ändern: Einbau, Änderungen und Wartung sollten nur von einem qualifizierten Schiffselektriker ausgeführt werden;
    c) Überstromschutzeinrichtungen oder ihren Bemessungsstrom ändern;
    d) elektrische Geräte installieren, ersetzen oder so verändern, dass der Bemessungsstrom des jeweiligen Kreises überschritten wird;
    e) das Wasserfahrzeug unbeaufsichtigt lassen, während das elektrische System mit Spannung versorgt wird, ausgenommen automatische Bilgenpumpen, Feuerschutz- und Alarmstromkreise.

Netzformen

In den einschlägigen Normen für die Elektroinstallation auf kleinen Wasserfahrzeugen wird nicht auf die an Land üblichen unterschiedlichen Netzformen eingegangen. Es ist zum Beispiel in der DIN EN ISO 13297 keine Netzform explizit gefordert oder ausgeschlossen, aufgrund der inhaltlichen Festlegungen ergibt sich jedoch das unter der Bezeichnung TNS bekannte Netz als einzig zugelassene Netzform. Daher wurde in diesem Buch in den betreffenden Kapiteln auf die Diskussion der Netzformen verzichtet.

In der Literatur findet man jedoch des Öfteren eine Darstellung der Netzformen in Zusammenhang mit Systemen auf Wasserfahrzeugen. Daher werden wir sie hier der Vollständigkeit halber auflisten und deren Bezug zu den Festlegungen der DIN EN ISO 13297 kurz darlegen. Üblicherweise werden diese Netzformen – entsprechend der Verbreitung an Land – als Drehstromsysteme dargestellt. Wir beschränken uns jedoch auf die in diesem Buch durchgehend angewendeten einphasigen Systeme.

Bezeichnung der Netzformen

Bei der Bezeichnung kennzeichnet der erste Buchstabe das Erdungsverhältnis an der Stromquelle – T (Terre) für geerdet oder I (Isolation) für isoliert. Der zweite Buchstabe bezeichnet die Art, wie der Körper des Verbrauchers mit der Erde verbunden ist. „Körper" ist hier ein berührbares, leitfähiges Teil eines elektrischen Betriebsmittels, das normalerweise nicht unter Spannung steht, das jedoch im Fehlerfall unter Spannung stehen kann. Beispiel: Metallisches Gehäuse eines Schweißgeräts.

T bedeutet eine direkte Erdung des Körpers, N (Neutral) die Verbindung des Körpers über einen Schutzleiter mit der Erde der Stromquelle. Ein dritter Buchstabe bezeichnet die Leiterführung, die zur Verbindung des Körpers mit der Erde verwendet wird. Zur Auswahl stehen C (Common) – gemeinsamer Neutral- und Schutzleiter – und S (Separat) – Neutral- und Schutzleiter getrennt. Am weitesten verbreitet sind die TN-Netze, gefolgt von den

TT- Netzen (häufig in Großbetrieben). IT-Netze werden eingesetzt, wenn eine besondere Versorgungssicherheit gefordert ist.

TNS-Netz

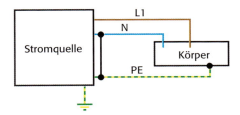

Die meisten Endverbraucher (Haushalte, kleine Betriebe) werden mit TNS-Netzen versorgt. Die Körper sind hier über einen eigenen Schutzleiter (PE) mit der Erdung der Stromquelle verbunden. Der Neutralleiter ist an der Stromquelle mit dem Schutzleiter verbunden. Netze dieser Art erfüllen die Forderungen der DIN EN ISO 13297.

TNC-Netz

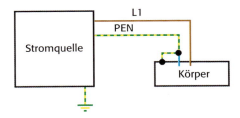

Beim TNC-Netz ist der Neutralleiter an der Stromquelle geerdet. Die Körper sind über den Schutzleiter mit der Erdung der Stromquelle verbunden. Der Schutzleiter ist in diesem Fall gleichzeitig Neutralleiter und wird mit PEN bezeichnet. Dieses System ist erst ab Schutzleiterquerschnitten von 10 Quadratmillimetern zulässig und daher auf kleinen Wasserfahrzeugen nicht verwendbar. Zudem fordert die DIN EN ISO 13297 separate Neutral- und Schutzleiter.

TNC-S-Netz

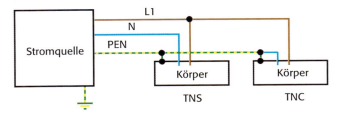

325

TNC- und TNS-Netze können zu TNC-S-Netzen kombiniert werden. Schutz- und Neutralleiter sind in einem Teil des Netzes getrennt und in einem anderen zusammengefasst.

TT-Netz

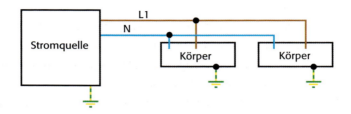

In TT-Netzen, die häufig in landwirtschaftlichen Großbetrieben verwendet werden, sind Körper und Stromquelle direkt geerdet. Diese Systeme erfüllen nicht die Forderung der DIN EN ISO 13297 in Bezug auf Erdung mittels Schutzleiter.

IT-Netz

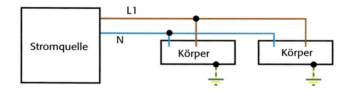

In diesem Netz ist die Spannungsquelle nicht geerdet. Daher kann ein Fehler (zum Beispiel ein Körperschluss) für sich alleine zu keiner Gefährdung und damit zu einer Abschaltung führen. Diese Netze werden vorrangig in Bereichen eingesetzt, wo eine besondere Versorgungssicherheit gefordert ist – zum Beispiel in Operationssälen – und ein Fehler nicht direkt zu einer Abschaltung führen darf. Diese Systeme erfüllen nicht die Forderung der DIN EN ISO 13297 in Bezug auf die Verbindung von Neutral- und Schutzleiter an der Stromquelle.

Normen und Richtlinien

ISO 8846	Kleine Wasserfahrzeuge – Elektrische Geräte – Zündschutz gegenüber entflammbaren Gasen
ISO 8849	Kleine Wasserfahrzeuge – Elektrisch angetriebe Bilgenpumpen
ISO 9094-1	Kleine Wasserfahrzeuge – Brandschutz – Teil 1: Wasserfahrzeuge mit einer Rumpflänge bis einschließlich 15 m
ISO 9094-2	Kleine Wasserfahrzeuge – Brandschutz – Teil 2: Wasserfahrzeuge mit einer Rumpflänge über 15 m bis einschließlich 24 m
ISO 9097	Kleine Wasserfahrzeuge – Elektrische Ventilatoren

DIN EN ISO 10133	Kleine Wasserfahrzeuge – Elektrische Systeme – Kleinspannungs-Gleichstrom-(DC)-Anlagen
ISO 10134	Kleine Wasserfahrzeuge– Elektrische Anlagen – Blitzschutz-Einrichtungen
ISO 10239	Kleine Wasserfahrzeuge– Flüssiggasanlagen (LPG)
ISO 10240	Small craft – Owners manual
ISO 11105	Kleine Wasserfahrzeuge – Belüftung von Räumen mit Ottomotoren und/oder Benzintanks
DIN EN ISO 13297	Kleine Wasserfahrzeuge – Elektrische Systeme – Wechselstrom-(AC)-Anlagen
IEC 60092-350	Electrical installations in ships – Part 350: Low-voltage shipboard power cables – General construction and test requirements
IEC 60092-352	Electrical installations in ships – Part 352: Choice and installation of cables for low-voltage power systems
IEC 60092-507	Electrical installations in ships – Part 507: Small vessels
DIN EN 60529	Schutzarten durch Gehäuse (IP Code)

Index

Symbole

24/12-Volt-Wandler 60
24-Volt-Bordnetz 60
61 113
115 V AC 201
230-Volt-Generator 128

A

Abbrandschäden 227
Abfluss 211
Abgasführung 138
Abgas-Seewasser-Einspritzung 248
Abgastemperatur 247, 248
Abgasverhalten 250
Abgeschirmter Leiter 22
Abgriff 16, 27
Abisolierwerkzeug 310
Abisolierzange 310
Ableiter 191
Ablesbarkeit 92
Abschaltung 29
Abschattung 118, 119
Abschirmung 22, 191
Abschlammraum 50
Abschlammung 50
Absicherung 154
Absicherung von Generatoren und Ladegeräten 176
Absolut wartungsfreie Batterie 49, 50
Abstellung 255
Abstellventil 241
Abzieherzentrierung 103
Abzugskräfte 303
Abzugskräfte von Verbindungen 322
AC-DC-Ladegerät 78, 79

AC-Verteilertafel 207
Aderendhülse 306, 312, 315
AGM-Batterie 51, 53
AGM-Rundzellenbatterie 48
Ah 18
AISI 293
Aktive Masse 44, 47, 85, 88
Akustischer Alarm 244, 245
Alarmstromkreis 244
Alterung
   - Batterie 47
Alterung durch Korrosion 52
Alterung einer Bleibatterie 63
Aluminium 291
Aluminiumschiffe 24
Ampere 15, 17
Amperestunden 18, 57
Analoganzeige 92, 248
Änderungen einer Anlage 8
Anforderungen an Verbindungen 309
Anker 15, 25, 68, 69, 100, 102
Ankerspannung 101
Ankerwicklung 69, 100, 101, 130
Ankerwinde 19, 27, 80
Anlasserschaden 59
Anlasserstromkreis 181
Anlaufstrom 134, 135, 204
Anode 287, 300
Anodenfläche 292
Ansaugvakuumschalter 244
Anschlussbelegung 319
Anschluss der Batterie 165
Anschlussklemmen von Lichtmaschinen 112
Anschlusswert 19
Antenne 30, 226, 227
Antennenanlage 237
Antennenbuchse 237
Antennenkabel 22
Antifouling 295

Anzeige der Batteriespannung 179
Anzeigegenauigkeit 92
Anzeigeinstrument 25, 27, 246
Arbeiten an Wechselstromanlagen 8
Arbeitsrelais 26
Arbeitsstrom 25, 68
Arbeitsstromkreis 25
Asynchron 130
Asynchrongenerator 128, 132
Atemstillstand 10
Atom 12
   - Gitterbildung 12
Auffangwanne 179
Aufgelöste Darstellung 20
Ausfälle im Bordnetz 38
Ausfälle in der Bordelektrik 302
Ausfallsicherung 217
Ausfallursachen 20, 305
Ausfallwahrscheinlichkeit 219
Ausführung von Leiterverbindungen 309
Ausgangsspannung der Lichtmaschine 70
Ausgangsstrom 107
Ausgleichsladung 51, 88
Auslöseart 30
Auslösecharakteristik 171
Auslösefall 29
Auslösespule 193
Auslösezeit 173
Ausschaltvermögen 169
Außenläufer 264, 268
Außenleiter 182
Äußerer Blitzschutz 226, 230
Auswahl des Leiterquerschnitts 322
Auswechseln von Teilen 8
Auszinkung 291
Automatic Voltage Regulator 129
Autoranging 315
AVR 129, 131
AVR-Regelung 137

B

B- 113, 255
B+ 110, 113, 255
Backen 303
Batterie 32, 44, 165, 179, 242
   - Ablagerungen 44
   - Absolut wartungsfreie 49
   - Aktive Masse 44, 47
   - Alterung 47
   - Alterung durch Korrosion 52
   - Anschluss 165
   - Aufbau 47
   - Bestimmung des Ladezustands 86, 90
      - Ruhespannung 91
      - Säureheber 90
   - Betriebsarten 55
   - Blei-Antimon-Legierung 49
   - Blei-Kalzium-Gitter 49
   - Blei-Zinn-Gitter 49
   - Chemie 44
   - Dendriten 44, 47
   - Einbauort 85
   - Endpol 44
   - Entladeschlussspannung 56, 64
   - Entladestrom 56, 57
   - Entladestromstärke 59
   - Entladetiefe 64
   - Entladung 44
   - Explosion 10, 11
   - Gasblasenbildung 65
   - Gasung 50
      - Rekombinationsfähigkeit 51
   - Gebrauchsdauer 44
   - Gitter 47
      - Blei-Antimon-Legierung 47
      - Blei-Kalzium-Legierung 47
      - Korrosion 47, 65
      - Korrosionsrate 65

- Gitterplattenzellen 50
- Hochstrombelastbarkeit 47
- Innenwiderstand 54
- Kapazität 47
    - Temperatur 56
- Kippsicherheit 49
- Kurzschluss 46
- Lade-/Entladezyklus 47
- Lade- und Entladevorgang 47
- Ladung 44
    - Ausgleichsladung 51
    - IU_oU-Kennlinie 66
    - Konstantspannungsphase 66
    - Temperatur 76
    - Temperaturkompensation 53
- Lagerung 98
- Lebensdauer 63, 85
- Löcher in den Separatoren 47
- Masseverlust 63, 64
- negative Platte 44
- Neigungswinkel 49
- Nennkapazität 47, 56
- Panzerplatten 50
- Peukert-Effekt 57
- Plattenlebensdauer 47
- Plattenoberfläche 51
    -Konzentrationsgefälle 51
- Plattenschluss 47, 64
- Plattenspannung 47
- Plattenzerstörung 47
- Positive Platte 44
- Ruhespannung 86
- Säureaustritt 49
- Säureschichtung 50, 51
- Schlammschicht 47
- Separator 44
- Spannungserhöhung
    - durch Temperatur 86
- Sulfatierung 51
- Temperatur 56, 98

- Temperaturbedingte Kapazitäts-
    schwankungen 95
- thermal runaway 90
- Thermisches Gleichgewicht 90
- Tiefentladung 56
- Totalausfall 65
- Überladung 47
- Unterladung 61, 65
- Verbinder 44
- Verlängerung der Lebensdauer 80
- Vollladung 66
- Vorsichtsmaßnahmen 46
- Vorzeitig gealtert 61
- Zellenkapazität 47
- Zellenspannung 47
- Zerstörung 90
- Zyklischer Mischbetrieb 55

Batteriealterung 63, 85
Batteriealterung durch falsche Ladung 85
Batterieanschluss 242
Batteriearten 48
Batterieauffrischer 96
Batterieauswahl 59
Batteriebetrieb 55
Batteriedaten 56
Batterieeinbau 179, 180
Batterieerwärmung 73
Batteriegehäuse 47
Batteriehauptkabel 243
Batteriekapazität 33, 76
Batterieladung 63, 67
Batterielebensdauer 86, 90
Batteriemanagement 63
Batteriemonitor 79, 92, 93, 94, 95
    - Anschluss 95
Batterien
    - Parallelschaltung 33, 36
    - Reihenschaltung 36, 37
Batterie-Pulser 96
Batterieräume 50

Batteriesäure 10
Batteriespannung 18, 32, 59, 65
Batterietemperatur 68, 70, 86, 93
Batterietrennrelais 25
Batterie-Trennschalter 241, 243, 250, 252
Batterietyp 44
Batterieüberwachung 91
Batterieüberwachungssystem 86
Batterieumschalter 24, 81
Batteriezelle 44
   - Innenwiderstand 65
Batteriezerstörung 89
Battery Refresher 96
Bauteile 16, 20
BD35F 61
Bel 137
Belastungszustand des Motors 247
Beleuchtung 272
Beleuchtungskörper 29
Beleuchtungsstärke 272, 273
Beleuchtungstechnik 277
Bemessungsstrom 29, 168, 169, 175
Benzin- oder Gasmotoren 181
Benzintank 181
Bereitschaftsparallelbetrieb 55
Berührungsschutz 321
Berührungsspannung 10, 184, 189
Bestimmung des Ladezustands 86, 90
Betriebskosten 146
Betriebssicherheit der Anlage 155
Betriebsstörungen 104
   - Gleichstromlichtmaschine 104
Betriebsstörungen von Drehstromlichtmaschinen 112
Betriebsstrom 159, 168
Betriebsstundenzähler 241
Bezeichnung der Netzformen 324
Billigladegeräte 75
Bimetallschalter 172

Blei 44, 65
Blei-Antimon-Legierung 47, 49
Bleibatterie 36, 44
   - Geschlossene 48
   - Gitterplatten 49
   - Offene 48
   - Röhrchenplatten 49
   - Verschlossene 48
Bleidioxid 65
Blei-Kalzium-Gitter 49
Blei-Kalzium-Legierung 47
Bleilegierung 47
Bleioxid 44
Blei-Säure-Batterie 53
Bleisulfat 44, 65
Bleisulfatfäden 47
Blei-Zinn-Gitter 49
Blindleistung 135
Blitzeinschlag 224
Blitzenergie 227
Blitzkugel 225, 229
Blitzschutz 224
Blitzschutzanlage 297
Blitzschutzmaßnahmen 224
Blitzschutzzwang 224
Blitzstrom 224
Blitzstromableiter 231, 234, 235
Blitzstromanstieg 227
Blitzstromklemmen 232
Blitzstromleiter 227
Blockheizkraftwerk 143
Bohrmaschine 128
Bordnetzbatterie 19, 50, 59, 67, 80, 84, 130
Bordnetz, unpolarisiert 9
Brauchwassererwärmung 143
Brennstoffzellen 125
Bronze 291
BSH 29
Bugstrahlruder 19, 27

331

Bundesamts für Seeschifffahrt und Hydrographie 29
Bürsten 100, 102, 104, 108
   - Funkenbildung 100
Bürstenhalter 104
Bürstenloser Synchrongenerator 131
Bus-System 210, 219, 240, 319

C

CAN-Bus 217, 219
CAN-Bus-Modul 319
Candela 272, 275
CAN-Protokoll 219
CAPI 219
cd 272
Charterbetrieb 140
Chemie 44
Chlor 49
Chloridionen 286
Chromgehalt 294
Common ISDN Application Programming Interface 219
Common-Rail-Diesel 250
Common-Rail-Einspritzanlage 240
Controler Area Network 219
Crimpverbindungen 178
Crimpzange 303, 309, 314

D

D- 113
D+ 110, 113, 244
Darstellung
   - Aufgelöste 20
   - Prinzip 20
   - Stromverlauf 20
   - Symbole 20
   - Vereinfachte 20
   - Zusammenhängende 20

Datenbus 214
Datenleitung 210
Datentransfer 219
dB(A) 137
DC-DC-Ladegerät 80
DC-DC-Ladegeräte 79
Demontage der Lichtmaschine 109
Dendrite 44, 47, 64
Desulfatierer 96
Dezibel 137
DF 113, 255
DF1 113
DF2 113
Diagnosesignal 215
Diesel-Einbauaggregat 129
Dieselgenerator 138
Differenzstrom 9, 30
Diffusorlinse 280
Digitalanzeige 92
Digitale Anzeigen 248
Dimensionierung der Blitzschutzanlage 227
Dimensionierung des Leiterquerschnitts 159
Dimensionierung von Leitern 161
DIN 5035 275
DIN EN ISO 10133 154, 309, 322
DIN EN ISO 12464 275
DIN EN ISO 13279 184
DIN VDE 0100 185
DIN VDE V 0185 229
Dioden 28, 106, 108, 115, 245
   - Durchflussrichtung 28
   - Germanium 28
   - LED 29
   - Leuchtdioden 29
   - Schottky 29
   - Silizium 28
   - Spannungsabfall 28
Diodenbrücken 141

palstek 5-11

Technisches Magazin für Segler

Praxis für Bootseigner

Nr. 5-11
26. Jahr
September/Oktober
C 2202 F
Deutschland € 5,50
Österreich € 6,40
Schweiz sfr 11,00

palstek

Benelux € 6,50 · Griechenland € 8,50 · Spanien € 7,30 · Italien € 7,30 · Finnland € 7,50

Schallschutz: Motoren zum Flüstern bringen
Geräteträger: Logenplätze für Antennen & Co.
Seewetter: windbedingte Oberflächenströmungen

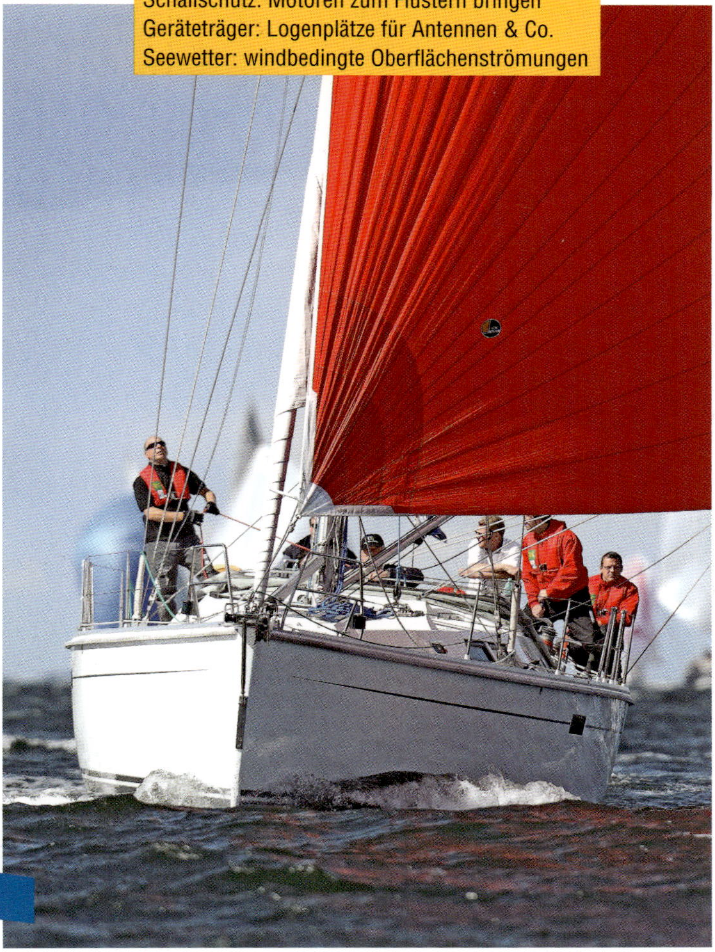

4 194130 705501 05

Segel + Rigg
Optimale Tuche und Schnitte für Rollsegel

Navigation
Praxistest Broadband-Radar

Solarmodule
Batterieladung durch Sonnensaft

Im Test
· TES 28 Magnam
· Gladiateur 33

Diodenplatte 106, 108, 109, 112
Diodenverteiler 80, 117
Direct Methanol Fuel Cell 127
Dokumentation 316
Doppelfarblaterne 25
Drain 211
Dreheiseninstrumente 92
Drehknebel 24
Drehmoment 313
Drehspulinstrument 39
Drehstrom 28, 70, 111
Drehstromgenerator 141
Drehstromlichtmaschine 66, 68, 70, 100 102, 106, 107, 108
- Anker 108
- Betriebsstörungen 112
- Demontage 109
- Dioden 106, 108
    - Spannungsspitzen 111
- Diodenplatte 106, 109
- Innenbelüftet 68
- Läufer 108
- Leistungskurven 111
- Regler 108
- Rotor 107, 108
- Schaltung 110
- Schleifringe 107
- Stator 106, 107, 109
Drehstrom-Lichtmaschinen 28
Drehzahlanzeige 241, 246
Drehzahl des Antriebsmotors 139
Drehzahldifferenz 133
Drehzahlstabilität 137
Dreifarbenlaterne 25
Durchflussrichtung 28
Durchflusssensor 248
Dynamo 113
Dynamo Feld 113

E

easy DC 98
Effektivwert der Spannung 207
Eigenschaften einer Batterie 56
Einbindung des Generators 203
Eindringen von Fremdkörpern 321
Eindringen von Wasser 321
Einfangwahrscheinlichkeit 229
Eingangsschaltung des Funkgeräts 237
Einleitersystem 156, 157, 240
Einrückhebel 250, 252
Einrückwicklung 250
Einschaltzeit 60
Einschlagstellen 225
Einspritzpumpe 243
Eisenkern 31, 198
Ektrowerkzeug 314
Elekrolytverlust 52
Elektrischer Strom 12
Elektroantriebe 262
Elektrochemische Korrosion 183, 240, 284
Elektrochemische Spannungsreihe 285, 288
Elektrochemisches Potenzial 188
Elektrochemische Verträglichkeit 176
Elektrofachkräfte 8
Elektroherd 19
Elektrolyt 44, 49, 75, 89, 126, 284
Elektrolytische Korrosion 284, 288
Elektrolytische Vorgänge 12
Elektromagnet 25
Elektromagnetisches Feld 31
Elektron 12, 127
- Geschwindigkeit 13
Elektronenfluss 16
Elektronenmangel 12
Elektronenüberschuss 12
Elektronische Kommutierung 263, 265

Elektronische Ladestromverteiler 72
Elektronische Relais 26
EN 28 846 181
Enddurchschlagstrecke 225, 229
Endpol 44
Energie 18
Energiebilanz 19, 60, 61, 62, 119, 144, 278
Energiebilanz für das Wechselstromnetz 144
Energieerzeuger 66
Energiespeicher 44
Energieverbrauch 60
Energiewirkungsgrad 93
EN ISO 10133 171
Entladephasen 82
Entladeschlussspannung 56, 64
Entladestrom 56, 57
Entladestromstärke 59
Entladetiefe 64, 86
Entladevorgang 65
Entladung 44
Entlüftungsöffnung 50
Erde 154, 157
Erdung 22, 23, 191, 226
Erdung der Stromquelle 325
Erdungsanlage 230
Erdungsleiter 191
Erdungsplatte 227, 232
Erdungsschiene 191, 192
Erdungsverhältnis 324
Erregerfeld 107
Erregerspannung 130
Erregerstrom 68, 70, 101, 130, 131
Erregerwicklung 69, 107
    - Stromstärke 107
Versorgung des Wechselstrombordnetzes 129
Exzenterschleifer 128

F

Fächerscheibe 311, 312
Fahrzeugbatterie 66
Fangeinrichtung 225, 230, 231
Fangentladung 225
Fangstange 226, 227
Farben 162
Federring 311, 312
Fehler im Bordnetz 38
Fehlerstromschutzschalter 30, 187, 190, 193, 194, 195
Fehlerstrom-Schutzschalter
    - Differenzstrom 9
Fehlersuche 39, 40, 257
    - Spannungsmessung 39
    - Widerstandsmessung 41
Fehlfunktion des Motors 245
Feinschutz 237
Feld 31, 100
    - Elektromagnetisches 31
Feldeffekttransistoren 80, 84
Feldwicklung 100, 101, 103
FI 193
FI-Schalter 30, 195
Flachsteckhülsen 178
Flachstecksicherung 30, 171, 172
Flachsteckverbinder 311, 315
Flexibilität 159
Flexible Leiter 305
Flüssigkeitsspiegel in der Batterie 50
Formelrad 320
Formschlüssige Verbindung 309
Freiauslösung 167
Freilauf 254
Freilaufvorrichtung 252
Fremdkörperschutz 321
Fremdrost 295
Fremdstrom 284
Fremdstromeinwirkung 288

Frequenz 14, 139
- Ausgangsspannung 137
- Generatorspannung 132
- Wechselspannung 131
Funkanlagen 237
Funkenbildung 100, 101
Funkenstrecke 234
Funkgerät 24, 30

G

Gabelkabelschuhe 178
Gabelkrallenkabelschuhe 178
Gabelschlüssel 315
Galvanische Korrosion 284, 287
Galvanischer Isolator 202, 300
Galvanische Ströme 203
Galvanische Trennung 183, 198, 199
Gasbatterie 125
Gasblasenbildung 65
Gasentladungslampe 237
Gasentladungsleuchte 29
Gasleitungen 191
Gasung 50, 52, 88, 89
Gasungspunkt 52
Gasungsspannung 51, 68, 75, 77, 90
Gate 211
Geber 42
Geber für doppelte Instrumentierung 245
Geber für zwei Fahrstände 245
Geber und Schalter 244
Gehäusemasse 22
Gehäuseschrauben 103, 108
Gelbatterie 51, 52
- Rekombinationsfähigkeit 52
Generator 29, 128, 187, 203
- Mobil 129
Generatorauslegung 144
Generatorbetriebsstunden 140
Generatoreinsatz 143

Generatoren 55
Generator im Alleinbetrieb 129
Generatorkontrollpanel 130
Generatorleistung 144
Generatorspannung 130, 132
Geräteschutz 234
Geräteschutzschalter 30, 167, 216
Geräuschverhalten 136, 140
Germanische Lloyd 50
Germanium 28
Germanium-Dioden 28
Gesamtladezeit 77
Gesamtleistung 33
Gesamtstrom 32, 33
Gesamtwiderstand 33, 35
Gesamtwirkungsgrad 147
Geschlossene Batterien 49
Geschlossene Bleibatterien 48
GFCB 30
GFCI 193, 195
G-(Geräte-)Sicherungen 171
Gitter 47
Gitterbildung 12
Gitterkorrosion 89, 97
Gitterplatten 47, 49, 59
Gitterplattenbatterie 48
Gitterplattenzellen 50
Glasfasermatten 53
Gleichrichter 28, 74
Gleichrichterdioden 68
Gleichrichterelement 75
Gleichrichtung 71
Gleichspannung 68, 106
Gleichstrom 13, 28, 111
Gleichstromanlage 154
Gleichstrombordnetz 38, 154
Gleichstrom-Elektromotoren 262
Gleichstromgenerator 139, 142, 147
Gleichstromkonzept 142, 147

Gleichstromlichtmaschine 66, 68, 69, 100, 101, 102
- Anker 100
- Bürsten 104
- Bürstenhalter 104
- Kabelbrüche 105
- Kollektorlamellen 104
    - Isolierstege 104
- Lager 104
- Leistungskurven 111
- Regler 105
- Transistorregler 104
Gleichstromsysteme 24
- Vollständig isolierte 24
Gleich- und Wechselstrom 13
Glühanlage 248, 249
Glühkerzen 249
Glühlampe 29, 273
Glührelais 243, 249
Glühstifte 243, 249
Glühzeit 249
Grenzen der Absicherung 174
Größe der Elektroden 290
Großverbraucher 19, 27
Grundbedarf 143
G-Sicherung 30, 168

H

Halbwelle 28, 106
Hall-Geber 263
Hall-Sensor 247
Halogenlampen 60, 273
Haltewicklung 250
Handbuch für Schiffsführer 316, 323
Handwerkliche Grundlagen 302
Hauptableiter 227, 231
Hauptdiode 110, 115
Haupterdung 191
Hauptpotenzialausgleich 191

Hauptstromlieferant 67
HD-Batterien 50
Heavy Duty-(HD)-Batterie 49
Hecklicht 25
Heißluftgebläse 310
Heißluftpistole 304
Heizungsanlagen 191
Helligkeit 273
Hertz 14
Herzstillstand 10
High-Cap 38
High Power LED 279
Hilfsdiode 110, 115
Hilfswicklung 130, 132
Hinleiter 14
Hochleistungs-Laderegler 53
Hochleistungsregler 70, 73, 83, 85
- Anschluss 71
Hochstrombelastbarkeit 47
Hochstromrelais 26
Hochstromverbraucher 216
Holzmast 226, 227
Hupenknopf 25
Hybridsystem 130, 144, 146
Hydraulische Auslösung 167

I

I 15, 320
IEC 60092-507/2 154, 184
I-Kennlinie 68
Induktion 31, 42, 198, 227, 236
Induktivität 30
Innenläufer 262, 264
Innenleiter 22
Innenwiderstand 65, 66
- Batterie 66
- Ladegerät 66
Innerer Blitzschutz 226, 230, 233
Instrumentenpanel 243

Instrumententafel 241
Internal Protection 321
Inverter 137, 142, 148, 206
Inverterausgang 129
Invertererdung 204
Invertergenerator 140, 141
Invertergerät 129
Inverter-Lade-Kombigerät 206
Ionen 12, 287
Ionenstrom 288
IP-Schutzart 321
ISO 8846 181
ISO 10133 154
Isolation 17
Isolationsfehler 156, 182, 184, 189
Isolationstemperaturklasse 160
Isolationsumwandler 203
Isolation Transformer 201
Isolierband 315
Isolierkappe 312
Isolierrohre 165
Isolierstege 104
Isolierung 22
IT-Netz 326
IT-System 203
IU-Kennlinie 73, 78
IU_oU-Kennlinie 66, 72, 75, 77, 88
I = U / R 17

K

K 276
Kabel 21, 158
   - Durchmesser 163
   - Verlegung 164
Kabelbaum 21
Kabelbinder 315
Kabelbrüche 105
Kabelkanal 313
Kabelquerschnitt 16, 22, 304

Kabelschere 305
Kabel und Leitungen 207
Kaffeeautomat 128
Käfig 132
Kalibrierung 93
Kälteprüfstrom 56, 59
Kaltlaufphase 250
Kapazität 18, 33, 47, 59
   - Nutzbare 60
Kapazität der Bordnetzbatterie 60
Kapazitätsangabe bei Starterbatterien 59
Kapazitätsverlust 44, 65
Kapillarwirkung 305
Kathode 287, 300
Kathodenfläche 292
Kathodischer Korrosionsschutz 296
Kathodischer Schutz 288
Kelvin 276
Kennfeld 171
Kennlinie
   - Spannungsbegrenzte 66
Kennzeichnung 163
Kieselgur 52
Kilovoltampere 135
Kilowatt 15
Kilowattstunden 18
Kippsicherheit 49
Klassifikationsgesellschaft 50
Klauenpolläufer 107
Klemme 50 252
Klemmenbezeichnungen 112
Klemme W 247
Klemm-Prüfspitze 43
Klimaanlage 128
Klirrfaktor 133
Knallgas 10, 89
Knallgasbildung 52
Knallgas, Gefahr durch 11
Knoten 210, 212, 214, 220
Knotenmodul 219

Das Yachthandbuch von Michael Herrmann

Technik unter Deck, Michael Herrmann

Palstek Verlag GmbH
Eppendorfer Weg 57a
20259 Hamburg
www.palstek.de

336 Seiten,
DIN A 4, gebunden
ISBN: 3-931617-18-1
38,00 Euro

Technik unter Deck

Das Fachbuch Technik unter Deck von Michael Herrmann ist einzigartig. Aus über 15 Jahren intensiver Palstek-Leserberatung ist ein Werk entstanden, das jeder Bootseigner an Bord haben sollte. Hier findet er die ganze Welt der Technik unter Deck. Alles einfach und verständlich erklärt und mit über 1.200 farbigen 3-D-Zeichnungen anschaulich illustriert.

Der Bootseigner hat erstmals alle technischen Ausrüstungsgegenstände in einem Werk: Vom kompletten Antriebsstrang (Motor bis Propeller) über Ruder- und Elektroanlagen bis hin zu Heizungen, Lenzanlagen und Trinkwassersystemen.

Kochfeld 19
Kohlebürste 69
Kohlebürsten 68, 70, 109, 130, 264
Kohlebürstenhalter 70
Kollektor 68, 100, 102, 104, 264
    - Funkenbildung 100
    - Lamellen 100
Kollektorlamellen 104
Kombi-Ableiter 234
Kombis 145
Komfortverbraucher 62
Kommutator 69, 100
Kommutierung 262, 264
Kompaktleuchtstofflampen 277
Kompensation 72
Kompensationsdiode 84
Kompressor 42
Kompressor BD35F 61
Kondensator 101, 130
Kondensatorgeregelte Synchrongeneratoren 135
Kondensatorregelung 129, 131
Konstantladespannung 90
Konstantspannung 73
Konstantspannungsladung 69
Konstantspannungsphase 66, 68, 75, 77
Konstantstromladung 68
Konstantstromphase 77
Konstantstromquelle 280
Kontaktfläche 311
Kontaktkorrosion 286, 293, 298
Kontaktpaar 25
Kontaktplatte 25
Konzentrationsgefälle 51
Korngrenzen 292, 294
Körper 324, 326
Körperschluß 326
Körperwiderstand 10
Korrodierte Einzeldrähte 305
Korrodierte Kabelschuhe 302

Korrosion 50, 65
Korrosion der positiven Gitter 85
Korrosionsanfälligkeit der Adern 307
Korrosionsarten nicht rostender Stähle 292
Korrosionsbeständigkeit 285, 293, 294
Korrosionserscheinungen 22
Korrosionspotenziale 287
Korrosionsrate 65
Korrosionsschutz 191
Korrosionsschutz durch Isolierung 289
Kraftstofffilter 180
Kraftstoffleitungen 191
Kraftstofftank 180, 191
Kraftstoffverbrauch 146
Kraftstoffversorgung 138
Krängung 180
Kugelflächen 275
Kugelmethode 228
Kühlschrank 61
Kühlschrankkompressor 42
Kühlwassertemperaturanzeige 244
Kühlwasserversorgung 138
Kupfer 16
    - Spezifischer Widerstand 17
Kupfergeflecht 22
Kupferlamellen 102
Kurzname 293
Kurzschluss 29, 168, 214
Kurzschlussschutz 166
Kurzschlusssituation 156
Kurzschlussstrom 156, 170, 189
Kurzzeitverbraucher 145
kVA 135
kW 15, 135
kWh 18

L

L1 182
Ladecharakteristik 53, 68

Lade-/Entladezyklus 47, 55, 63, 91
Ladegerät 53, 67, 74, 75, 142, 148
  - Einbau 76
  - Kennlinien 77
  - Primär getaktet 74
  - Prozessorgesteuert 79
  - Sekundär geregelt 74, 75
  - Temperaturkompensiert 90
  - Ungeregelt 66, 74
Ladegeräte und -methoden 66
Ladegeräte/Wechselrichterkombination 130
Lade-Inverter-Kombinationen 204
Ladekennlinie 69
Ladekontrolle 241
Ladekontrollleuchte 101, 104, 110, 115, 243
Ladeleistung 50, 104
Laden mit zu hohem Strom 86
Ladeschlussspannung 54, 73
Ladespannung 53, 69, 72, 74, 84, 90
  - Temperaturanpassung 90
Ladestrom 50, 68, 69, 76, 84, 87
Ladestromverteiler 72
Lade- und Entladevorgänge 47
Ladeverfahren 63
Ladezeit 62, 69, 72, 75, 88
  - Tägliche 62
Ladezustand 91, 95
Ladung 44
  - Ausgleichsladung 51
  - Temperatur 78
Ladungsaufnahme 88
Ladungserhaltung 77, 88, 122
Ladungserhaltungsphase 76, 77, 93
Ladungsträger 12
Ladung unterschiedlicher Batterien 80
Lager 104, 108
Lagerschild 70, 109
Lagerspiel 104

Lamellen 100
Lampenausfall 215
Landanschluss 130
Landgenerator 153
Landstromanlage 195, 198
Landstromanschluss 185, 186
Landstromverbindungen 187
Lastwechsel 131
Läufer 68, 70, 108, 131
Lebensdauer einer Batterie 63
Lebensdauer-Nennwert 140
LED 29
LED-Lampe 276
LED-Technik 273
Leerlaufspannung 120
Leicht zugänglich 178
Leistung 15, 18, 32, 320
Leistungsdreieck 320
Leistungselektronik 28
Leistungskurven 111
Leistungsschalter 30, 171, 172
Leistungsverlust 161, 307
Leitblitz 225, 229
Leiter 12, 21, 32, 160
  - Dimensionierung 32, 161
  - Durchmesser 163
  - Farben 162
  - Kennzeichnung 163
  - Metallische 12
  - Strombelastbarkeit 160
Leiterenden 177
Leiterkennung 316
Leiterquerschnitt 17, 43, 165, 192
Leiterunterbrechungen 302
Leiterverbindungen 302
Leitung 16
Leitungen 158
  - Verlegung 164
Leitungsführung 313
Leitungslängen 85

Leitungsschutzschalter 30, 172, 196
Leitungsverbinder 177
Leitungswiderstand 16, 17
Lenzpumpen 26
Leuchtdioden 29, 246
Leuchte 29
   - Anschlussbelegung 29
Leuchten 277
Leuchtmittel 275
Leuchtstofflampen 279
Leuchtstoffröhren 273
Lichtbogen 235
Lichtenergie 272
Lichtfarbe 275, 276
Lichtmaschine 28, 53, 55, 66, 112, 117, 241, 242, 247, 255, 258
   - Anschlussklemmen 112
   - Arbeitsstrom 68
   - Ausgangsspannung 70
   - Erregerstrom 68
   - Ladecharakteristik 68
   - Leistungsgewicht 107
   - Minusanschluss 255
   - Spannungserhöhung 72
Lichtmaschinengenerator 150
Lichtmaschinenregler 69
Lichtmaschinenspannung 84
Lichtmaschinenumdrehungen 111
Lichtquelle 272
Lichtstrom 272, 275
Light Emitting Diodes 29
lm 272
Löcher in den Separatoren 47
Lochfraß 286
Lochkorrosion 292
Lose im Kabel 314
Lösungsanode 287
Lüfter 108
Lüfterrad 102, 103
Lumen 272, 275

Lux 272, 275
LWA 137
lx 275

M

Magnesium 295
Magnesiumanode 295
Magnesiumionen 295
Magnesiumschicht 295
Magnet 15
Magnetfeld 130, 131, 132
Magnetische Auslösung 172
Magnetisch-hydraulischer Schutzschalter 30
Magnetisch-thermischer Schutzschalter 30
Magnetschalter 242, 243, 250
Magnetventil 240, 241, 242, 243, 255, 256
Mantel 22
Mantelzange 310
Marine-Zündschloss 243
Maschinenraum 165
Masse 22, 154, 157
   - Potenzial 23
Massepunkt 156
Massesymbol 23
Masseverbindung 157
Masseverlust 63, 64, 97
Maststütze 191
Mehrmaster 230
Membran 126
Messbereich 28, 42, 43
Messen 38
Messfehler durch Spannungsabfälle 95
Messing 291
Messleitung 41, 70, 79, 84, 85, 87
Messspannung 92
Messstelle 42
Messtipps 43
Messwiderstand 27, 93

- Anschluss 94
Metallgitter 44
Metallion 12
Metallische Leiter 12
Metallische Rümpfe 154
Metallmast 226, 227
Metalloxide 292
Metalloxidhydrate 292
Methanol 127
Mikrowelle 145
Mikrowellenherd 128
Milliwatt 15
Mindestabzugskraft 322
Mindestzahl der Einzeldrähte 158
Minusleiter 22
Minuspol 13, 154
Minuspol der Anlage 157
Minuspol der Batterie 23
Mobile Generatoren 129, 135
Modul 220
Modulspannung 124
Molybdän 294
MOSFET 85, 211
MOSFET-Motorsteuerung 262
Motor 29
Motor-Bus-Systeme 260
Motor-DC-Ladegeräte 70, 73
Motordrehzahl 134, 138
Motoren mit Zweileitersystem 240
Motorlaufzeit 116, 125, 128
   - Batterieladung 128
Motorlaufzeiten zur Batterieladung 61
Motormasse 244
Motorschäden 116
Motorwicklung 262
MPP-Regler 123, 124
Multimeter 38, 315
mW 15

N

N 182
Nabenmotoren 267
Naheinschlag 230
Nass-Batterie 49
nav-switch 280
Nebenableiter 228
Nebenerden 191
Nebenschluss 100
Nebenschlussmaschinen 101
Nebenschlusswiderstände 27
Nebenwiderstand 92
Negative Platte 44
Nennkapazität 47, 56, 57, 60, 93
Nennspannung 17, 56, 57, 179
   - Batterie 47
Nennstrom 29, 42
Neonröhre 29
Netzform 184, 324
Netzspannung 15, 74, 182
Netzspannungsbereich 79
Netzspannungsschwankungen 74
Neutralleiter 182, 188, 325
Neutralleiteranschluss 198
Neutralweiß 276
Neutron 12
NH-Sicherung 171
Niedrig- und unlegierte Stähle 293
Niro 293
Normen und Richtlinien 326
Nutzbare Kapazität 60
Nutzbare Kapazität der Batterien 85
Nutzungsdauer 85

O

Oberflächen der Einzeldrähte 305
Offene Bleibatterien 48
Öffner 24

Öffnungswinkel 225
Ohm 15
Ohm´sches Gesetz 16, 17
Öldruck 241
Öldruckanzeige 246
Öldruckgeber 42, 241, 243, 244, 247
Öldruckgeber/-schalterkombination 244
Öldruckleuchte 243
Öldruckschalter 241
Öltemperaturanzeigen 248
Opferanode 191, 192, 295

P

P 15, 320
Panzerplatten 50, 51
Panzerplattenbatterien 88
Parallelschaltung 32
   - Batterien 33
   - Kapazität 33
   - Verbraucher 33
Passivschicht 286, 292, 294
PE 182, 325
PEM-Brennstoffzelle 126
PEN 325
Permanentmagnete 262, 264
Personenschäden 228
Personenschutz 30, 182
Persönliche Schutzausrüstung 9
Peukert-Effekt 57, 93
Peukert-Koeffizient 58
Phase 147
Phasenlage 131, 147, 149
Phasenverschiebung 135
Plattenlebensdauer 47
Plattenoberfläche 50, 51
Plattenschluss 47, 50, 64
Plattenspannung 47
Plattenzerstörung 47
Pluspol 13

Polarisationstransformator 30
Polarisiertes Bordnetz 199
Polarisiertes System 183, 186, 202, 300
Polarisierung 198
Polarisierungstransformator 183, 199, 203
Polaritätsumwandler 183, 203
Polkappen 107
Polpaar 134, 139
Polung 15
Polzahl 111
Positionslaterne 29
Positive Platte 44
Potentiometer 16
Potenzial 23, 287
Potenzialausgleich 166, 187, 189, 190, 233, 234, 191
Potenzialausgleichsschiene 226
Potenzial der Erdoberfläche 157
Potenzialdifferenz 224
Potenzialunterschied 230
Potenzialverhältnisse 156
Pressdruck 303
Presseinsatz 304
Presskabelschuhmontage 304
Primär getaktete Ladegeräte 78
Primärwicklung 31, 198
Profet 210, 214
Propelleranlage 154
Protokollsystem 219
Protonen 12, 126
Provisorischer Blitzschutz 238
Prüfen und Messen 38
Prüflampe 38, 315
Prüfspitze 43
Prüftaste 193
Puffer 44, 144
Pufferbetrieb 52, 55
Pulsweitenmodulation 211, 215

Q

Quasi-sinusförmig 148
Quelle 211
Quellenschalter 150, 203
Querschnitt 158, 309
Quetschkabelschuh 303, 315
Quetschverbinder 177
Quetschzange 310

R

R 15
Radialdiode 278
Raumwinkel 272
RCD 30, 186, 187, 193
   - Differenzstrom 9
Rechteckspannung 149
Rechtslage 8
   - Änderungen einer Anlage 8
   - Auswechseln von Teilen 8
   - Elektrofachkräfte 8
   - Laien 8
   - Reparaturen 8
   - Unterwiesene Personen 8
Referenzelektrode 287
Referenzspannung 87
Regelung der Motordrehzahl 131
Regelverstöße 309
Regler 53, 69, 101, 104, 105, 108, 110
   - Elektronische 101
   - Mechanische 101
Reglerkontakte 101, 104
   - Funkenbildung 101
Reihenklemmen 312
Reihenschaltung 34
   - Gesamtstrom 34
   - Verbraucher 34
Reihenschlussmotor 59
Rekombination 51

Rekombinationsfähigkeit 51, 52, 89
Relais 24, 25, 211
   - Anker 25
   - Arbeitsstrom 25
   - Arbeitsstromkreis 25
   - Elektronische 26
   - Funktionsweise 25
   - Kontakte 25
   - Kontaktplatte 25
   - Ruhezustand 25
   - Steuerspannung 25
Reparaturen 8
Reparaturen an der Elektroanlage 315
Restkapazität 95
Restmagnetismus 69
Restspannung 234
Riemenscheibe 108
Riemenscheibenmutter 102, 108
Riemenspannung 112
Riggschäden 235
Ringkabelschuh 303, 311
Ringläufer 266, 269
Ringschlüssel 315
Ritzel 251
Ritzelwelle 250
Röhrchenplatten 49
Rost 293
Rotor 107, 108, 110, 131
Rotorwelle 108
Rückleiter 14, 22
Rückschlagventil 28, 84
Ruhespannung 86, 92
Ruhestellung 24
R = U : I 17
Rumpf 154
Rundkabelschuh 315
Rundzellenbatterie 54
Rüttelfestigkeit 54

S

Sauerstoffarmes Wasser 286
Säureanteil im Elektrolyten 51
Säureaustritt 49
Säuredichte 51, 88
Säureheber 90, 91
Säurenebel 50, 52
Säurepartikel 50
Säureschichtung 50, 51, 88
Schäden durch Blitzeinschläge 228
Schädigung der positiven Gitter 89
Schalldruckpegel 136, 137
Schalldruckpegeländerung 137
Schallleistung 137
Schallleistungspegel 137
Schallpegel 137
Schallquelle 137
Schalter 16, 24, 216
- Betätigung 24
- Kontakte 24
- Öffner 24
- Ruhestellung 24
- Schließer 24
- Strombelastbarkeit 24
- Zweipolige 24
Schaltpläne 20, 316
- Stromverlauf 20
- Symbole 20
Schaltschloss 193
Schalttafel 179
Schaltung 32
Schaltzeichen 14, 20
- Abgeschirmter Leiter 22
- Abzweigung 21
- Diode 28
- Erdung 22
- Gehäusemasse 22
- Generator 29
- Glühlampe 20
- Kabelbaum 21
- Kreuzung 21
- Leiter 14, 20
- Leiter allgemein 21
- Leiterkreuzung 20
- Leuchtdiode 29
- Masse 22
- Masseverbindung 22
- Motor 29
- Öffner 24
- Relais 25
- Schalter 20
- Schließer 24
- Schutzschalter 29
- Sicherung 20, 29
- Spule 31
- Taster 24
- Transformator 31
- Umschalter 24
- Verbindung 14
- Widerstand 16, 27
Schaltzeit 211
Scheibenfeder 102
Scheibenläufer 265, 267
Scheinleistung 135
Schiffserde 157
Schiffsmasse 155
Schirmung 236
Schleifringe 70, 107, 130
Schleppwiderstand 123
Schleusenspannung 202
Schließer 24
Schlupf 132
Schmelzeinsatz 29
Schmelzelement 167
Schmelzsicherung 29, 315
Schottdurchführung 165
Schottky-Dioden 29, 84, 85
Schraubanschlüsse 178, 312
Schraubendreher 313, 314

Schrumpfschlauch 304, 310, 311
Schubschraubtriebstarter 251
Schubtriebstarter 250
Schutzart 179, 208
Schutzausrüstung, persönliche 9
Schutzbrille 11
Schutz des Rudergängers 228
Schutzeinrichtung 224
Schutzerdung 10, 184, 185, 187, 188, 203
Schutzerdungszwang 203
Schutzgrad 321
Schutzkegel 225
Schutzklasse 225, 229
Schutzkontakt-Adapter 185
Schutzleiter 31, 154, 166, 182, 187, 192, 191
Schutzmaßnahmen gegen elektrolytische Korrosion 299
Schutzmaßnahmen gegen galvanische Korrosion 296
Schutzpotenzialausgleich 191, 192
Schutzschalter 29, 37, 154, 167, 170, 171, 185, 191, 315
   - Kennfeld 171
   - Magnetisch-hydraulisch 30
   - Magnetisch-thermisch 30
   - Thermisch 30
Schutzwicklung 198
Schutzwinkel 229
Schutzwinkelverfahren 229
Schwammerde 232
Schwefelsäure 44
Seewasserpumpe 248
Seitenschneider 305, 314
Sekundäre Folgen 10
Sekundäre Unfallfolgen 190
Sekundär geregelte Ladegeräte 75
Sekundärseite 31
Sekundärwicklung 31, 198

Selbstentladung 52, 76
Selbstsichernde Kabelschuhe 178
Selektive Absicherung 170
Selektivität 167, 173
Selen-Gleichrichter 75
Seltene-Erden-Legierungen 265
Semi-Traktionsbatterie 49
Sensorknoten 220
Separator 44, 47, 64
Separatoren 50
Shunt 27, 92, 93, 94
Sicherung 29, 167, 170, 241
   - Flachstecksicherung 30
   - G-Sicherung 30
   - Streifensicherung 30
Sicherungsautomat 171
Sicherungseinsatz 29
Sicherungselement 29
   - Abschaltung 29
Sicherungshalter 29
Siliziumdioden 28, 70, 85, 100, 106
Sinusform 137, 149
Sinusförmig 15
Sinuswechselrichter 148
Solarbatterie 49, 59
Solarmodul 67, 117, 118
   - Abschattung 119
   - Leerlaufspannung 120
   - Montage 119
   - Montageort 119
   - Regler 120
Solarregler 117, 120, 122
Source 211
Spaltkorrosion 286, 292
Spannung 12, 14, 15, 17, 320
   - Sinusförmig 15
Spannungsabfall 16, 17, 22, 27, 60, 82, 83, 84, 159, 161, 224, 322
   - Berechnung 161
Spannungsabfall am Geber 246

Autark durch Energie aus Wind und Sonne

Diesel ist teuer. Motoren leiden, wenn sie nur zur Batterieladung laufen müssen. Dabei produzieren sie zwar wenig Strom, dafür jedoch viel Lärm und Gestank. Mit anderen Worten: Es ist Zeit für alternative Stromerzeuger an Bord: Wind und Sonne können dazu beitragen, die für die Stromversorgung nötigen Motorlaufzeiten drastisch zu verkürzen oder gar ganz entfallen zu lassen. Ausreichend dimensionierte Anlagen schaffen Unabhängigkeit von Landstrom und machen Diesel- und Benzingeneratoren überflüssig.

Michael Herrmann beschreibt hier anschaulich und detailliert den Weg zur effizienten Nutzung der regenerativen Energien an Bord. Über die Grundlagen der Photovoltaik und der Windgeneratoren geht es zur Planung, der Auswahl und zum Einbau der Anlagen. Nicht vergessen wurde dabei die Rolle, die unsere Energiespeicher im Energieversorgungsunternehmen „Bordnetz" spielen, und - falls doch irgendetwas schief gehen sollte - eine Anleitung zur Fehlersuche.

120 Seiten, diverse Fotos und Abbildungen, Paperback,
ISBN-Nummer 978-3-931617-35-6, 12,80 Euro

Palstek Verlag GmbH | Eppendorfer Weg 57 a | 20259 Hamburg | Telefon 040 - 40 19 63 40 | Fax 040 - 40 19 63 41
Email: ahoi@palstek.de | Internet: www.palstek.de

Spannungsangaben im Bordnetz 23
Spannungsbegrenzung 69, 75, 214
Spannungseinbruch 43
Spannungserhöhung an der Lichtmaschine 72
Spannungsfestigkeit 158, 207
Spannungsmessung 27, 39
Spannungsregelung des Generators 131
Spannungsrisskorrosion 292, 294
Spannungsschwankungen bei Lastwechseln 131
Spannungsspitzen 111
Spannungsverlust 154, 307
Spannungswechselstufe 147
Spannungswerte 43
Spannungverlust 16
Sparlampen 277
Speisungsknoten 220
Spektrale Zusammensetzung 275
Spektrum 275
Spezifischer Verbrauch 145
Spezifischer Widerstand 17
Spiralzellenbatterie 48
Spule 15, 30
Standardregler 72
Standardrelais 26
Ständerwicklung 70, 131
Starter 240, 241, 242, 250, 251
Starterbatterie 49, 54, 59, 67, 79, 80, 84, 89, 241
   - Kapazitätsangabe 59
Starterfehler 253
Startermotor 250
Startsicherheitsschalter 241, 242
Startzündschalter 241, 243, 250
Stator 100, 106, 107, 109, 110
Statorwicklung 68, 130, 132
Statorwicklungen 68
Steckdosen 181
Steckdosen im Pantrybereich 207

Steckverbinder 16, 178
Stellmotor 131
Steradiant 272, 275
Steuerelektrode 211
Steuerleitung 26
Steuerpanel 210
Steuerspannung 25, 262
Stirling-Generator 143
Stirlingmotor 143
Störungen 16
Strahlungsleistung 272
Streifensicherung 30, 171
Streustrom 240
Strom 12, 17, 320
Strombelastbarkeit 160, 322
Strom durch den menschlichen Körper 10
   - Widerstand 10, 182
Stromerzeuger 44
Stromerzeugung 100, 101, 128
   - Gleichstrom 100
   - Wechselstrom 128
Stromführende Leiter 182
Stromkreis 14, 32, 42, 317
   - Unterbrechung 35
Stromlaufplan 20, 317
Strommessung 42
Stromquelle 14, 32, 128, 202, 326
   - In Reihe geschaltet 35
   - Parallel geschaltet 33
Stromschlag 10
   - Sekundäre Folgen 10
Stromselektivität 171
Stromsensor 214
Stromstärke 15
Stromverbrauch 32
Stromverlauf 20
Stromversorgung 36
Stromwendung 264
Stromzange 42

Stummschaltung 244
Sulfat 65
Sulfatierung 51, 61, 65, 85, 86, 88
Sulfatkristalle 65, 96
Summenstromwandler 193
Symbole 20
Synchron 130
Synchrongenerator 128, 131
   - Bürstenlos 131
Systematische Fehlersuche 259
Systemspannung 307

T

Tabellarische Darstellung 319
Tageslichtweiß 276
Tagesverbrauch 60
Tangente der Blitzkugel 229
Tankgeber 25
Taster 24, 25, 246
Tauchkompressor 128, 204
Technische Dokumentation 316
Temperatur 241, 276
Temperaturbedingte Kapazitätsschwankungen 95
Temperaturfühler 71
Temperaturgeber 42, 241, 242, 244, 246
Temperaturgeber/-schalterkombination 244
Temperaturklasse der Leiterisolation 159
Temperaturkompensation 53
Temperaturkompensierte Ladegeräte 90
Temperaturschalter 241, 242, 248
Temperaturverhalten des Leiters 158
Thermische Auslösung 167, 172
Thermischer Schutzschalter 30
Tiefentladene Batterien 61
Tiefentladung 54, 56, 64, 85
Titan 294
TNC-Netz 184
TNC-S-Netz 325
TNS 324
TNS-Netz 325
TNS-System 209
Tragbare Aggregate 128
Traktionsbatterie 49, 50
Transformator 30, 75, 79, 187, 199
   - Primärwicklung 31
   - Sekundärwicklung 31
   - Wicklung 31
Transistorregler 104
Trenndioden 28, 67, 70, 81, 84, 87, 241, 246
   - Spannungsabfall 84
Trennrelais 26, 67, 72, 80, 81, 82, 83, 117
   - Spannungsabfall 82
Trennschalter 181, 241
Trenntransformator 30, 183, 186, 198, 199, 202, 204
TT-Netz 326

U

U 320
Übergangswiderstand 16, 43, 232, 304
Überhitzung der Leiter 309
Überhitzung eines Leiters 166
Überladung 47, 69, 74, 75, 89
Überladung der Starterbatterie 73
Übersetzungsverhältnis des Lichtmaschinenantriebs 247
Übersichtsplan 317
Übersichtsstromlaufplan 319
Überspannungen 230
Überspannungsableiter 235, 236, 237
Überspannungsableitersystem 231
Überstrom 29, 168
Überstromschutz 175
Überstromschutzelement 170

Überstromschutzorgane 30
Überstromsicherung 155
Überstrom- und Kurzschlussschutz 166
Übertemperatur 214
U-Kennlinie 69
UKW-Funkantenne 231
Umformer/Ladekombination 144
Umgang mit Batterien 97
Umgebungstemperatur 70
Umschaltbetrieb 55
Umschalter 24, 25
Unpolarisiertes Bordnetz 9
Unpolarisiertes System 183, 186
Unterbrechung der Stromversorgung 38
Unterbrechung des Minusleiters 257
Unterbrechung im Stromkreis 35
Unterbrechungsfreie Stromversorgung 206
Unterbrochener Schutzleiter 188
Unterdruckschalter 248
Unterladung 61, 63, 65, 87
Unterschiede der Ladezustände 88
Unterspannungsschutz 43
Unterwiesene Personen 8
U = R · I 17
USV 206

V

V2A 294
V4A 294
VA 293
Valve regulated lead acid batteries 49
var 135
Varistor 234, 235
VCS 129
VDE 0105 Teil 1 8
Vented batteries 49
Veränderliche Widerstände 16, 27
Verbinder 44

Verbindungen im Bilgenbereich 177
Verbrauch 18, 60
Verbraucher 14, 32, 44
  - Gesamtwiderstand 33
  - Parallel geschaltet 32
Verbrauchsmaterial 315
Verbrennungen 10
Verdampfer 61
Verfärbung der Isolierung 309
Verlegung 164
Verluste 146
Verpolungsanzeige 196
Verpressung 309
Verschlammung 87, 97
Verschlossene Batterien 51
Verschlossene Bleibatterie 48
Verteilertafel 179, 208
Verzerrungen 131, 133, 137
Vielfach-Messgerät 38
Vollladezustand 55, 68, 76
Vollladung 53, 66, 69
Volllastbereich 247
Vollständig isolierte Gleichstromsysteme 24
Vollständig isoliertes Zweileiter-Gleichstromsystem 155, 158
Voltage Control System 129
Voltmeter 28, 207
  - Digitales 28
Vorglühanlage 35, 241
Vorglühschalter 25, 249
Vorschaltgerät 277
Vorsichtsmaßnahmen 8
  - 230-Volt-Netz 8
  - Fehlerstrom-Schutzschalter 9
Vorzeitig gealterte Batterien 61
VRLA 49

W

W 113
Wandler 60
Wandlerverluste 130
Warmweiß 276
Warnhinweise 316
Warnleuchten 243
Warnsummer 241, 244
Warnungen und Anweisungen 323
Wartungsarme Batterie 49
Wartungsaufwand 146
Wassergenerator 117, 123
Wassergeneratorregler 117
Wassermodell 13
Wasserschutz 321
Wasserstoff 126
Wasser- und Abwasserleitungen 191
Watt 15, 17
Wattstunden 18
Wechselrichter 130
Wechselrichteraggregat 140
Wechselspannung 28, 31, 68, 106
Wechselstrom 15, 128
Wechselstrombordnetz 182, 207
Wechselstromleiter 182
Wechselstromsystem 154, 182
Wechselstromwiderstand 189
Weißrauch 250
Wellengenerator 123
Werkstoffnummer 293
Wh 18
Whispergen 143
Wickelplatten 51
Wickelzellenbatterie 54
Wicklung 31, 115
Widerstand 15, 17, 32, 40, 101, 320
    - Abgriff 16
    - Potentiometer 16
    - Spannungsabfall 16
    - Spannungverlust 16
    - Übergangswiderstände 16
    - Veränderlicher 16, 27
    - von Kupfer 16
Widerstand des menschlichen Körpers 10, 182
Widerstände 27
    - Messwiderstände 27
    - Nebenschluss 27
    - Shunt 27
    - zur Strommessung 27
Widerstand, menschlicher Körper 10, 182
Widerstandsbereich 42
Widerstandsmessung 40, 43
Widerstand von Leitern 322
Windgeber 227
Windgenerator 67, 117, 121
    Montage 122
Windgeneratorregler 117
Windungsanzahl 31
Winterlager 116
Wirkleistung 135
Wirkungsgrad 79, 137, 139, 146
W-Kennlinie 53, 66, 69, 75, 78, 89

Z

Zangenset 315
Zeitselektivität 171
Zellenkapazität 47
Zellenspannung 47
Zenerdioden 112, 258
Zink 295
Zinkanoden 191
Zugänglich 178, 309
Zündanlassschalter 244
Zündschalter 101, 110
Zündschloss 252
Zündschlüssel 240
Zündschutz 181

Zündspannung 30
Zündspule 30
Zündstellung 240, 243
Zusammenhalt der aktiven Masse 87
Zusammenhängende Darstellung 20
Zusatzbatterie 26, 79
Zusätzlicher Schutzpotenzialausgleich 192
Zweigknoten 220
Zweileitersystem 154, 155
    - Mit negativer Masse 154
    - Vollständig isoliert 155
Zweileitersystem mit negativer Masse 154
Zweipolige Schutzschalter 185
Zyklischer Betrieb 50
Zyklischer Mischbetrieb 55

Historie +++ Die Entwicklung der Anstrichstoffe +++ Die Entwicklung der Kleb- und Dichtstoffe +++ Applikationsmethoden im Zeitwandel +++ Schmücken und Schützen +++ **Vor dem ersten Pinselstrich +++** Nomenklatur +++ Wunsch und Wirklichkeit +++ Kosten und Qualitäten +++ Welches System +++ Komponenten +++ Lack und Langlebigkeit +++ Kummer mit Komposit +++ Firmentreue +++ Das Farbenlogbuch +++ Der Standort +++ Halle oder Freiland +++ Im oder am Boot lackieren +++ Im rechten Licht +++ Monat, Woche, Tag, Stunde +++ Kondensieren, Verdunsten +++ Weitere Hürden +++ Gesundheit geht vor +++ Atem-, Haut-, Gehör- und Augenschutz +++ Handreinigung, Handpflege +++ Brandschutz +++ Appell generell +++ Wo, was und wie +++ **Werkzeuge +++** Kosten und Qualitäten +++ Werkzeuge zum Autragen +++ Werkzeuge zum Abtragen +++ Hilfsmittel +++ Schleifmittel +++ Werkzeugreinigung, Lagerung und Pflege +++ Aufgaben und Arbeitsgeräte +++ **Lackiervorbereitungen +++** Altlack +++ Schichtdickenmessungen +++ Zustand optisch +++ Tragfähigkeitstest +++ Feuchtegehalt des Untergrunds +++ Formeln und Flächen +++ Die Grenzen der Farbmengenberechnung +++ Reinigen +++ Waschen +++ Entfetten +++ **Entstauben +++** Folien und Klebereste entfernen +++ Schleifen +++ Strahlen +++ Nadeln +++ Schaben/Kratzen +++ Bürsten +++ Fräsen +++ thermisch entschichten +++ Abbeizen/Ablaugen +++ Materialspezifische Untergrundvorbereitung +++ Markieren +++ Abkleben +++ Mischen +++ Verdünnen +++ Viskositätseinstellungen +++ Lack temperieren +++ Abtönen +++ **Auftragsmethoden +++** Beschichten +++ Streichen +++ Grundieren, Füllen, Versiegeln +++ Sperrgründe +++ Tiefgründe, Einlassgründ +++ Haftgründe (wash primer) +++ Korrosionsschutzgrundierungen +++ Korrosionsschutzpigmente +++ Pigmentfreie Korrosionsschutzanstriche +++ Korrosionsschutz durch Rostumwandlung +++ Korrosionsschutzgrundierung durch Rostversiegelung +++ Zwischenbeschichtungen +++ Die mechanisch feste Oberfläche +++ Die wasserfeste und wasserdichte Oberfläche +++ Die chemikalienfeste Oberfläche +++ Die lichtbeständige Oberfläche +++ Die ansprechende Oberfläche +++ Vom Kiel zum Topp +++ Das Unterwasserschiff +++ Das Unterwasserschiff von Stahlyachten +++ Das Unterwasserschiff von Aluminiumyachten +++ Das Unterwasserschiff von GF

ISBN Nr. 978-3-931617-42-4, 816 Seiten, viele Fotos und Abbildungen, gebunden, 38 Euro zzgl. 2 Euro Versand.
Palstek Verlag GmbH | Eppendorfer Weg 57 a | 20259 Hamburg | Tel. 040 - 40 19 63 40 | Fax 040 - 40 19 63 41
E-Mail ahoi@palstek.de | www.palstek.de

Lesenswertes

Wellenzeit | Alexandra Schöler ist mit ihren beiden Männern um die Welt gesegelt. Ein Buch voller Sonne, Geschichten, Bilder, Abenteuer und Glück. 330 Seiten, Paperback, mit zwei vierfarbigen Bildstrecken, 12 Euro

Eine Handbreit Mord | Jan Kuffels Krimi führt den suspendierten Kommissar Jacobus van Wijk, der an Bord seiner Contessa lebt, in brisante Nachforschungen nach England, wo ein kriminelles Verwirrspiel nicht nur van Wijk in akute Lebensgefahr bringt. 220 Seiten, Paperback, 9,80 Euro

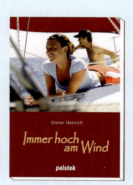

Immer hoch am Wind | Dieter Henrich schreibt über die Liebe zum Schiff, die Liebe am Speisen und die Liebe zur Liebe. 160 Seiten, Paperback, 8 Euro.

Zwei Girls, zwei Katamarane | James Wharram baute simple Katamarane und segelte mit seinen beiden Frauen (er lebte teilweise mit fünf Frauen zusammen) über den Atlantik. Geld hatte er nicht, aber Mut. So wurde er schon zu Lebzeiten eine Ikone. Eine Geschichte mit Sex und Salz. 240 Seiten, gebunden, 19,80 Euro

Drogengeld | Conrad Stark schreibt über zwei Menschen, die ausgestiegen sind und auf ihrer Segelyacht leben. Sie werden grausam wieder eingeholt, als plötzlich ein Koffer mit drei Millionen Dollar auftaucht. 470 Seiten, Paperback, 12 Euro

Wir berechnen für jeden Versand 2 Euro Porto- und Verpackungsanteil, ab 50 Euro liefern wir portofr

Palstek Verlag GmbH
Eppendorfer Weg 57a, 20259 Hamburg | Telefon 040 - 40 19 63 40 | Fax: 040 - 40 19 63 41
E-Mail: ahoi@palstek.de | Internet: www.palstek.de

Gewusst wie!

Technik unter Deck | Das Fachbuch von Michael Herrmann ist einzigartig. Hier finden Bootseigner die ganze Welt der Technik unter Deck. Alles ist verständlich erklärt und mit über 1.200 farbigen 3-D-Zeichnungen anschaulich illustriert. Erstmals sind alle technischen Ausrüstungsgegenstände in einem Werk beschrieben: vom kompletten Antriebsstrang (Motor bis Propeller) über Ruder- und Elektroanlagen bis hin zu Heizungen, Lenzanlagen und Trinkwassersystemen. ISBN 3-931617-18-1, 336 Seiten DIN A4, gebunden, **38 Euro**

3. erweiterte Auflage

Druckfrisch

Elektrik auf Yachten | Bordelektrik ist einfach zu verstehen, wenn man sie so kenntnisreich erklärt bekommt wie von Michael Herrmann. Schritt für Schritt vermittelt der Autor alle relevanten Themen; von einfachen Methoden zur Fehlersuche bis zur Ausrüstung mit Bus-Systemen, wobei 3-D-Zeichnungen und viele Fotos das Verstehen erleichtern. 353 Seiten, gebunden, ISBN 978-3-931617-32-5, **36 Euro**

444 Skipper-Tipps | Eine wahre Fundgrube für Segler. Die Tipps sind in 30 Rubriken eingeteilt und zusätzlich im Stichwortverzeichnis aufgelistet, um ein schnelles Auffinden zu ermöglichen. Das Buch ist reich bebildert und mit Hunderten von Zeichnungen illustriert. ISBN 978-3-931617-33-2, 320 Seiten, gebunden, **24 Euro**

Farbenbuch für Bootseigner | **NEU!** Wieso, weshalb, warum? Gunther Kretschmann beantwortet in seinem Buch so gut wie alle Fragen, die rund um Beschichtungen an Bord entstehen. Warum der Lack ab ist, erfährt der Leser hier ebenso wie die Strategien, damit er dranbleibt. Dieses Buch ist analog aufgebaut zu den Arbeitsabläufen, die beim Beschichten hintereinander abgearbeitet werden müssen. Das Buch ist ein Lexikon und Ratgeber für Beschichtungen an Bord; vom Abbeizer bis zum Zinkchromat. ISBN 978-3-931617-42-4, 816 Seiten, gebunden, komplett vierfarbig, **38 Euro**

 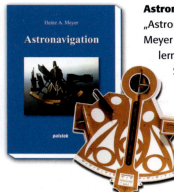

Astronavigation
„Astronavigation ist ganz einfach", sagt Heinz A. Meyer und beweist es. Wer die klassische Navigation lernen oder sich in Erinnerung holen möchte, wird Schritt für Schritt an den Stoff herangeführt. Man braucht nichts weiter als aufmerksam zu lesen – und einen Sextanten. Den haben wir auch. Er kostet nur 18 Euro. Der Sextant ist aus Pappe und muss noch zusammengeklebt werden. 192 Seiten DIN A4, fadengeheftet mit festem Umschlag, ISBN 3-931617-16-5, Preise:

Buch Astronavigation **22,50 Euro**, Sextant zum Zusammenkleben **18,00 Euro**, Kombi-Set 1 (Buch und Sextant) **35,90 Euro**, Kombi-Set 2 (Buch, Sextant, Horizont) **40,90 Euro**.

500 Jahre Navigation
Ein reich bebildertes Werk der ganz besonderen Art. Geschichten über Entdecker, Erfinder und Fanatiker. Geschrieben für Liebhaber klassischer Navigation. Erleben Sie die Erfindungen und Entwicklungen von Kompass und Logge, Fernrohr und Winkelmessinstrument, Sonnenuhren und Dosensextant. ISBN 3-931617-21-1, 240 Seiten DIN A4, **19,95 Euro**

Besser Ankern Das Buch über moderne Ankertechnik. Anker auf Fahrtenyachten sind keine Gewichtsanker mehr, sie halten durch ihre Bauart – wenn sie sich richtig eingraben. Ein Skipper sollte möglichst viel über das Eingrabeverhalten seines Ankers wissen, denn es geht nicht nur um die Sicherheit der Crew, sondern meistens auch um hohe Sachwerte, die verloren gehen können, wenn ein Anker nicht hält. Um die Kunst des Ankerns zu verstehen, geht Achim Ginsberg-Klemmt in diesem Fachbuch auf Meeresböden, Krafteinwirkungen, Ankertypen, Ketten, Leinen und Zubehör ein. 256 Seiten, gebunden, ISBN: 3-931617-20-3, **24 Euro**

Wir berechnen für jeden Versand 2 Euro Porto- und Verpackungsanteil, ab 50 Euro liefern wir portofrei.

Palstek Verlag GmbH
Eppendorfer Weg 57a
20259 Hamburg
Telefon 040 - 40 19 63 40
Fax: 040 - 40 19 63 41
E-Mail: ahoi@palstek.de
Internet: www.palstek.de

Das Gaffelrigg In diesem überarbeiteten Klassiker beschreibt John Leather den Einsatz von Masten, Spieren, Takelung und Segel des Gaffelriggs. Der Leser erfährt auch viel über das harte Leben der Fischer, Lotsen und Kapitäne, die auf diesen Schiffen segelten, arbeiteten und lebten. ISBN 3-931617-08-4, 400 Seiten, gebunden, **28,50 Euro**

Der Gaffelfreund Dieses Buch von Andreas Köpke ist eine „Bedienungsanleitung für gaffelgetakelte Schiffe", aber auch ein Buch mit Tipps und Tricks für Neulinge und „alte Hasen", mit wertvollen Hinweisen zur Pflege und zum Selbstbau von Zubehör, mit Ratschlägen zum Regattasegeln und vieles mehr. Ein Glossar in vier Sprachen erläutert die Fachbegriffe. ISBN 3-931617-03-3, 288 Seiten, gebunden, **22,50 Euro**

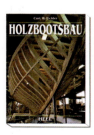

Holzbootsbau Dieser Klassiker von Curt W. Eichler geht auf die geeigneten Holzarten für den Bau von hölzernen Booten und Schiffen ein und beschreibt klar und verständlich die traditionellen Bauverfahren in allen Einzelheiten. Ein einzigartiger Überblick. Außerdem widmet der Autor den Themen Ausbau, Ausrüstung und Zubehör ergänzende Kapitel. ISBN 3-89365-788-6, 387 Seiten, gebunden, **24,95 Euro**

Unverzichtbar

Besser Navigieren bietet Sportbootskippern einen praxisorientierten Leitfaden, der es ermöglicht, sicherer, versierter und damit besser zu navigieren. Ob auf kleineren Küstentouren oder ausgedehnten Hochseetörns; ob klassisch mit Kursdreieck und Zirkel oder mit GPS, Kartenplotter und Radaranlage; ob als Einsteiger oder erfahrener Tourenskipper – dieses Buch will ein Leben auf dem Wasser lang ein wertvoller Begleiter sein. Sven M. Rutter hat in dieses Buch viele Tipps aus seinen zahlreichen Fachartikeln einfließen lassen. 344 Seiten, ISBN 978-3-931617-38-7, gebunden, **36 Euro**

inkl. Navigations-Prüfungsstoff SBF See, SKS, SSS

Kompaktes Wissen

Die Liste der Bootstypen finden Sie im Internet

Band 1 & 2

99 Klassiker, Band 1
Es ist sehr schwer, sich im wachsenden Angebot gebrauchter Yachten zurechtzufinden. Jan Kuffel, PALSTEK-Redakteur und durch zahlreiche Refit-Projekte und die beliebten „GFK-Klassiker" bestens mit der Materie vertraut, porträtiert populäre Segelyachten in Wort und Bild, gibt Hintergrundinformationen zu Werften, Designern und Klassenorganisationen und ermöglicht es dem Leser, „gebraucht" von „verbraucht" zu unterscheiden. Über die Zeitwerttabelle können Angebote besser beurteilt werden. „99 Klassiker" stattet nicht nur Kaufinteressenten mit dem nötigen Durchblick aus, auch für Eigner bietet dieses Nachschlagewerk interessante Einblicke in die Geschichte und Technik ihrer und vergleichbarer Yachten. 224 Seiten, gelumbeckt, ISBN 3-931617-29-7, **20 Euro**

99 Klassiker, Band 2
Nach dem großen Erfolg des ersten Bandes stellt PALSTEK-Redakteur Jan Kuffel jetzt weitere „99 Klassiker" vor. Von Alpha bis Zeeton, wie immer vollgepackt mit Informationen über Geschichte, Konstruktion, Stärken und Schwächen dieser Yachten aus zweiter Hand. Fotos sowie Zeichnungen vom Deck, Riss und vom Segelplan machen jede vorgestellte Yacht sehr anschaulich. Ein Nachschlagewerk für alle, die sich für die Historie und den Werdegang des jeweiligen Yachttyps interessieren oder sich einen Marktüberblick verschaffen wollen. Im Vorspann die Geschichte bekannter Weften von Hallberg-Rassy über Bénéteau bis Dehler. Auch hier wieder eine Zeitwerttabelle der vorgestellten Yachten. 224 Seiten, gelumbeckt, ISBN 978-3-9311617-40-0, **20 Euro**

Einfach klasse

Fahrtenyachten besser trimmen
Es geht um die praktische Umsetzung von Trimmtricks, die Dr. Udo Stefan Schlipf und Jan Kuffel gesammelt haben. Nach Anwendung der Tipps wird der Segler feststellen können, dass seine Yacht schneller segelt. Einige wenige Regeln genügen, um das Zusammenwirken der Kräfte zu verstehen. Die aero- und hydrodynamischen Grundlagen sind für das Verständnis erforderlich, sind aber so glänzend erklärt, dass es Freude macht, ihnen zu folgen. 240 Seiten, ISBN 978-3-931617-31-8, gebunden, **24 Euro**

Kleine Praxisreihe

Autark durch Energie aus Wind und Solar
Michael Herrmann hat sich des Themas angenommen und beschreibt in gewohnt anschaulicher und detaillierter Art den Weg zur effizienten Nutzung. Neben den Grundlagen der Fotovoltaik-Module und Windgeneratoren enthält das Buch wertvolle Tipps zur Installation und Optimierung. Ein Muss, vor allem für Fahrtensegler, die den Komfort an Bord, die Unabhängigkeit vom Landstrom und die Ausfallsicherheit der Bordelektrik verbessern wollen. 120 Seiten, gebunden, ISBN 978-3-931617-35-6, **12,80 Euro**